家用电器维修完全精通丛书

变频空调器维修完全精通

数码维修工程师鉴定指导中心　组织编写
韩雪涛　主编　　吴瑛　韩广兴　副主编

化学工业出版社
·北京·

本书为《家用电器维修完全精通丛书》之一，根据变频空调器的工作及结构特点，结合实际故障维修，采用双色图解的方式，系统介绍了变频空调器故障的检修思路、检修方法、检修流程、检修技巧以及检修经验等维修技能，帮助读者完全精通变频空调器故障维修。

本书内容实用，以图片演示为主、文字讲解为辅进行维修讲解，并对不同的知识点进行颜色标注，形式新颖，读者看图学习一目了然，具体内容包括：做好变频空调器维修前的准备工作、变频空调器的基本检测技能、变频空调器管路系统的检修技能、变频空调器通信电路的检修技能、变频空调器控制电路的检修技能、变频空调器遥控电路的检修技能、变频空调器电源电路的检修技能、变频空调器室外机变频电路的检修技能等。

本书适合家电维修人员学习使用，也可供职业院校、培训学校相关专业的师生学习参考使用。

图书在版编目（CIP）数据

图解变频空调器维修完全精通：双色版/韩雪涛主编.
北京：化学工业出版社，2014.3（2018.6重印）
（家用电器维修完全精通丛书）
ISBN 978-7-122-19589-0

Ⅰ.①图… Ⅱ.①韩… Ⅲ.①变频空调器-维修-图解 Ⅳ.①TM925.107-64

中国版本图书馆CIP数据核字（2014）第015671号

责任编辑：李军亮　　文字编辑：徐卿华
责任校对：宋　夏　　装帧设计：尹琳琳

出版发行：化学工业出版社（北京市东城区青年湖南街13号　邮政编码100011）
印　　装：北京京华虎彩印刷有限公司
787mm×1092mm　1/16　印张18　字数425千字　　2018年6月北京第1版第3次印刷

购书咨询：010-64518888（传真：010-64519686）　售后服务：010-64518899
网　　址：http://www.cip.com.cn
凡购买本书，如有缺损质量问题，本社销售中心负责调换。

定　　价：48.00元

随着社会的进步、科技的发展、人们生活品质的提高，现代家电及数码产品在人们生产生活中越来越普及。越来越先进的技术不断应用于这些数码及家电产品，越来越丰富的品种不断弥补市场的空缺，这一切的变化和发展同时也为电子产品维修行业提供了更加广阔的就业空间。维修岗位的就业需求逐年增加，越来越多的人开始或希望从事与现代家电及数码产品相关的维修工作。

然而，如何能够在短时间能掌握家用电子产品的维修技能成为维修技术人员需要面对的重要问题。这些电子产品的智能化程度越来越高，电路结构越来越复杂，这无形中提升了学习的难度，而且产品更新换代的速度越来越快，技术人员如何用最快的时间掌握最有效的维修技术是必须要解决的问题，为此我们组织相关专家学者编写了《家用电器维修完全精通丛书》(以下简称《丛书》)，希望初学者通过本丛书的学习能够轻松掌握维修知识、精通维修技能。

《丛书》的品种划分以当前市场上流行的电子产品的品种作为划分依据。我们通过调研，对目前市场上各种流行电子产品的市场占有量和用户使用量作为参考依据，根据各种产品的结构和工作特性，结合各种产品的维修特点，将《丛书》细分为13个品种，依次为：《图解彩色电视机维修完全精通》、《图解液晶电视机维修完全精通》、《图解电冰箱维修完全精通》、《图解空调器维修完全精通》、《图解万用表修家电完全精通》、《图解小家电维修完全精通》、《图解电磁炉维修完全精通》、《图解洗衣机维修完全精通》、《图解变频空调器维修完全精通》、《图解中央空调安装、检修及清洗完全精通》、《图解电脑装配与维修完全精通》、《图解智能手机维修完全精通》、《图解笔记本电脑维修完全精通》。其中每一本图书以一种或几种目前流行的家用电子产品作为主要介绍对象，使学习者精通一方面维修技能，能够应对一个维修领域的工作。

《丛书》以全新的编写思路、全新的表达方式、全新的知识技能、全新的学习模式，让学习者有一个全新的学习体验，获得全新的知识结构。

1. 全新的编写思路——兴趣引导学习

《丛书》以国家职业资格的相关考核标准作为指导，以社会岗位需求作为培训导向，充分考虑当前市场需求和读者情况，打破以往图书的编排和表述模式，书中所有章节目录的编排完全考虑初学者的学习兴趣和学习需求，同时通过合理设计保证内容的系统性和知识的完备性。读者可根据自己的实际情况进行系统性阅读，或直接寻找自己感兴趣的内容，使学习更具针对性，做到查询性、资料性和技能性的完美结合，是一种全新的体验。

2. 全新的表达方式——双色图解演示

对于内容的表述，摒弃以文字叙述为主的表达模式，而是运用多媒体的理念，尽可能以“图解”的方式进行全程表达，力求做到“生动”、“亲切”、“直观”、“高效”。针对电路结构及电路故障的排除是维修工作的难点，在电路分析方面，将文字的表述尽可能融入到电路图中，并且将实物图与电路有机结合起来，使内容更易于理解。

3. 全新的知识技能——真实案例详解

《丛书》由原信息产业部职业技能鉴定指导中心家电行业专家组组长韩广兴亲自指导，充分以市场需求和社会就业需求为导向，确保图书内容符合职业技能鉴定标准。同时，《丛书》的编写还特别联系了夏普、松下、索尼、佳能等多家专业维修机构，所有的维修内容均来源于实际的维修案例，书中还特地选择典型的样机进行现场的实拆、实测、实修的操作演练，所有的数据都为真实检测所得，这不仅使得图书的内容更加真实有效，而且为学习者提供了实际的维修案例和维修数据，这都可以作为宝贵的维修资料，供学习者日后工作中查询使用。让这个学习过程贴近真实、贴近实战，做到学习与工作之间的“无缝对接”。

4. 全新的学习模式——教学互动交流

《丛书》将传统电子维修教学风格与职业培训模式进行了有机的整合，在书中设置了诸如【知识拓展】、【特别提示】、【演示图解】等专项模块，将学习中不同的知识点、不同的信息内容依托不同风格的模块进行展现，丰富学习者的知识，开拓学习者的视野，提升学习者的品质。而且，本套图书的学习模式的另一大特点是将学习互动的环节由书中“延伸”到了书外，《丛书》得到了数码维修工程师鉴定指导中心的大力支持，学习者如果在学习和工作中遇到技术问题可通过联系电话、登录数码维修工程师官方网站的技术交流平台、发送信件等方式获得免费的技术支持和技术交流。我们的通信地址：天津市南开区榕苑路4号天发科技园8-1-401，邮编300384。联系电话：022-83718162/83715667/13114807267。E-MAIL：chinadse@163.com。

作为《丛书》之一,《图解变频空调器维修完全精通（双色版）》根据变频空调器的工作原理及结构特点，结合实际故障维修，采用双色图解的方式，系统介绍了变频空调器故障的检修思路、检修方法、检修流程、检修技巧以及检修经验等维修技能，帮助读者完全精通变频空调器故障维修。本书内容实用而新颖，具体包括：做好变频空调器维修前的准备工作、变频空调器的基本检测技能、变频空调器管路系统的检修技能、变频空调器通信电路的检修技能、变频空调器控制电路的检修技能、变频空调器遥控电路的检修技能、变频空调器电源电路的检修技能、变频空调器室外机变频电路的检修技能等内容。为了将所学知识与实际工作相结合，书中收集了大量的实际案例，并采用大量的实物图真实再现维修过程，使读者不仅能够掌握变频空调器的维修技能，更重要的是能够举一反三，将所学知识灵活应用到实际工作中。

本书由数码维修工程师鉴定指导中心组织编写，其中由韩雪涛任主编，吴瑛、韩广兴任副主编，同时参加本书编写的还有张丽梅、宋永欣、梁明、宋明芳、孙涛、马楠、韩菲、张湘萍、吴鹏飞、韩雪冬、吴玮、高瑞征、吴惠英、周文静、王新霞、孙承满、周洋、马敬宇等。

希望本书的出版能够帮助读者快速掌握空调器维修技能，同时欢迎广大读者给我们提出宝贵建议！

编　者

目录
CONTENTS

第①章 做好变频空调器维修前的准备工作

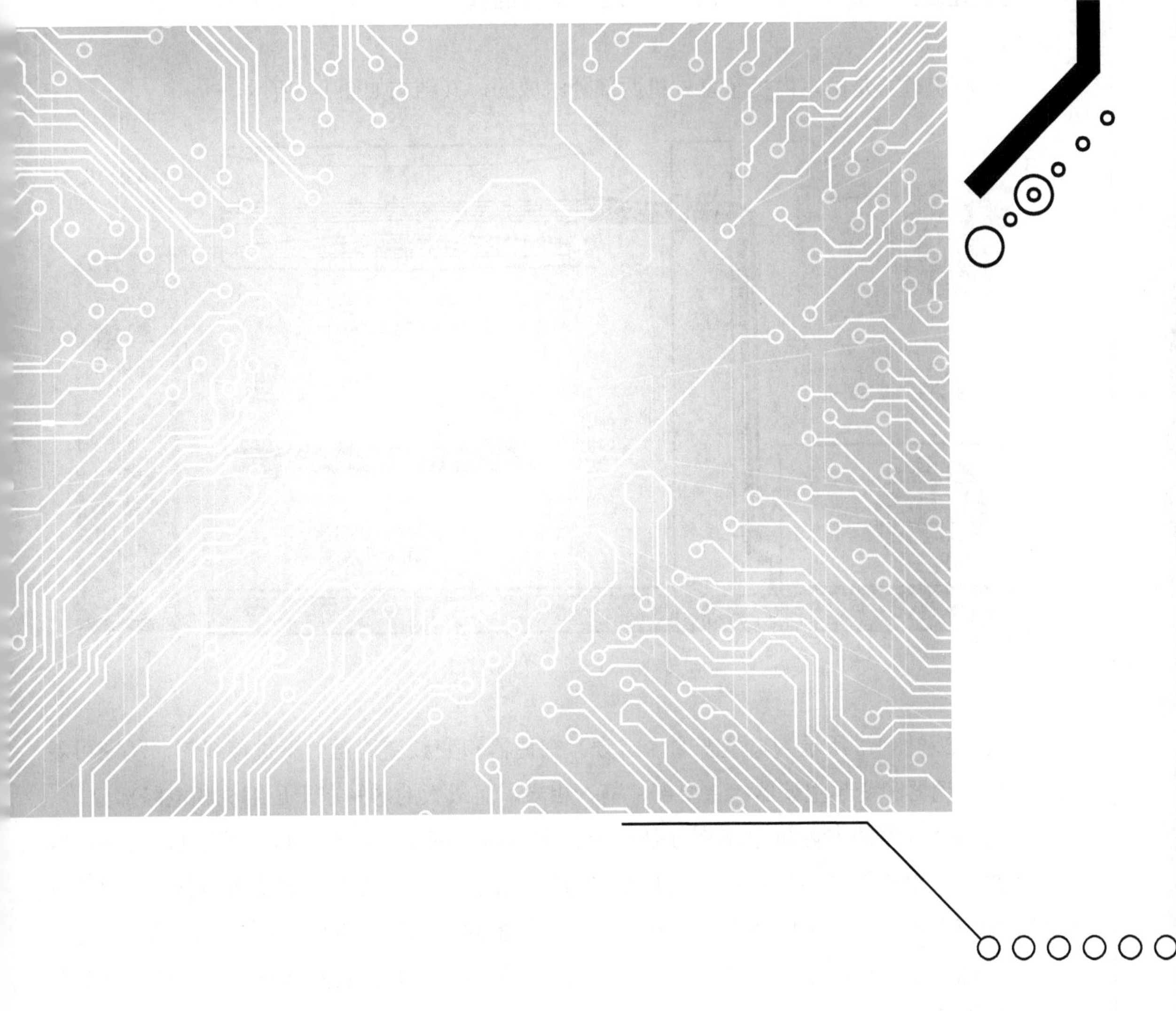

1.1 了解变频空调器和普通（定频）空调器的区别

空调器是一种给空间区域提供空气处理的设备，其主要功能是对空气中的温度、湿度、纯净度及空气流速等进行调节。随着变频空调器性能的提高、能耗的降低、功能的增强，变频空调器正在取代定频空调器，受到人们的欢迎。

变频空调器是为节能、环保和提高效率、改善空气调节性能而开发的，它可以在短时间内迅速达到设定的温度，并在低转速、低耗能状态下保证较小的温差，从而实现节能环保。

变频空调器是由室内机和室外机两部分组成的，其结构如图1-1所示。

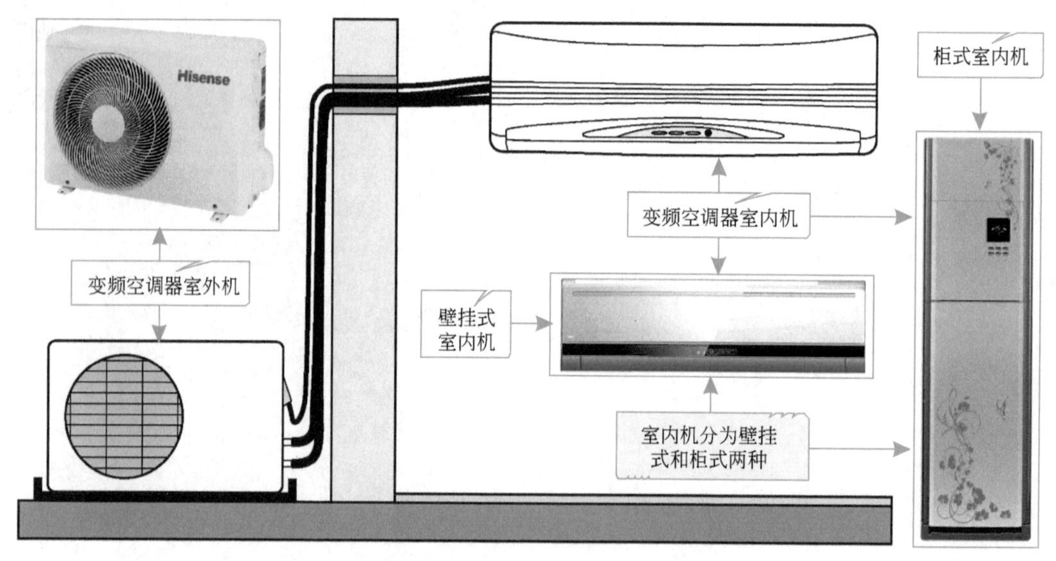

图1-1　变频空调器的结构特点

图1-2和图1-3所示为典型普通（定频）空调器和变频空调器的整机接线图，从图可看出定频空调器和变频空调器的主要部件基本相同，而最大的区别在于压缩机和电路部分。

定频空调器的室内机电路部分是整个空调器的控制中心，对空调器的整机进行控制，而室外机中电路部分十分简单，没有独立的控制部分，由室内机电路部分直接进行控制；而变频空调器的室内机电路部分是整个空调器控制的一部分，工作时将输入的指令进行处理后，送往室外机的电路分部，才能对空调器整机进行控制，它是通过室内机电路部分和室外机电路部分一起实现对空调器整机的控制。

定频空调器室外机压缩机采用普通（定频）压缩机，压缩机的转速恒定，不可改变；而变频空调器室外机采用变频压缩机，压缩机的转速可以调节。

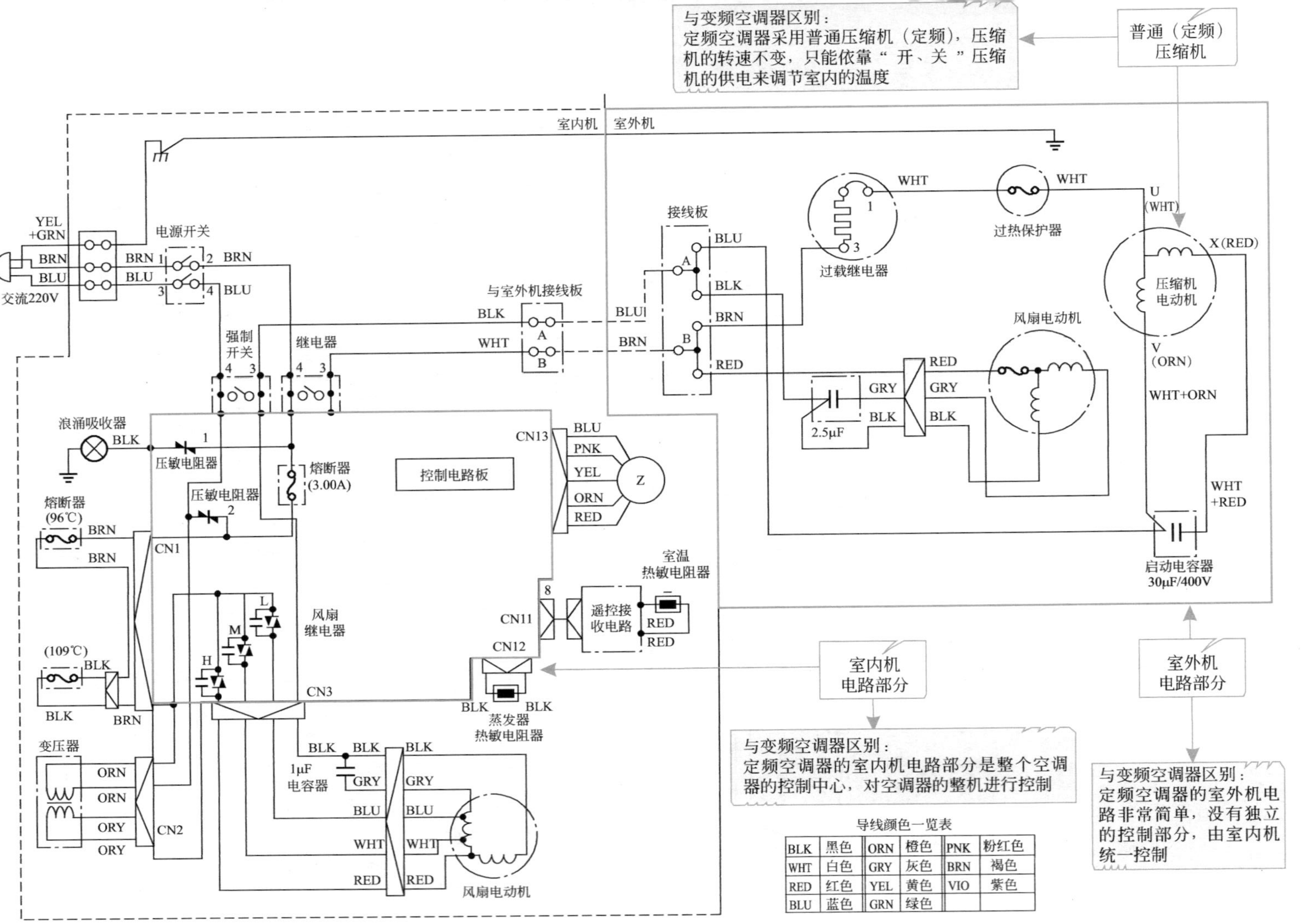

导线颜色一览表

BLK	黑色	ORN	橙色	PNK	粉红色
WHT	白色	GRY	灰色	BRN	褐色
RED	红色	YEL	黄色	VIO	紫色
BLU	蓝色	GRN	绿色		

图1-2 典型普通（定频）空调器的整机接线图

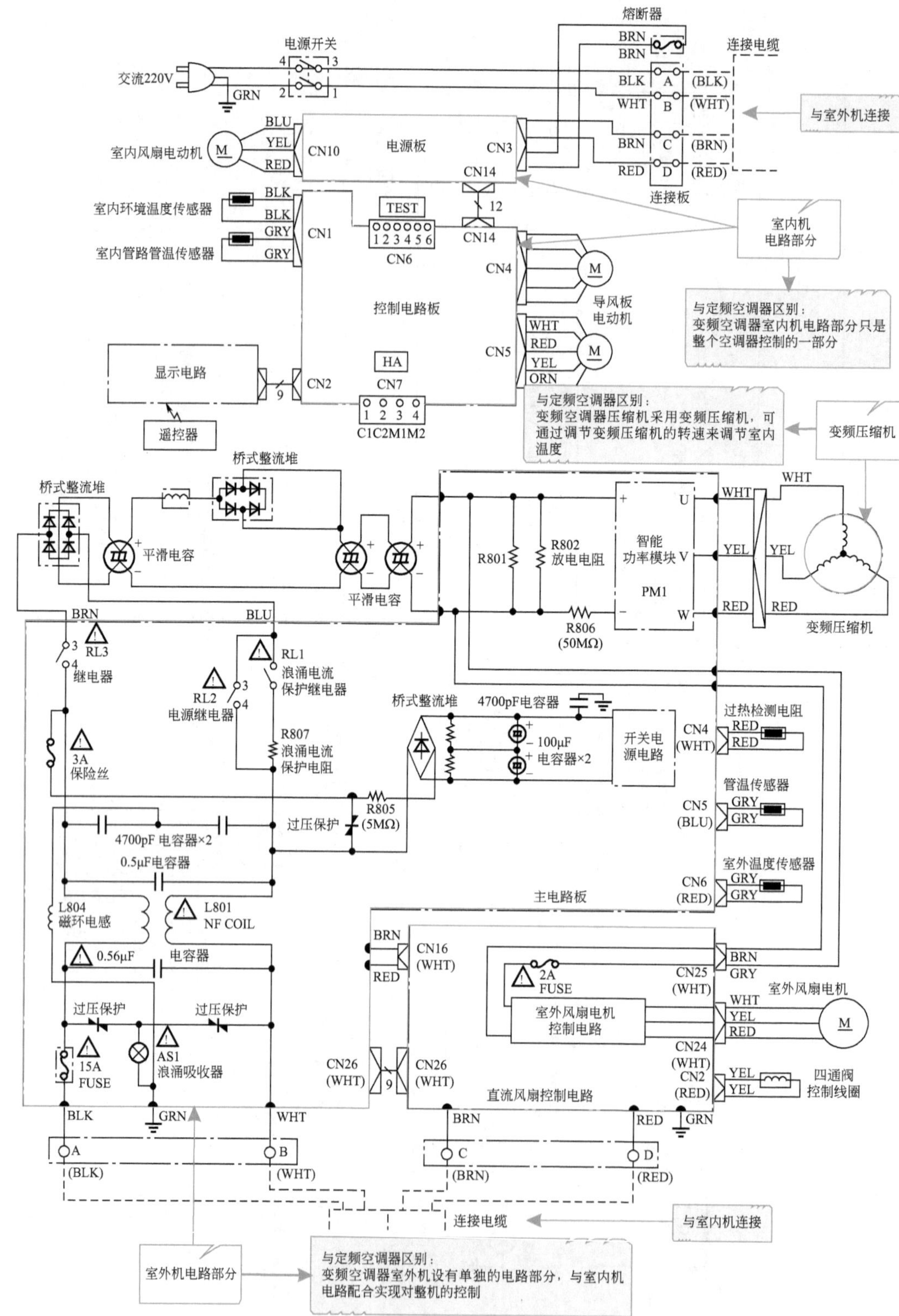

图1-3　典型变频空调器的整机接线图

1.1.1 变频空调器室内机的结构特点

变频空调器的室内机主要用来接收人工指令，并对室外机提供电源和控制信号。从变频空调器的室内机外部正面通常可以找到进风口、前盖、吸气栅（空气过滤部分）、显示和遥控接收面板、导风板、出风口等部分，背面通常可以找到与室外机连接用的气管（粗）、液管（细）以及空调器的电源线、连接引线等部分，如图1-4所示。

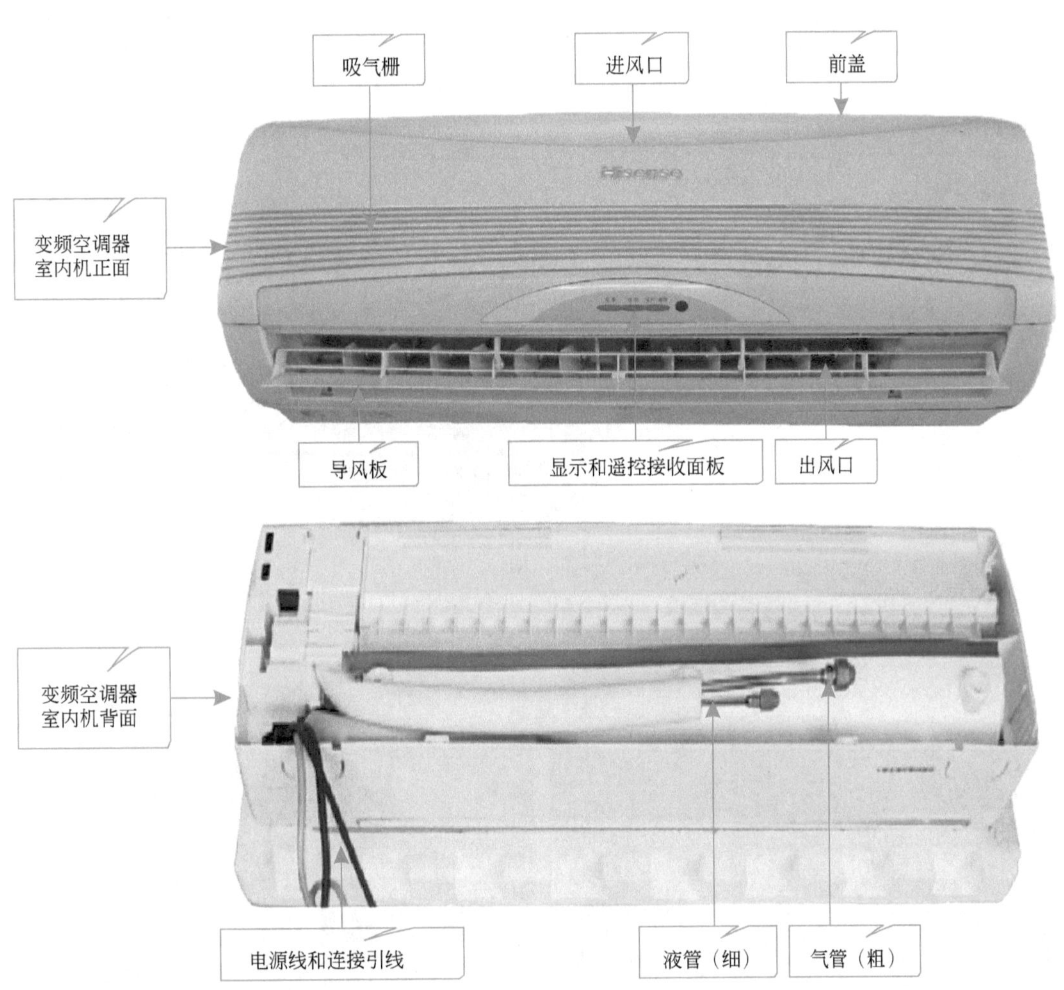

图1-4 变频空调器室内机的外部结构

将变频空调器室内机的吸气栅打开，可以看到位于吸气栅下方的空气过滤网。将室内机的上盖拆卸下后，可以看到室内机的各个组成部件，如蒸发器、导风板组件、贯流风扇组件、主电路板、遥控接收电路板、温度传感器等部分，如图1-5所示。

图1-5　典型壁挂式变频空调器室内机的内部结构

知识拓展

柜式变频空调器室内机与壁挂式变频空调器的结构有所不同，如图1-6所示。柜式变频空调器室内机垂直放置于地面上，进气栅板和空气过滤网位于机身下方，拆下进气栅板和空气过滤网后可看到柜式变频空调器特有的离心风扇，出风口位于机身上部，蒸发器位于出风口附近。

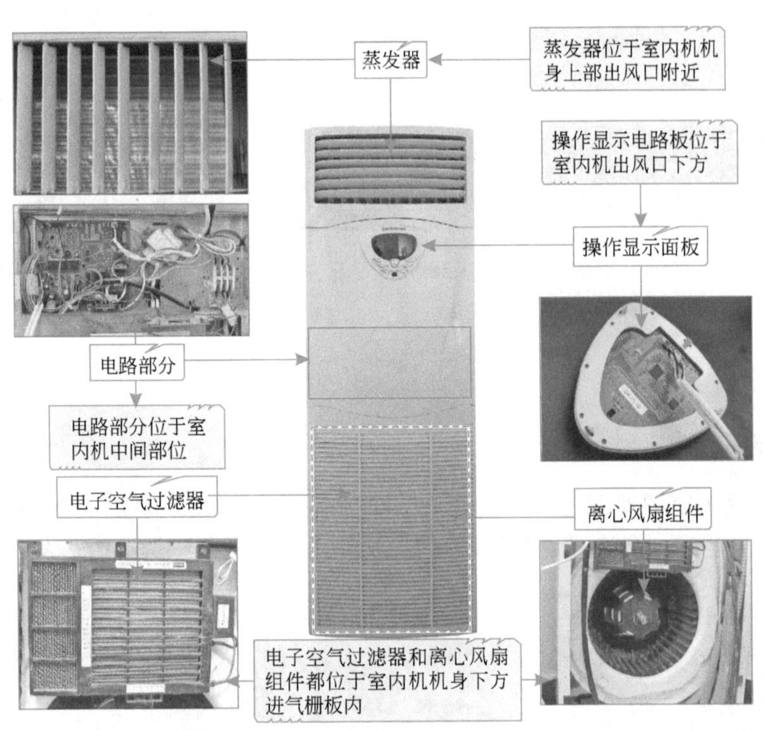

图1-6　典型柜式变频空调器室内机的内部结构

（1）贯流风扇组件

壁挂式变频空调器的室内机基本都采用贯流风扇组件加速房间内的空气循环，提高制冷/制热效率。图1-7所示为典型变频空调器的贯流风扇组件，从图可看出，贯流风扇组件主要是由贯流风扇扇叶、贯流风扇电动机组成。

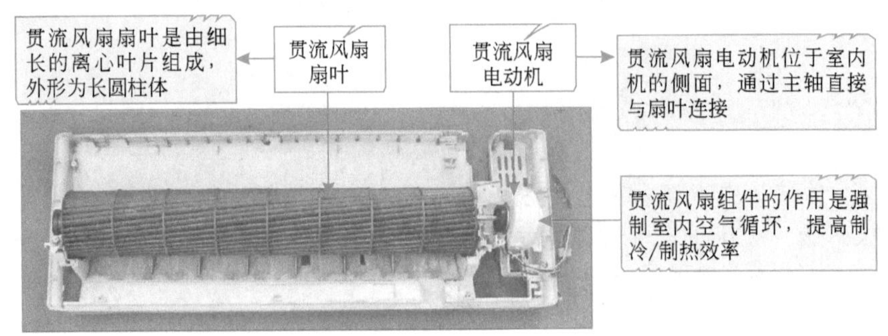

图1-7　典型变频空调器的贯流风扇组件

（2）导风板组件

导风板组件可以改变变频空调器吹出的风向，扩大送风面积，使房间内的空气温度可以整体降低或升高，图1-8所示为典型变频空调器的导风板组件，从图可看处，导风板组件主要是由导风板电动机、垂直导风板和水平导风板组成。

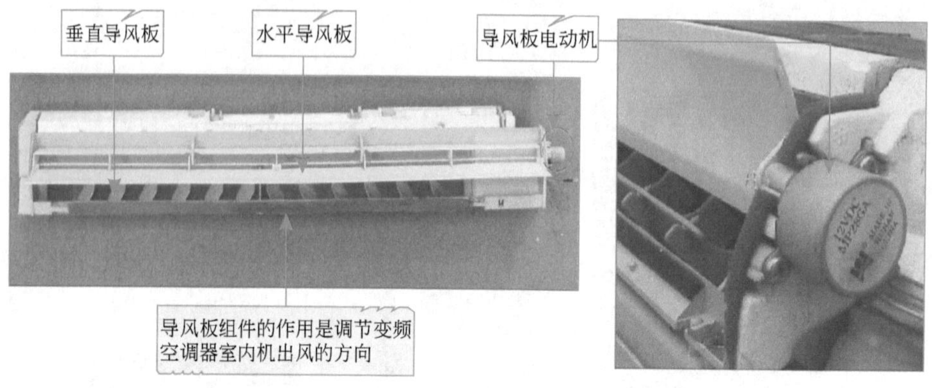

图1-8　典型变频空调器的导风板组件

（3）蒸发器

蒸发器是变频空调器室内机中重要的热交换部件，制冷剂流经蒸发器时，吸收房间内空气的热量，使房间内温度迅速降低，图1-9所示为典型变频空调器的蒸发器。

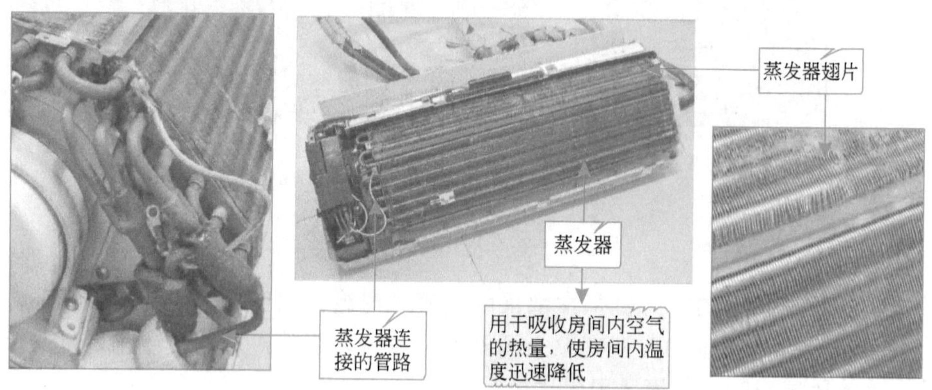

图1-9　典型变频空调器的蒸发器

知识拓展

目前分体壁挂式空调器的蒸发器翅片多采用冲缝翅片结构，图1-10所示为冲缝翅片的实际外形。这种翅片结构会使空气在翅片的槽缝中来回流动，从而大大增强空气的循环和搅拌程度，最大限度地提高传热效率。

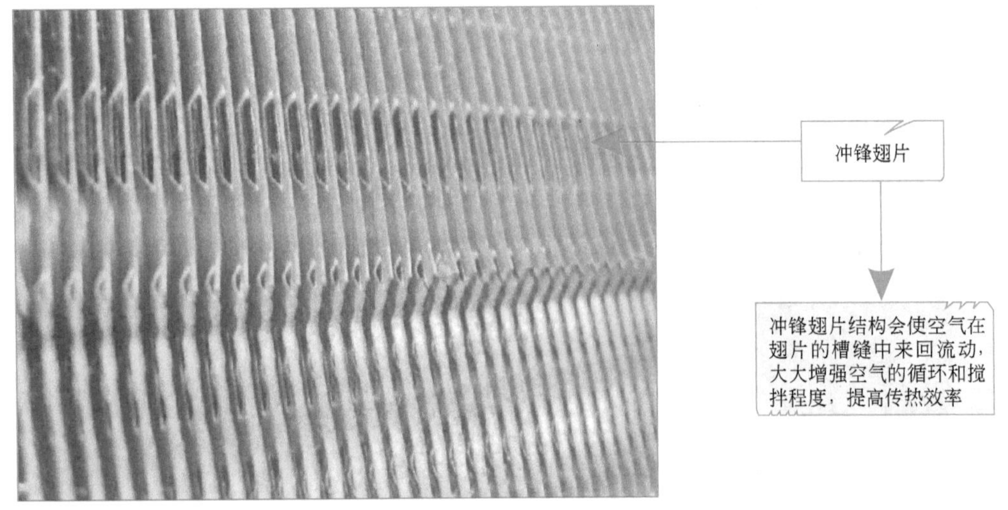

图 1-10　冲缝翅片的实际外形

（4）温度传感器

变频空调器室内机通常安装有两个温度传感器：一个是室内环境温度传感器，用于对室内温度进行检测；另一个是室内管路温度传感器，用于对室内机的管路温度进行检测。图 1-11 所示为变频空调器室内机的温度传感器。

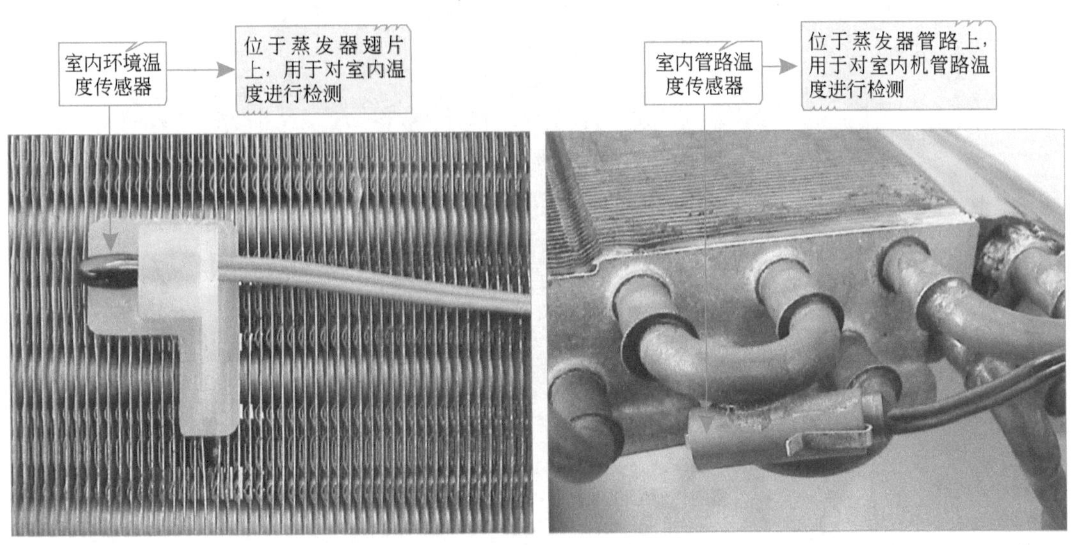

图 1-11　变频空调器室内机的温度传感器

（5）电路部分

变频空调器室内机的电路部分主要包括主电路板、显示和遥控接收电路板，如图 1-12 所示。通常主电路板位于变频空调器室内机一侧的电控盒内；显示和遥控接收电路板位于变频空调器室内机前面板处，通过连接引线与主电路板相连。

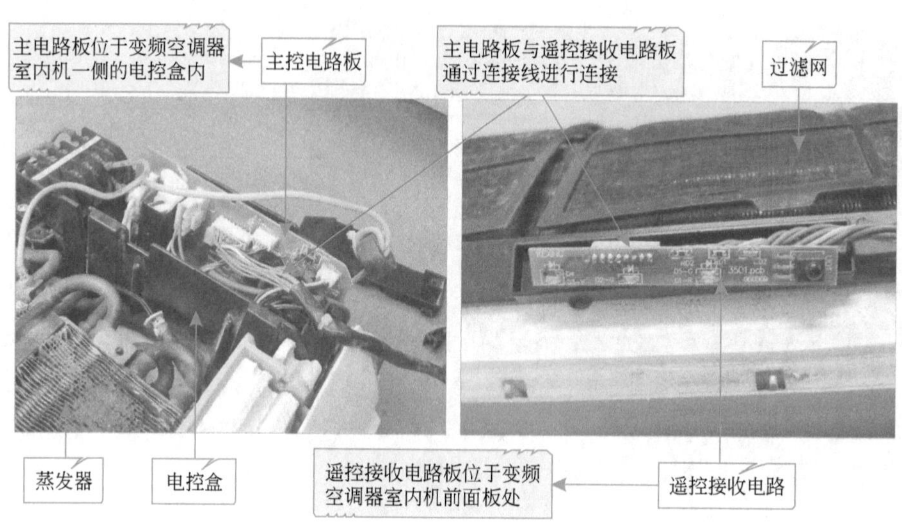

图1-12　典型变频空调器室内机电路部分的安装位置

变频空调器室内机的显示和遥控接收电路通常为一块独立的电路板，而主电路板上通常集成有控制电路、电源电路和通信电路，如图1-13所示。

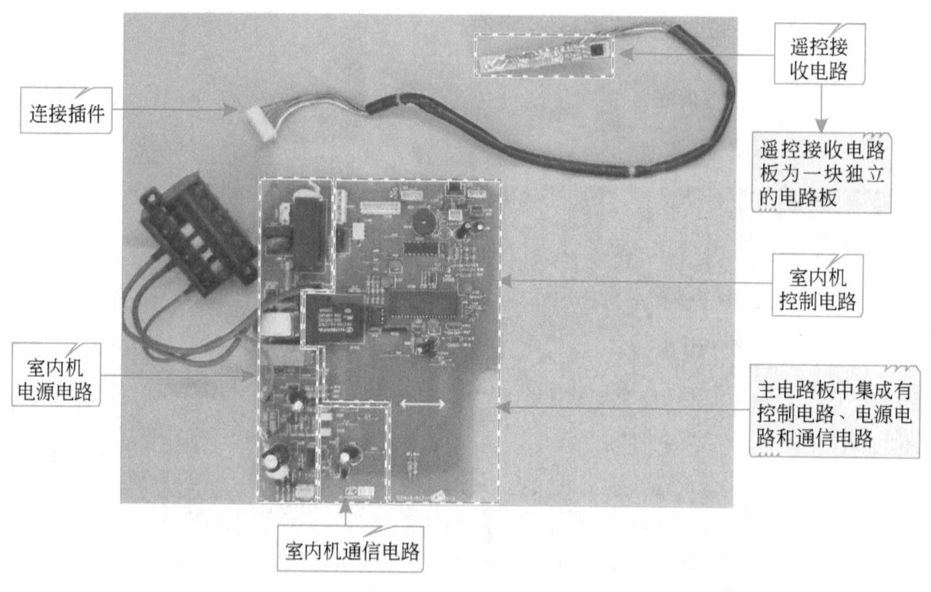

图1-13　典型变频空调器室内机电路部分的构成

电源电路主要为室内机和室外机提供工作电压；遥控接收电路主要用于接收遥控器送来的控制信号；控制电路用于根据该信号对室内机和室外机的各部分进行控制，并将变频空调器当前的工作状态通过显示电路中的指示灯显示出来；通信电路主要是用于传输空调器的工作指令信号以及反馈信号。

特别提示

定频空调器的室内机电路部分是整个空调器的控制中心，对空调器的整机进行控制，室外机的电路比较简单；而变频空调器的室内机电路部分是整个空调器控制的主控部分，工作时将输入的指令进行处理后，并将电源和控制信号送往室外机的电路分部。

1.1.2 变频空调器室外机的结构特点

变频空调器的室外机主要用来控制压缩机为制冷剂提供循环动力，与室内机配合，将室内的能量转移到室外，达到对室内制冷或制热的目的。从变频空调器室外机的外面通常可以找到排风口、上盖、前盖、底座、截止阀、接线护盖等部分，如图1-14所示。

图1-14 典型变频空调器室外机的外部结构

将变频空调器室外机的顶盖、前盖等拆下，即可看到内部各个组成部件，如冷凝器、轴流风扇组件、变频压缩机、电磁四通阀、毛细管、干燥过滤器、单向阀、主电路板和变频电路板等部分，如图1-15所示。

（1）轴流风扇组件

变频空调器的室外机基本都采用轴流风扇组件加速室外机的空气流通，提高冷凝器的散热或吸热效率，图1-16所示为典型变频空调器的轴流风扇组件。从图可看出，轴流风扇组件主要由轴流风扇扇叶、轴流风扇电动机组成。

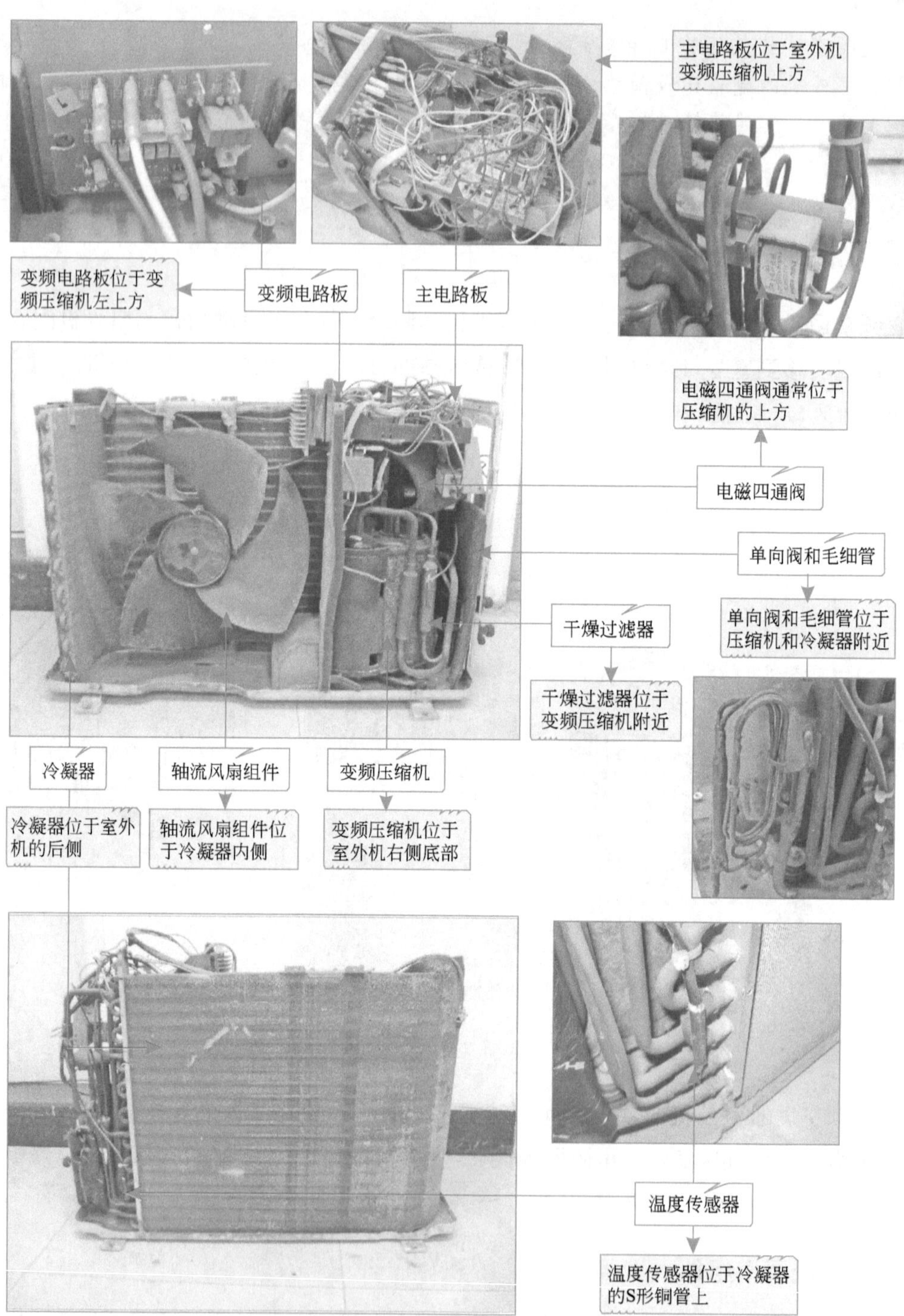

图1-15　典型变频空调器室外机的内部结构

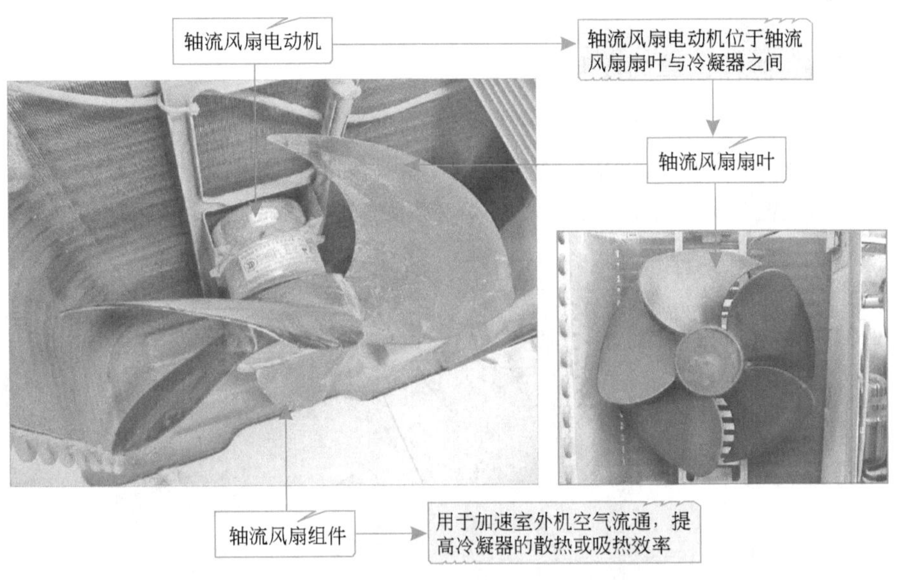

图1-16　典型变频空调器的轴流风扇组件

（2）冷凝器

冷凝器是变频空调器室外机中重要的热交换部件，制冷剂流经冷凝器时，向外界空气散热或从外界空气吸收热量，与室内机蒸发器的热交换形式始终相反，这样便实现了变频空调器的制冷/制热功能，图1-17所示为典型变频空调器的冷凝器，它是由一组一组S形铜管胀接铝合金散热翅片制成的，其中S形铜管用于传输制冷剂，使制冷剂不断地循环流动，翅片用来增大散热面积，提高冷凝器的散热效率。

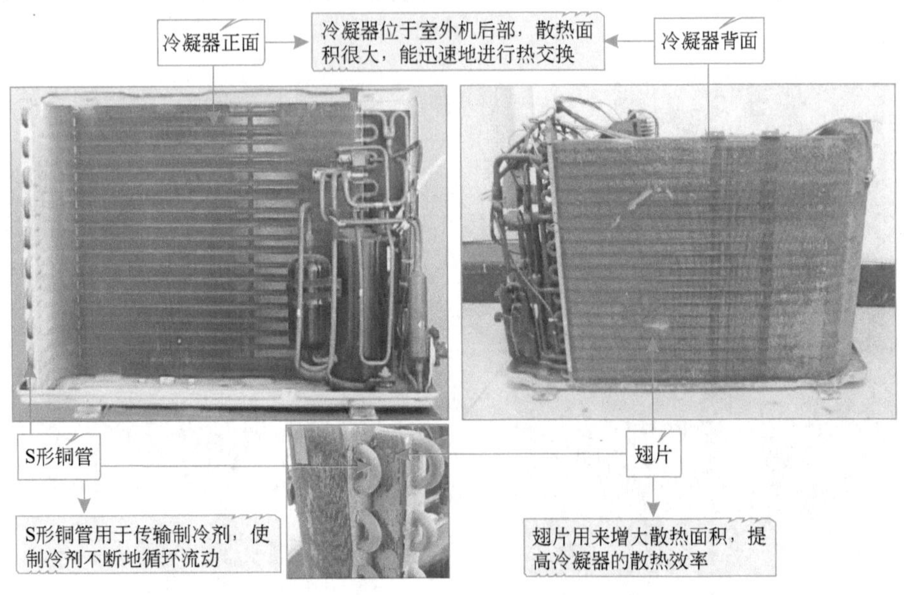

图1-17　典型变频空调器的冷凝器

（3）干燥过滤器、单向阀和毛细管

干燥过滤器、单向阀和毛细管是室外机中的节流、闸阀组件，其中，干燥过滤器可对制冷剂进行过滤；单向阀可防止制冷剂回流；而毛细管可对制冷剂起到节流降压的作用。图1-18所示为典型变频空调器的干燥过滤器、单向阀和毛细管。

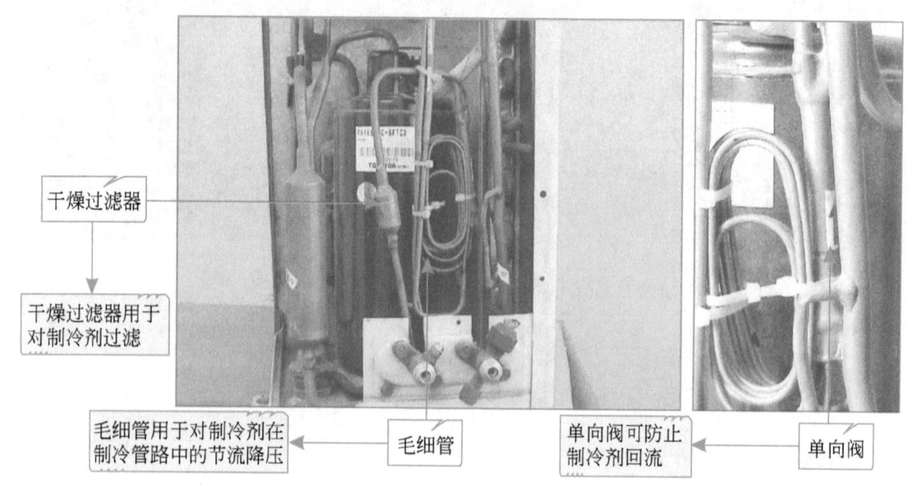

图1-18　典型变频空调器的干燥过滤器、单向阀和毛细管

（4）电磁四通阀

电磁四通阀是一种由电流来进行控制的电磁阀门，该器件主要用来控制制冷剂的流向，从而改变空调器的工作状态，实现制冷或制热。图1-19所示为变频空调器的电磁四通阀。

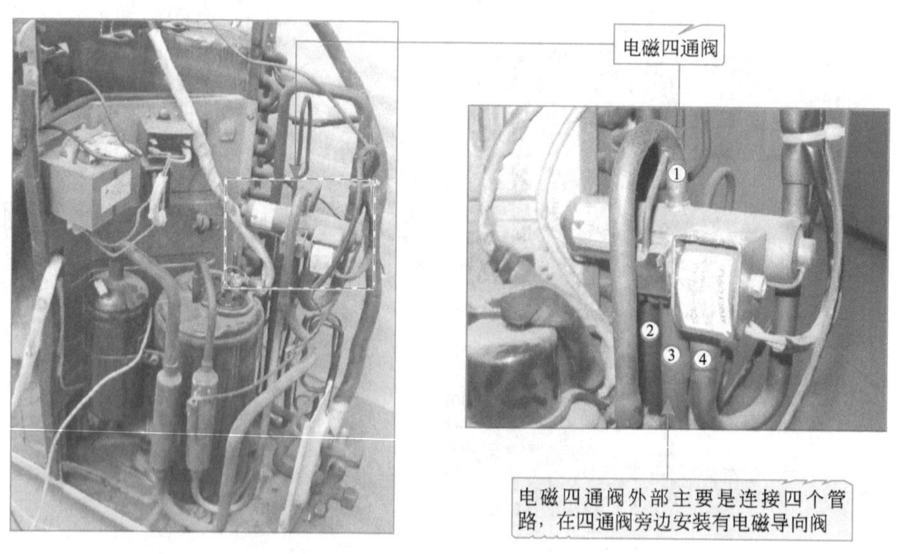

图1-19　典型变频空调器的电磁四通阀

特别提示

电磁四通阀是制冷制热工作模式的关键控制部件，因此，只有在具备制冷制热功能的变频空调器室外机中才能找到这个部件，只具备制冷功能的空调器是没有电磁四通阀的。

（5）截止阀

截止阀是变频空调器室外机与室内机之间的连接部件，室内机的两根连接管路分别与室外机的两个截止阀相连，从而构成制冷剂室内、室外的循环通路。图1-20所示为变频空调器室外机的截止阀，其中，管路较粗的一个是三通截止阀，另一个是二通截止阀。

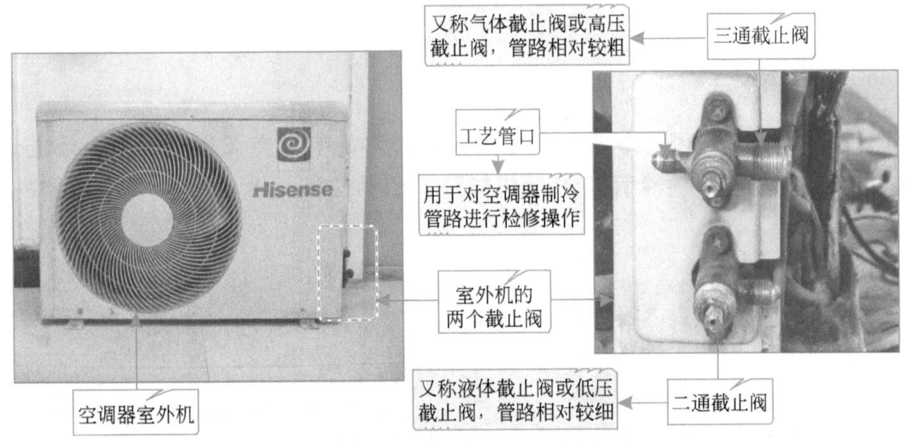

图1-20　典型变频空调器截止阀

二通截止阀又叫作液体截止阀或低压截止阀，制冷剂在通过该截止阀时呈液体状态，并且压强较低，所以二通截止阀的管路较细。三通截止阀又叫作气体截止阀或高压截止阀，制冷剂在通过该截止阀时呈现高压、气体状态，所以三通截止阀的管路较粗，并且三通截止阀上还设有工艺管口，该管口是对空调器制冷管路进行检修或充注制冷剂的重要部件。

（6）温度传感器

变频空调器室外机通常安装有3个温度传感器，分别为室外环境温度传感器，用于对室外温度进行检测；室外管路温度传感器，用于对室外机管路温度进行检测；压缩机排气口温度传感器，用于对压缩机排气口温度进行检测。图1-21所示为变频空调器室外机的温度传感器。

特别提示

在室外机中温度传感器的个数和位置不是固定的，一般功能越全面、性能越好的变频空调中，温度传感器的个数越多。

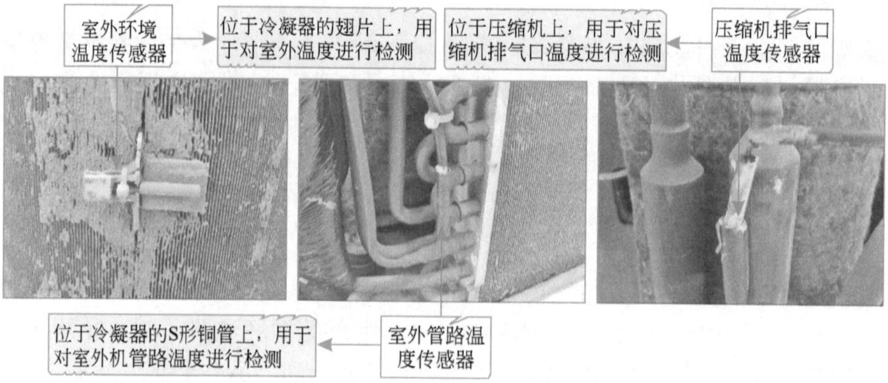

室外环境温度传感器
位于冷凝器的翅片上，用于对室外温度进行检测
位于压缩机上，用于对压缩机排气口温度进行检测
压缩机排气口温度传感器
位于冷凝器的S形铜管上，用于对室外机管路温度进行检测
室外管路温度传感器

图1-21　典型变频空调器室外机的温度传感器

（7）变频压缩机

变频压缩机是变频空调器中最为重要的部件，它是变频空调器制冷剂循环的动力源，使制冷剂在变频空调器的制冷管路中形成循环。图1-22所示为典型变频空调器的变频压缩机。

压缩机位于室外机的箱体内，轴流风扇组件的右侧，与制冷管路连接在一起，呈立式圆柱体
使制冷剂在变频空调器的制冷管路中形成循环
变频压缩机

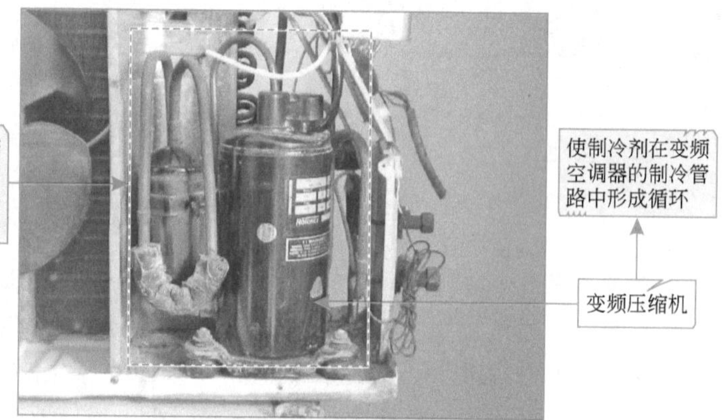

图1-22　典型变频空调器的变频压缩机

特别提示

定频空调器的室外机压缩机采用普通压缩机（定频），电路部分直接向压缩机输入交流220V、50Hz恒频的电压，压缩机的转速不变，因此只能依靠“开、关”压缩机的供电来调节室内的温度。

而变频空调器与定频空调器不同的是，其室外机中的压缩机采用变频压缩机，电路部分向压缩机输入变化的频率和大小的电压，来改变压缩机的转速，因此可通过调节变频压缩机的转速来调节室内温度。

（8）电路部分

变频空调器室外机的电路部分主要包括主电路板、变频电路板和一些电气部件，如图1-23所示。通常主电路板位于压缩机正上方；变频电路板位于压缩机上方侧面的固定支架上；一些电气部件也通常安装在压缩机附近的固定支架上，但其位置较为分散。

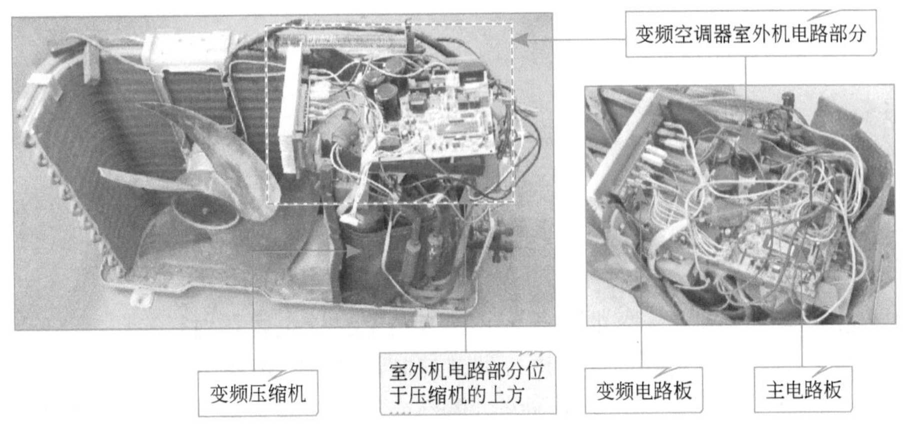

图1-23　典型变频空调器室外机电路部分

变频空调器室外机的变频电路通常为一块独立的电路板，而主电路板上通常集成有控制电路、电源电路和通信电路，如图1-24所示。

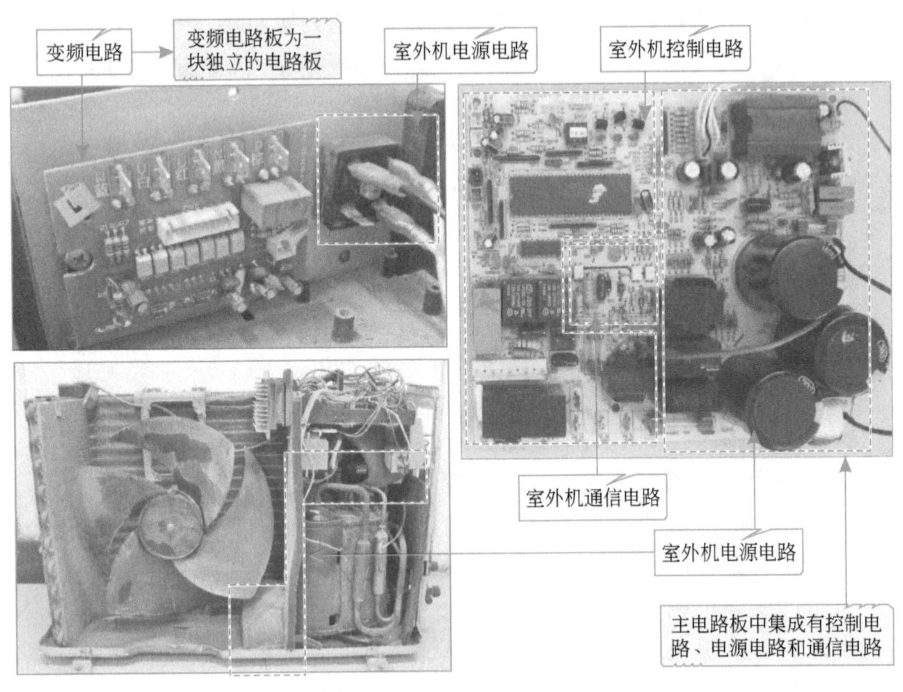

图1-24　典型变频空调器室外机电路部分的结构

特别提示

变频空调器与定频空调器的另一个区别是，其室外机内增加了变频电路，由变频电路控制变频压缩机工作，变频电路可以通过改变驱动电压的频率和幅度大小从而改变压缩机的转速。

1.2 变频空调器的工作原理

1.2.1 变频空调器的控制过程

通过上节介绍的变频空调器的结构可知，变频空调器主要是由管路和电路两大系统构成的。通过两大系统来对室内的温度进行调节控制，图1-25所示为典型变频空调器的整机控制过程。空调器管路系统中的变频压缩机风扇电机和四通阀都受电路系统的控制，使室内温度保持恒定不变。

在室内机中，由遥控信号接收电路接收遥控信号，控制电路根据遥控信号对室内风扇电动机、导风板电动机进行控制，并通过通信电路将控制信号传输到室外机中，控制室外机工作。

同时室内机控制电路接收室内环境温度传感器和室内管路温度传感器送来的温度检测信号，并随时向室外机发出相应的控制指令，室外机根据室内机的指令对变频压缩机进行变频控制。

在室外机中，控制电路根据室内机通信电路送来的控制信号还对室外风扇电动机、电磁四通阀等进行控制，并控制变频电路输出驱动信号驱动变频压缩机工作。

同时室外机控制电路接收室外温度传感器送来的温度检测信号，并将相应的检测信号、故障诊断信息以及变频空调器的工作状态信息等通过通信电路传送到室内机中。

1.2.2 变频空调器的电路控制关系

变频空调器是由系统控制电路与管路系统协同工作实现制冷、制热目的的。变频空调器的控制电路是整个空调器的控制核心，它是由各种功能的单元电路构成的，通过各单元电路的协同工作，完成信号的接收、处理和输出，从而控制相关部件，完成制冷、制热的目的，这是一个非常复杂的过程。

图1-26所示为变频空调器的整机电路控制关系。从图可看出，变频空调器的电路主要是由室内机电路和室外机电路构成的。为了便于理解变频空调器电路的控制过程，通常将变频空调器的电路划分成5个单元电路模块，即：电源电路；控制电路；显示和遥控接收电路；通信电路；变频电路。

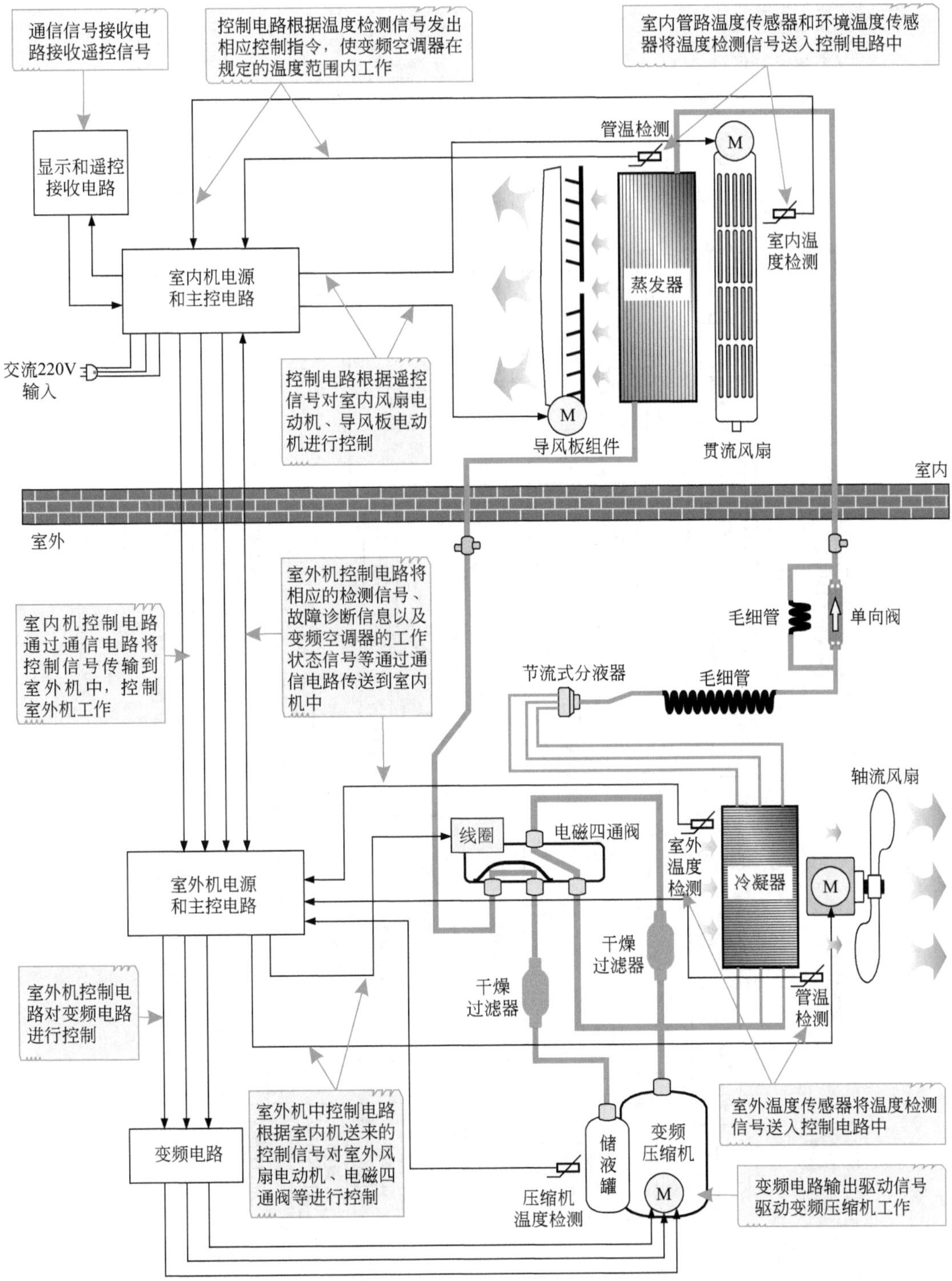

通信信号接收电路接收遥控信号

控制电路根据温度检测信号发出相应控制指令，使变频空调器在规定的温度范围内工作

室内管路温度传感器和环境温度传感器将温度检测信号送入控制电路中

显示和遥控接收电路

管温检测

M

室内机电源和主控电路

蒸发器

室内温度检测

交流220V输入

控制电路根据遥控信号对室内风扇电动机、导风板电动机进行控制

M

导风板组件

贯流风扇

室内

室外

室外机控制电路将相应的检测信号、故障诊断信息以及变频空调器的工作状态信号等通过通信电路传送到室内机中

室内机控制电路通过通信电路将控制信号传输到室外机中，控制室外机工作

毛细管

单向阀

节流式分液器

毛细管

轴流风扇

线圈

电磁四通阀

室外温度检测

室外机电源和主控电路

冷凝器

M

干燥过滤器

室外机控制电路对变频电路进行控制

干燥过滤器

管温检测

室外机中控制电路根据室内机送来的控制信号对室外风扇电动机、电磁四通阀等进行控制

室外温度传感器将温度检测信号送入控制电路中

变频电路

储液罐

变频压缩机

M

变频电路输出驱动信号驱动变频压缩机工作

压缩机温度检测

图1–25 典型变频空调器的整机控制过程

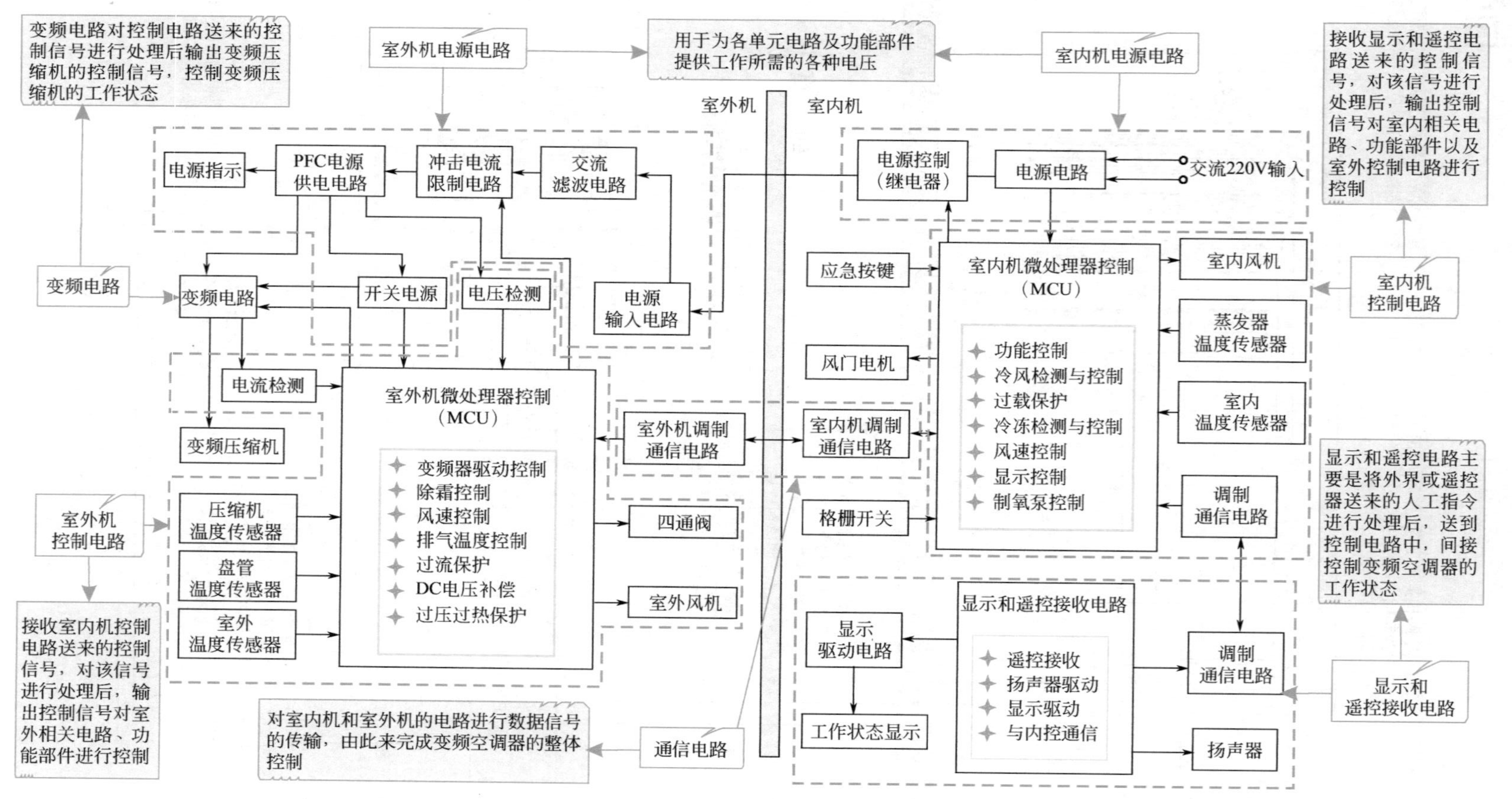

图1-26　变频空调器的整机控制关系

变频空调器在工作时，由电源电路将交流220V市电处理后，输出各级直流电压为各单元电路及功能部件提供工作所需的各种电压。图1-27所示为典型变频空调器电源电路的相关部件。

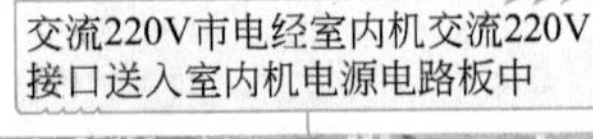

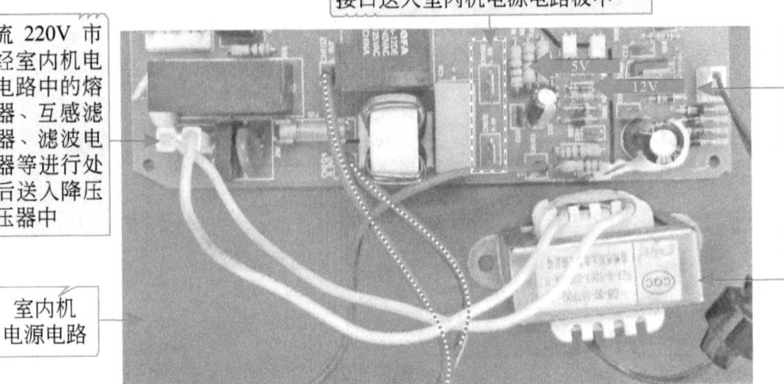

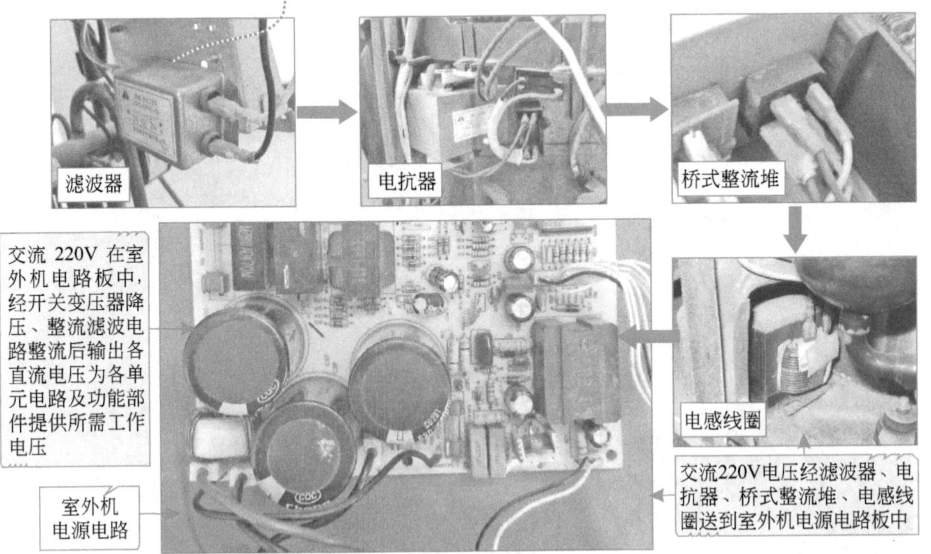

图1-27　典型变频空调器电源电路的相关部件

用户通过遥控器将变频空调器的启动和功能控制信号发射给室内机的遥控接收电路，由遥控接收电路对信号进行处理后再传送到室内机控制电路的微处理器中，微处理器根据内部程序分别对室内机的各部件进行控制，并通过通信电路与室外机通信电路进行通信，向室外机发出控制指令。同时室内机的微处理器接收室内温度传感器和管路温度传感器送来的温度检测信号，并根据该信号输出相应的控制信号，从而控制制冷或制热的温度。图1-28所示为典型变频空调器室内机电路的控制关系。

室外机根据室内机送来的控制指令，对室外机中的变频电路、轴流风扇以及电磁四通阀的工作状态进行调整，并通过温度传感器对室外温度、管路温度、压缩机温度进行检测。图1-29所示为典型变频空调器室外机电路的控制关系。

室内机中各传感器将温度信号传送给室内机控制电路
温度传感器
室内机控制信号通过通信电路送到室外机
遥控接收电路
遥控接收电路将接收到的人工指令送入室内机控制电路的微处理器中
微处理器
室外机
贯流风扇组件
导风板组件
室内机控制电路接收到人工指令后，分别对室内机贯流风扇组件、导风板组件的工作状态进行控制
电源电路
控制电路
通信电路

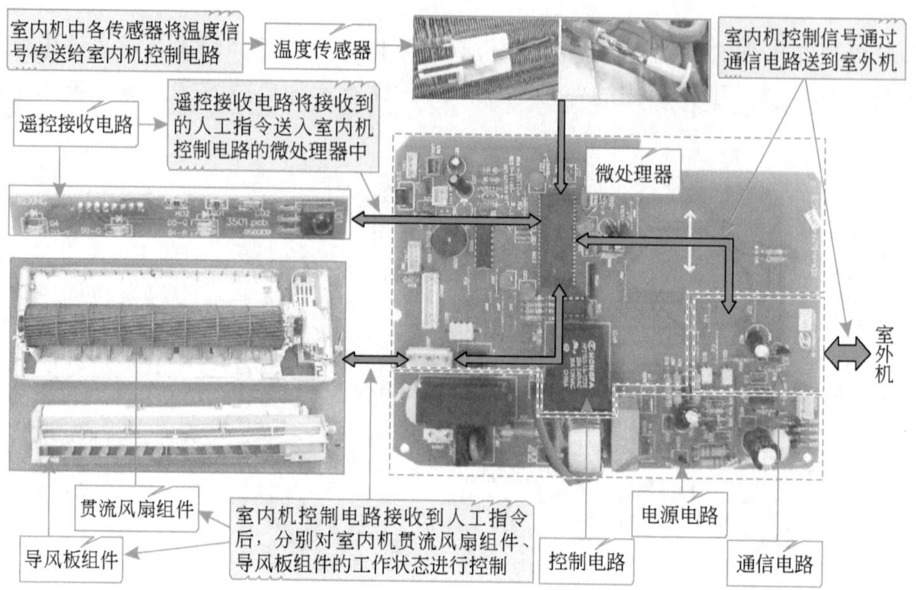

图1-28　典型变频空调器室内机电路的控制关系

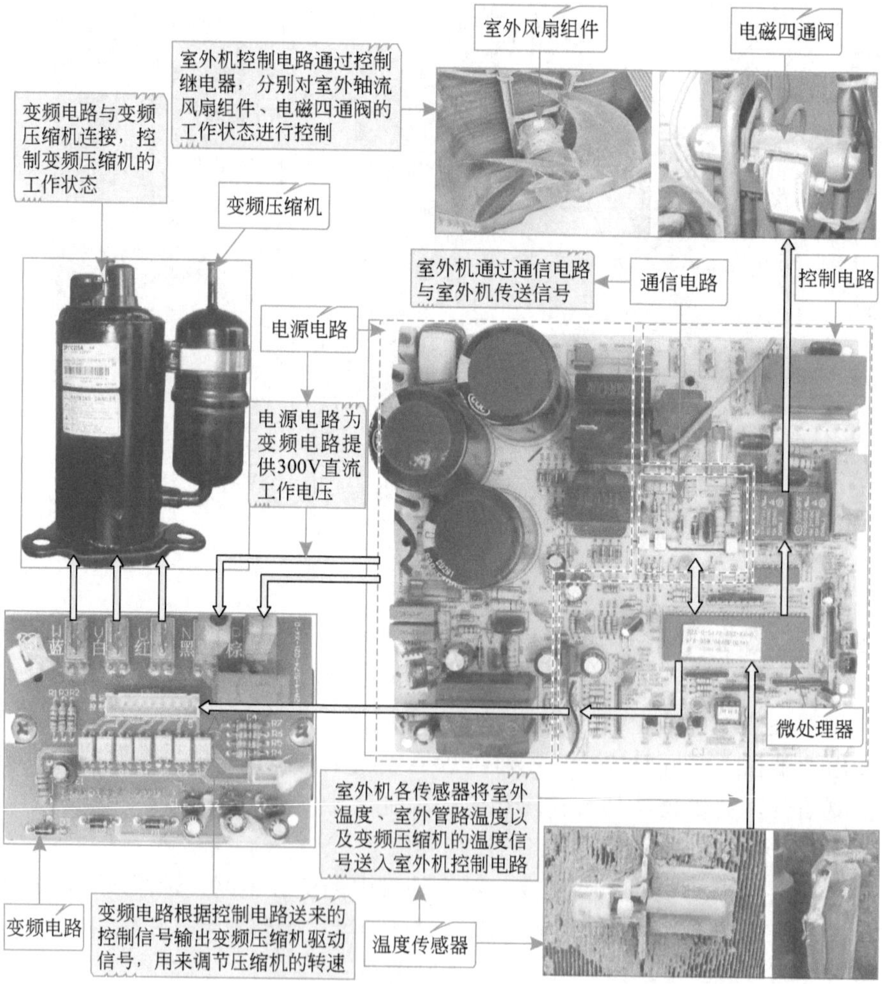

室外风扇组件
电磁四通阀
室外机控制电路通过控制继电器，分别对室外轴流风扇组件、电磁四通阀的工作状态进行控制
变频电路与变频压缩机连接，控制变频压缩机的工作状态
变频压缩机
室外机通过通信电路与室外机传送信号
通信电路
控制电路
电源电路
电源电路为变频电路提供300V直流工作电压
蓝
白
红
黑
棕
微处理器
室外机各传感器将室外温度、室外管路温度以及变频压缩机的温度信号送入室外机控制电路
变频电路
变频电路根据控制电路送来的控制信号输出变频压缩机驱动信号，用来调节压缩机的转速
温度传感器

图1-29　典型变频空调器室外机电路的控制关系

1.3 变频空调器维修环境的搭建

针对变频空调器不同的检修项目，需要使用特定的检修工具和设备搭建必要的检修环境，以便顺利有效地展开变频空调器故障的查找和检修。这其中包括管路焊接环境的搭建、充氮检漏环境的搭建、抽真空环境的搭建和充注制冷剂环境的搭建。

1.3.1 管路焊接环境的搭建

管路焊接是指使用变频空调器专用的管路加工工具对变频空调器待焊接的管路、管口进行加工，然后使用专用的焊接设备对待焊接的管路进行焊接操作。

对变频空调器管路进行焊接操作前，应首先根据需要准备好相关的管路加工工具和焊接工具，搭建起管路焊接的基本环境。

（1）管路焊接设备的准备

当变频空调器的管路系统发生故障时，需要对管路系统进行检修。检修时，常常需要对变频空调器内部的管路进行切割、扩口加工、焊接等操作。因此搭建管路焊接环境时，需要准备的设备主要有切管器、扩管组件、弯管器和气焊设备。

① 切管器　切管器主要用于变频空调器制冷管路的切割，也常称其为割刀。图1-30所示为两种常见切管器的实物外形。可以看到，切管器主要由刮管刀、滚轮、刀片及进刀旋钮组成。

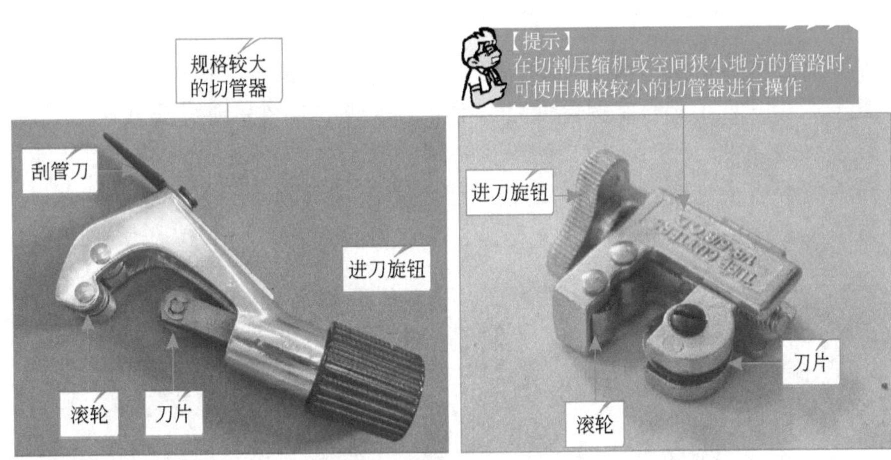

图1-30　切管器的实物外形

特别提示

在对变频空调器的管路部件进行检修时，经常需要使用切管器对管路的连接部位、过长的管路或不平整的管口等进行切割，以便实现变频空调器管路部件的代换、检修或焊接操作。

常用切管器的规格为3 ~ 20mm。由于变频空调器制冷循环对管路的要求很高，杂质、灰尘和金属碎屑都会造成制冷系统堵塞，因此，对制冷铜管的切割要使用专用的设备，这样才可以保证铜管的切割面平整、光滑，且不会产生金属碎屑掉入管中阻塞制冷循环系统。

② 扩管组件　扩管组件主要用于对变频空调器各种管路的管口进行扩口操作。图1-31所示为扩管组件的实物外形，可以看到扩管组件主要包括顶压器、顶压支头和夹板。

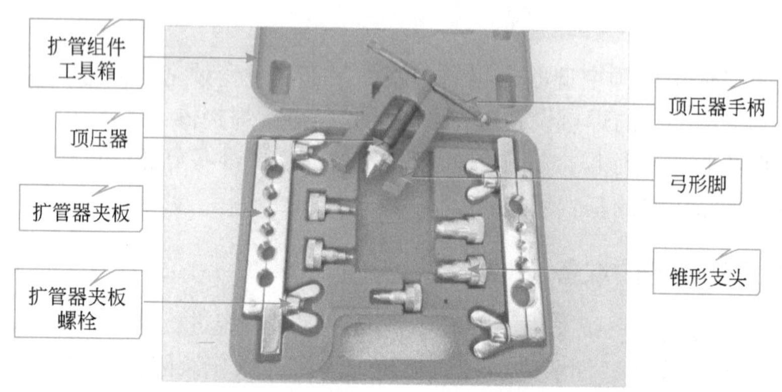

图1-31　扩管组件的实物外形

特别提示

在对变频空调器的管路部件进行检修时，经常需要使用扩管组件对管路的管口进行扩口操作，以便实现变频空调器管路与管路、管路与部件的连接操作。

扩管组件主要用于将管口扩为杯形口和扩为喇叭口两种，如图1-32所示。两根直径相同的铜管需要通过焊接方式连接时，应使用扩管器将一根铜管的管口扩为杯形口；当铜管需要通过纳子或转接器连接时，需将管口进行扩喇叭口的操作。

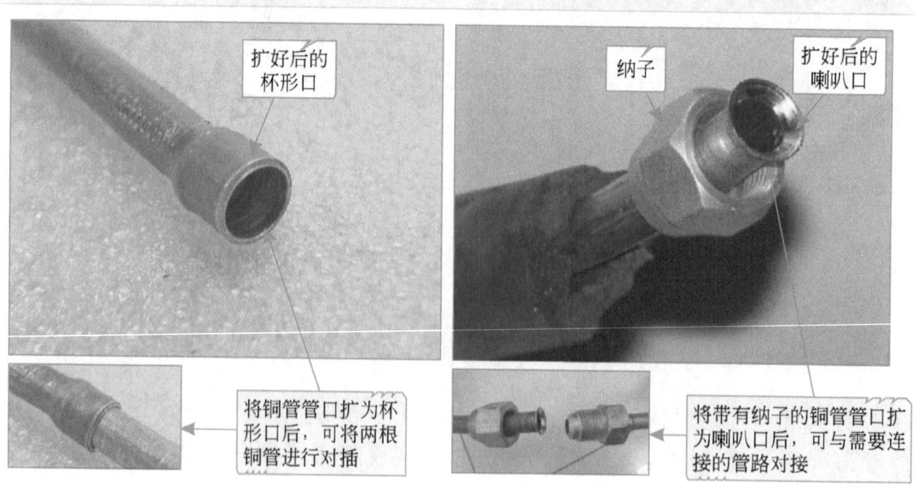

图1-32　使用扩管工具加工的管口

③ 弯管器　在进行空调器管路的焊接操作时，为了适应制冷铜管的连接需要，难免会对铜管进行弯曲，为了避免因弯曲而造成管壁有凹瘪的现象，一般使用弯管器对其进行操作，这样就可以保证制冷系统正常的循环效果。弯管器的实物外形如图1-33所示。

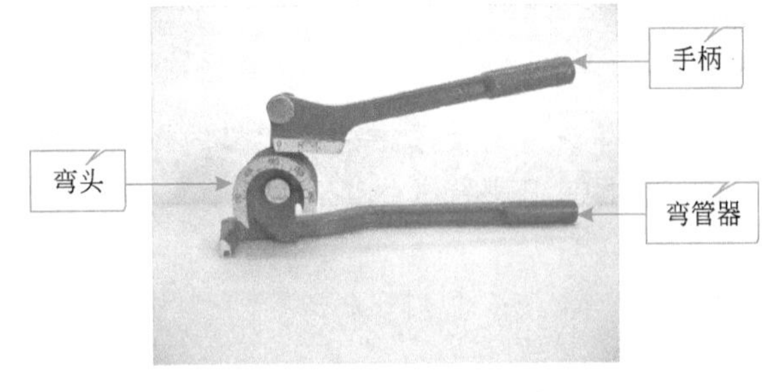

图1-33　弯管器的实物外形

特别提示

变频空调器的制冷管路经常需要弯制成特定的形状，而且为了保证系统循环的效果，对于管路的弯曲有严格的要求。通常管路的弯曲半径不能小于其直径的3倍，而且要保证管道内腔不能凹瘪或变形。

④ 气焊设备　气焊设备是指对变频空调器的管路系统进行焊接操作的专用设备，图1-34所示为气焊设备的实物外形，可以看到其主要是由氧气瓶、燃气瓶、焊枪和连接软管组成的。

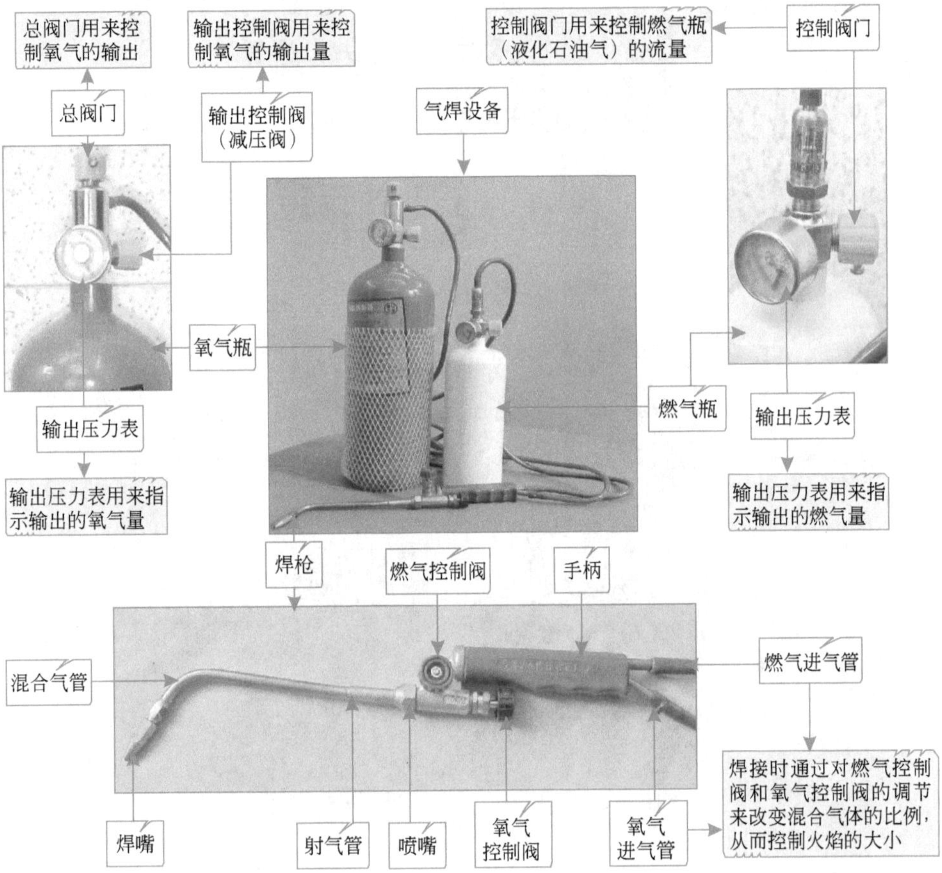

图1-34　气焊设备的实物外形

特别提示

气焊设备的使用方法有严格的规范和操作顺序要求，我们将在后面章节中涉及具体焊接操作时进行具体详细的介绍，作为一名维修人员必须按照要求进行规范操作。

知识拓展

在使用气焊设备对空调器的管路和电路进行焊接时，焊料也是必不可少的辅助材料，主要有焊条（铜铝焊条、铜铁焊条、铜焊条）、丁烷、铝焊粉、焊剂等，其实物外形及适用场合如图1-35所示。

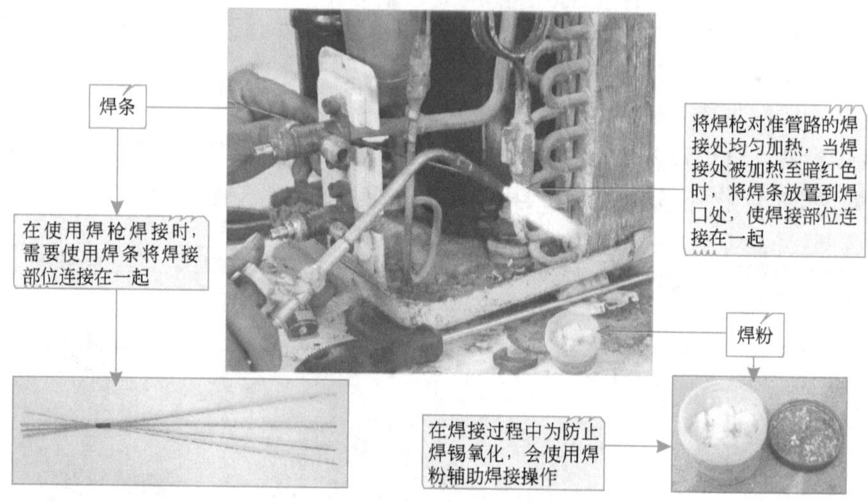

图1-35　焊料的实物外形及适用场合

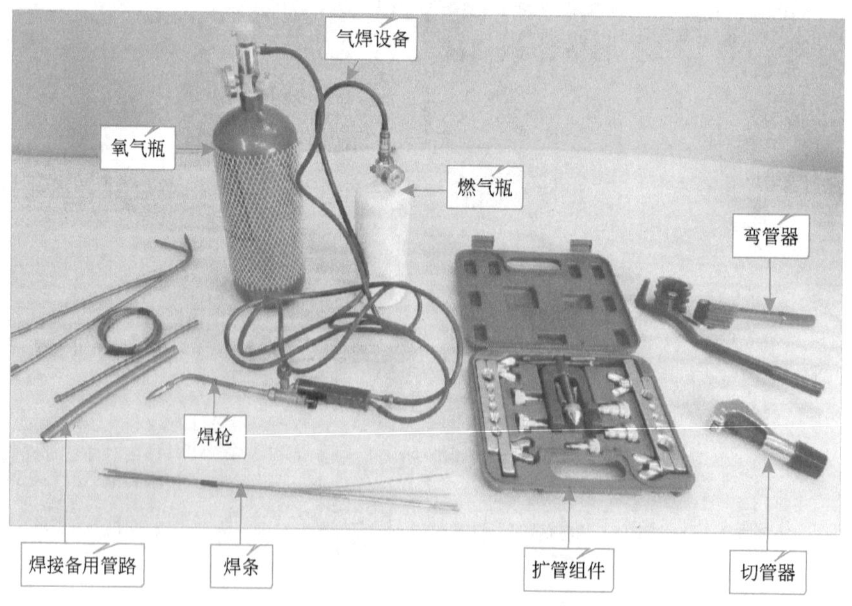

图1-36　管路焊接环境的搭建示意图

（2）管路焊接环境的搭建过程

图1-36所示为管路焊接环境的搭建示意图。这些设备功能各异，用法不同，常常需要在变频空调器管路检修中配合使用。

1.3.2 充氮检漏环境的搭建

充氮检漏是指向空调器管路系统中充入氮气，并使管路系统具有一定压力后，用洗洁精水（或肥皂水）检察管路各焊接点有无泄漏，以检验或确保空调器管路系统的密封性。

对变频空调器管路进行充氮检漏操作前，应首先根据要求将相关的充氮设备与待测变频空调器进行连接，搭建起充氮检漏的基本环境。

（1）充氮检漏设备的准备

搭建充氮检漏环境，需要准备的设备有氮气钢瓶、减压器、充氮用高压连接软管等。图1-37所示为充氮检漏环境的安装连接示意图。充氮检漏环境的搭建就是在安装好充氮设备后，将其与待测的空调器进行连接，以便向待测空调器中“吹”入氮气，完成检漏操作。

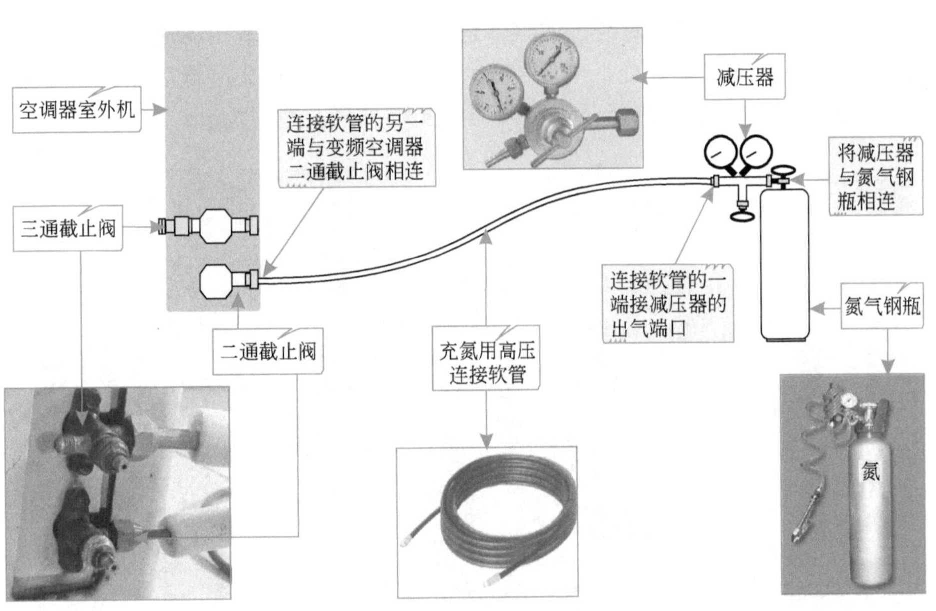

图1-37　充氮检漏环境的安装连接示意图

① 氮气及氮气钢瓶　氮气钢瓶是盛放氮气的高压钢瓶。在对变频空调器进行检修时，经常会使用氮气对管路进行清洁、试压、检漏等操作。

氮气通常压缩在氮气钢瓶中，如图1-38所示，由于氮气钢瓶中的压力较大，在使用氮气时，在氮气瓶阀门口通常会连接减压器，并根据需要调节氮气瓶的排气压力。

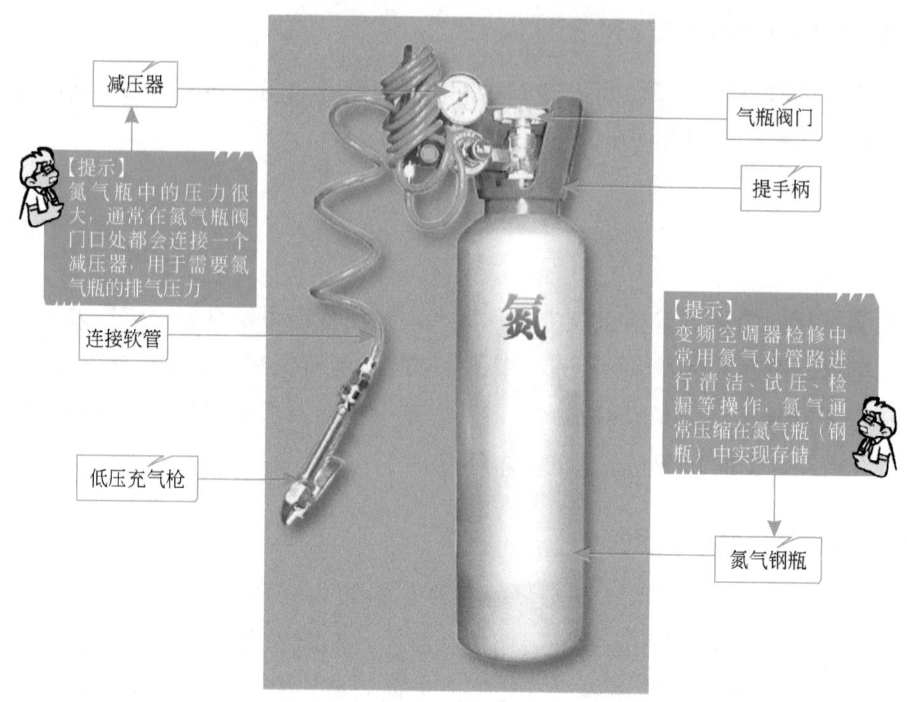

图1-38　氮气及钢瓶的实物外形及适用场合

② 减压器　减压器是一种对经过的气体进行降压的设备。减压器通常安装在高压钢瓶（氧气瓶或氮气瓶）的出气端口处，主要用于将钢瓶内的气体压力降低后输出，确保输出后气体的压力和流量稳定。图1-39所示为减压器的实物外形及适用场合。

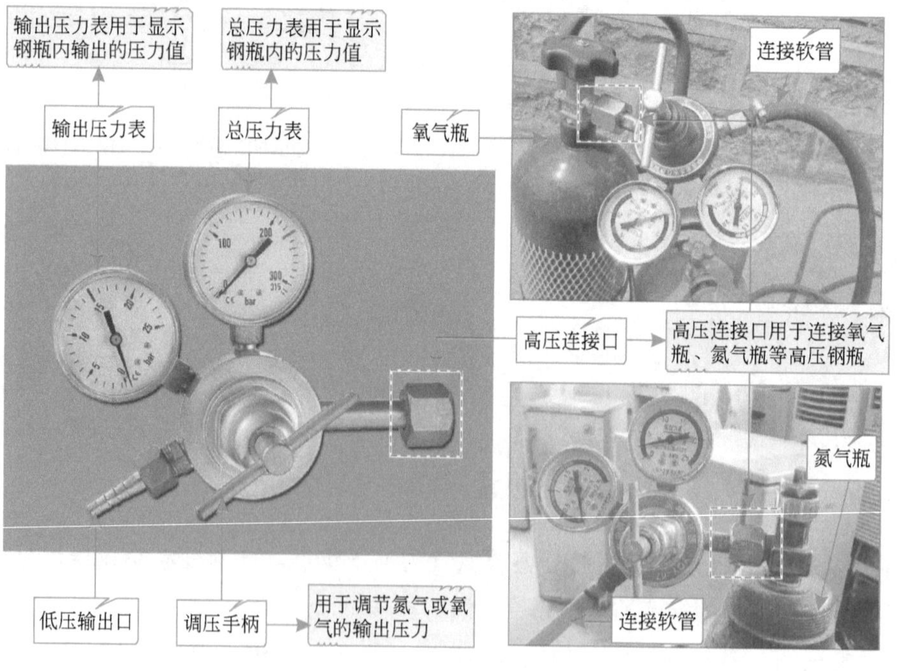

图1-39　减压器

（2）充氮检漏环境的搭建过程

变频空调器充氮检漏环境的搭建主要分为2步：第1步是完成充氮设备的安装操作（即将减压器安装到氮气钢瓶上）；第2步是完成充氮设备与待测变频空调器的连接。

① 充氮设备的安装操作　充氮设备主要由减压器和氮气钢瓶组成。由于氮气钢瓶中的氮气压力较大，使用时，必须在氮气钢瓶阀门口处接上减压器，并根据需要调节不同的排气压力，使充氮压力符合操作要求。

图1-40所示为减压器与氮气钢瓶的连接方法。

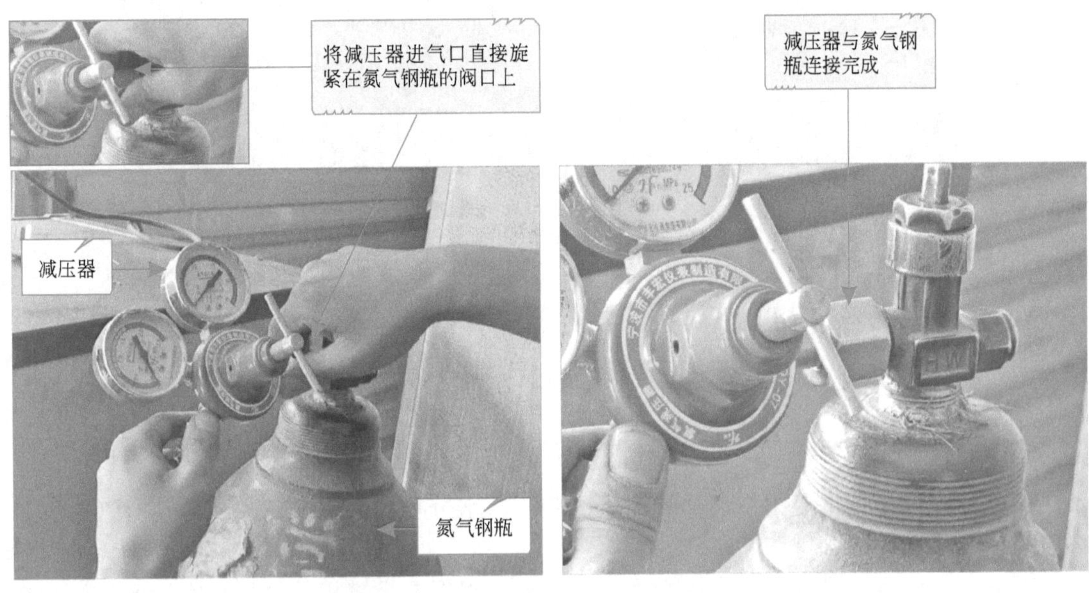

图1-40　减压器与氮气钢瓶的连接方法

② 充氮设备与待测变频空调器的连接　充氮设备与待测变频空调器的连接主要是使用充氮用的高压软管将充氮设备与待测变频空调器连接在一起。连接时，将充氮用高压软管的一端与减压器的出气端口连接，另一端与待测变频空调器的二通截止阀连接。

图1-41所示为充氮设备与待测变频空调器的连接。

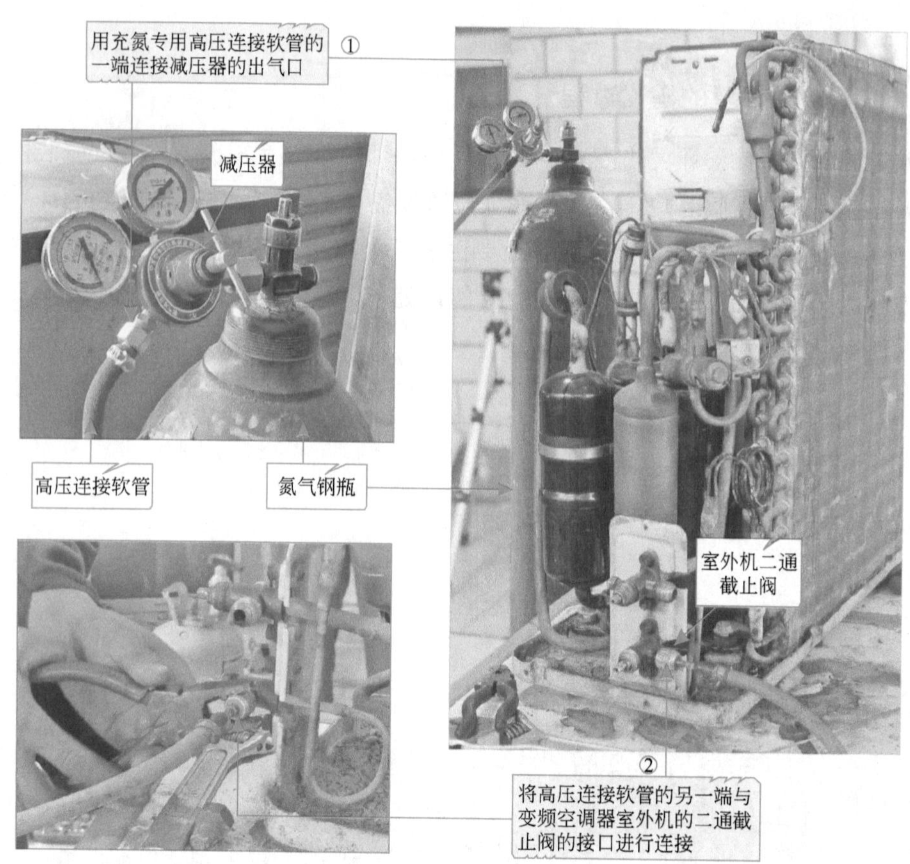

图1-41 减压器与空调器室外机二通截止阀的连接方法

1.3.3 抽真空环境的搭建

抽真空环境是指将变频空调器管路中的空气、水分抽出，确保充注制冷剂时管路系统环境的纯净。

对变频空调器管路进行抽真空操作前，应首先根据要求将相关的抽真空设备与待测空调器进行连接，搭建起抽真空的基本环境。

特别提示

在变频空调器的管路检修中，特别是进行管路部件更换或切割开管路操作后，空气很容易进入管路中，进而造成管路中高、低压力上升，增加压缩机负荷，影响制冷效果。另外，空气中的水分也可能导致压缩机线圈绝缘下降，缩短使用寿命；制冷时水分容易在毛细管部分形成冰堵等。因此，在空调器的管路维修完成后，在充注制冷剂之前，一定要对整体管路系统进行抽真空处理。

（1）抽真空设备的准备

抽真空设备主要包括真空泵、连接软管、三通压力表阀等，图1-42所示为抽真空环境的安装连接示意图。抽真空环境的搭建也是在安装好抽真空设备后，将其与待测的空调器进行连接，以便将待测变频空调器管路中的空气、水分抽出，使管路呈真空状态，完成抽真空操作。

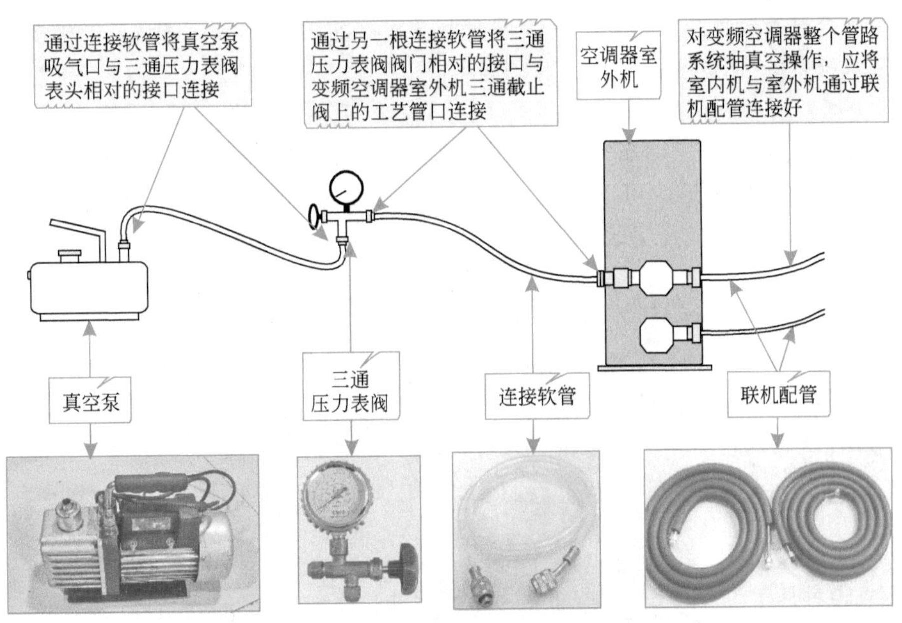

图1-42　抽真空环境的安装连接示意图

① 真空泵　真空泵是对变频空调器的制冷系统进行抽真空时用到的专用设备。在变频空调器管路系统的维修操作中，只要出现将空调器的管路系统打开的情况，就必须使用真空泵进行抽真空操作。

使用真空泵时，需要将其与三通压力表阀进行连接，如图1-43所示。变频空调器检修中常用的真空泵的规格为2～4L/s（排气能力）。为防止介质回流，真空泵需带有电子止回阀。

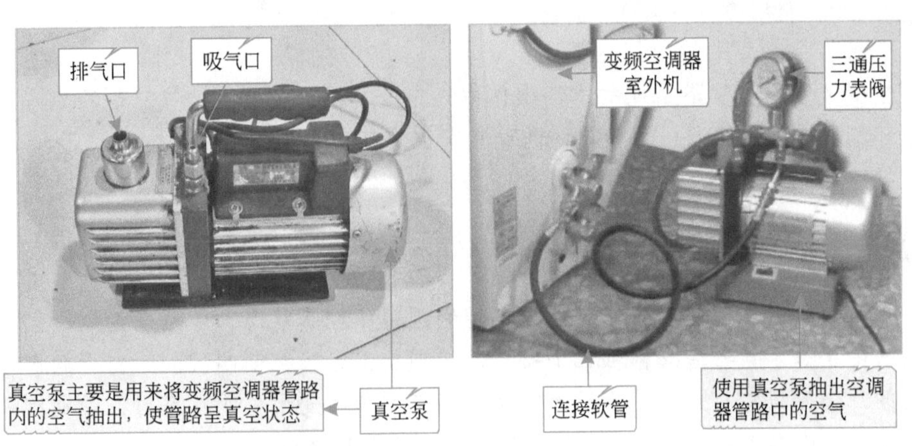

图1-43　真空泵的实物外形及适用场合

特别提示

在变频空调器维修操作中，更换管路部件、切开工艺管口等任何可能导致空气进入管路系统的操作后，都要进行抽真空操作。

真空泵质量的好坏将直接影响到变频空调器维修后的制冷效果的好坏。若真空泵质量不好，会使制冷系统中残留有少量空气，使制冷效果变差。因此，在对变频空调器制冷系统进行抽真空处理时，一定要使用质量合格的真空泵，并且要严格按照要求，将制冷系统内的气体全部排空。

② 三通压力表阀　三通压力表阀在变频空调器的维修过程中十分关键，图1-44所示为三通压力表阀的实物外形，可以看到它是三通阀和压力表的综合体，包含控制阀门、三个接口和一个显示压力值的压力表。

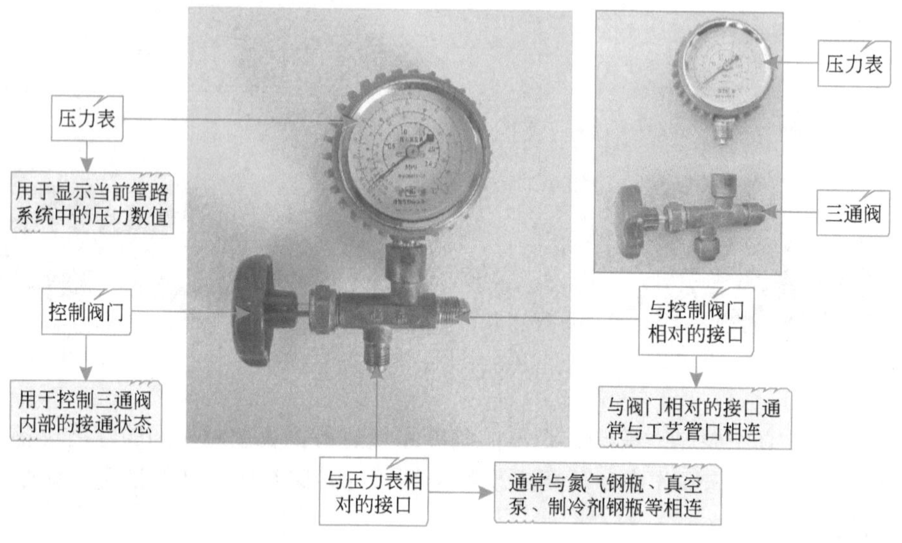

图1-44　三通压力表阀的实物外形

特别提示

在变频空调器管路系统的维修操作中，充氮检漏、抽真空、充注制冷剂等基本操作中，均需要使用三通压力表阀，通过它来控制充注量和真空度。

知识拓展

在三通压力表阀使用中，应注意其控制阀门的控制状态，即明确控制阀门打开和关闭两个状态下，三通阀内部三个接口的接通状态：当控制阀门处于打开状态时，三通阀的三个接口均打开，处于三通状态；当控制阀门处于关闭状态时，三通阀一个接口被关闭，压力表接口与另一个接口仍打开，如图1-45所示。

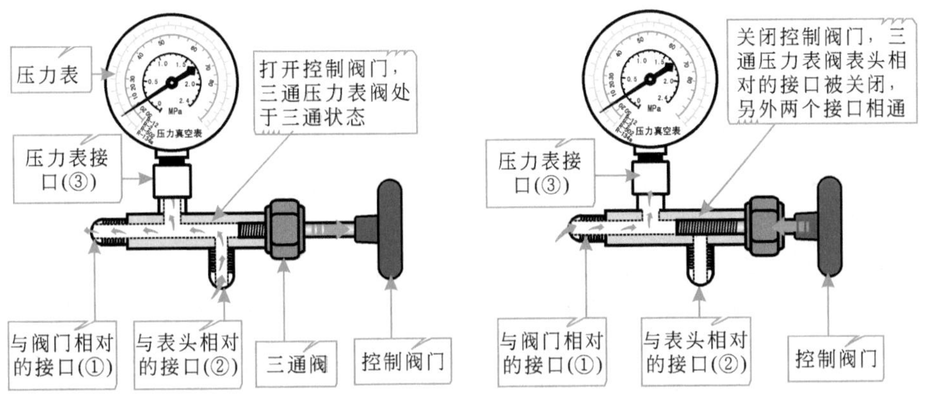

图1-45　三通压力表阀接口的控制状态

为了能够在控制阀门关闭状态下，仍可使用三通压力表阀测试管路中压力，一般将三通压力表阀中能够被控制阀门控制的接口（即接口②）连接氮气钢瓶、真空泵或制冷剂钢瓶等，不受控制阀门控制的接口（即接口①）连接空调器室外机三通截止阀的工艺管口。

需要注意的是，不同厂家生产的三通压力表阀阀门控制接口可能不同，在使用前应首先弄清楚三通压力表阀的阀门控制哪个接口，然后再根据上述原则进行连接。

③ 连接软管　连接软管俗称加氟管，在维修变频空调器过程中，当需要对管路系统进行充氮气、抽真空、充注制冷剂等操作时，各设备或部件之间的连接均需要用到连接软管。目前，根据连接软管的接口类型不同主要有公-公连接软管和公-英连接软管两种，如图1-46所示。

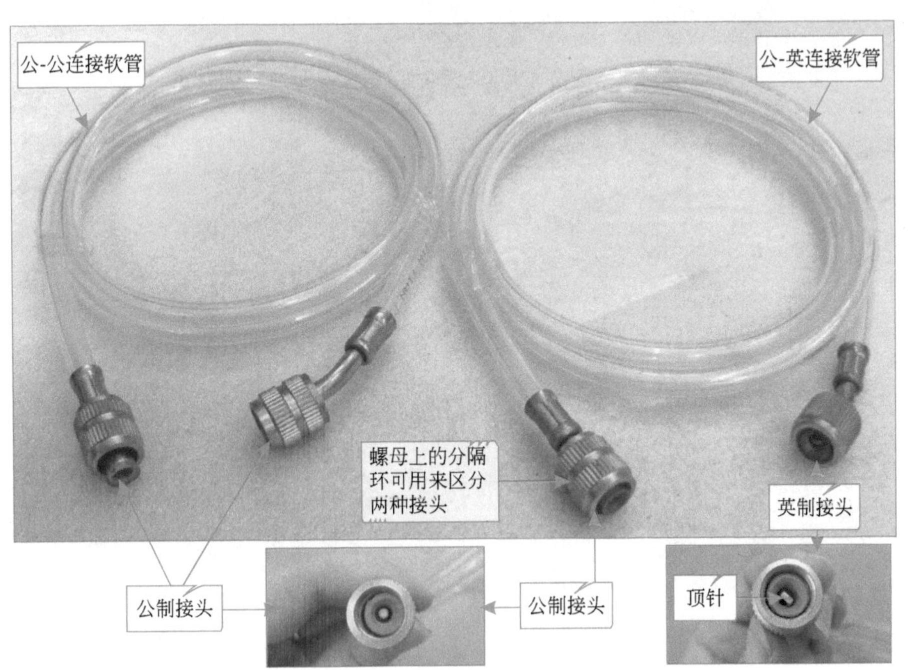

图1-46　连接软管的实物外形

知识拓展

在实际应用中，还有一种常与连接软管配合使用的部件，称为转接头，主要有英制转接头（公转英接头）和公制转接头（英转公接头）两种，如图1-47所示。

在公制转接头上，螺母有明显的分隔环；在英制转接头上，螺母无明显的分隔环，可以由此来分辨两种转接头。

转接头用于在连接软管的连接头不能满足与设备直接连接的情况下使用。例如，当手头只有公制-公制连接软管时，无法与带英制连接头的设备连接，此时可用一只英制转接头进行转接，以符合连接，即将英制转接头的螺纹端与公制连接软管连接，再将英制转接头的另一端与英制连接头的设备连接，实现转接后的连接，如图1-48所示。

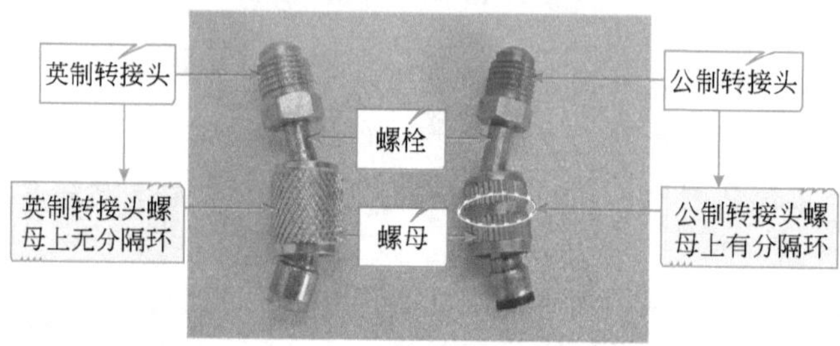

图1-47 转接头的实物外形

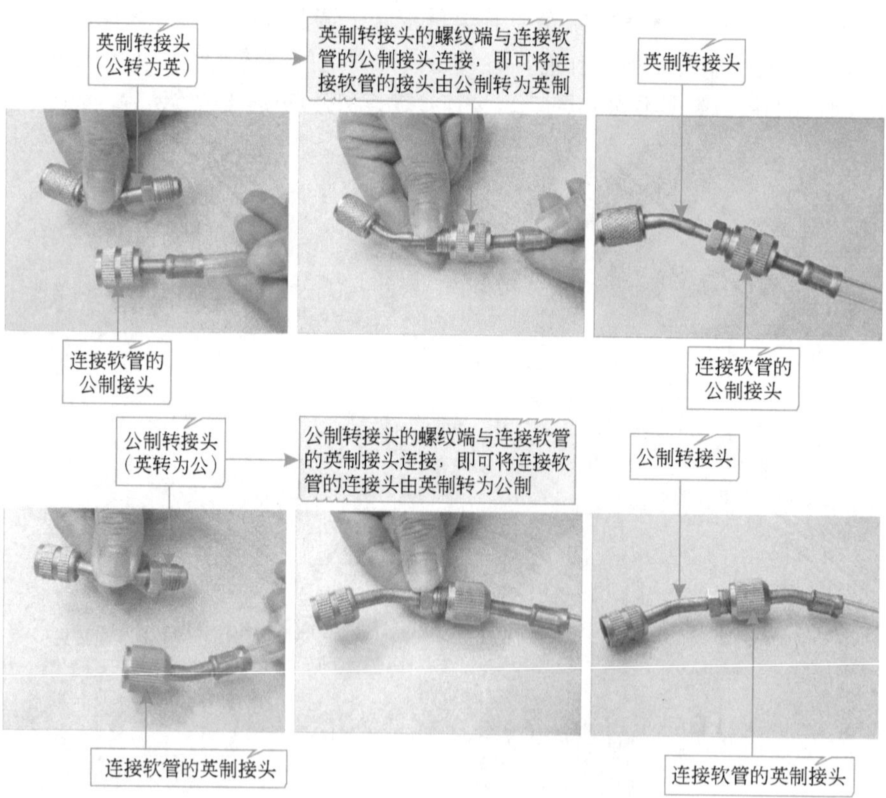

图1-48 转接头与连接软管进行连接

（2）抽真空环境的搭建过程

变频空调器抽真空环境的搭建主要分为3步：第1步是将待测变频空调器联机配管进行连接；第2步是将抽真空设备进行安装连接；第3步是将抽真空设备与待测变频空调器连接。

① 待测变频空调器联机配管的连接　待测变频空调器联机配管的连接主要是指将待测空调器室内机与室外机之间通过联机配管进行连接。当对空调器整个管路系统进行抽真空时，应确保联机配管连接良好。

图1-49所示为变频空调器室内机与室外机之间联机配管的连接方法。

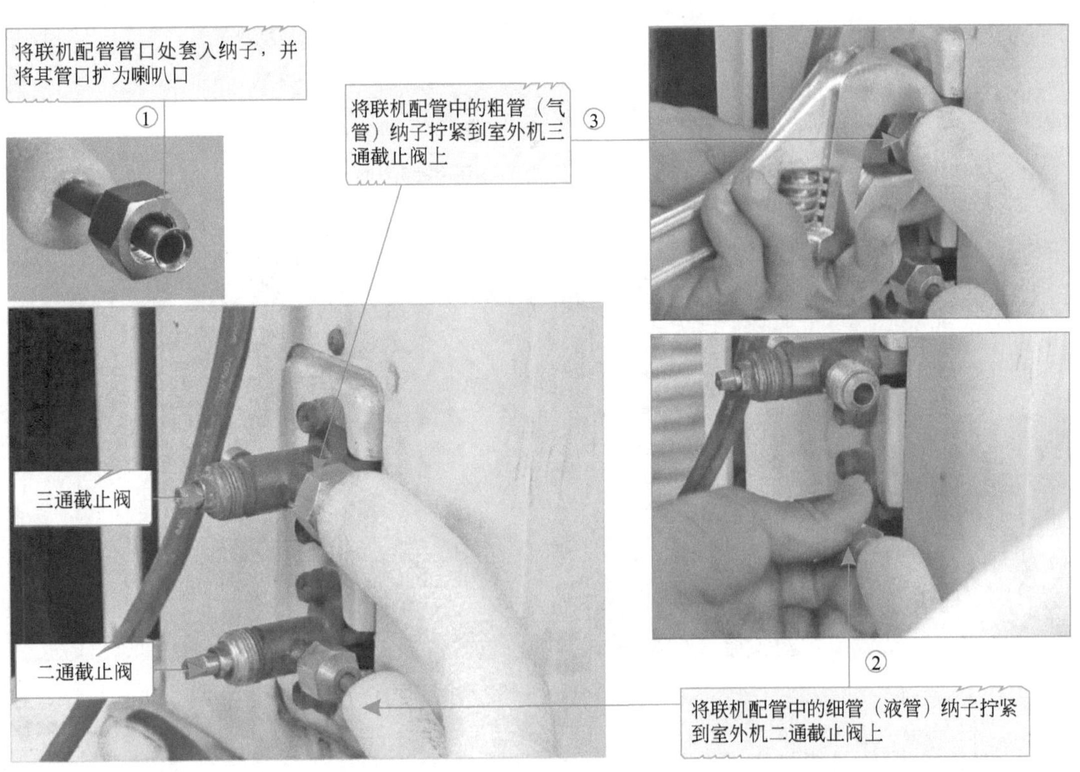

图1-49　变频空调器室内机与室外机之间联机配管的连接方法

② 抽真空设备的安装连接　抽真空设备主要由真空泵、三通压力表阀组成，抽真空设备的安装连接就是将真空泵通过连接软管与三通压力表阀进行连接。连接时选取一根连接软管将三通压力表阀阀门相对的接口（即与真空泵连接的端口）与真空泵的吸气口连接。

图1-50所示为三通压力表阀与真空泵的连接方法。

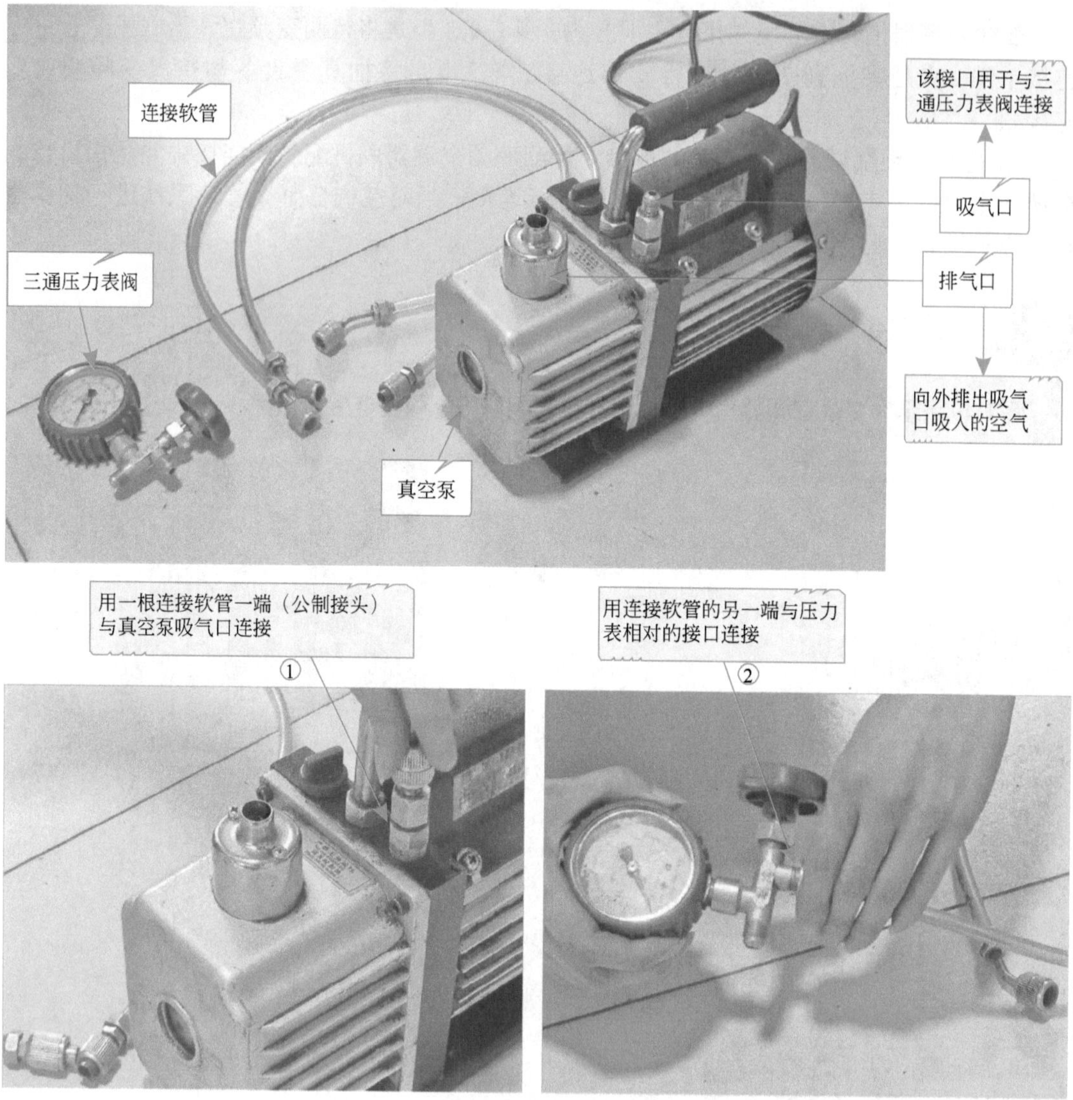

连接软管
该接口用于与三通压力表阀连接
吸气口
三通压力表阀
排气口
向外排出吸气口吸入的空气
真空泵
用一根连接软管一端（公制接头）与真空泵吸气口连接
①
用连接软管的另一端与压力表相对的接口连接
②

图1-50　三通压力表阀与真空泵的连接方法

③ 抽真空设备与待测变频空调器的连接　将抽真空设备与待测变频空调器连接主要是使用另一根连接软管将抽真空设备与待测空调器连接在一起。连接时，将连接软管的一端接在三通压力表阀阀门相对的接口（即与三通截止阀工艺管口连接的端口）上，将连接软管的另一端与三通截止阀工艺管口相连。

图1-51所示为抽真空设备与待测变频空调器的连接方法。

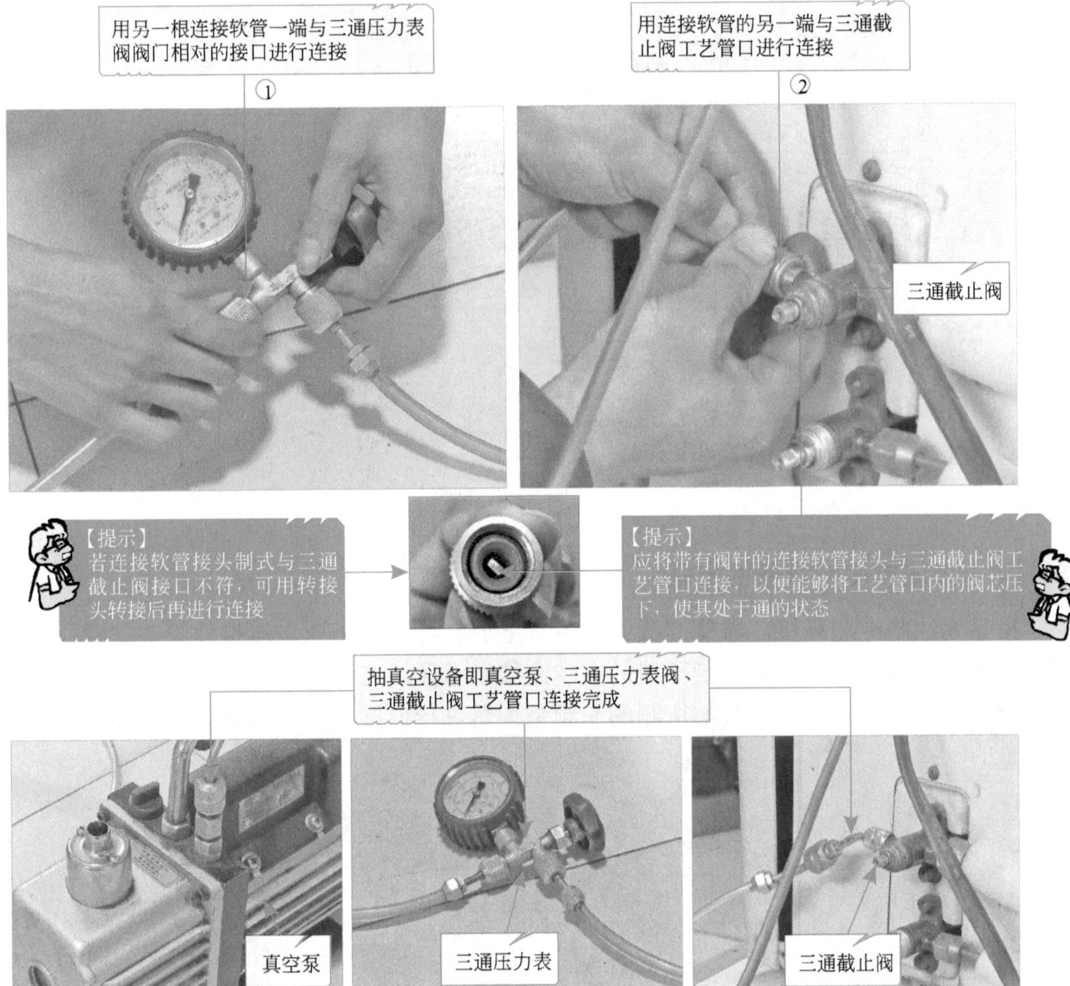

图1-51　三通压力表阀的连接方法

1.3.4　充注制冷剂环境的搭建

充注制冷剂是空调器制冷管路检修中重要的维修技能之一。空调器管路检修之后或管路中制冷剂因泄漏导致的量少等，都需要充注制冷剂。

对变频空调器管路进行充注制冷剂操作前，应首先识别待充注制冷剂的空调器所使用的制冷剂的类型和标称量，然后按照要求将相关充注制冷剂设备与待测变频空调器进行连接，搭建起充注制冷剂的基本环境。

（1）识别制冷剂的类型和标称量

变频空调器制冷剂类型以及充注标称量通常标识在空调器的铭牌标识上，如图1-52所示。充注时应严格按照待充注制冷剂的变频空调器铭牌标识上标注的制冷剂类型和充注量进行充注，若充入的量过多或过少都会对空调器的制冷效果产生影响。

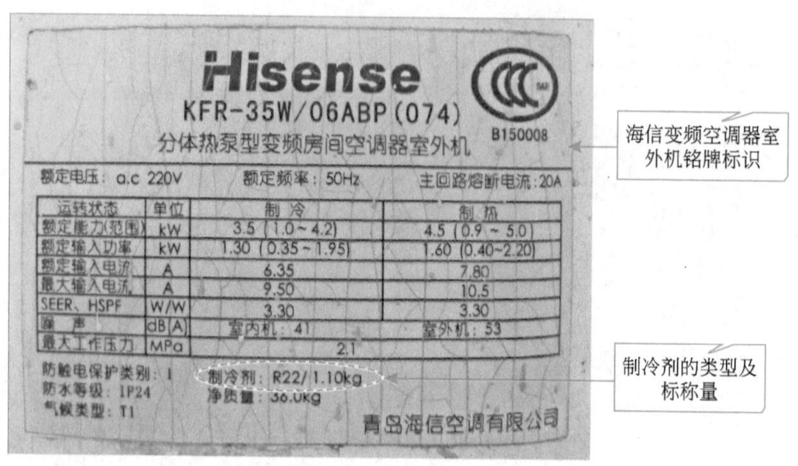

图1-52　识别制冷剂的类型和标称量

（2）充注制冷剂设备的准备

搭建充注制冷剂环境，需要准备的设备有盛放制冷剂的钢瓶、连接软管、三通压力表阀等，图1-53所示为充注制冷剂环境的安装连接示意图。充注制冷剂环境的搭建也是在安装好充注制冷剂设备后，将其与待测的变频空调器进行连接，以便向空调器管路系统中充注适量的制冷剂。

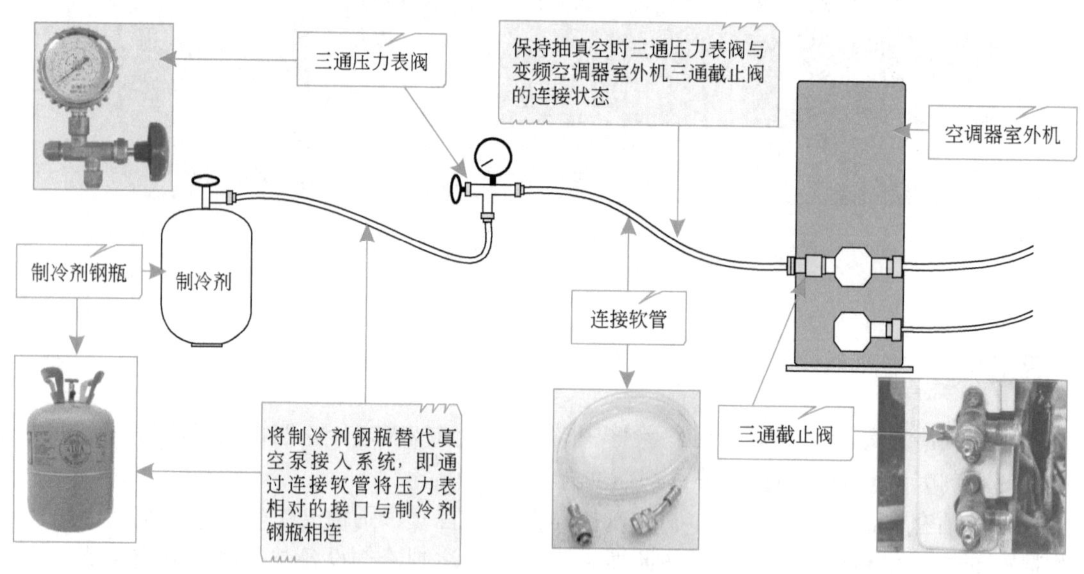

图1-53　变频空调器充注制冷剂环境的安装连接示意图

制冷剂是变频空调器管路系统中完成制冷循环的介质，在充入变频空调器管路系统前，存放于制冷剂钢瓶中，如图1-54所示。充注制冷剂时，制冷剂的流量大小主要通过制冷剂钢瓶上的控制阀门进行控制，在不进行充注制冷剂时，一定要将阀门拧紧，以免制冷剂泄漏污染环境。

图1-54　制冷剂钢瓶

知识拓展

变频空调器所采用的制冷剂主要有R22、R407C以及R410A三种。不同类型的制冷剂化学成分不同，性能也不相同，检修或充注制冷剂过程也存在细微差别。表3-1所列为R22、R407C以及R410A制冷剂性能的对比。

表3-1　制冷剂性能的对比

制冷剂	R22	R407C	R410A
制冷剂类型	旧制冷剂（HCFC）	新制冷剂（HFC）	
成分	R22	R32/R125/R134a	R32/R125
使用制冷剂	单一制冷剂	疑似共沸混合制冷剂	非共沸混合制冷剂
氟	有	无	无
沸点/℃	–40.8	–43.6	–51.4
蒸汽压力（25℃）/MPa	0.94	0.9177	1.557
臭氧破坏系数（ODP）	0.055	0	0
制冷剂填充方式	气体	以液态从钢瓶取出	以液态从钢瓶取出
冷媒泄漏是否可以追加填充	可以	不可以	可以

(3) 充注制冷剂环境的搭建过程

在变频空调器维修操作中，抽真空、充注制冷剂是完成管路部分检修后的必要的、连续性的操作环节。变频空调器充注制冷剂环境的搭建与抽真空环境相似，只需将真空泵换成制冷剂钢瓶即可。因此，当上一节介绍抽真空操作时，三通压力表阀阀门相对的接口已通过连接软管与空调器室外机三通截止阀上的工艺管口接好，操作完成后，只需将氮气钢瓶连同减压器取下即可，其他设备或部件仍保持连接，这样在充注制冷剂操作环节，相同连接步骤无需再次连接，可有效减少重复性的操作步骤，提高维修效率。

图1-55所示为充注制冷剂设备的连接方法。

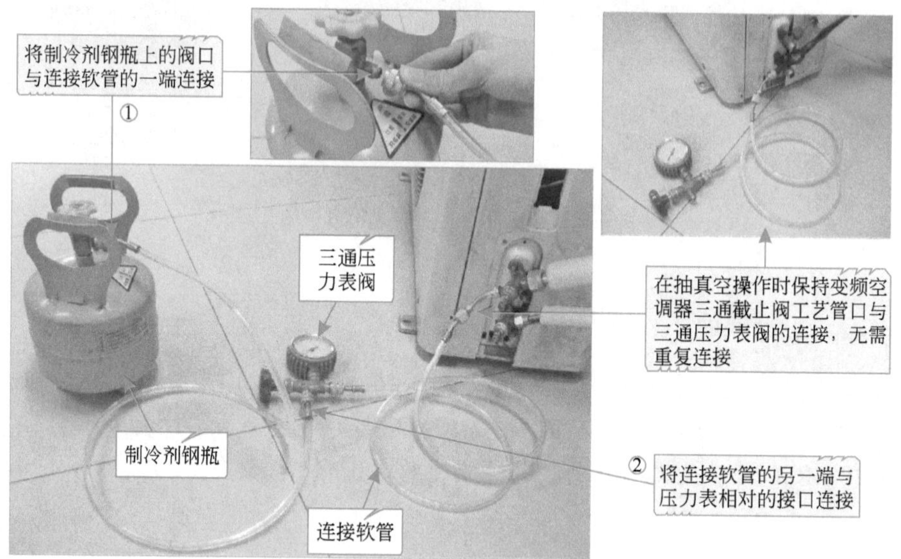

图1-55　充注制冷剂设备的连接方法

第2章 变频空调器的基本检测技能

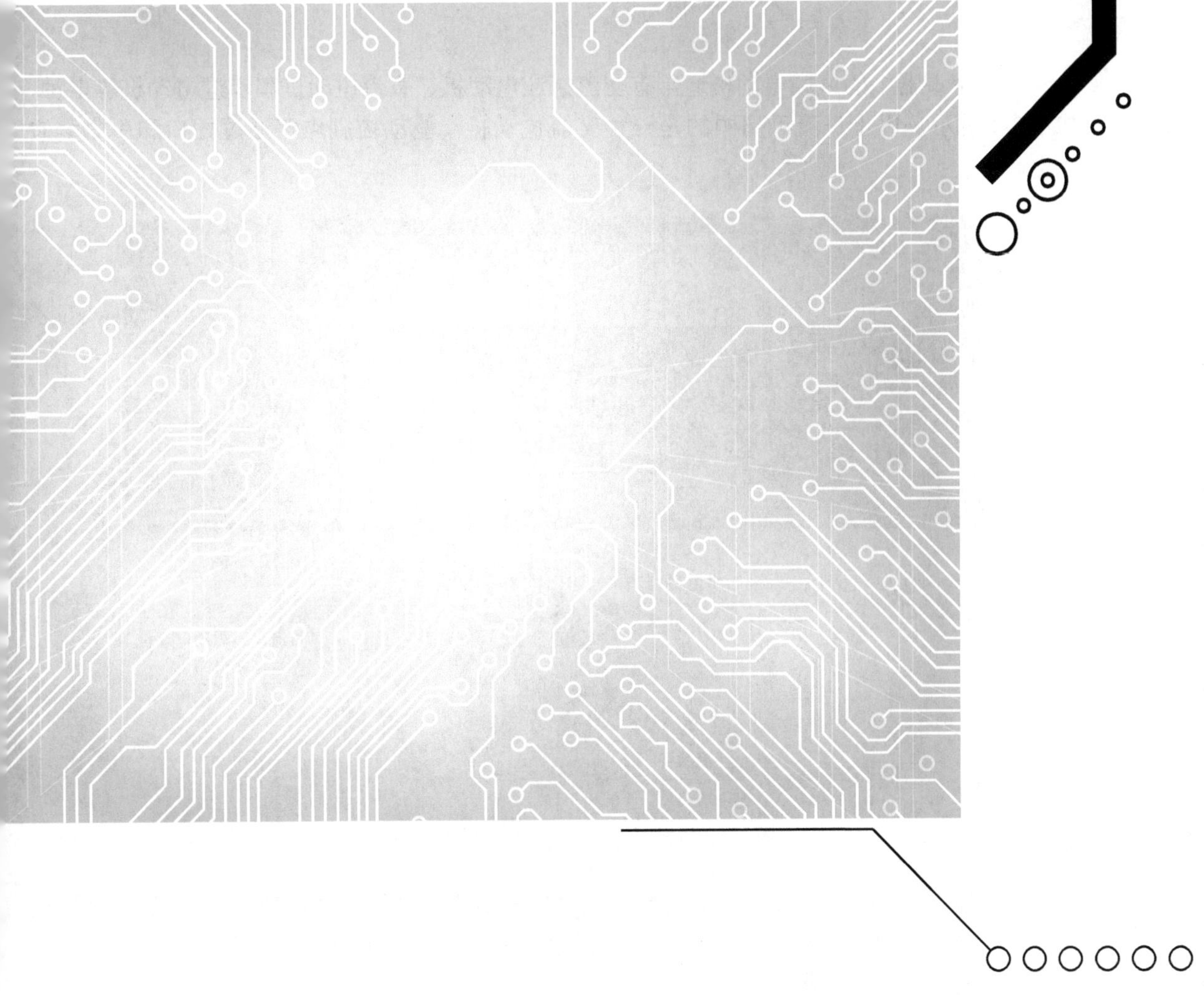

2.1 变频空调器主要电气部件的检测方法

变频空调器是家电产品中最为常用制冷/制热电子产品之一，其主要的电气部件包括风扇电动机、电子膨胀阀、滤波电容器、滤波电感器等。若变频空调器出现不能正常制冷、制热的故障时，很可能是电气部件的损坏造成的，因此学会对电气部件的检测是非常重要的。

2.1.1 风扇电动机的检测方法

变频空调器中的风扇电动机通常有交流感应电动机、直流电动机和步进电动机等多种，如图2-1所示，用于贯流风扇中的是一种交流电动机，驱动控制电路通过插口和引脚为它供电。

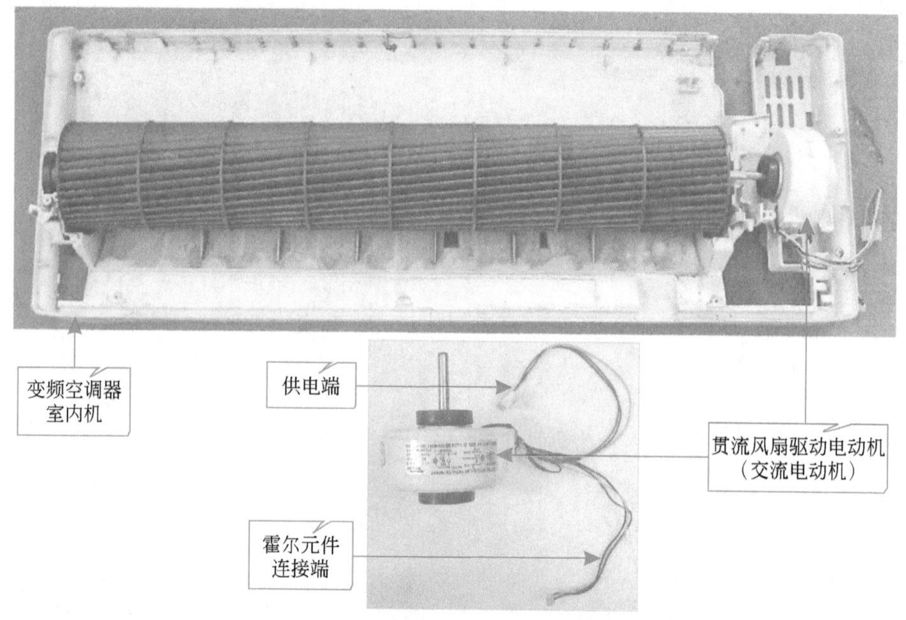

图2-1 变频空调器中风扇电动机的实物外形

若风扇电动机损坏，则会造成变频空调器中的贯流风扇不转动、制冷/制热效果差等故障现象。当怀疑是电动机损坏时，可使用万用表分别检查电动机各绕组间的阻值、霍尔元件引脚间的阻值是否正常。

（1）交流感应电动机

图2-2所示为海信-25GW/06BP变频空调器的室内机风扇电动机及驱动电路。

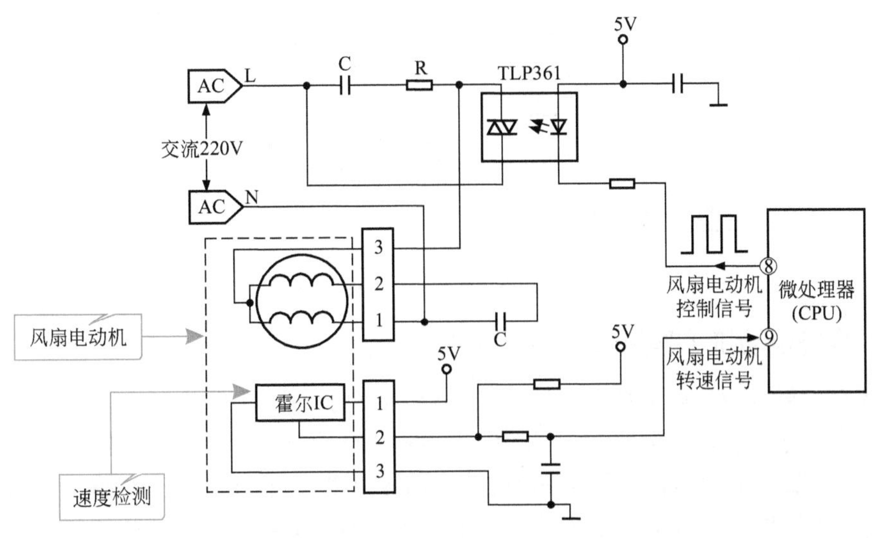

图2-2　海信-25GW/06BP变频空调器室内机风扇电动机及驱动电路

由图可知，室内风扇电动机是由交流220V电源供电，在交流输入电路的L端经TLP361按到电动机的公共端，交流220V输入的火线（N）加到电动机的运行绕组，再经启动电容C加到电动机的启动绕组上。当TLP361中的晶闸管导通时才能有电动压加到电动机绕组上，TLP361中的晶闸管受发光二极管的控制，当发光二极管发光时，晶闸管导通，有电流流过。

（2）交流感应电动机——绕组抽头变速方式

图2-3所示为在交流感应电动机的绕组中设置抽头，通过改变抽头供电的方式进行变速。通过对双向晶闸管的控制可改变风扇电动机的转速。

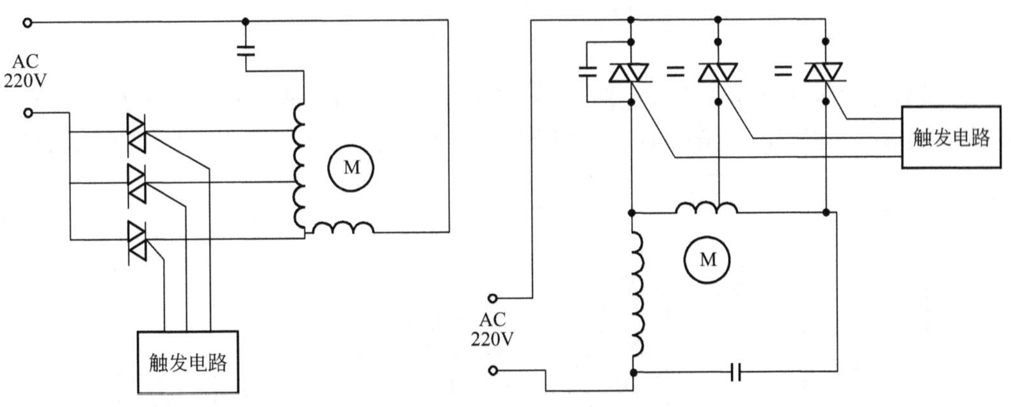

图2-3　交流感应电动机的绕组抽头变速方式

（3）两相直流电动机——PWM控制方式

图2-4所示的风扇电动机采用两相直流电动机，速度控制采用PWM控制方式。

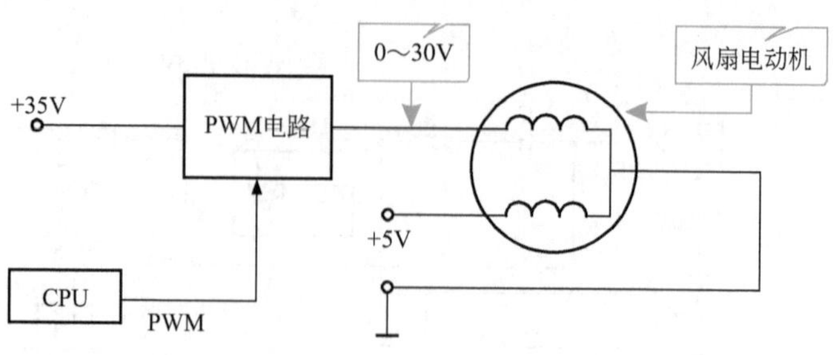

图2-4　采用两相直流电动机的风扇电动机

（4）步进电动机（导风板驱动电动机）

① 水平导风板驱动电动机及电路　图2-5所示为水平导风板驱动电动机及电路的结构。该电动机是步进电动机，驱动信号由CPU的㊽～㊿脚输出，经IC702放大后去驱动电动机。分别检测CPU的输出信号和IC702的输出信号可以判别故障。IC702输出的信号与CPU的输出信号相位相反。如有信号驱动，而电动机不转，则电动机有故障，如无信号，再查电源供电，电源供电正常则驱动电路有故障。

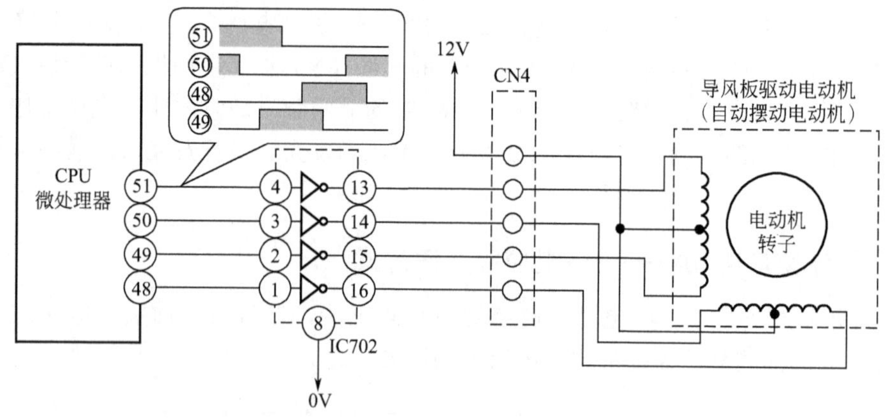

图2-5　水平导风板驱动电动机及电路

② 垂直导风板驱动电动机及电路　图2-6所示为垂直导风板驱动电动机及电路的结构，驱动原理与图2-5相同，只是CPU的引脚不同，检测方法同上，驱动信号的波形示于图中。

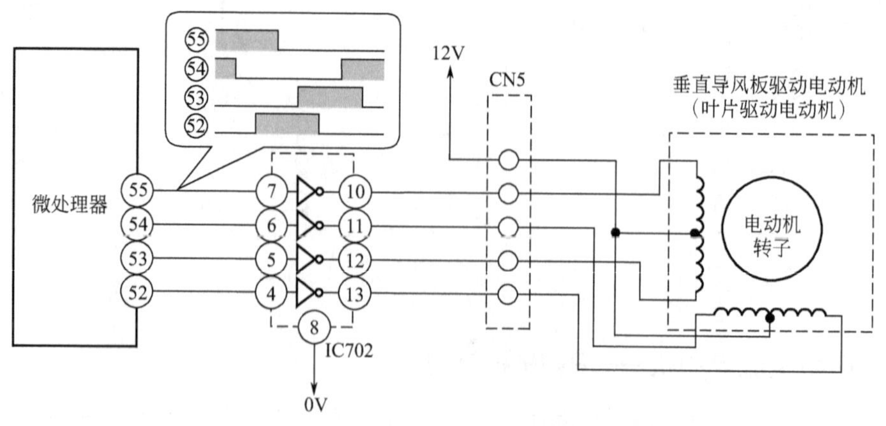

图2-6　垂直导风板驱动电动机及电路

（5）单相电容启动交流感应电动机（室外风扇电动机）

图2-7所示为典型的室外机风扇电动机，它采用单相电容启动式交流感应电动机，内部设有过流保护熔断器（或继电器）。

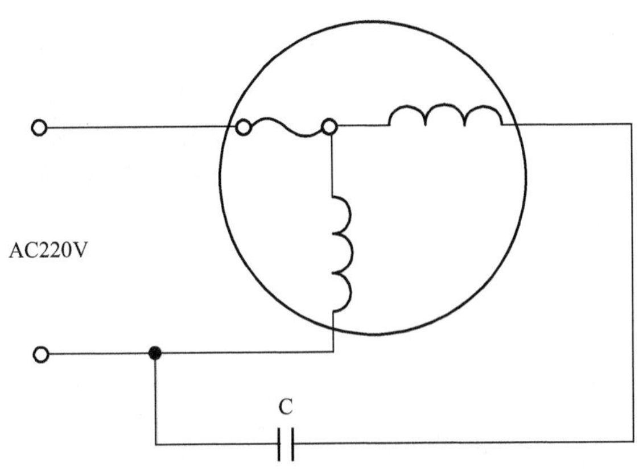

图2-7　室外机风扇电动机

演示图解

直流电动机各绕组间阻值的检测方法如图2-8所示。

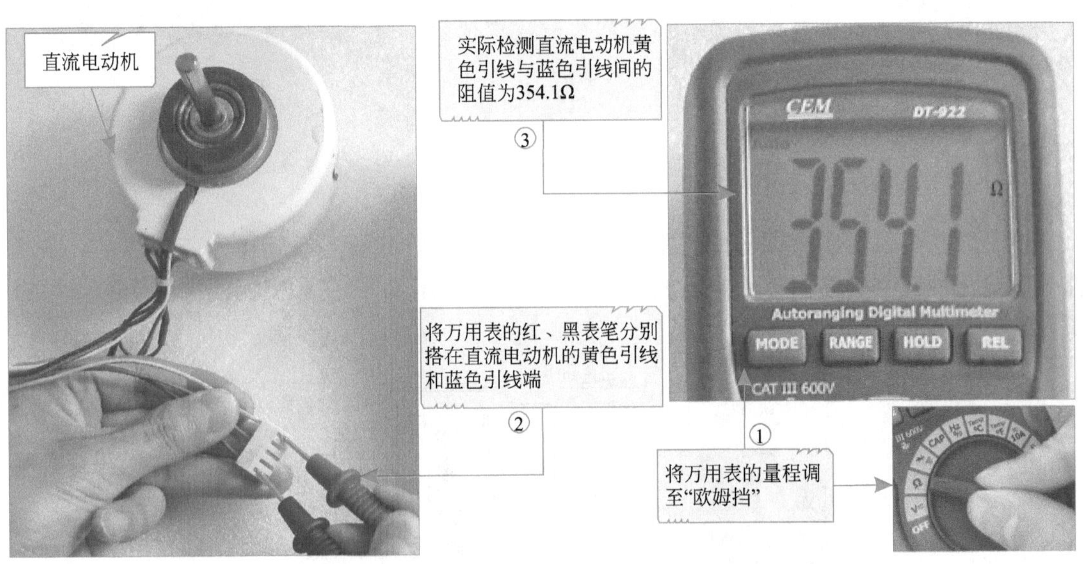

图2-8　直流电动机各绕组间阻值的检测方法

直流电动机内霍尔元件的检测方法如图2-9所示。

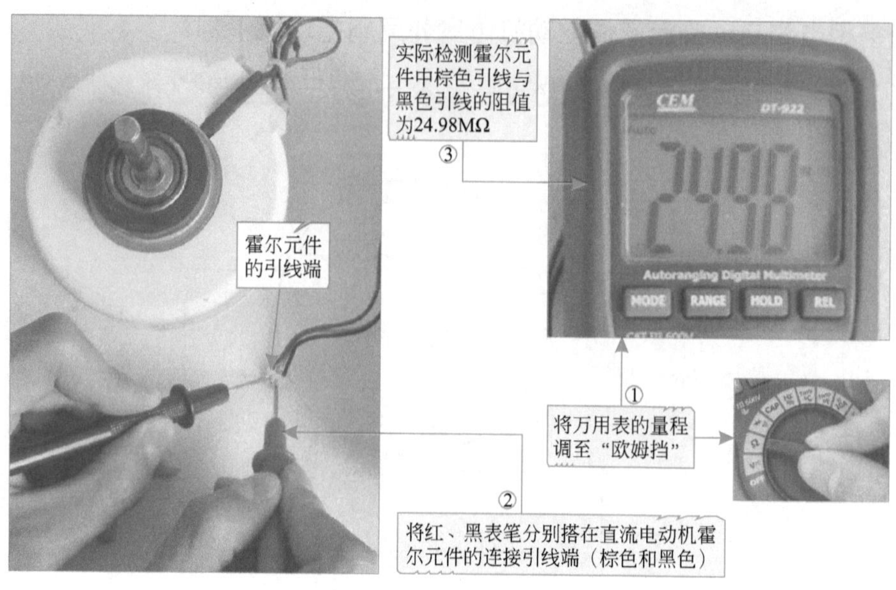

图2-9　直流电动机内霍尔元件的检测方法

特别提示

检测风扇电动机是否正常时，通常可以直接检测电动机各引脚间的阻值，即电动机内各绕组间的阻值是否正常。

正常情况下，风扇电动机各绕组间应有一定值的阻值，若检测无穷大则表明直流电动机内部的绕组可能损坏。

2.1.2　电子膨胀阀的检测方法

电子膨胀阀在变频空调器中通常安装在制冷管路中，代替毛细管作为节流装置。该器件是受电路的控制，并由脉冲电动机进行驱动。图2-10所示为变频空调器中电子膨胀阀的实物外形及内部结构。

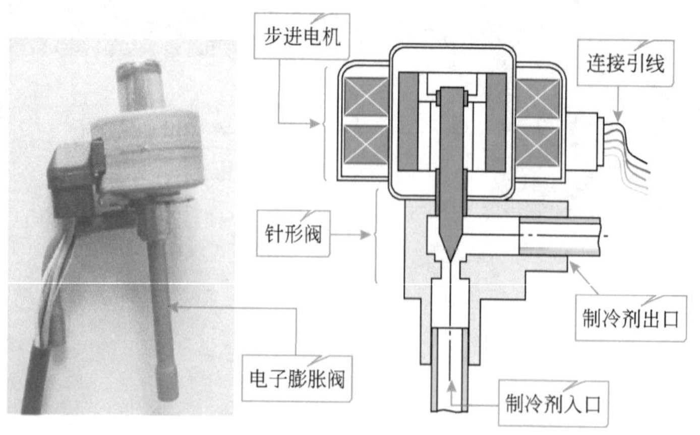

图2-10　变频空调器中电子膨胀阀的实物外形及内部结构

由图可知，电子膨胀阀主要是由步进电机和针形阀等构成的。若该元器件损坏后，则会影响制冷剂的正常循环进而造成变频空调器不能正常制冷的故障，怀疑是电子膨胀阀损坏时，可通过其工作状态进行判断。

电子膨胀阀的检测方法如图2-11所示。

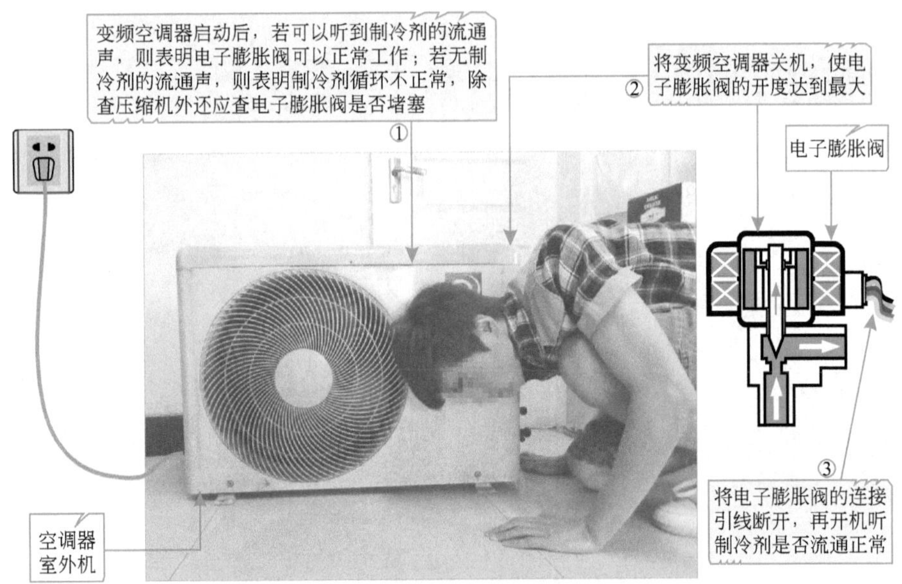

图2-11　电子膨胀阀的检测方法

2.1.3 滤波电容器的检测方法

变频空调器中的滤波电容器常用于直流电源电路中，是变频空调器电路部分中体积较大的元器件。图2-12所示为变频空调器中滤波电容器的实物外形，由图可知，滤波电容器有两个引脚，其中一个引脚为负极，在滤波电容器的外壳上有负极性标识；另一个引脚为正极。

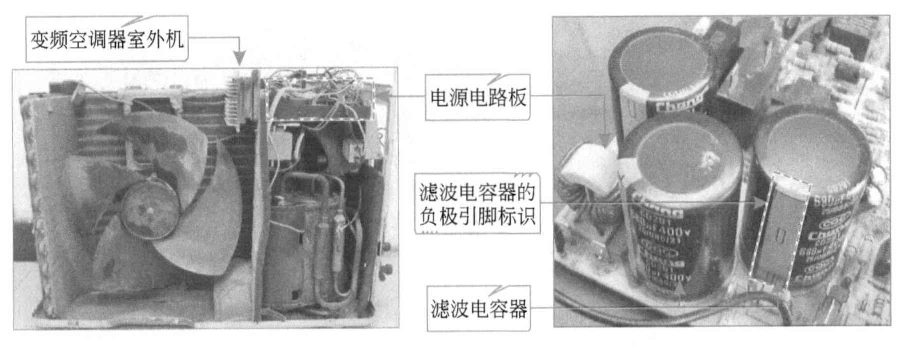

图2-12　变频空调器中滤波电容器的实物外形

若滤波电容器损坏，则会造成变频空调器室外机工作失常，怀疑是该元器件损坏时，可使用万用表检测滤波电容器的充放电是否正常。

正常情况下，用万用表检测滤波电容器时，指针会向右侧摆动，然后再慢慢向左侧摆动，并停在某一刻度处。

滤波电容器的检测方法如图2-13所示。

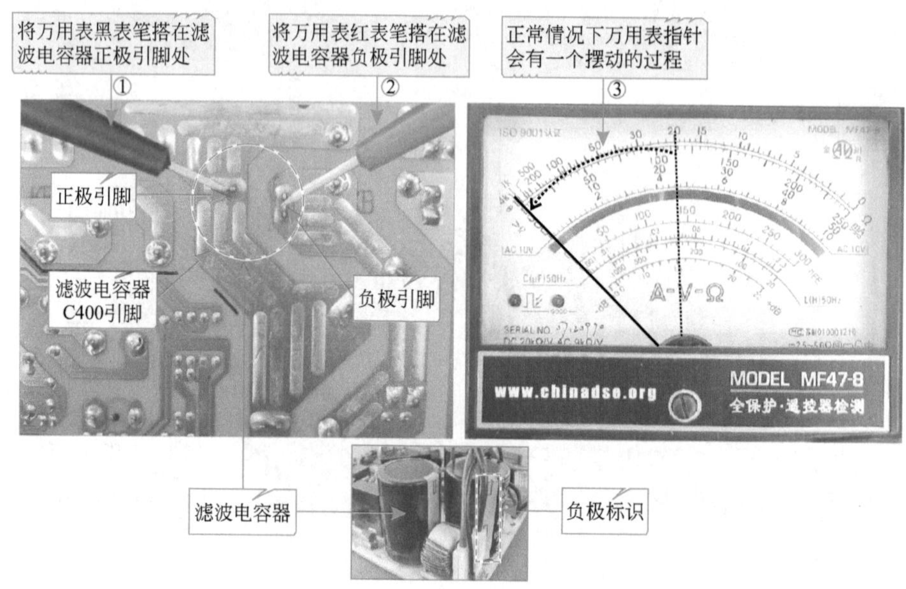

图2-13　滤波电容器的检测方法

2.1.4　滤波电感器的检测方法

在室外机的供电电路中设有电感器用以进行滤波及消除干扰，如图2-14所示。若滤波电感器损坏，通常会造成变频空调器室外机的供电失常，从而影响整机的正常运行。

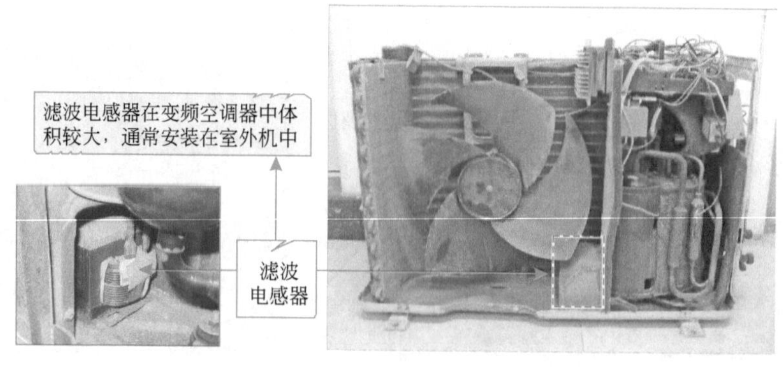

图2-14　变频空调器中滤波电感器的实物外形

滤波电感器常用于电源电路中，如图2-15所示，交流220V电压经互感滤波器和桥式整流堆，将交流变成脉动直流，再经滤波电感器和电容器组成的平滑滤波电路将脉动直流变成比较平稳的直流，再为功率模块或其他电路供电。

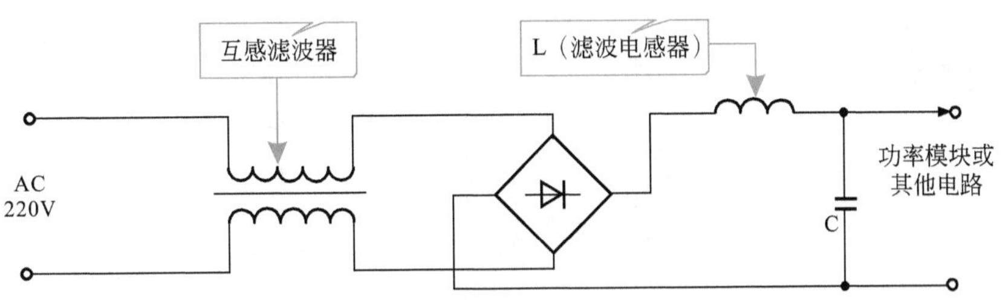

图2-15 滤波电感器在电源电路中的功能

当怀疑变频空调器中滤波电感器损坏后，可使用万用表对滤波电感器的阻值进行检测，正常情况下，滤波电感器引脚间应有一定的阻值。

滤波电感器的检测方法如图2-16所示。

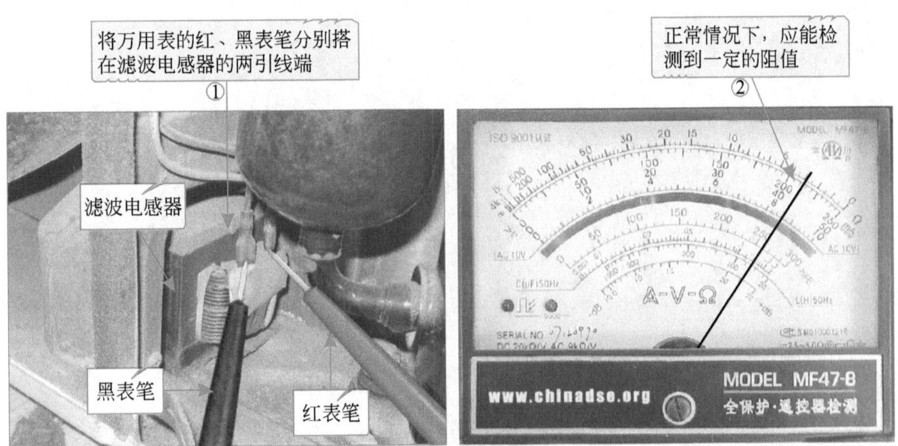

图2-16 滤波电感器的检测方法

2.1.5 线路连接状态的检测方法

变频空调器中的线路连接主要是指室内机与室外机的连接线，如图2-17所示。由图可知，变频空调器室内机通过连接线与室外机进行供电、信号的传输。

若变频空调器出现室内机正常，而室外机不能正常工作的故障现象时，则应重点对线路的连接状态进行检测。

判断变频空调器的连接状态是否正常时，首先应先对各线路的连接状态进行检查，然后再对接线处本身的性能进行检测。

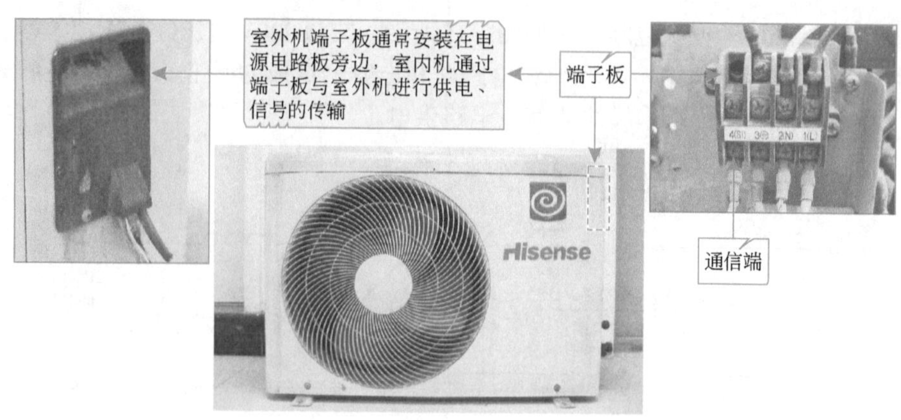

图2-17　变频空调器中直流电动机的实物外形

线路连接状态的检测方法如图2-18所示。

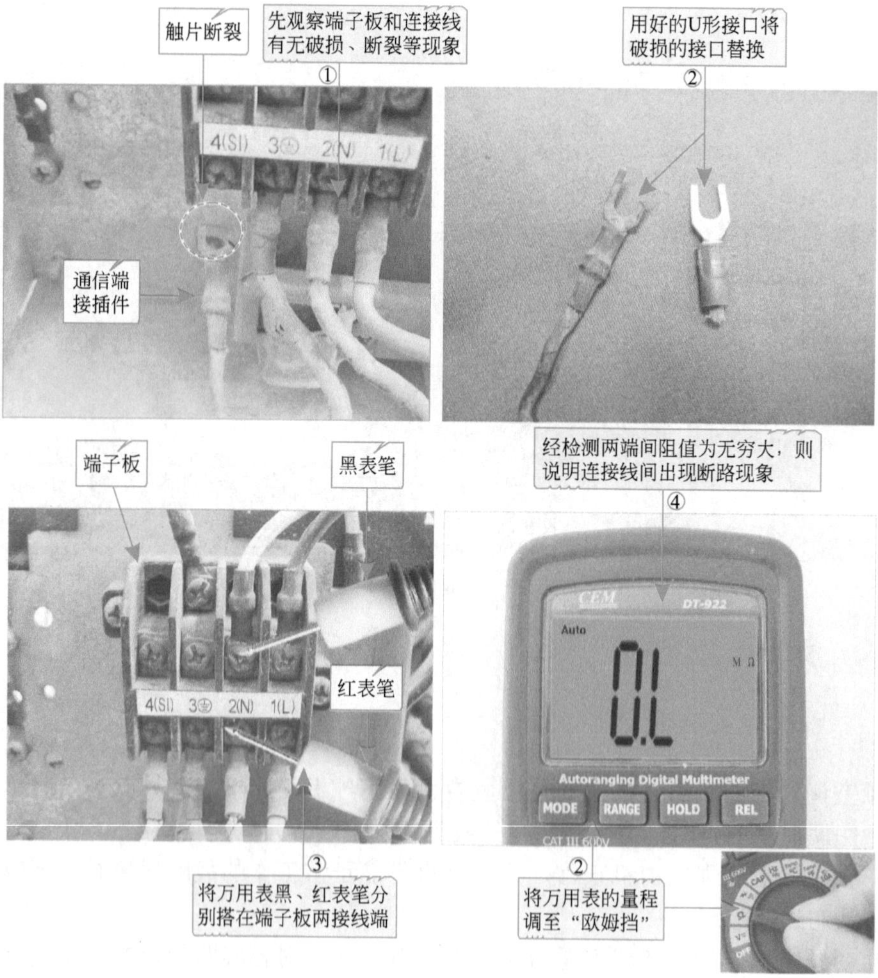

触片断裂

① 先观察端子板和连接线有无破损、断裂等现象

4(SI) 3⊕ 2(N) 1(L)

通信端接插件

② 用好的U形接口将破损的接口替换

端子板

黑表笔

红表笔

4(SI) 3⊕ 2(N) 1(L)

③ 将万用表黑、红表笔分别搭在端子板两接线端

④ 经检测两端间阻值为无穷大，则说明连接线间出现断路现象

CEM DT-922

Auto

0.L

MΩ

Autoranging Digital Multimeter

MODE RANGE HOLD REL

② 将万用表的量程调至“欧姆挡”

图2-18　线路连接状态的检测方法

2.2 变频空调器管路加工的操作方法

当变频空调器的管路系统发生故障时，需要对管路系统进行检修。检修时，常常需要对变频空调器内部的管路进行切管和扩管的加工操作。

2.2.1 切管的操作方法

在对变频空调器中的管路部件进行检修时，经常需要对管路中各部件的连接部位、过长的管路或不平整的管口等进行切管，以便实现变频空调器管路部件的代换、检修或焊接。

对管路进行切管操作前，首先应对切管工具（切管器）进行初步的调整和准备。

演示图解

切管工具（切管器）的初步调整和准备方法如图2-19所示。

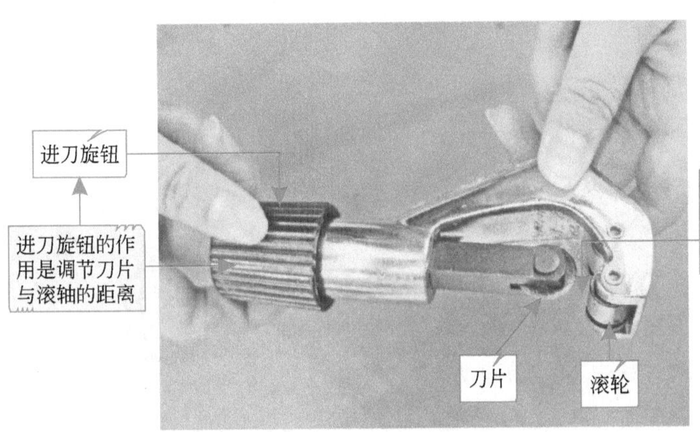

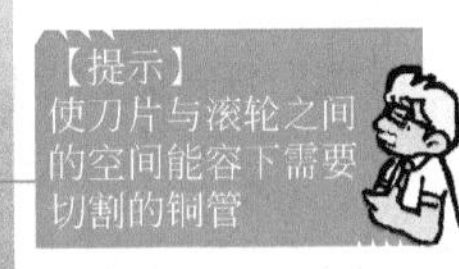

图2-19 切管工具（切管器）的初步调整和准备方法

接下来，将需要切割的管路放置在切管工具中并进行位置的调整，调整时应注意切管工具的刀片垂直并对准管路，使刀片接触被切管的管壁。

演示图解

放置需要切割的管路并调整的方法如图2-20所示。

将被切割管路的位置调整完成后，则需要对其进行具体的切管方法，在切管过程中，应始终保持切管工具中滚轮与刀片垂直压向管路，一只手捏住管路，另一只手顺时针方向转动切管工具。

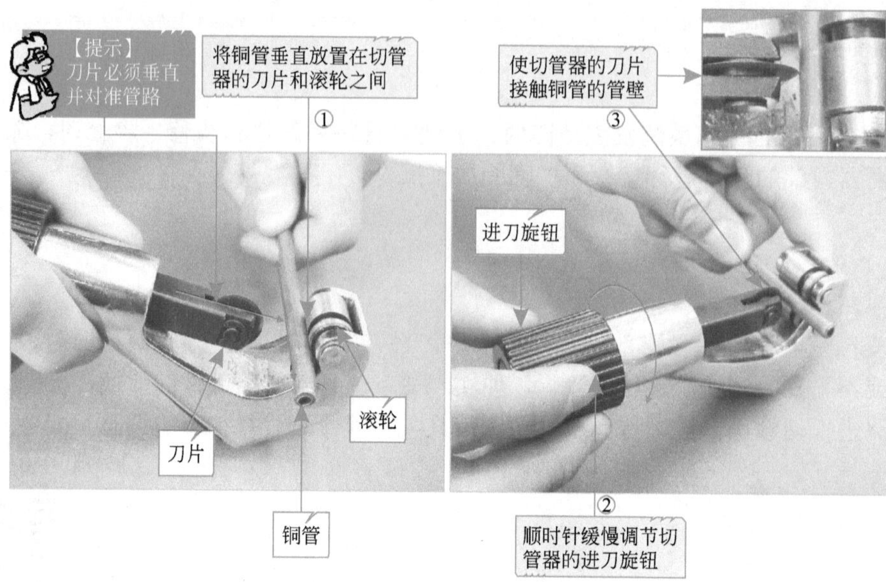

图2-20　放置需要切割的管路并进行调整

切管的具体方法如图2-21所示。

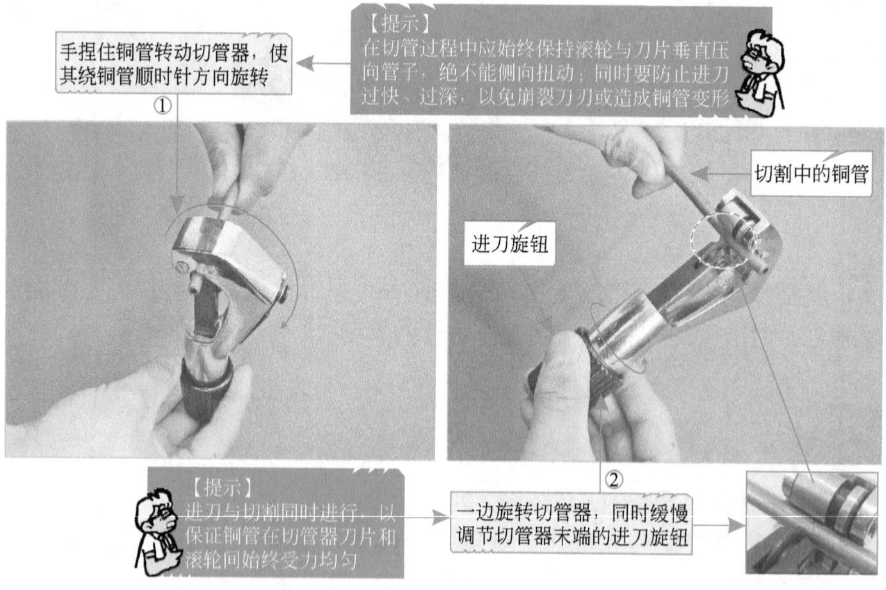

图2-21　切管的具体方法

在转动切管工具时，应通过进刀旋钮适当调节进刀的速度，不可以进刀过快、过深，以免崩裂刀刃或造成管路变形。

在切管过程中，直到管路被完全切割断开，即完成了切管的操作，正常切管完成后管路的切割面应平整无毛刺。

演示图解

切管操作完成如图2-22所示。

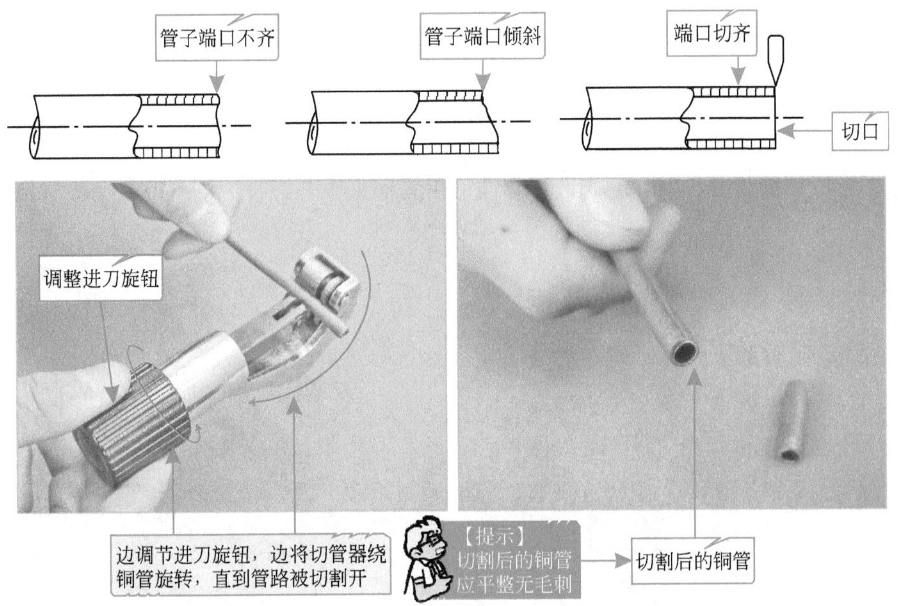

图2-22 切管操作完成

2.2.2 扩管的操作方法

对变频空调器中的管路进行扩管操作时，根据管路连接方式不同需求，有杯形口和喇叭口两种扩管方式。其中，采用焊接方式连接管路口，一般需扩杯形口，而采用纳子连接方式时，需扩为喇叭口，下面分别对这两种扩管的操作方法进行介绍。

(1) 扩杯形口的操作方法

对管路进行扩杯形口操作时，可参照图2-23所示的示意图进行操作。

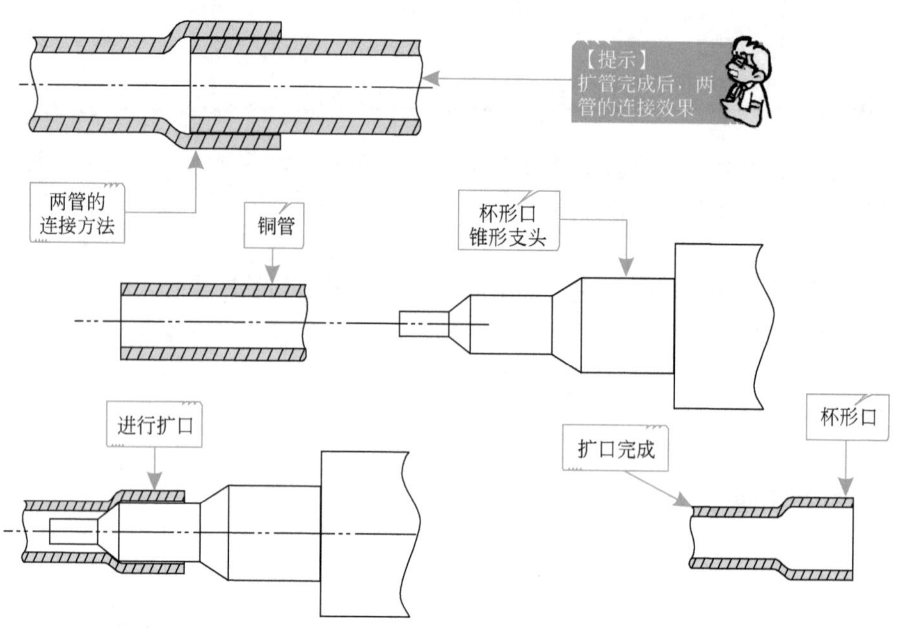

图2-23　扩杯形口的操作方法示意图

进行杯形口的扩管操作前，应先选择合适的扩管器夹板并将待扩铜管放置在扩管器夹板中。

选择合适的扩管器夹板如图2-24所示。

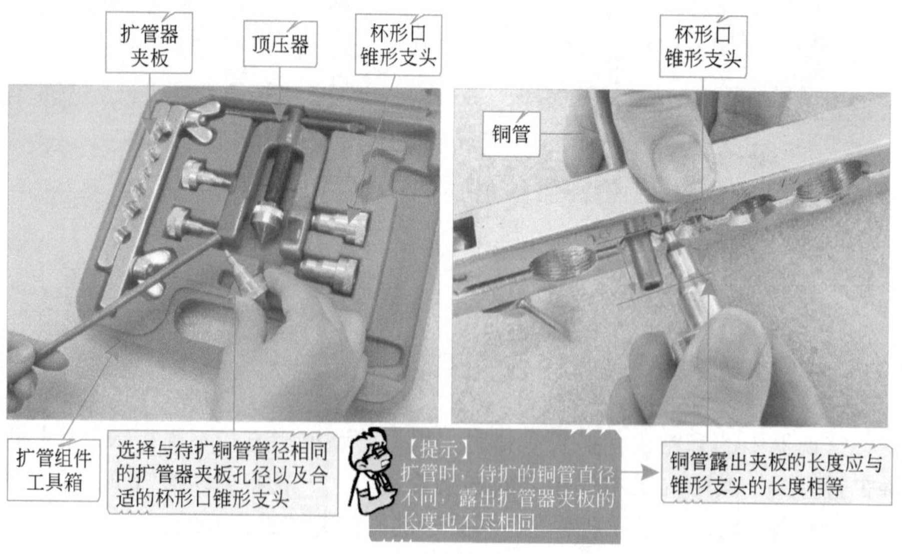

图2-24　选择合适的扩管器夹板并将待扩铜管放置在扩管器夹板中

选择好合适的扩管器后，将顶压器固定在夹板上，并沿顺时针方向旋转顶压器的手柄，使锥形支头顶进管路口中，进行扩管。

扩管的具体操作方法如图2-25所示。

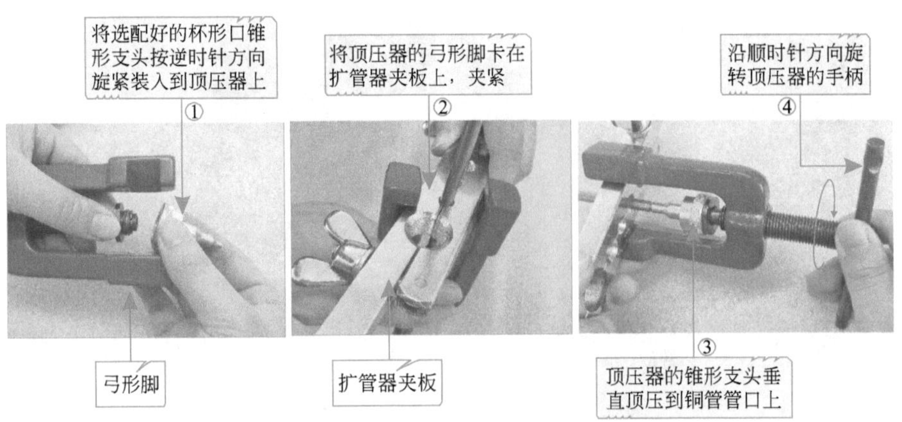

图2-25 进行扩管的具体操作

将管路的管口扩成杯形口后，接下来就是分离扩管器夹板与顶压器。逆时针旋转顶压器上的手柄，使顶压器的锥形支头与管路分离，取出顶压器。

分离扩管器夹板与顶压器的方法如图2-26所示。

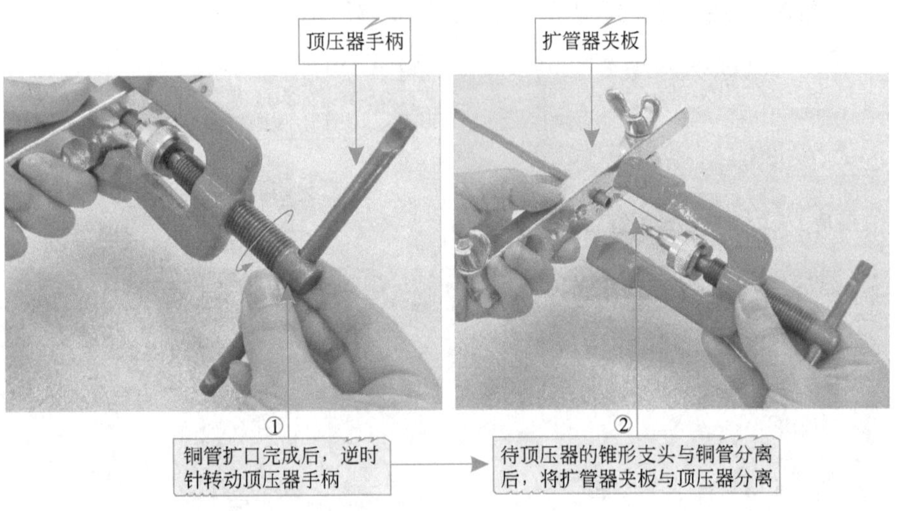

图2-26 分离扩管器夹板与顶压器

取下顶压器后，将管路从扩管器夹板中取下，并对完成的扩管进行检查。

取下扩口完成的铜管并进行检查的方法如图2-27所示。

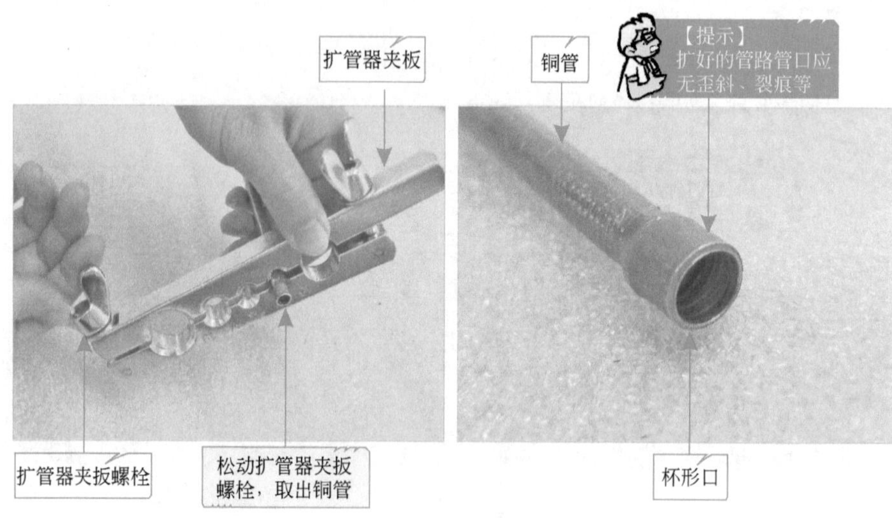

图2-27　取下扩口完成的铜管并进行检查

（2）扩喇叭口的操作方法

在管路中若是采用纳子进行连接时，则需要将管路扩成喇叭口。喇叭口的扩管操作与杯形口的扩管操作基本相同，只是在选配组件时，应选择扩充喇叭口的锥形头。

使用扩管器将铜管管口扩为喇叭口的方法如图2-28所示。

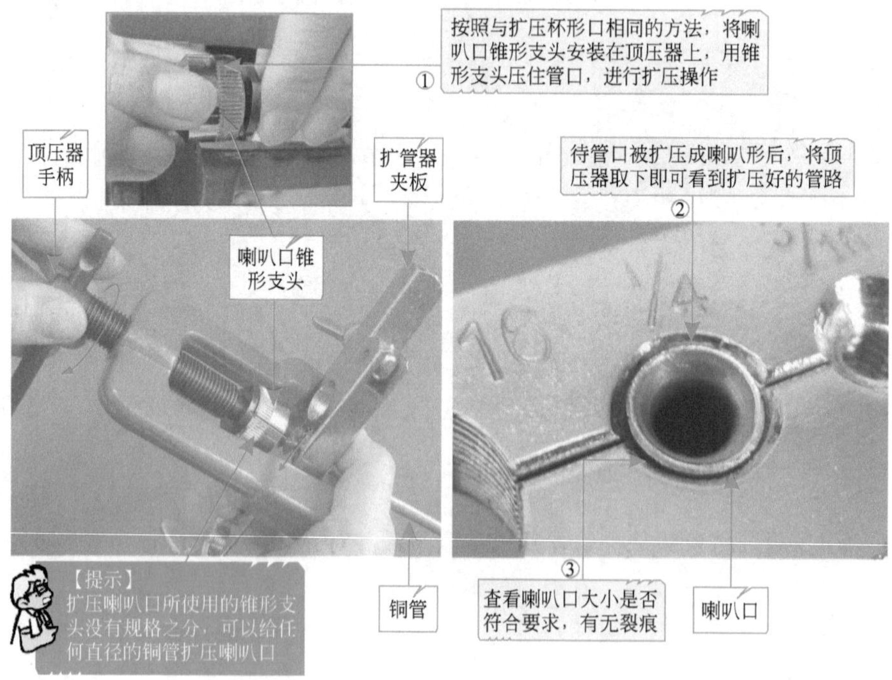

图2-28　使用扩管器将铜管管口扩为喇叭口

特别提示

在进行扩管操作时，要始终保持顶压支头与管口垂直，施力大小要适中，以免造成管口开裂、歪斜等问题，如图2-29所示。

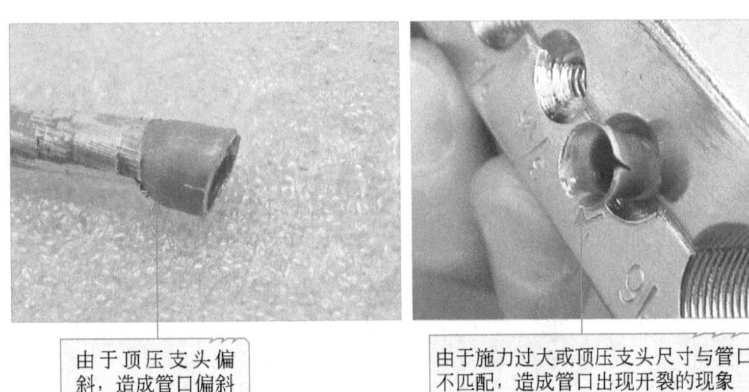

图2-29　管口开裂、歪斜

2.3 变频空调器管路焊接的操作方法

使用气焊设备对变频空调器的制冷管路进行焊接，是空调器维修人员必须具备的一项操作技能。

管路焊接时，首先打开燃气瓶、氧气瓶的总阀门，并对输出的压力进行调整。

演示图解

打开并调整燃气瓶、氧气瓶的方法如图2-30所示。

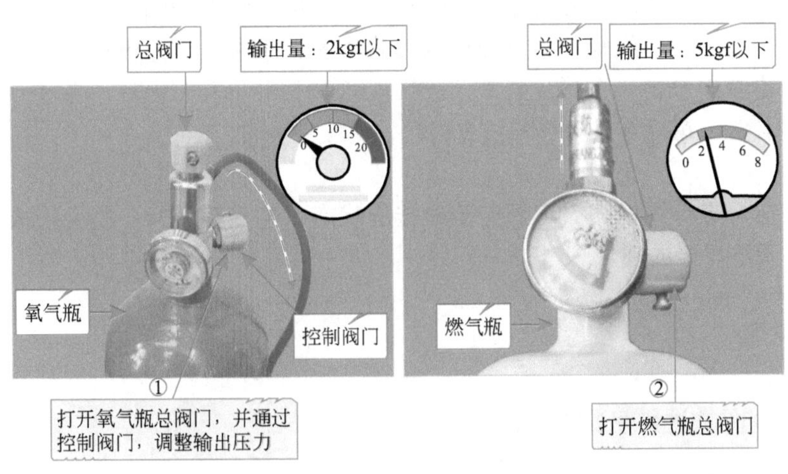

图2-30　打开并调整燃气瓶、氧气瓶的方法（1kgf=9.80665N）

调整好气焊的压力后，接下来应按要求进行气焊设备的点火操作，点火时应先开焊枪上的燃气控制阀门，再打开焊枪上的氧气控制阀门，调整火焰。

气焊设备的点火操作方法如图2-31所示。

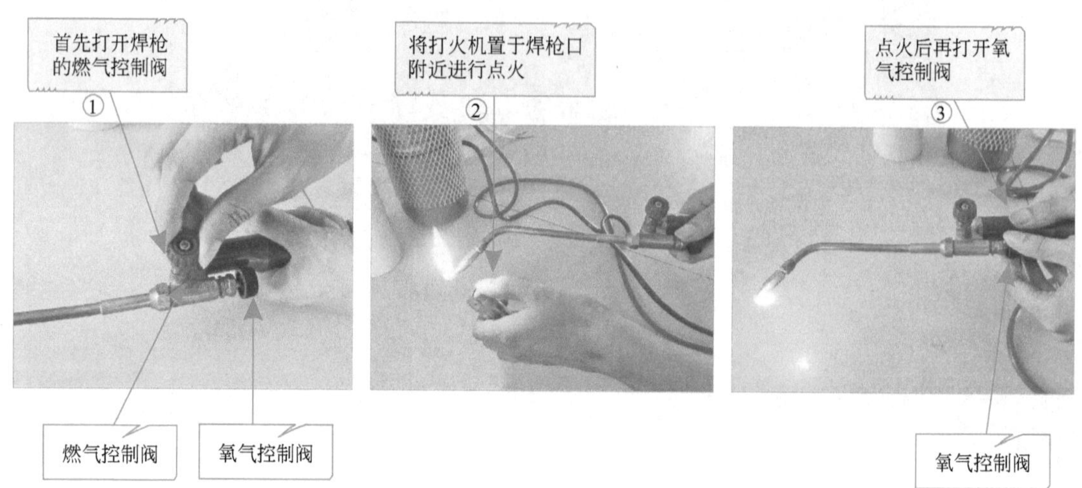

图2-31　气焊设备的点火操作方法

特别提示

使用气焊设备的点火顺序为：先分别打开燃气瓶和氧气瓶阀门（无前后顺序，但应确保焊枪上的控制阀门处于关闭状态），然后打开焊枪上的燃气控制阀门，接着用打火机迅速点火，最后打开焊枪上的氧气控制阀门，调整火焰至中性焰。

另外，若气焊设备焊枪枪口有轻微氧化物堵塞，可首先打开焊枪上的氧气控制阀门，用氧气吹净焊枪枪口，然后将氧气控制阀门调至很小或关闭后，再打开燃气控制阀门，接着点火，最后再打开氧气控制阀门，调至中性焰。

管路焊接前，应将焊枪的火焰调整至最佳的状态，若调整不当，则会造成管路焊接时产生氧化物或无法焊接的现象。

调节焊枪火焰的方法如图2-32所示。

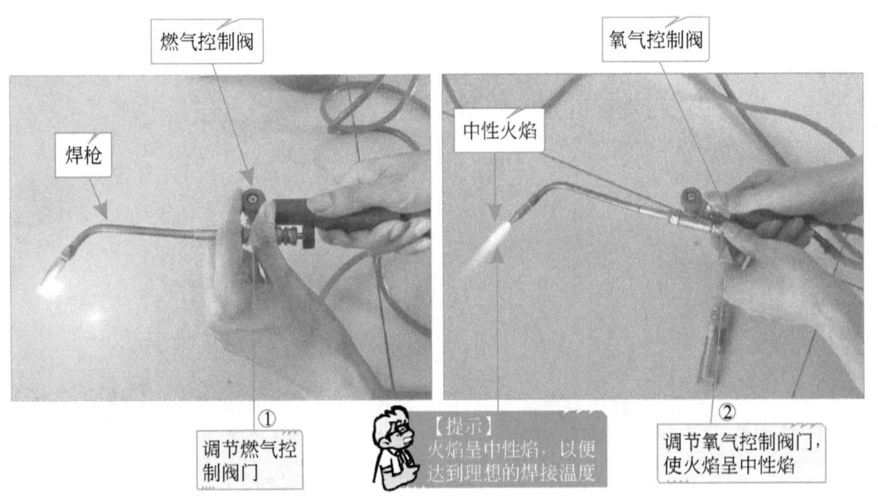

图2-32 调节焊枪火焰的方法

特别提示

在调节火焰时，如氧气或燃气开得过大，不易出现中性火焰，反而成为不适合焊接的过氧焰或碳化焰，其中过氧焰温度高，火焰逐渐变成蓝色，焊接时会产生氧化物；而碳化焰的温度较低，无法焊接管路。

图2-33所示为使用气焊时不同的火焰比较。

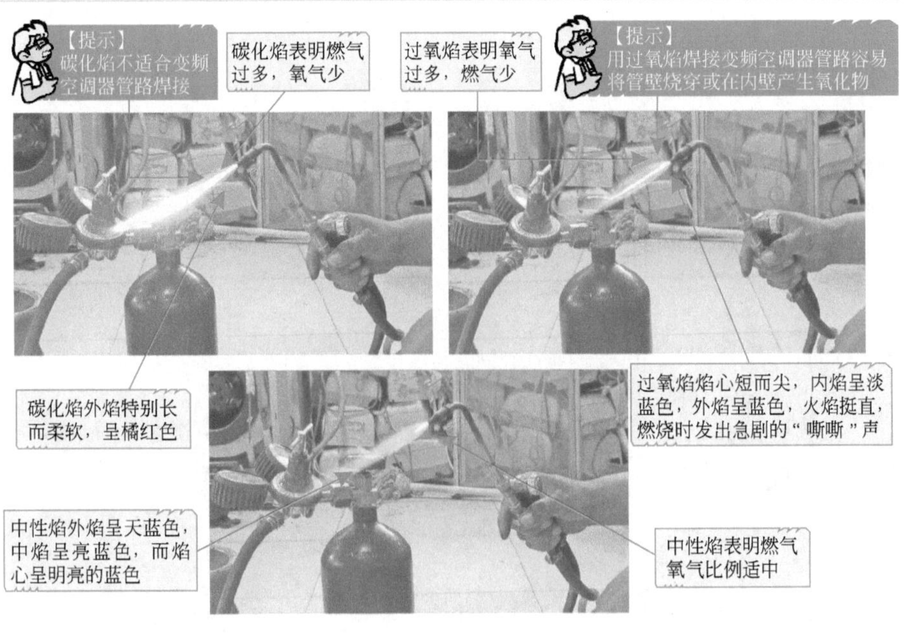

图2-33 中性焰、过氧焰、碳化焰比较

调整好焊枪的火焰后，则需要使用气焊设备对管路进行焊接，在焊接操作时，要确保对焊口处均匀加热，绝对不允许使用焊枪的火焰对管路的某一部件进行长时间加热，否则会使管路烧坏。

演示图解

使用气焊设备对管路进行焊接的方法如图2-34所示。

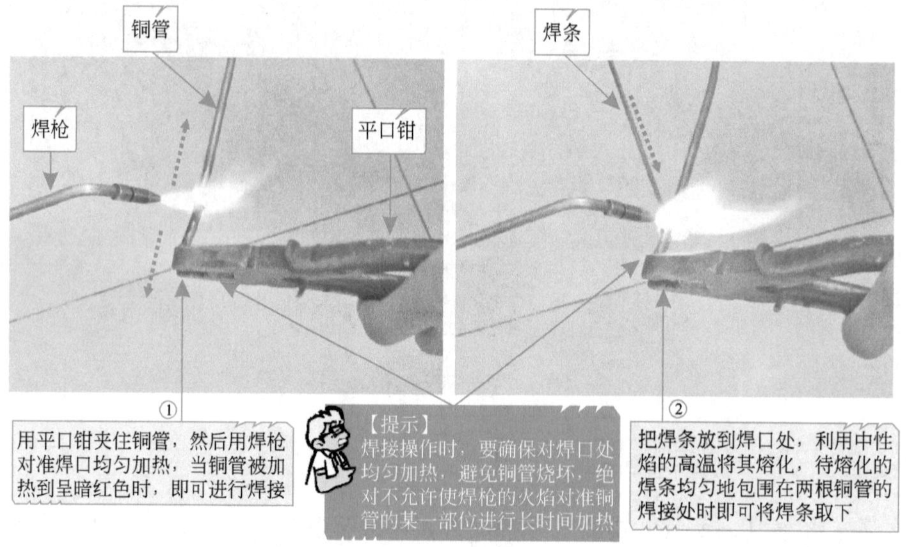

图2-34　使用气焊设备对管路进行焊接

焊接完成后，按先关氧气后关燃气的顺序关闭气焊设备，并待管路冷却后，确定焊接是否正常。

演示图解

完成管路的焊接并关火如图2-35所示。

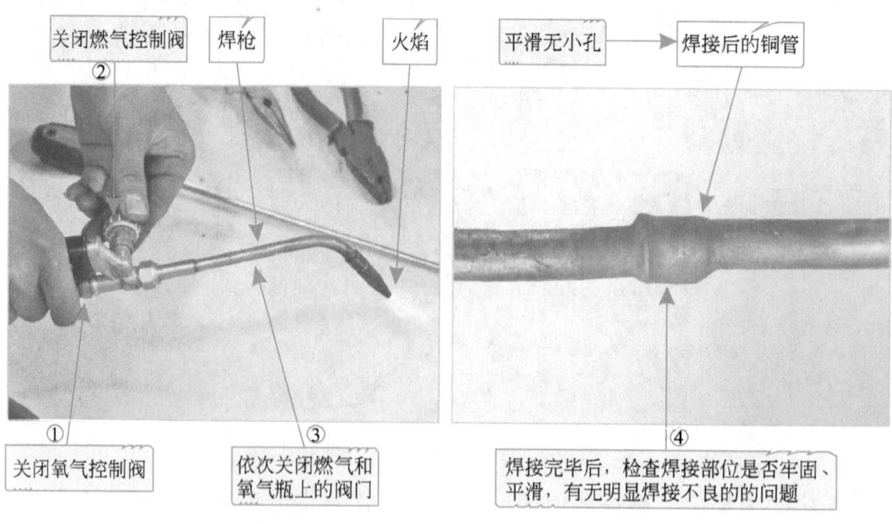

图2-35　管路焊接完成后，按要求关火

2.4 变频空调器抽真空和充注制冷剂的操作

2.4.1 抽真空的操作方法

变频空调器抽真空操作前，应先将各设备进行连接（具体连接方法在前面的章节有介绍），然后根据操作规范按要求的顺序打开各设备开关或阀门，最后对变频空调器管路系统进行抽真空操作。图2-36所示为抽真空的基本操作顺序和方法示意图。

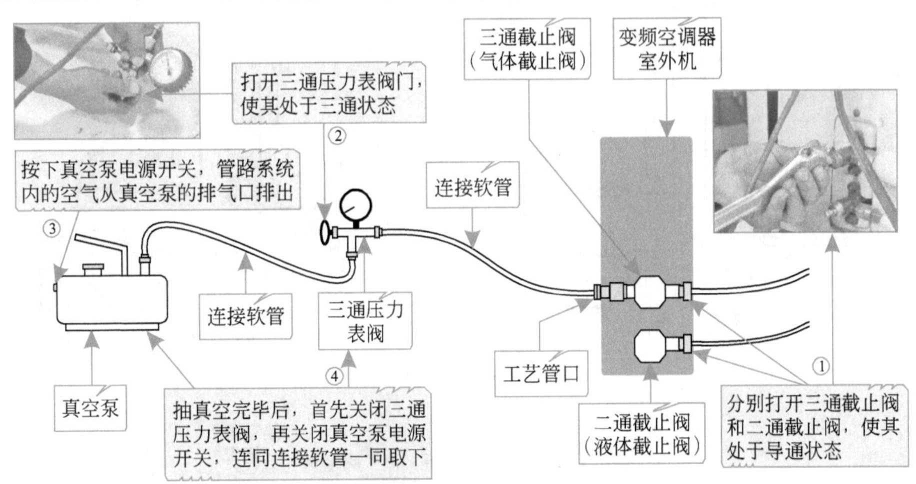

图2-36　抽真空的基本操作顺序和方法示意图

通过图2-36，大概了解了抽真空的操作顺序，接下来通过实际的操作完成变频空调器的抽真空操作，首先打开变频空调器的三通截止阀和二通截止阀。

演示图解

开启阀门的操作方法如图2-37所示。

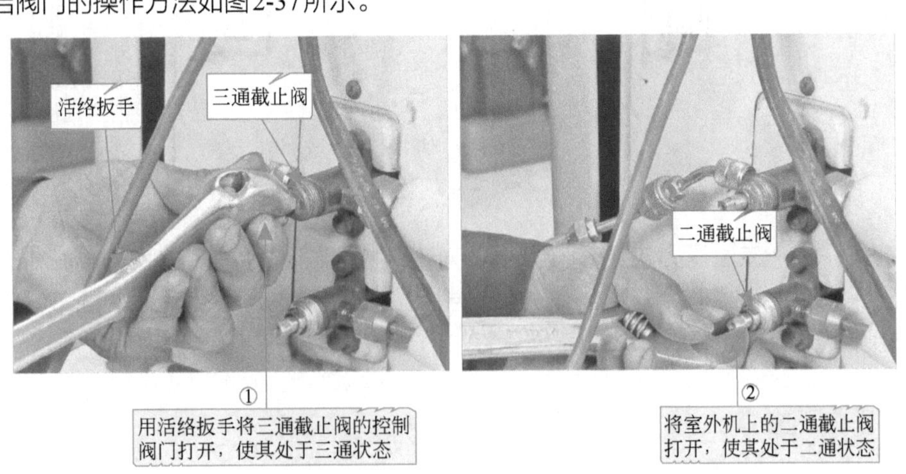

图2-37　打开变频空调器的三通截止阀和二通截止阀

知识拓展

开启阀门时，除了使用活络扳手，还可以使用内六角扳手进行开启。如图2-38所示，用内六角扳手插入定位调整口中，然后逆时针旋转，带动阀杆上移，离开阀座，内部管路就会导通；使用内六角扳手插入定位调整口中，然后顺时针旋转扳手，带动阀杆下移，直到压紧在阀座上，内部管路就会关闭。

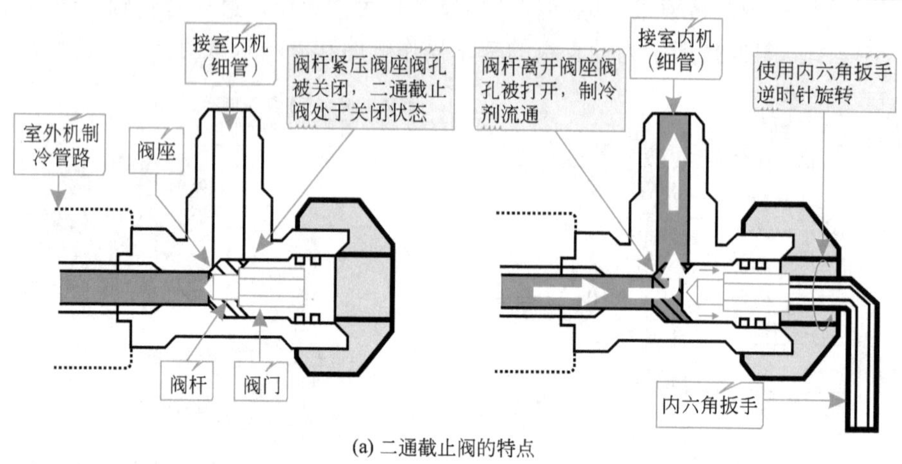

(a) 二通截止阀的特点

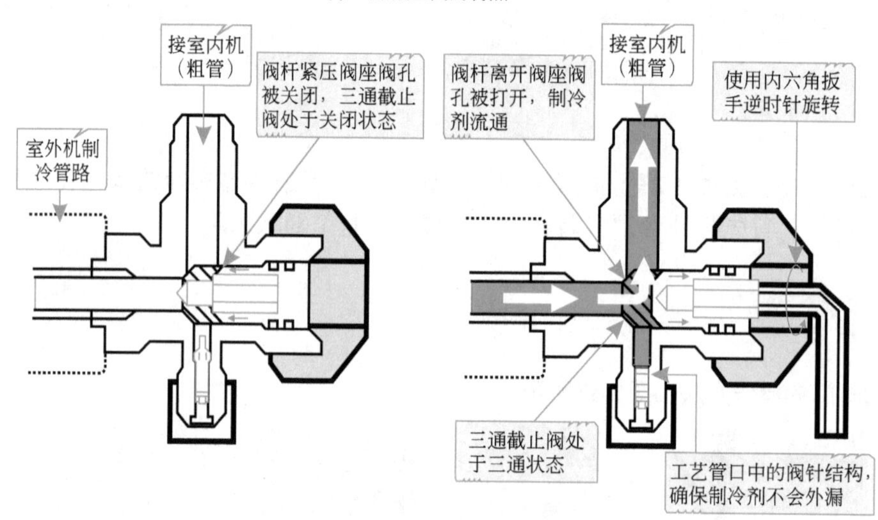

(b) 三通截止阀的特点

图2-38　二通截止阀和三通截止阀的工作特点

接下来，打开三通压力表阀和真空泵，对变频空调器进行抽真空操作，开启真空泵之前，应确保变频空调器整个管路系统是一个封闭的回路；二通截止阀、三通截止阀的控制阀门应打开；三通压力表阀应处于三通状态。

演示图解

开启阀门的操作方法如图2-39所示。

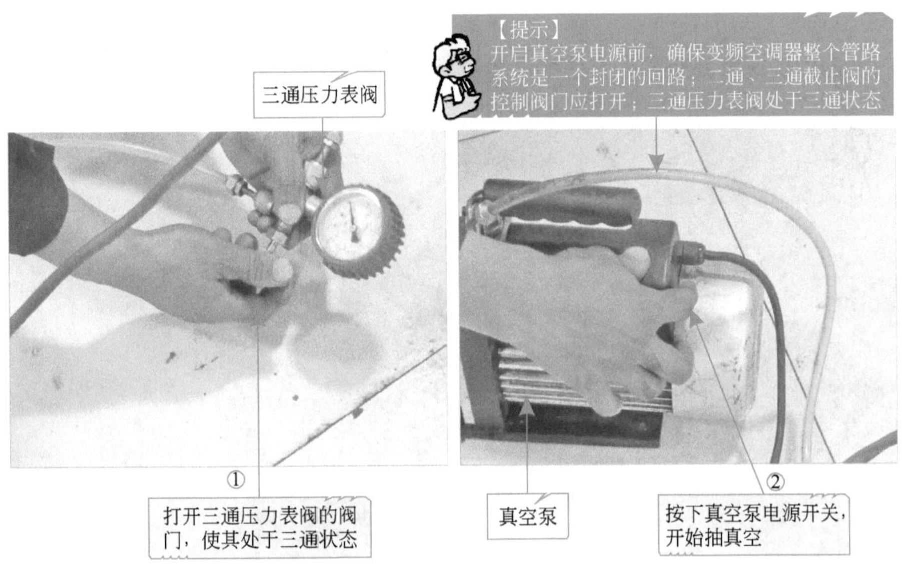

图2-39 打开三通压力表阀和真空泵

进行抽真空操作过程中，应观察三通压力表阀上的压力，正常情况下，随时间的增长，三通压力表阀上压力表显示的数值为–0.1MPa，即达到变频空调器抽真空的要求。

根据三通压力表阀的指示判断抽真空是否正常如图2-40所示。

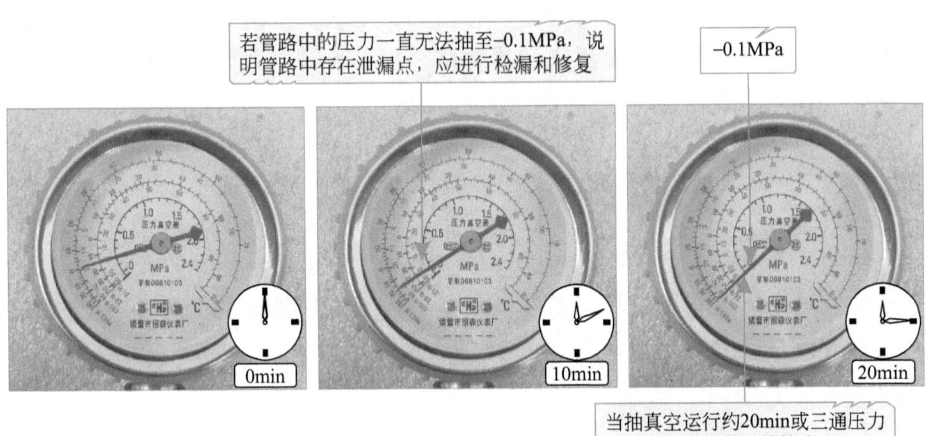

图2-40 根据三通压力表阀的指示判断抽真空是否正常

当变频空调器的抽真空操作完成后，应按正常的顺序关闭三通压力表阀和真空泵，即先将三通压力表阀关闭，再关闭真空泵的电源。

演示图解

关闭三通压力表阀和真空泵的方法如图2-41所示。

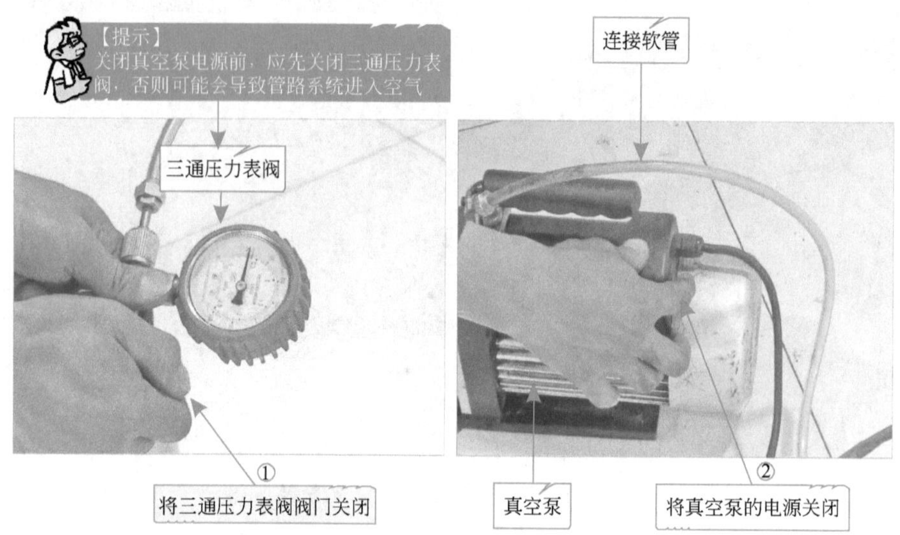

图2-41　关闭三通压力表阀和真空泵的方法

特别提示

在变频空调器抽真空操作结束后，可以保持三通压力表阀与工艺管口的连接状态，使变频空调器静止放置一段时间（2～5h），然后观察三通检修表上的压力指示。若压力发生变化，说明变频空调器的管路中存在轻微泄漏，应对管路进行检漏操作和处理；若压力未发生变化，说明变频空调器管路系统无泄漏，此时便可进行充注制冷剂的操作了。

知识拓展

对变频空调器制冷系统中的空气进行排空操作，除采用上述真空泵抽真空的方法外，还可采用向系统中充入制冷剂将空气顶出，也可达到排除空气的目的。该方法可在上门维修时设备条件不充足时采用。需要注意的是，该方法会造成制冷剂的浪费，导致维修成本上升。

2.4.2　充注制冷剂的操作方法

变频空调器进行充注制冷剂前，应完成各设备之间的连接，然后根据操作规范按要求的顺序开启各设备的开关或阀门，最后对变频空调器进行充注制冷剂操作。

图2-42所示为变频空调器充注制冷剂的基本操作顺序和方法示意图。

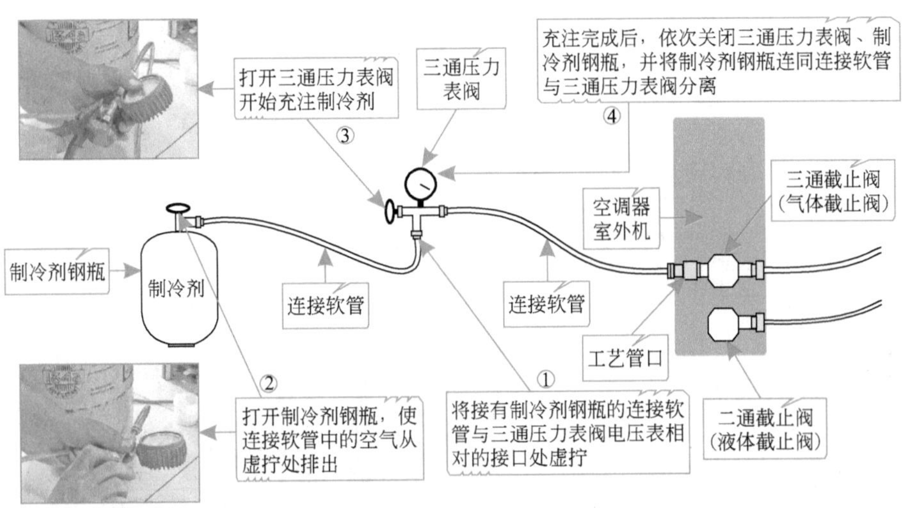

图2-42　充注制冷剂的基本操作顺序和方法示意图

通过图2-42，大概了解了充注制冷剂的操作顺序，接下来，通过实际的操作完成变频空调器充注制冷剂的操作，首先将连接软管内的空气排出。

将接有制冷剂钢瓶的连接软管与三通压力表阀表头相对的接口处虚拧，然后打开制冷剂钢瓶，由制冷剂将连接软管中的空气排出。

排出连接软管内空气方法如图2-43所示。

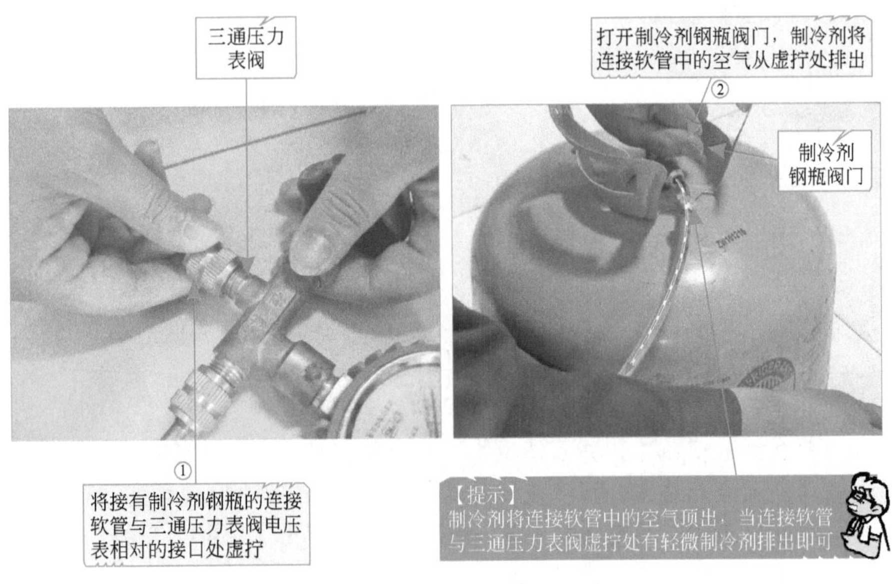

图2-43　排出连接软管内的空气

接下来，将三通压力表虚拧处拧紧，打开三通压力表阀，使其处于三通的状态，开始充注制冷剂。

打开三通压力表表阀准备充注制冷剂如图2-44所示。

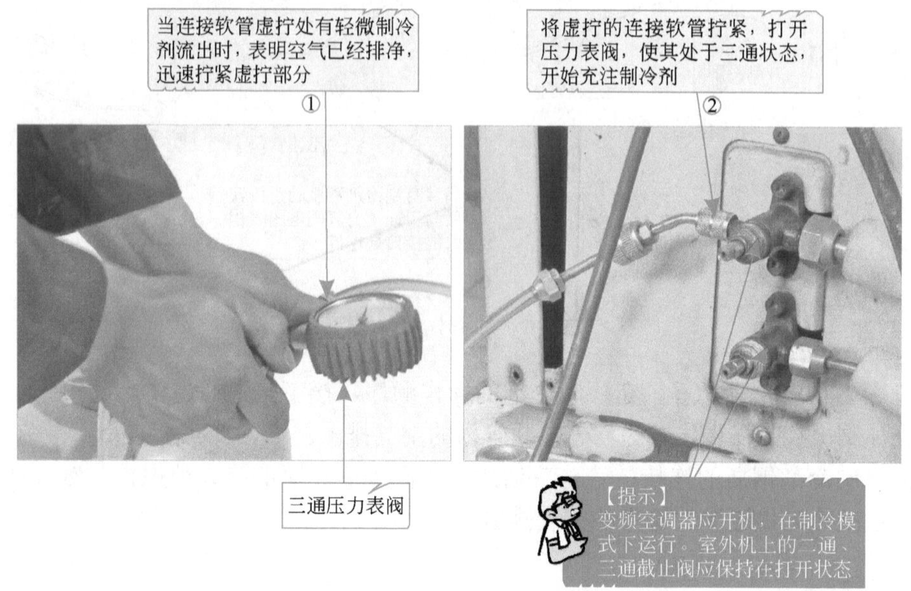

图2-44 打开三通压力表表阀准备充注制冷剂

变频空调器充注制冷剂操作一般分为多次完成，每次充注制冷剂的时间大约为10s左右，并且需要开机运行几分钟。

开始充注制冷剂如图2-45所示。

特别提示

制冷剂充注完成后，开机制冷一段时间（至少20min）出现以下几种情况，表明制冷剂充注成功：

① 二通截止阀、三通截止阀均有结露现象；

② 三通截止阀温度冰凉，并且低于二通截止阀温度；

③ 蒸发器表面全部结露，温度较低且均匀；

④ 冷凝器从上至下，温度为热→温→接近室外温度；

⑤ 室内机出风口温度低于进风口温度9 ~ 15℃；

⑥ 系统运行压力为0.45MPa（夏季0.4 ~ 0.5MPa，冬季应不超过0.3MPa）。

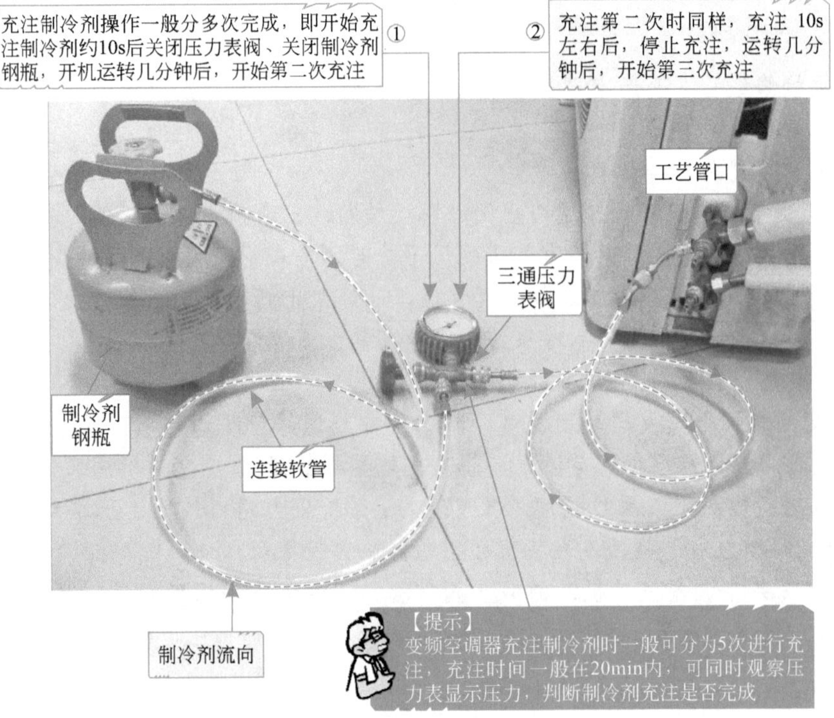

图2-45　开始充注制冷剂

当变频空调器充注制冷剂完成后，需要按顺序依次关闭三通压力表阀、制冷剂钢瓶，然后分离制冷剂钢瓶、三通压力表阀。

完成充注制冷剂操作并关闭阀门如图2-46所示。

图2-46　制冷剂充注完成后，按要求关闭阀门

知识拓展

根据检修经验，变频空调器在制冷和制热模式下，制冷剂少和制冷剂充注过量的一些基本表现归纳如下。

（1）制冷模式下

① 变频空调器室外机二通截止阀结露或结霜，三通截止阀是温的，蒸发器凉热分布不均，一半凉、一半温时；室外机吹风不热时，多表明变频空调器缺少制冷剂。

② 变频空调器室外机二通截止阀常温，三通截止阀较凉；室外机吹风温度明显较热；室内机出风温度较高；制冷系统压力较高等，多为制冷剂充注过量。

（2）制热模式下

① 变频空调器蒸发器表面温度不均匀；冷凝器结霜不均匀；三通截止阀温度高，而二通截止阀接近常温（正常温度应较高，重要判断部位）；室内机出风温度较低（正常出风口温度应高于入风口温度15℃以上）；系统压力运行较低（正常制热模式下运行压力为2MPa左右）等，多表明变频空调器缺少制冷剂。

② 若变频空调器室外机二通截止阀常温，三通截止阀温度明显较高（烫手）；室内机出风口温度为温风；系统运行压力较高，多为制冷剂充注过量。

第3章 变频空调器管路系统的检修技能

3.1 认识变频空调器的管路系统

变频空调器管路系统主要用来控制制冷剂的流向，并对制冷剂的流量进行控制，平衡制冷系统内部的压力。

3.1.1 变频空调器管路系统的组成

在变频空调器的管路系统中安装有变频压缩机、电磁四通阀、单向阀、干燥过滤器以及毛细管等管路部件。图3-1所示为变频空调器管路系统的组成。

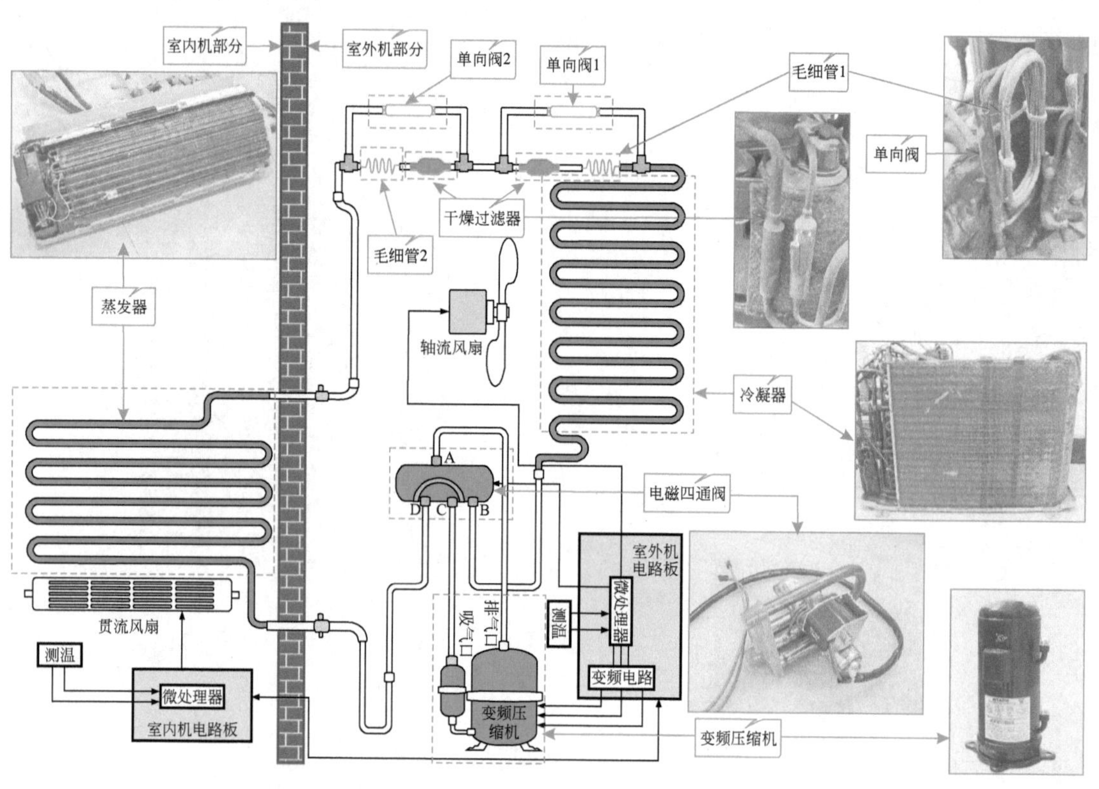

图3-1 变频空调器管路系统的组成

（1）变频压缩机的结构

随着人们节能意识的提高，市场上出现了采用变频压缩机的变频空调器，这种变频空调器效率高，性能好，更能满足人们的需求。

变频空调器中的变频压缩机多为涡旋式，主要是由涡旋盘、吸气口、排气口、电动机以及偏心轴等组成的，且内部采用的电动机多为直流无刷电动机。图3-2所示为变频压缩机的构造。

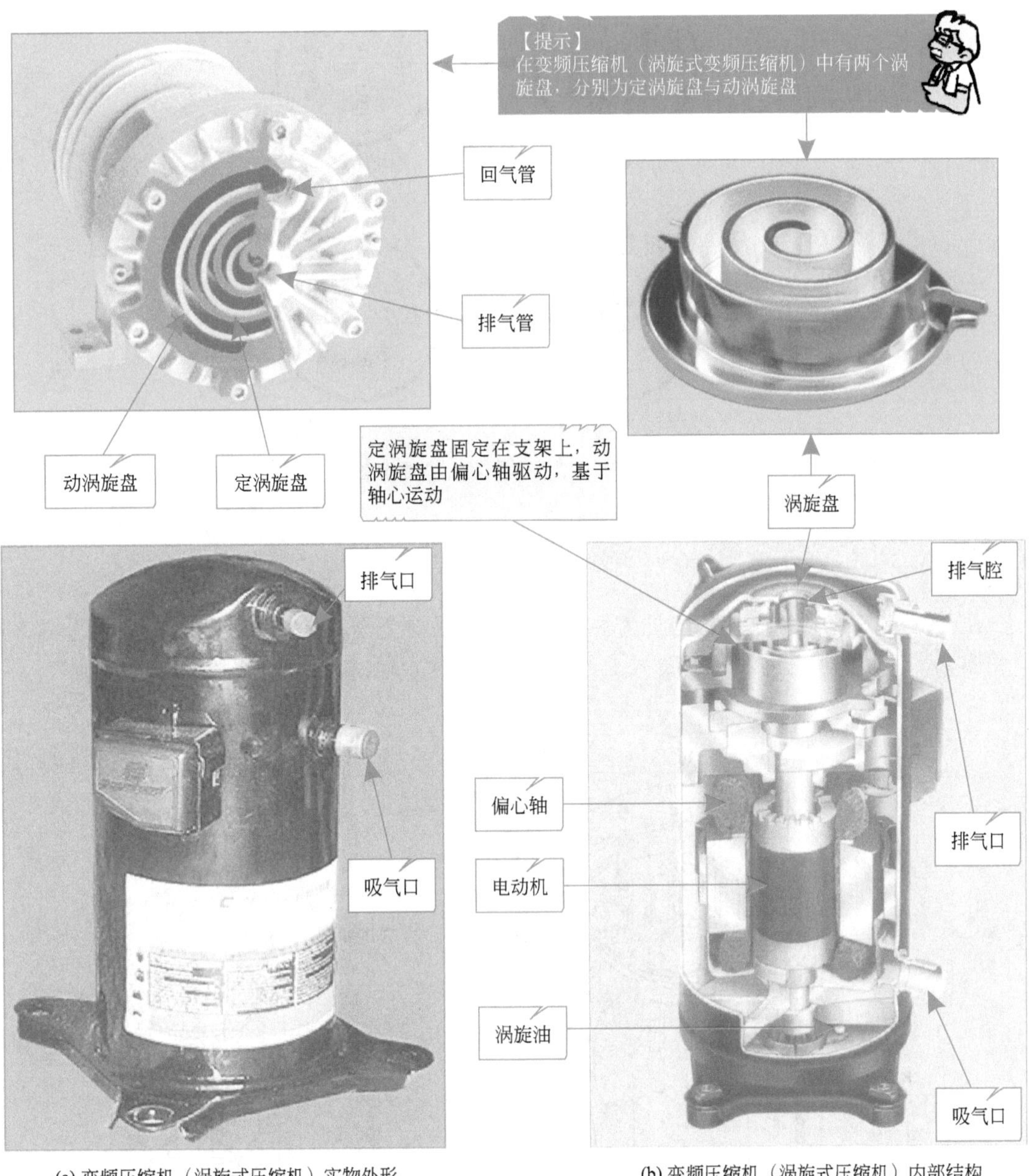

(a) 变频压缩机（涡旋式压缩机）实物外形

(b) 变频压缩机（涡旋式压缩机）内部结构

图3-2 变频压缩机的结构

图3-3所示为变频压缩机的工作原理图。变频压缩机的工作主要是由定涡旋盘与动涡旋盘实现的，定涡旋盘作为定轴不动，动涡旋盘围绕定涡旋盘进行旋转运动，对变频压缩机吸入的气体进行压缩，使气体受到挤压。当动涡旋盘与定涡旋盘相啮合时，内部的空间不断缩小，使气体压力不断增大，最后通过涡旋盘中心的排气管排出。

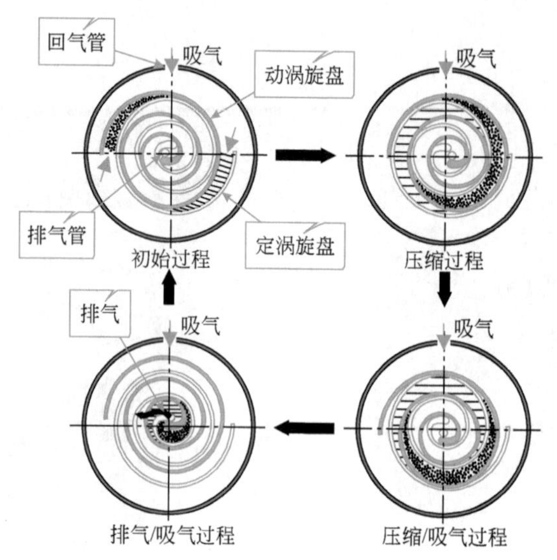

图3-3　变频压缩机的工作原理图

知识拓展

为了更好地了解变频压缩机的内部构造，可以对变频压缩机内部进行进一步分解，图3-4所示为变频压缩机（涡旋式变频压缩机）的内部结构图及其主体部件分解图。

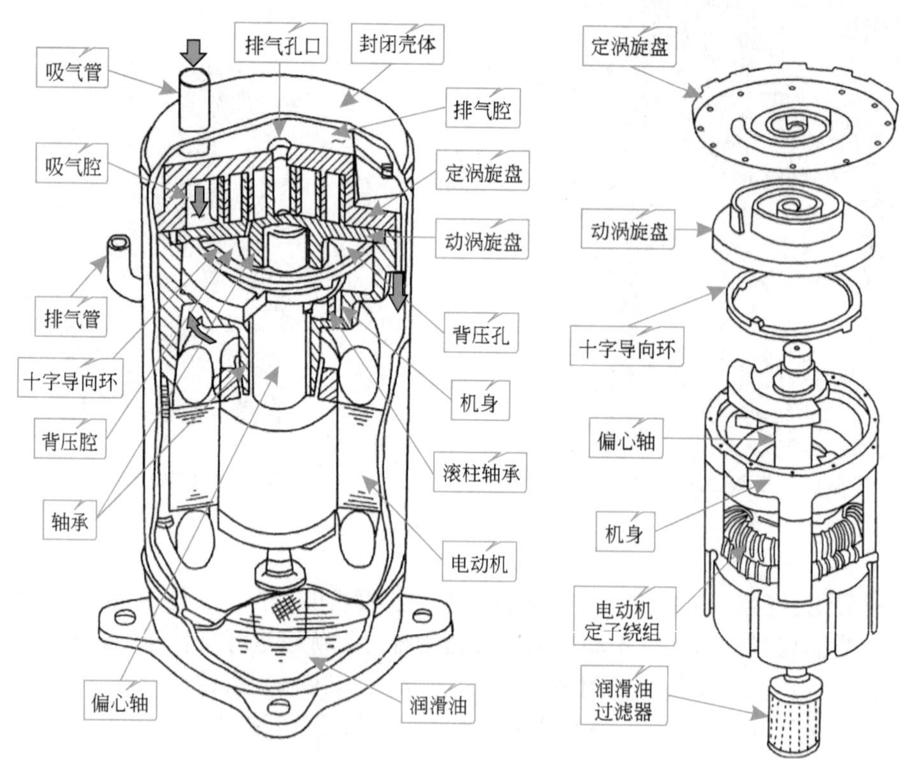

图3-4　变频压缩机（涡旋式变频压缩机）的内部结构图及其主体部件分解图

特别提示

变频压缩机中变频电动机的供电采用变频方式，根据变频压缩机所采用电动机的不同，可分为直流变频驱动电动机和交流变频驱动电动机两种，如图3-5所示。

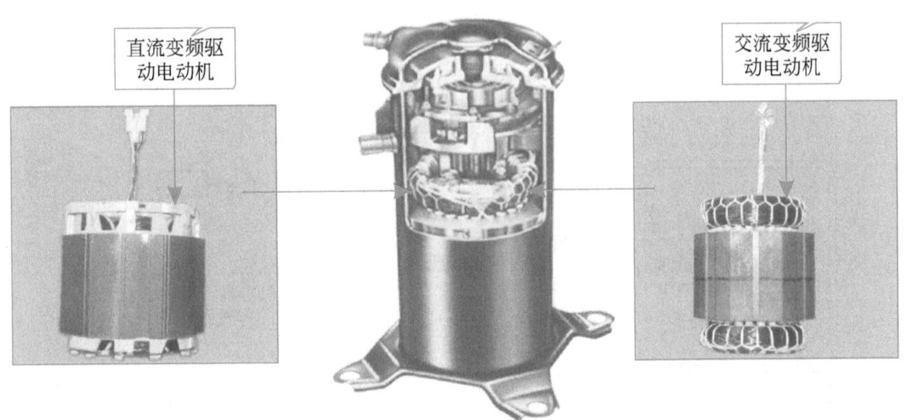

图3-5 直流变频驱动电动机和交流变频驱动电动机

（2）电磁四通阀的结构

电磁四通阀是冷暖型变频空调器中重要的组成部件，它利用导向阀和换向阀的作用改变变频空调器管路中制冷剂的流向，从而达到切换制冷、制热的目的。

图3-6所示为电磁四通阀的结构。电磁四通阀通常安装在室外管路的上部，由四根管口与制冷管路相连。电磁四通阀主要由电磁导向阀、四通阀线圈、四通换向阀以及四根连接管路等构成。电磁导向阀受控制电路控制，可以改变导向毛细管的连接状态。而四通换向阀受压力控制，从而改变换向阀制冷剂的流向。

变频空调器的制冷、制热模式的转变，是通过电磁四通阀进行控制的。

图3-7所示为制冷模式下制冷剂在电磁四通阀的流动方向。当变频空调器处于制冷状态时，电磁导向阀的四通阀线圈未通电，阀芯在弹簧的作用下位于左侧，导向毛细管A、B和C、D分别导通。制冷管路中的制冷剂通过四通换向阀分别流向导向毛细管A和B。

高压制冷剂经导向毛细管A、B流向区域E形成高压区；低压制冷剂经导向毛细管C、D流向区域F形成低压区。活塞受到高、低压的影响，带动滑块向左移动，使连接管G和H相通，连接管I和J相通。

从变频压缩机排气管送入的制冷剂，从连接管G流向连接管H，进入室外机冷凝器，向室外散热。制冷剂经冷凝器向室内机蒸发器流动，向室内制冷，然后流入电磁四通阀。经连接管J和I回到变频压缩机吸气口，开始制冷循环。

图3-8所示为制热模式下电磁四通阀的工作原理。当变频空调器处于制热状态时，电磁导向阀的线圈通电，阀芯在弹簧和磁力的作用下向右移动，导向毛细管A、D和C、B分别导通。制冷管路中的制冷剂通过四通换向阀分别流向导向毛细管A和C。

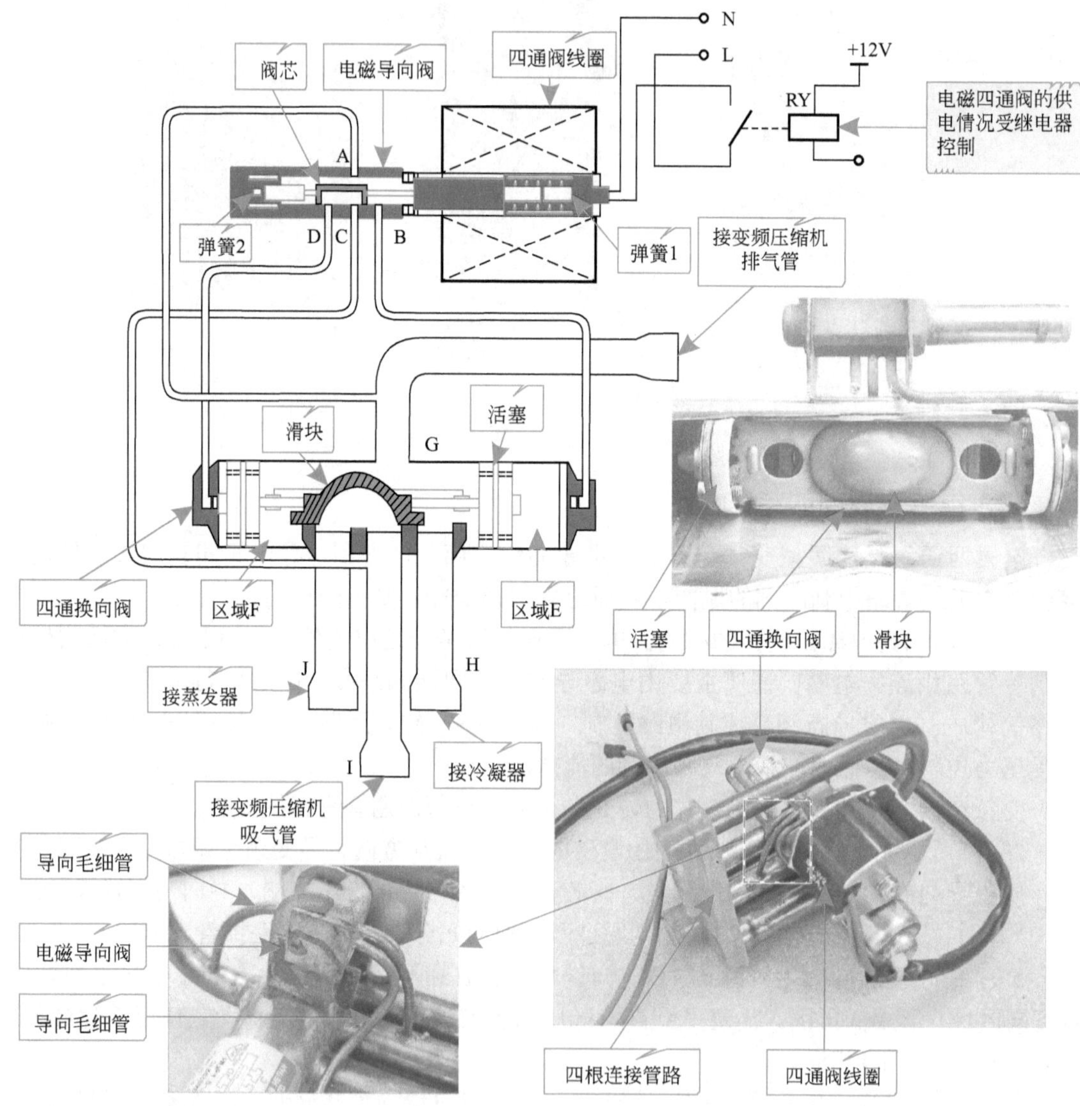

图3-6　电磁四通阀的结构

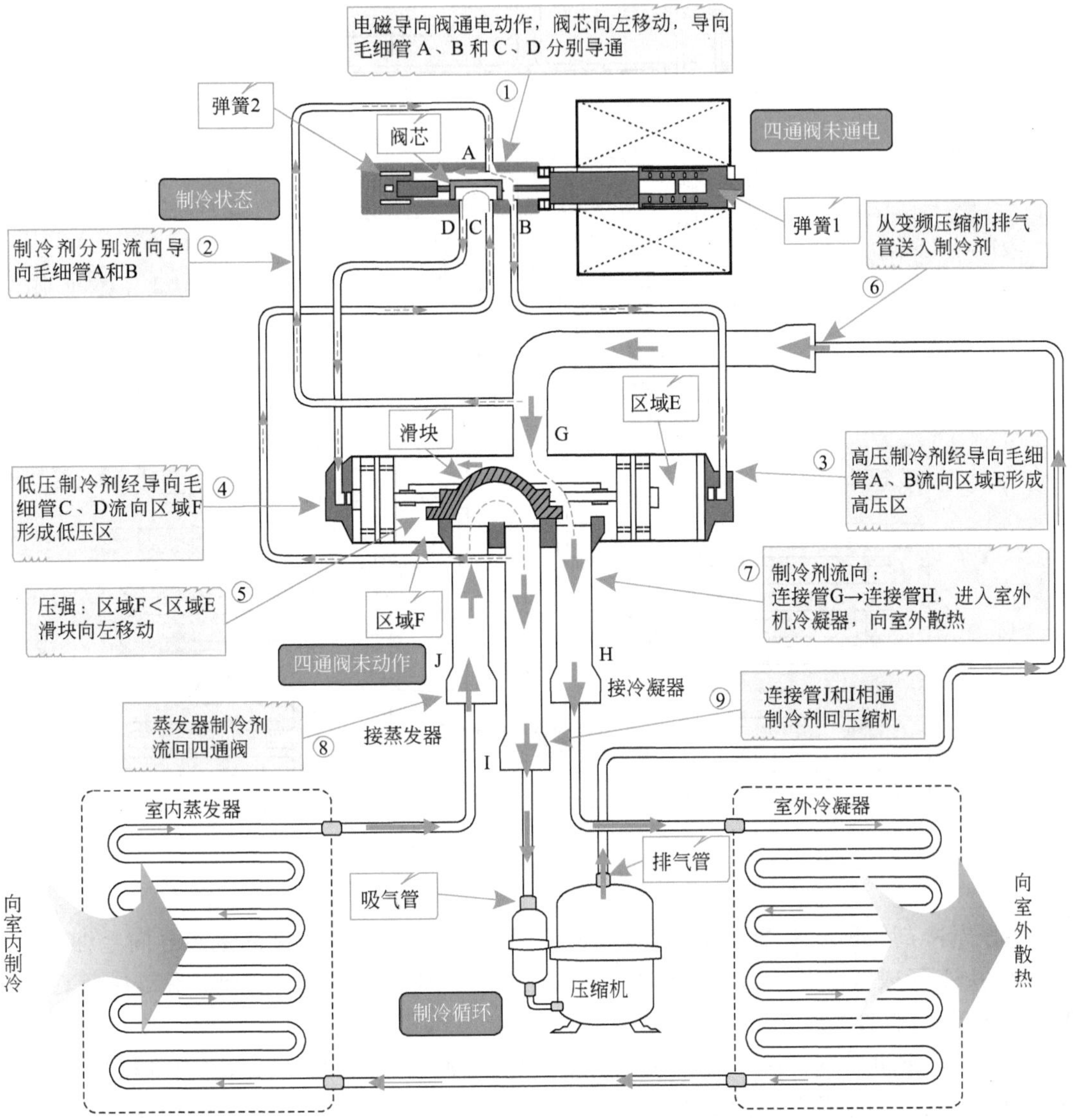

电磁导向阀通电动作，阀芯向左移动，导向毛细管 A、B 和 C、D 分别导通 ①

弹簧2

阀芯

四通阀未通电

A

制冷状态

弹簧1

D C B

制冷剂分别流向导向毛细管A和B ②

从变频压缩机排气管送入制冷剂 ⑥

区域E

滑块

G

高压制冷剂经导向毛细管A、B流向区域E形成高压区 ③

低压制冷剂经导向毛细管C、D流向区域F形成低压区 ④

压强：区域F＜区域E 滑块向左移动 ⑤

区域F

制冷剂流向：连接管G→连接管H，进入室外机冷凝器，向室外散热 ⑦

四通阀未动作

J

H

接冷凝器

连接管J和I相通 制冷剂回压缩机 ⑨

蒸发器制冷剂流回四通阀 ⑧

接蒸发器

I

室内蒸发器

室外冷凝器

排气管

吸气管

向室内制冷

向室外散热

压缩机

制冷循环

图3-7 制冷模式下电磁四通阀的工作原理

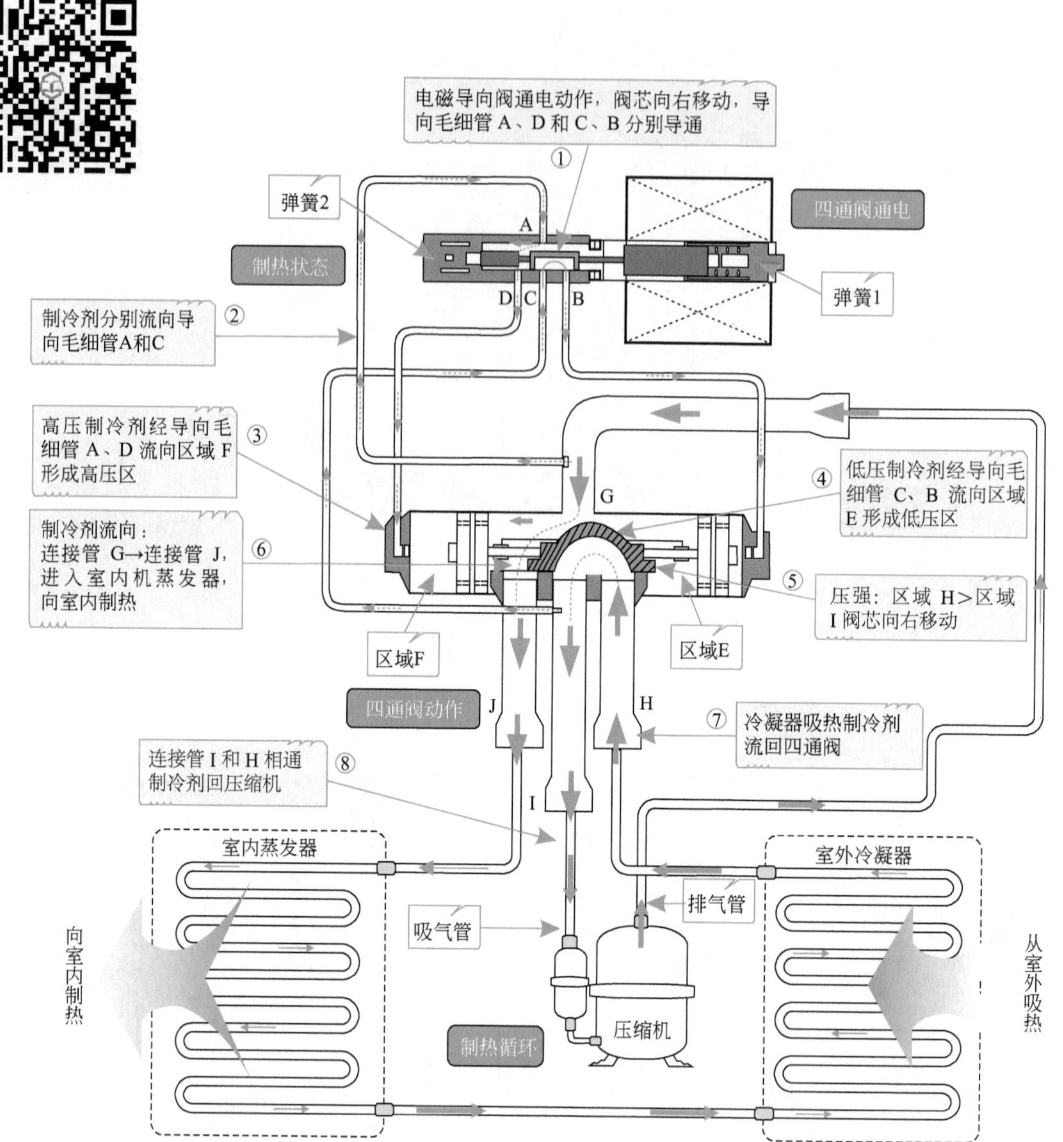

图3-8　制热模式下电磁四通阀的工作原理

高压制冷剂经导向毛细管A、D流向区域F形成高压区；低压制冷剂经导向毛细管C、B流向区域E形成低压区。活塞受到高、低压的影响，带动滑块向右移动，使连接管G和J相通，连接管I和H相通。

从变频压缩机排气管送出的制冷剂，从连接管G流向连接管J，进入室内机蒸发器，向室内制热。制冷剂经蒸发器向室外机冷凝器流动，从室外吸热，然后流入电磁四通阀。经连接管H和I回到变频压缩机吸气口，开始制热循环。

（3）单向阀的结构

单向阀是在变频空调器制冷管路控制制冷剂流向的部件，它具有单向导通、反向截止的特点，用于防止变压变频压缩机停机时，其内部大量的高温高压蒸汽倒流向蒸发器，使蒸发器升温从而导致制冷/制热效率降低。

目前一些新型变频空调器中，单向阀通常与副毛细管并联后再串接在主毛细管上，用来进一步降低制冷剂的压力和温度，增加蒸发器与室内的温差，以便更好地吸热。图3-9所示为变频空调器中的的单向阀。

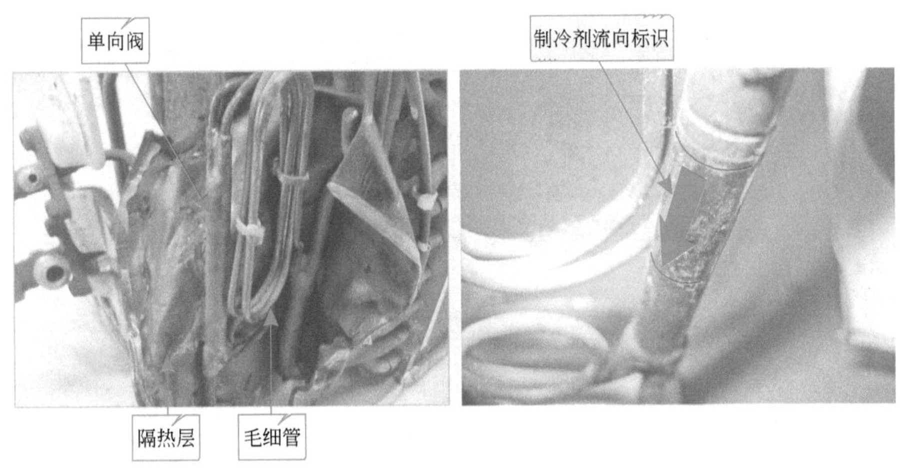

图3-9　冷暖型变频空调器中的单向阀

知识拓展

单向阀两端的管口有两种形式，一种为单接口式，另一种为双接口式。单接口式单向阀常用于单冷型变频空调器中，一端连接毛细管，另一端连接二通截止阀；双接口式单向阀常用于冷暖型变频空调器中，两端各有一接口与副毛细管相连，另外两接口分别与主毛细管和二通截止阀相连，如图3-10所示。

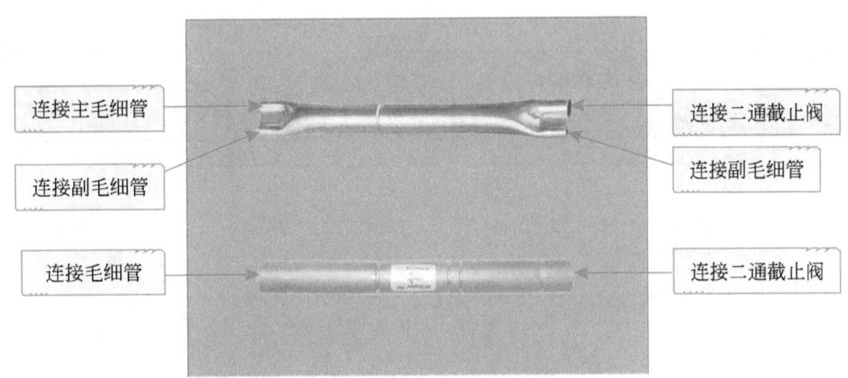

图3-10　单接口式和双接口式单向阀

单向阀根据内部结构的不同，可分为锥形单向阀和球形单向阀。锥形单向阀内部主要是由尼龙阀针、阀座和限位环构成的；球形单向阀内部主要是由阀球、阀座和限位环构成的，如图3-11所示。

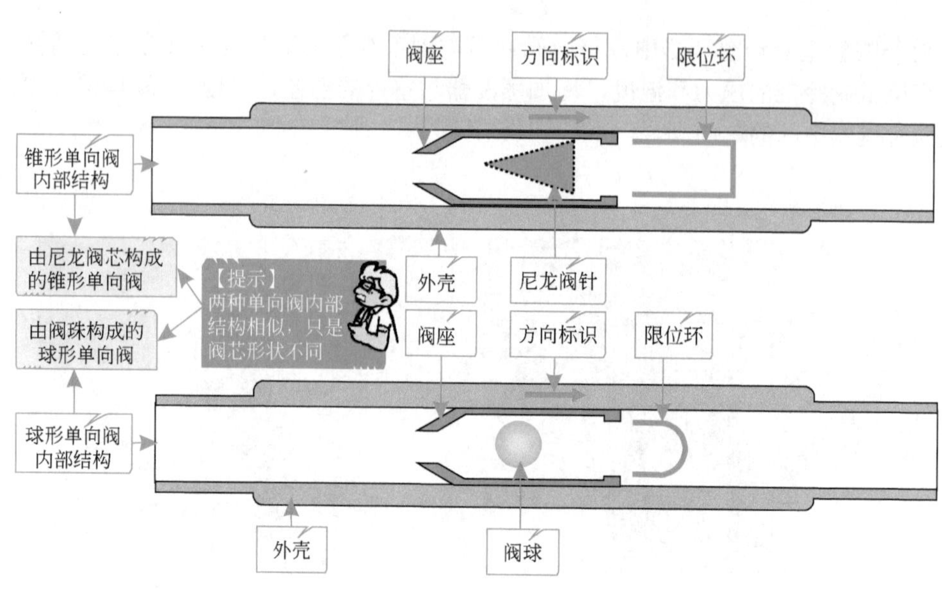

图3-11　单向阀的内部结构

单向阀在制冷管路中主要用于防止变频压缩机在停机时，其内部大量的高温高压蒸气倒流向蒸发器，使蒸发器升温从而导致制冷效率降低。在变频压缩机吸气管端接入单向阀，可使变频压缩机停机时，制冷系统内部高、低压能迅速平衡，以便再次启动。

图3-12所示为锥形单向阀的具体工作原理示意图。当变频空调器制冷管路中的制冷剂流向与单向阀的方向标识一致时，阀针受制冷剂本身流动压力的作用，被推至限位环内，单向阀处于导通状态，允许制冷剂流通；当制冷剂流向与单向阀方向标识相反时，阀针受单向阀两端压力差的作用，被紧紧压在阀座上，此时单向阀处于截止状态，不允许制冷剂流通。

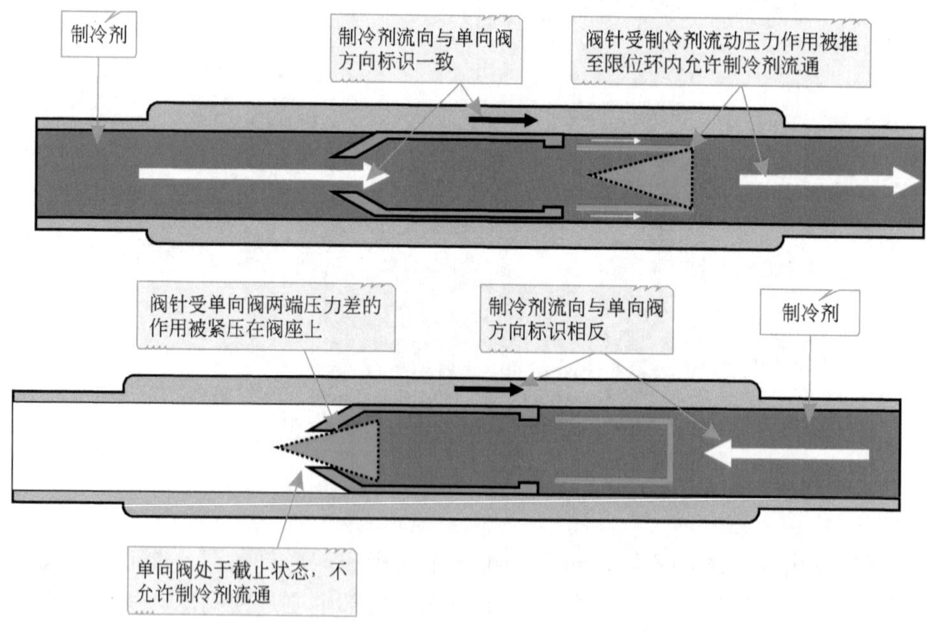

图3-12　锥形单向阀的具体工作原理示意图

图3-13所示为球形单向阀的工作原理示意图，它与锥形单向阀工作原理相同。即当变频空调器制冷管路中的制冷剂流向与单向阀方向标识一致时，阀珠受到压力差的作用，向右移动，单向阀处于导通状态，允许制冷剂流通；当制冷剂流向与单向阀方向标识相反时，阀珠在压力差的作用下，向左移动，此时单向阀处于截止状态，不允许制冷剂流通。

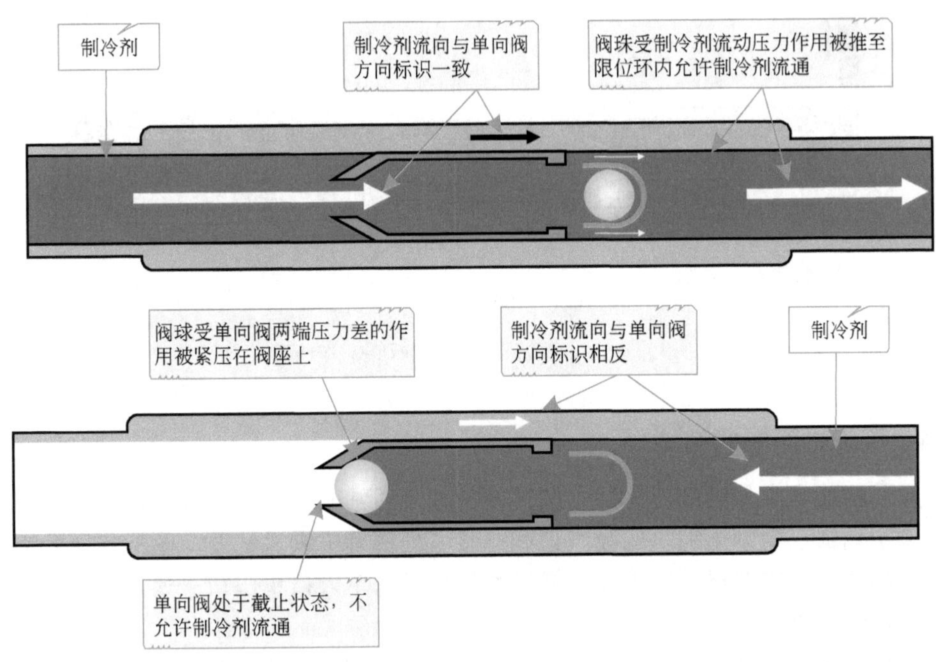

图3-13 球形单向阀的工作原理示意图

相关链接

前文提到过一种双接口式的单向阀，其工作原理与单接口式的单向阀有所区别，如图3-14所示。变频空调器制冷时，单向阀呈导通状态；变频空调器制热时，单向阀呈截止状态，制冷剂通过副毛细管形成制热循环。

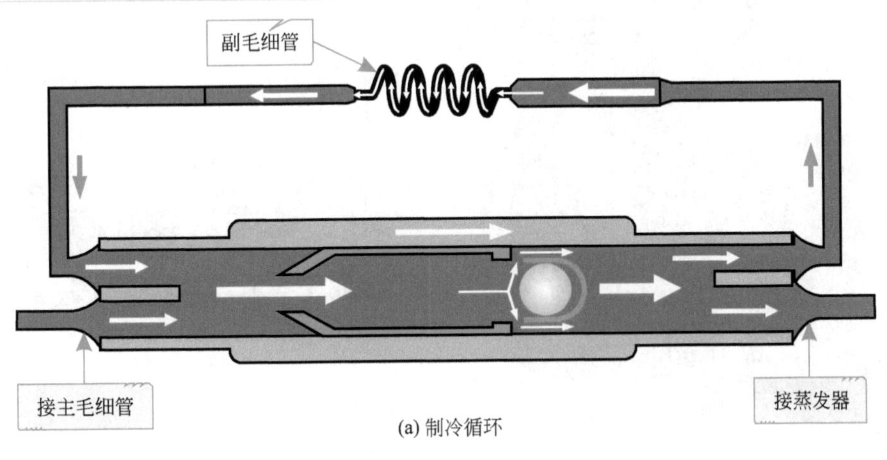

(a) 制冷循环

图3-14

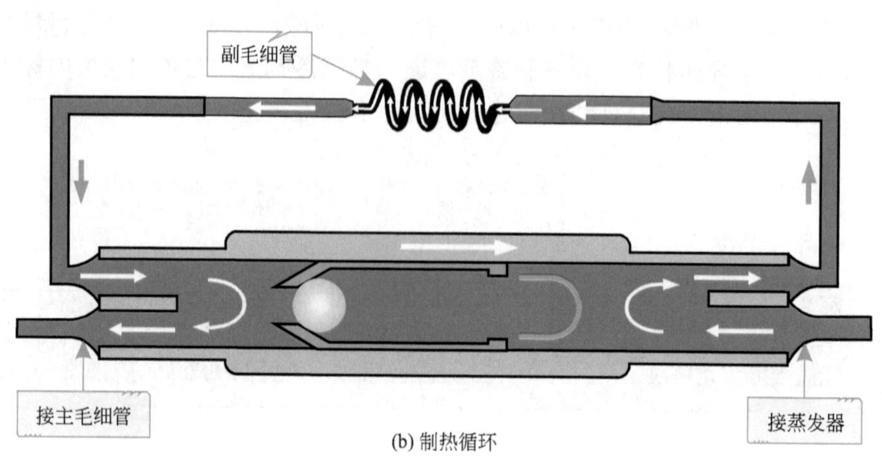

(b) 制热循环

图3-14 双接口式的单向阀的工作原理

(4) 干燥过滤器的结构

干燥过滤器是室外机制冷管路中的过滤部件，通常安装在毛细管与冷凝器之间。也有一些变频空调器在变频压缩机的吸气口和排气口处都有干燥过滤器，图3-15所示为干燥过滤器的结构。变频空调器中常见的干燥过滤器主要有单入口单出口干燥过滤器和单入口双出口干燥过滤器两种。

单入口单出口干燥过滤器是一个入口端、一个出口端，其中有一个端口的一端为入口端，用以连接冷凝器，两个端口的一端为出口端和工艺管口，用以连接毛细管；单入口双出口干燥过滤器是一个入口端、两个出口端，其中较粗的一端为入口端，用以连接冷凝器，两个端口的一端为出口端，用以连接毛细管。

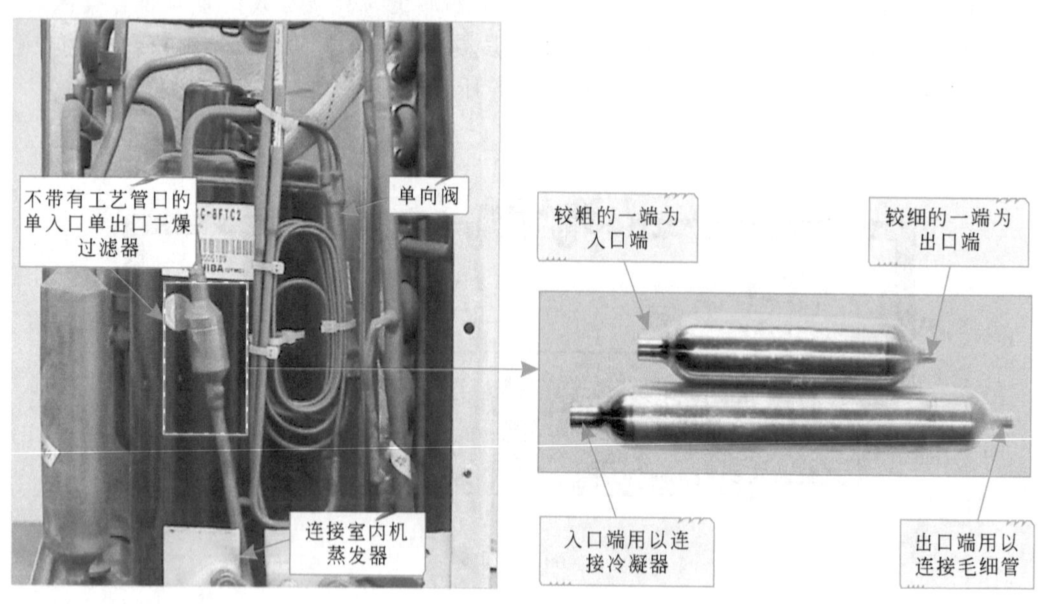

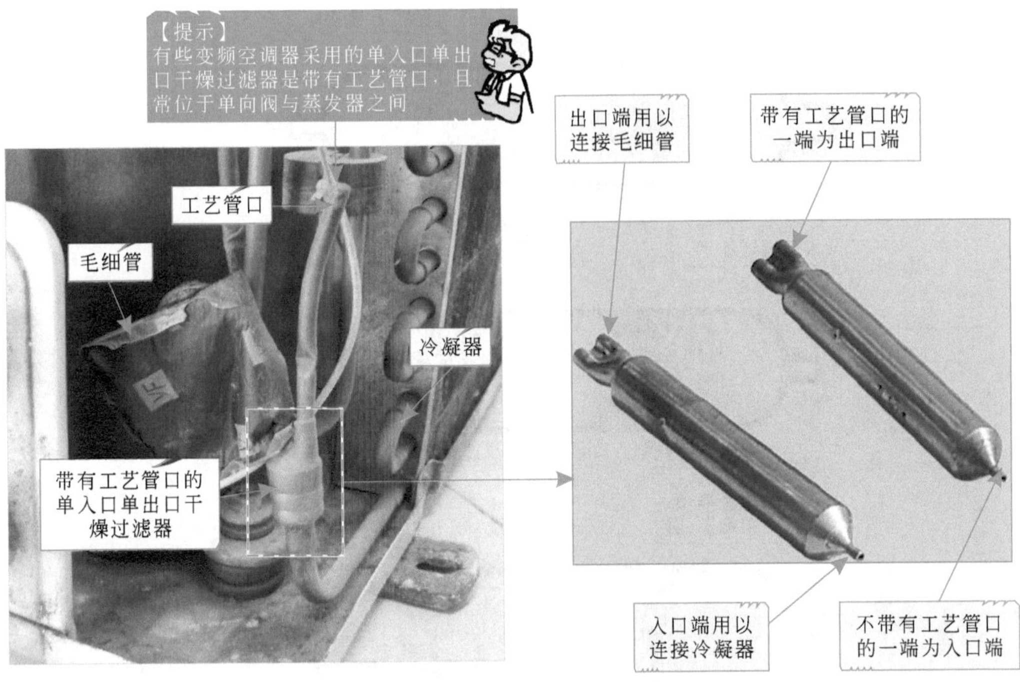

(a) 单入口单出口干燥过滤器

(b) 单入口双出口干燥过滤器

图3-15 干燥过滤器的外部结构特点

无论是单入口单出口干燥过滤器还是单入口双出口干燥过滤器，其内部都是由粗金属网、细过滤网和干燥剂构成的，如图3-16所示。其中粗金属网为入口端的过滤网、细过滤网为出口端的过滤网，都是用于制冷剂中杂质的滤除，而干燥过滤器的内部装有的干燥剂则为吸湿性优良的分子筛，用以吸收制冷剂中的水分，确保毛细管畅通和制冷系统的正常运行。

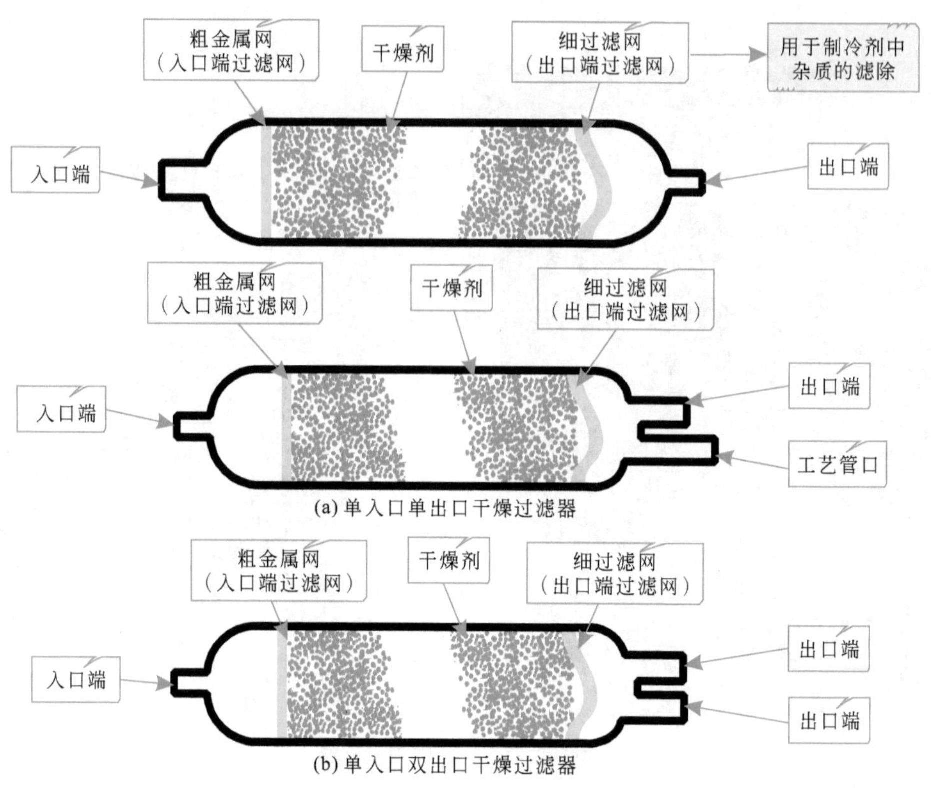

图3-16　干燥过滤器的内部结构特点

知识拓展

变频空调器干燥过滤器中的干燥剂及分子筛又称为人工合成泡沸石，是一种具有晶体骨架结构的硅铝酸盐，呈白色粉末状，不溶于水。在干燥过滤器中用黏合剂将分子筛塑合成小球形状，并具有均匀的结晶空隙。当制冷剂液体从中通过时，由于制冷剂分子的直径大于水分子的直径，分子筛就可以将水分子“筛选”出来。

特别提示

由于干燥过滤器功能的特殊性，干燥过滤器一般都封装在密闭良好的包装袋内，如图3-17所示。一旦打开就要马上使用，否则干燥过滤器就会失效。

图3-17　完整包装的干燥过滤器

图3-18所示为干燥过滤器的工作原理示意图。当冷凝器中的制冷剂流入到干燥过滤器的入口端时，首先通过入口端过滤网（粗金属网）将制冷剂中的杂质粗略滤除，然后通过干燥剂吸附制冷剂中附带的水分，再通过出口端过滤网（细过滤网）将制冷剂中的杂质滤除，最后通过干燥过滤器出口流入到毛细管中。

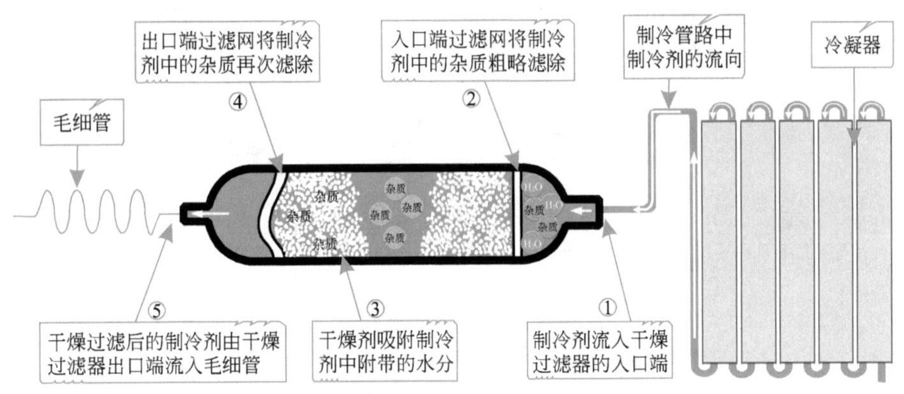

图3-18　干燥过滤器的工作原理示意图

特别提示

虽然整个制冷系统是在干燥的真空环境中工作的，但难免会有微量的水分及微小的杂质存在。这主要是因为在装配过程中，受装配环境的影响、装配操作不规范或零部件自身清洗不彻底、空气或一些灰尘进入到制冷管路中、空气中含有一定的水分和杂质造成的。根据制冷循环的原理，高温高压的过热蒸汽从变频压缩机排气口排出，经冷凝器冷却后，要进入毛细管进行节流降压。由于毛细管的内径很小，如果系统中存在水分和杂质就很容易造成堵塞，使制冷剂不能循环。这些杂质一旦进入到变频压缩机，就可能使活塞、气缸及轴承等部件的磨损加剧，影响变频压缩机的性能和使用寿命，因此需要在冷凝器和毛细管之间安置干燥过滤器。

（5）毛细管的结构

毛细管在变频空调器制冷管路中是实现节流、降压的部件，其外形是一段又细又长的铜管，通常盘绕在室外机中，蒸发器与干燥过滤器之间，且外面常包裹有隔热层。图3-19所示为毛细管的结构。

图3-20所示为毛细管的工作原理示意图。由于毛细管的外形十分细长，因此当液态制冷剂流入毛细管时，会增强制冷剂在制冷管路中流动的阻力，从而起到降低制冷剂的压力、限制制冷剂流量的作用。当电冰箱停止运转后，毛细管可均衡制冷管路中的压力，使高压管路和低压管路趋于平衡状态，便于下次启动。

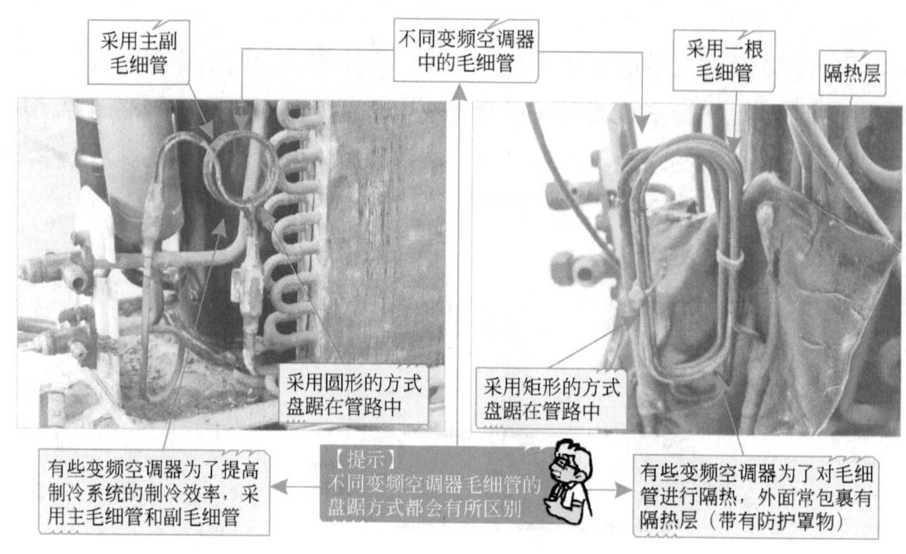

图3-19 毛细管的结构

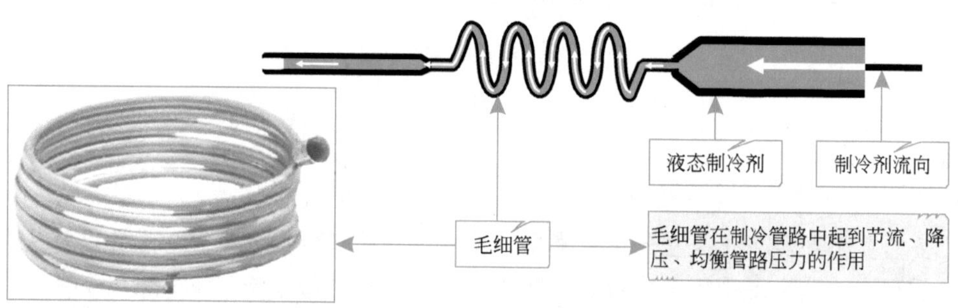

图3-20 毛细管的工作原理示意图

3.1.2 变频空调器管路系统的控制关系

变频空调器管路系统的控制关系，实际上就是变频空调器管路系统制冷剂循环的过程。变频空调器管路系统制冷剂循环的过程是变频空调器管路系统实现制冷和制热的主要目的。

变频空调器主要是利用制冷剂的循环和状态变化过程进行能量的转换，从而改变室内的温度。

变频空调器在夏天可以实现制冷功能，也可以在冬季实现制热功能。变频空调器制冷/制热两种模式的切换，主要是依靠电磁四通阀实现的。下面将分别对变频空调器管理系统的制冷和制热原理进行介绍。

（1）变频空调器管路系统的制冷流程

变频空调器的管路系统与普通空调器的管路系统没有什么区别，只是压缩机电动机采用变频电动机，其驱动电路为变频控制电路，目前很多变频空调器中风扇电动机也采用了变频驱动方式。

图3-21所示为变频空调器在制冷状态管路系统的工作流程。当变频空调器进行制冷工作时，电磁四通阀处于断电状态，内部滑块使管口A、B导通，管口C、D导通。同时，在变频空调器电路系统的控制下，室内机与室外机中的风扇电动机、变频压缩机等电气部件也开始工作。

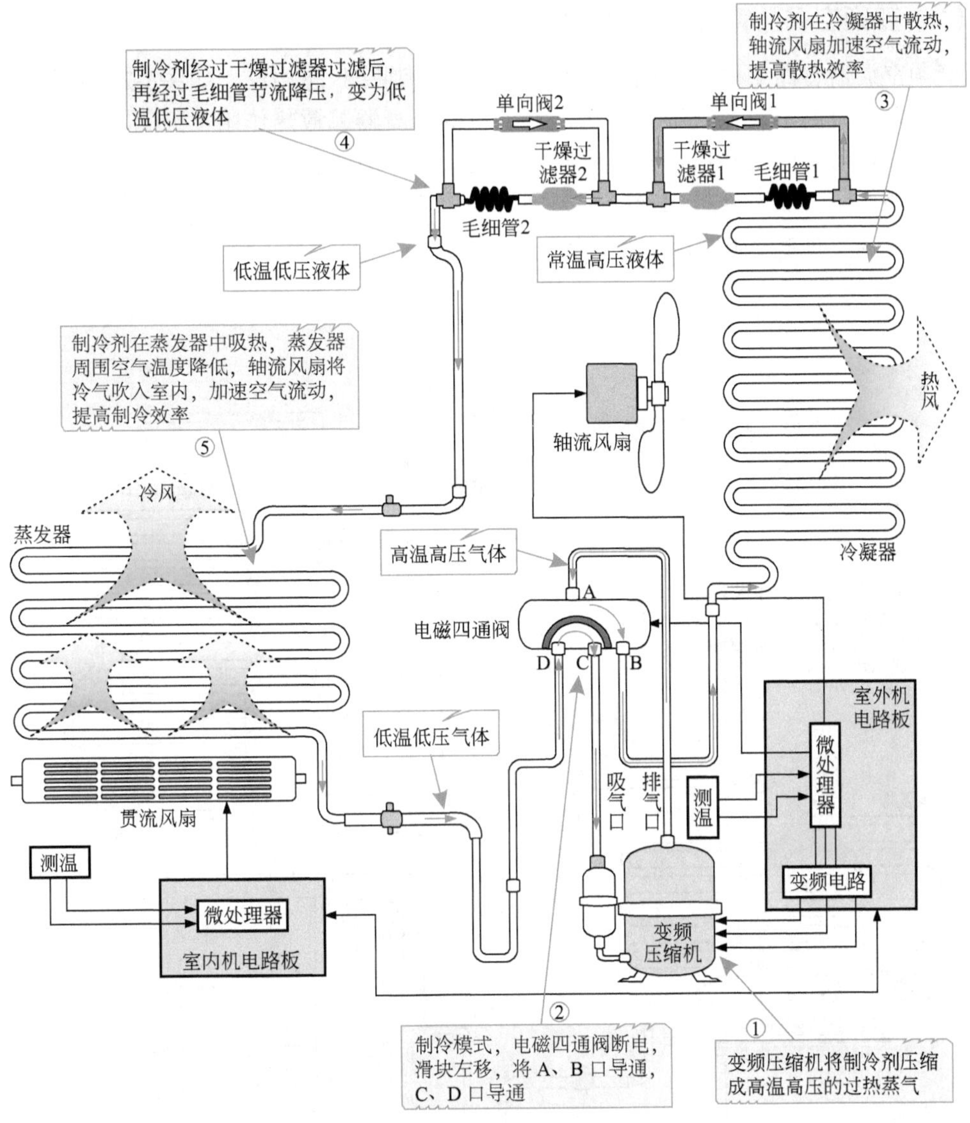

图3-21 变频空调器管路系统的制冷循环流程

制冷剂在变频压缩机中被压缩，原本低温低压的制冷剂气体压缩成高温高压的过热蒸气，然后经变频压缩机排气口排出，由电磁四通阀的A口进入，经电磁四通阀的B口进入冷凝器中。高温高压的过热蒸气在冷凝器中散热冷却，轴流风扇带动空气流动，加速冷凝器的散热效果。

经冷凝器冷却后的常温高压制冷剂液体经单向阀1、干燥过滤器2进入毛细管2中，制冷剂在毛细管中节流降压后，变为低温低压的制冷剂液体，经二通截止阀送入到室内机中。

制冷剂在室内机蒸发器中吸热汽化，蒸发器周围空气的温度下降，贯流风扇将冷风吹入到室内，加速室内空气循环，提高制冷效率。

汽化后的制冷剂气体再经三通截止阀送回室外机，经电磁四通阀的D口、C口和变频压缩机吸气口回到变频压缩机中，进行下一次制冷循环。

（2）变频空调器管路系统的制热流程

变频空调器管路中制冷剂的流向在制热状态与制冷状态相反，如图3-22所示。在制冷循环中，室内机的蒸发器起吸热作用，室外机的冷凝器起散热作用，因此，变频空调器制冷时，室外机吹出的是热风，室内机吹出的是冷风；而在制热循环中，室内机的蒸发器起到的是散热作用，而室外机的冷凝器起到的是吸热作用。因此，变频空调器制热时室内机吹出的是热风，而室外机吹出的是冷风。

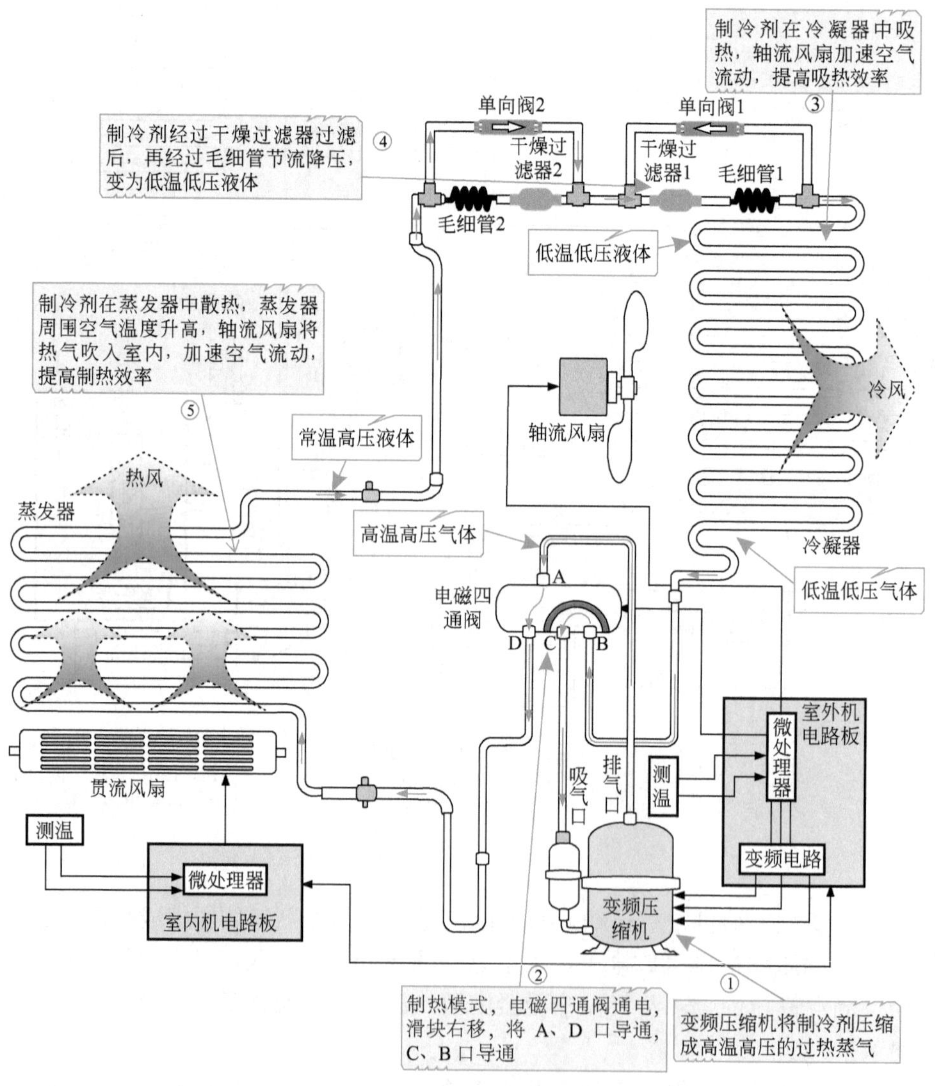

图3-22 变频空调器管路系统的制热循环流程

当变频空调器进行制热工作时，电磁四通阀通电，滑块移动使管口A、D导通，管口C、B导通。

制冷剂在变频压缩机中压缩成高温高压的过热蒸气，由变频压缩机的排气口排出，再由电磁四通阀的A口、D口送入到室内机的蒸发器中。高温高压的过热蒸气在蒸发器中散热，蒸发器周围空气的温度升高，贯流风扇将热风吹入到室内，加速室内空气循环，提高制热效率。

制冷剂散热后变为常温高压的液体，再由液体管从室内机送回到室外机中。制冷剂经单向阀2、干燥过滤器1进入毛细管1中，制冷剂在毛细管中节流降压为低温低压的制冷剂液体后，进入到冷凝器中。制冷剂在冷凝器中吸热汽化，重新变为饱和蒸气，并由轴流风扇将冷气吹出室外。最后，制冷剂气体再由电磁四通阀的B口进入，由C口返回变频压缩机中，如此往复循环，实现制热功能。

3.2 变频空调器管路系统的检修分析

引起变频空调器管路系统发生故障的原因较多，在对变频空调器管路系统进行检修时，应先了解变频空调器管路系统的故障特点，根据故障特点确定检修流程，便于快速准确地找到变频空调器管路系统的故障点。

3.2.1 变频空调器管路系统的故障特点

检测变频空调器管路系统，首先要对变频空调器管路系统的故障特点有所了解。如图3-23所示，变频控制器管路系统的故障表现主要反映在“制冷效果不良”、“制热效果不良”和“部分功能异常”三个方面。下面就对这些常见的故障特点进行分析。

(1)“制冷效果不良”的故障特点

“制冷效果不良”的故障主要是指变频空调器在规定的工作条件下，室内温度不下降或降低不到设定的温度值。这类故障可以细致划分为两种，即“完全不制冷”和“制冷效果差”。

①“完全不制冷”的故障　图3-24所示为变频空调器“完全不制冷”的典型故障表现。这种故障，主要表现为：变频空调器开机正常，选择制冷工作状态，制冷一段时间后，变频空调器无冷气吹出。

不制冷是变频空调器最为常见的故障之一，引起不制冷的故障原因有很多，也较复杂，通常制冷剂泄漏、制冷管路堵塞、变频压缩机不运转、温度传感器失灵、变频或控制电路有故障都会引起变频空调器不制冷。

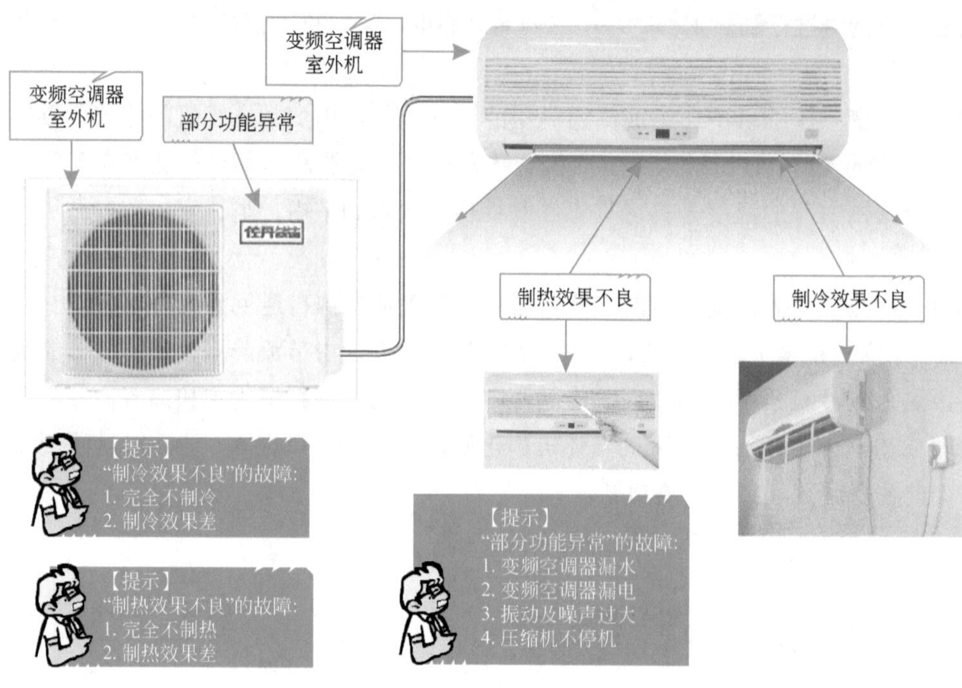

图3-23　变频空调器管路系统的故障表现

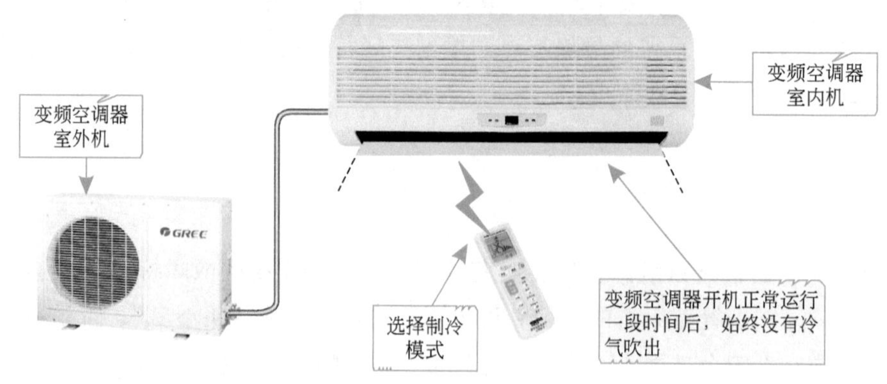

图3-24　变频空调器"完全不制冷"的典型故障表现

特别提示

变频空调器制冷系统出现泄漏点后，若没能及时维修，制冷剂会全部漏掉，从而引起变频空调器完全不制冷的故障。制冷剂全部泄漏完的主要表现是：变频压缩机启动很轻松，蒸发器里听不到液体的流动声和气流声，停机后打开室外机三通截止阀上的工艺管时无气流喷出。

②"制冷效果差"的故障　图3-25所示为变频空调器"制冷效果差"的典型故障表现。这种故障，主要表现为：变频空调器能正常运转制冷，但在规定的工作条件下，室内温度降不到设定温度。

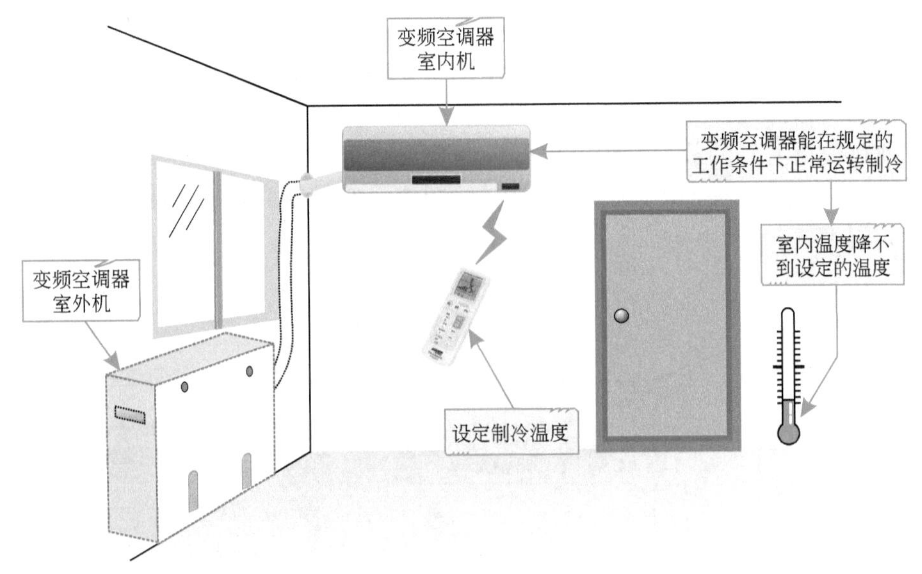

图3-25 变频空调器制冷效果差的典型故障表现

变频空调器制冷效果差也是变频空调器最为常见的故障之一，引起制冷效果差的故障原因有很多，通常温度设定异常、滤尘网过脏、室内风扇组件异常、温度传感器失灵、变频压缩机运转频率低、制冷剂泄漏、充注的制冷剂过多、制冷管路轻微堵塞等都会引起变频空调器制冷效果差。

(2)“制热效果不良”的故障

“制热效果不良”的故障主要是指变频空调器在规定的工作条件下，室内温度不上升或上升不到设定的温度值。这类故障可以细致划分为两种，即“完全不制热”和“制热效果差”。

①“完全不制热”的故障 图3-26所示为变频空调器“完全不制热”的典型故障表现。这种故障，主要表现为：变频空调器开机后，选择制热功能后，制热一段时间后，无热风送出，出现这种情况时，为变频空调器不制热的故障。

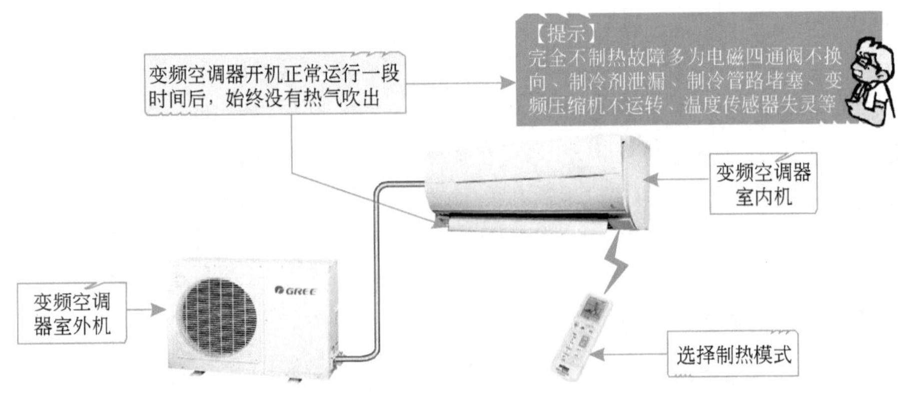

图3-26 变频空调器“完全不制热”的典型故障表现

变频空调器完全不制热是冬季变频空调器出现较频繁的故障现象，其故障原因多为电磁四通阀不换向、制冷剂泄漏、制冷管路堵塞、变频压缩机不运转、温度传感器失灵、变频或控制电路有故障等。

②“制热效果差”的故障　图3-27所示为变频空调器制热效果差的典型故障表现。这种故障，主要表现为：变频空调器能正常运转制热，但在规定的工作条件下，室内温度上升不到设定温度值。

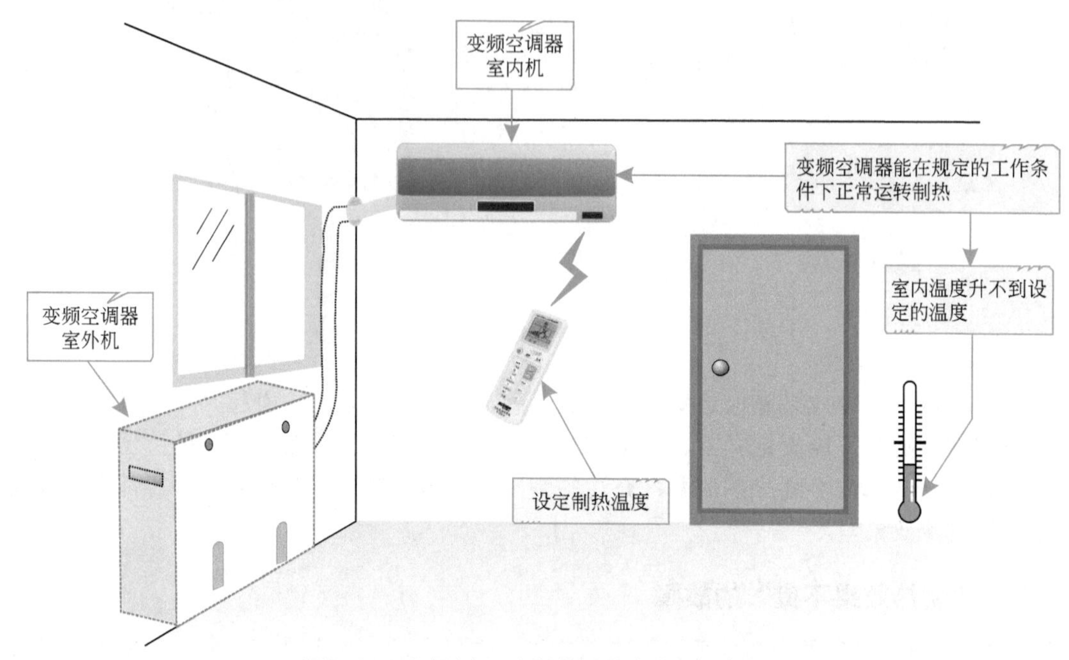

图3-27　变频空调器制热效果差的典型故障表现

变频空调器制热效果差也是冬季变频空调器出现较为频繁的故障现象，引起制热效果差的故障原因有很多，其故障原因与制冷效果差基本相似，多为温度设定异常、滤尘网过脏、室内风扇组件异常、温度传感器失灵、制冷剂泄漏、充注的制冷剂过多、制冷管路轻微堵塞等引起的。

特别提示

判定变频空调器制热效果差的故障时，不能凭直觉判断故障，应通过测量室内机的温度差进行判断。将变频空调器设定在制热状态，待其运行一段时间后，再测量室内机进、出口的温度差，如图3-28所示。如果温度相差小于16℃，说明变频空调器的制热效果差；如果温度相差大于16℃，即使人体感觉制热效果差，也属于正常现象。

（3）“部分功能异常”的故障

“部分功能异常”的故障主要是指变频空调器制冷/制热正常，但工作过程中有异常的现象，这类故障可以细致划分为4种：“变频空调器漏水”、“变频空调器漏电”、“振动及噪声过大”和“变频压缩机不停机”。

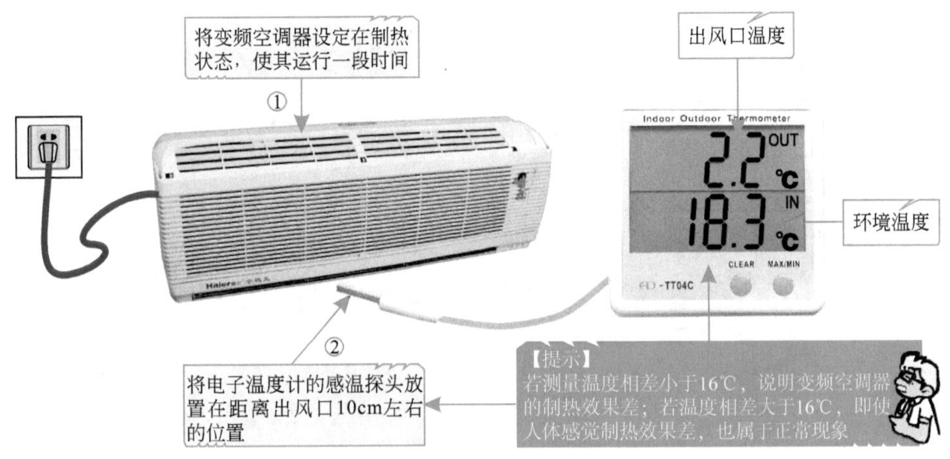

图3-28　判定变频空调器制热效果差的方法

①“变频空调器漏水”的故障　图3-29所示为变频空调器“漏水”的典型故障表现。这种故障主要表现为：变频空调器启动工作后，制冷/制热正常，但变频空调器室内机或室外机箱体下有滴水情况。

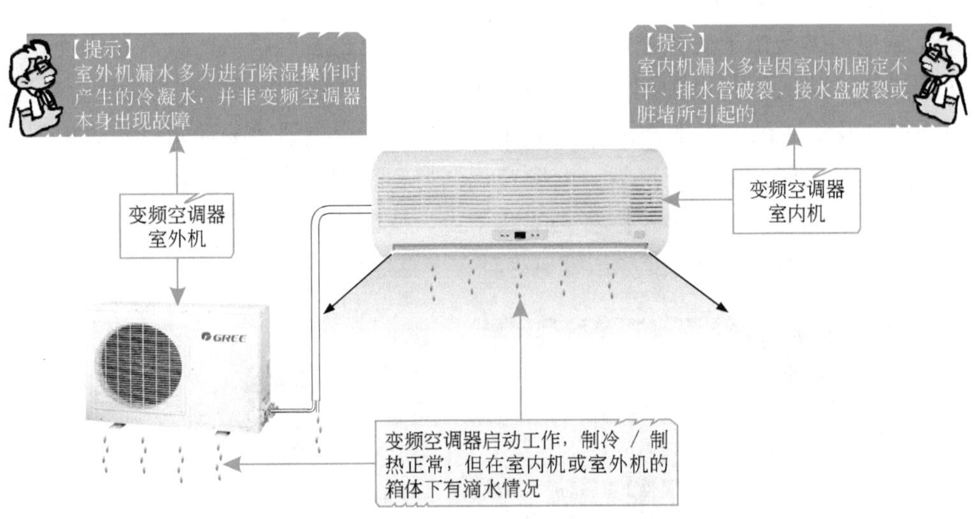

图3-29　变频空调器“漏水”的故障表现

变频空调器漏水的故障主要有室外机漏水和室内机漏水两种情况。

其中，室外机漏水多为进行除湿操作时产生的冷凝水，并非变频空调器本身出现故障。除湿操作产生的冷凝水，一部分在室外机风扇的作用下直接在冷凝器上蒸发，剩余的冷凝水从排水软管流出，但有时在风扇螺旋桨的作用下冷凝水会喷溅出来，积聚在室外机内壁上，滴落流出，便形成漏水。

而室内机漏水多为室内机固定不平、排水管破裂、接水盘破裂或脏堵所引起的。

②“变频空调器漏电”的故障　图3-30所示为变频空调器“漏电”的典型故障表现。这种故障主要表现为：变频空调器启动工作后，制冷/制热正常，但变频空调器室内机外壳带电，有漏电现象。

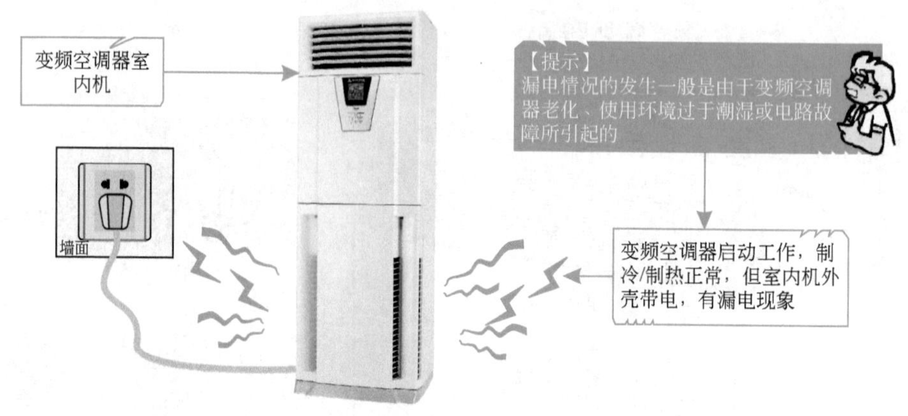

图3-30　变频空调器“漏电”的故障表现

由于变频空调器老化、使用环境过于潮湿或电路故障，漏电情况也是有所发生的，通常可从轻微漏电和严重漏电两方面分析变频空调器产生漏电的原因。

轻微漏电通常是由于变频空调器受潮使电气绝缘性能降低所引起的，此时手触摸金属部位时会有发麻的感觉，用试电笔检查时会有亮光。

严重漏电通常是由于变频空调器电气故障或用户自己安装插头时接线错误而使变频空调器外壳带电，此现象十分危险，不可用手触摸金属部位，使用试电笔测试时会有强光。

③“振动及噪声过大”的故障　图3-31所示为变频空调器“振动及噪声过大”的典型故障表现。这种故障，主要表现为：变频空调器启动工作时产生的振动及噪声过大。变频空调器振动及噪声过大的故障原因多为安装不当、变频空调器内部元件松动、变频空调器内有异物、电动机轴承磨损、变频压缩机抱轴、卡缸等引起的。

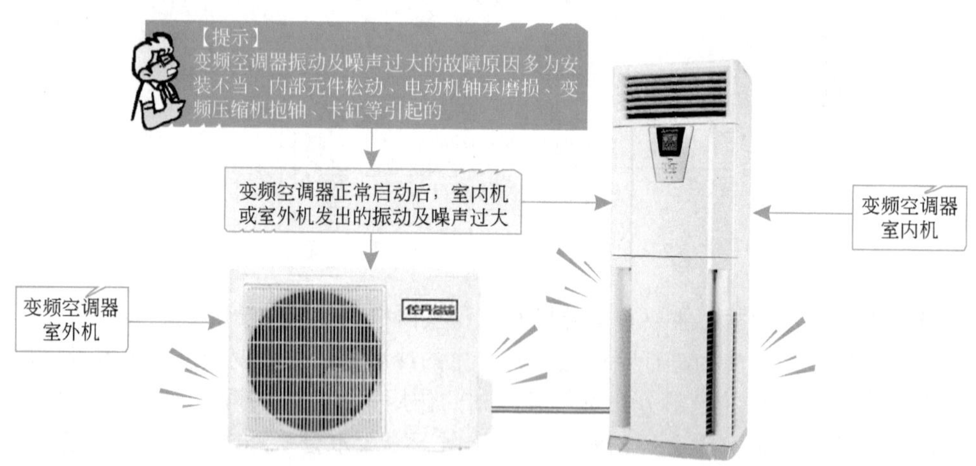

图3-31　变频空调器“振动及噪声过大”的典型故障表现

④“变频压缩机不停机”的故障　图3-32所示为变频空调器“变频压缩机不停机”的典型故障表现。“变频压缩机不停机”的故障主要表现为：变频空调器运行时，变频压缩机有时会出现连续运转、不停机的现象。

图3-32 “变频压缩机不停机”的故障表现

变频空调器工作过程中，出现变频压缩机不停机的故障多是由于温度环境条件调整不当、温度传感器失灵、制冷量减小、风扇失灵等引起的。

a.变频空调器的温度设置过低或环境条件调整不当，如门窗开放或有持续性热源存在等，将造成变频空调器总无法达到设定的温度，进而使变频压缩机不停机。

b.温度传感器失灵，会使变频压缩机持续运转，出现不停机的故障。

c.在制冷系统中，制冷剂渗漏和系统堵塞等都会直接影响变频空调器的制冷量，制冷量减少时，蒸发器的温度达不到额定值，导致温度传感器不工作，进而出现变频压缩机不停机故障。

d.室外风扇不转或转速不够，使得空气的流通性变差，从而使制冷剂冷凝或蒸发受到影响。

3.2.2 变频空调器管路系统的故障判别方法

变频空调器管路系统的故障现象往往与故障部位之间存在着对应关系。掌握这种对应关系，便可以针对不同的故障表现制定出合理的故障判别方法。这将大大提高维修效率，降低维修成本。

(1)“制冷效果不良”的故障检判别方法

①“完全不制冷”的故障判别方法　变频空调器出现“完全不制冷”的故障时，首先要确定室内机出风口是否有风送出，然后排除外部电源供电的因素，最后再重点对制冷管路、室内温度传感器、变频压缩机等进行检查。图3-33所示为变频空调器“完全不制冷”故障的判别方法。

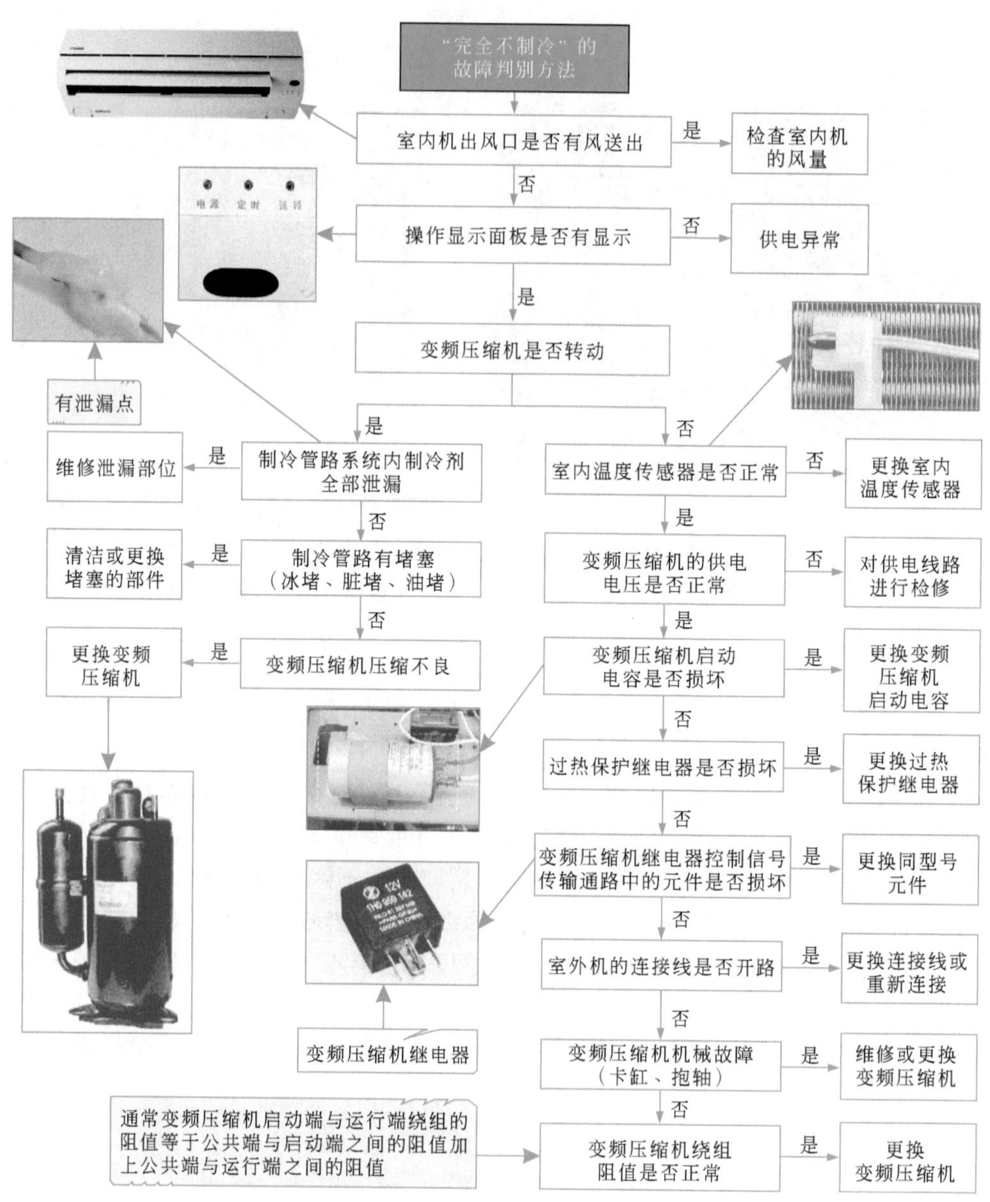

图3-33　变频空调器"完全不制冷"故障的判别方法

制冷管路堵塞主要包含冰堵和脏堵。

冰堵的表现是变频空调器一会儿制冷一会儿不制冷。刚开始时一切正常，但持续一段时间后，堵塞处开始结霜，蒸发器温度下降，水分在毛细管狭窄处聚集，逐渐将管孔堵死，然后蒸发器处出现融霜，也听不到气流声，吸气压力呈真空状态。需要注意的是，这种现象是间断的，时好时坏。为了及早判断是否出现冰堵，可用热水对堵塞处加热，使堵塞处的冰体融化，片刻后，如听到突然喷出的气流声，吸气压力也随之上升，可证实是冰堵。

脏堵与冰堵的表现有相同之处，即吸气压力高，排气温度低，从蒸发器中听不到气流声。不同之处为，脏堵时经敲击堵塞处（一般为毛细管和干燥过滤器接口处），有时可通过一些制冷剂，有些变化，而对加热无反应，用热毛巾敷时也不能听到制冷剂流动声，且无周期变化，排除冰堵后即可认为脏堵所致。

变频压缩机的机械故障主要表现在抱轴和卡缸两方面。

抱轴大多是由于润滑油不足而引起的，润滑系统油路堵塞或供油中断、润滑油中有污物杂质而使黏性增大等都会导致抱轴。另外，镀铜现象也会造成抱轴。

卡缸是指由于活塞与气缸之间的配合间隙过小或热胀关系而卡死。

抱轴与卡缸的判断：在变频空调器通电后，变频压缩机不启动运转，但是细听时可听到轻微的"嗡嗡"声，过热保护继电器几秒钟后动作，触点断开。如此反复动作，变频压缩机也不启动。

②"制冷效果差"的故障判别方法　变频空调器出现"制冷效果差"的故障时，首先要排查外部环境因素，然后重点对电源熔断器、室内风扇组件、室内温度传感器、制冷管路等进行检查。

图3-34所示为变频空调器"制冷效果差"故障的判别方法。

"制冷效果差"的故障判别方法
室内机、室外机是否有风送出
否
熔断器是否正常
否
更换熔断器
是
贯流风扇驱动电动机供电是否正常
否
检查贯流风扇驱动电动机
是
室内温度传感器是否失灵
是
更换室内温度传感器
否
控制电路故障
是
变频压缩机是否转动
否
参见"不制冷"中变频压缩机不转动的检修流程
是
室内机进风口和出风口温差是否在8℃以上
是
引起原因
1.冷气负荷大
2.室内有大的热源
3.室内温度设定不当
4.滤尘网过脏
否
室内机、室外机出风口和进风口是否有障碍物
是
清洁障碍物
否
制冷管路系统内制冷剂过多
是
放掉多余制冷剂
制冷剂过多会占据蒸发器一定容积，减小散热面积，从而使制冷效率降低
否
制冷管路系统内制冷剂有泄漏
是
维修泄漏部位
否
制冷管路有轻微堵塞（冰堵、脏堵、油堵）
是
清洁或更换堵塞的部件
污物淤积在管路中，部分管路被堵塞，致使流量减小，影响制冷效果
否
制冷系统内有空气
是
抽真空，重新进行制冷剂充注
空气在制冷管路中，使制冷效率降低
否
变频压缩机压缩不良
是
更换变频压缩机
制冷剂不变，变频压缩机的实际排气量下降，其制冷量则会相应地减少
否
蒸发器管路中有冷冻机油
是
冲洗蒸发器
蒸发器内残留的冷冻机油较多时，会影响传热效果，出现制冷效果差的现象

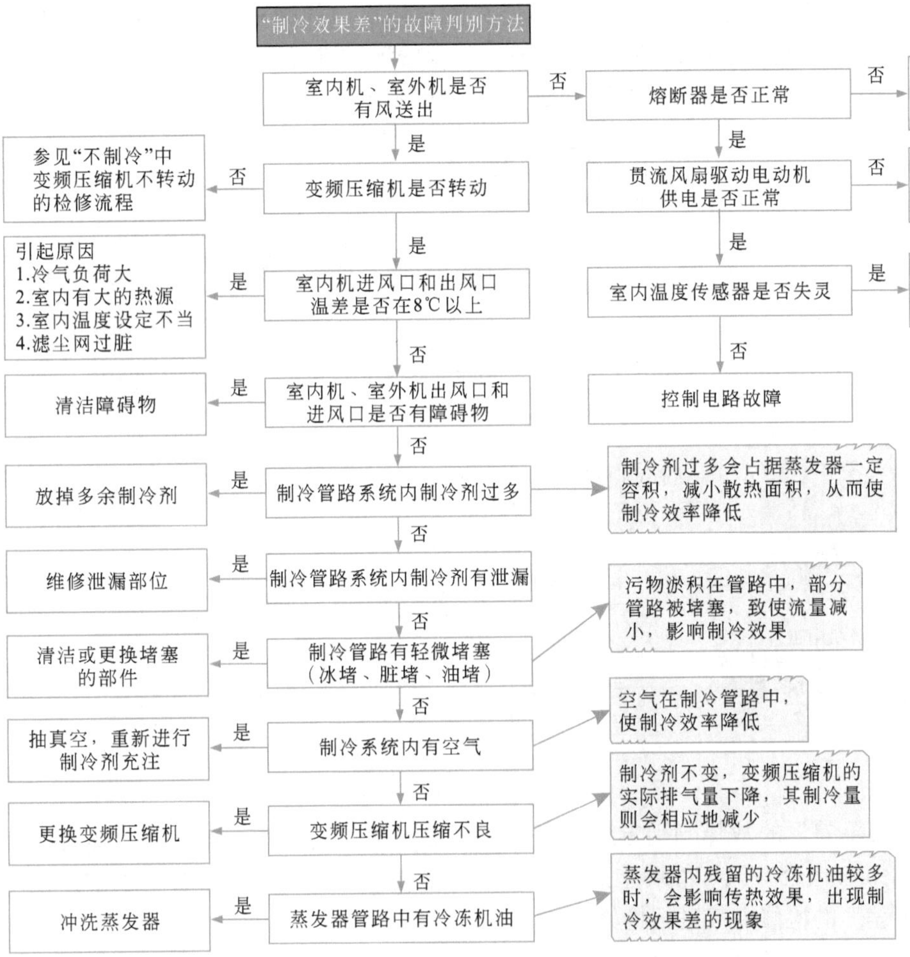

图3-34　变频空调器"制冷效果差"故障的判别方法

特别提示

制冷管路中制冷剂存在泄漏的主要表现为吸、排气压力低而排气温度高，排气管路烫手，在毛细管出口处能听到比平时要大的断续的“吱吱”气流声，停机后系统内的平衡压力一般低于相同环境温度所对应的饱和压力。

制冷管路中制冷剂充注过多的主要表现为变频压缩机的吸、排气压力普遍高于正常压力值，冷凝器温度较高，变频压缩机电流增大，变频压缩机吸气管挂霜。

制冷管路中有空气的主要表现为吸、排气压力升高(不高于额定值)，变频压缩机出口至冷凝器进口处的温度明显升高，气体喷发声断续且明显增大。

制冷管路中有轻微堵塞的主要表现为排气压力偏低，排气温度下降，被堵塞部位的温度比正常温度低。

(2)“制热效果不良”的故障判别方法

①“完全不制热”的故障判别方法　变频空调器出现“完全不制热”的故障时，首先应检查室内机出风口是否有风送出，然后排除外部电源供电的因素，确定四通换向阀是否可以正常换向，若正常则可按照“完全不制冷”的检修流程进行检修。

图3-35所示为变频空调器“完全不制热”故障的判别方法。

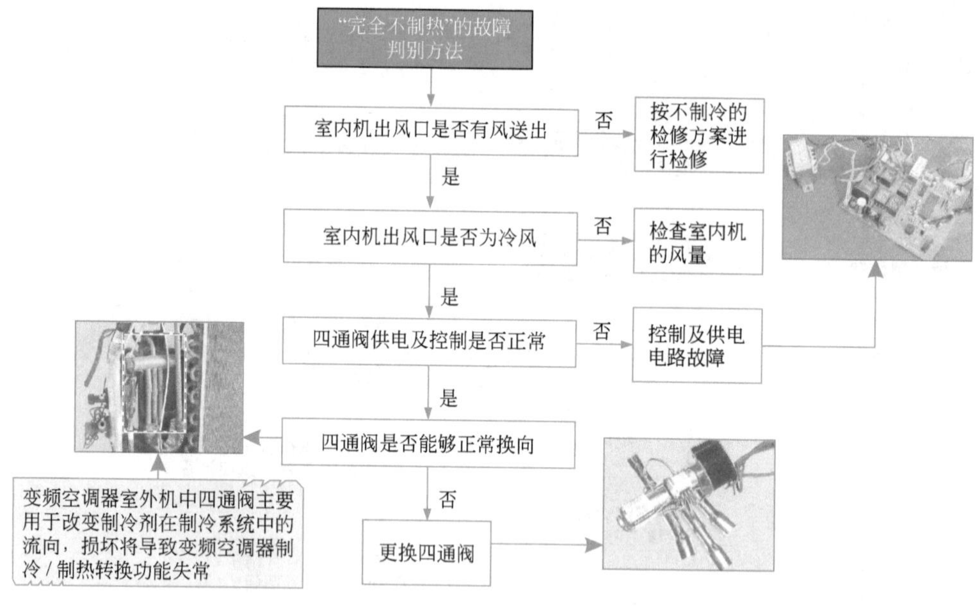

图3-35　变频空调器“完全不制热”故障的判别方法

②“制热效果差”的故障判别方法　变频空调器出现“制热效果差”的故障时，应先检查室内机出风口是否有风，然后重点对四通阀、单向阀等进行检修，若均正常，便可按照“制冷效果差”的检修方案进行检修。

图3-36所示为变频空调器“制热效果差”故障的判别方法。

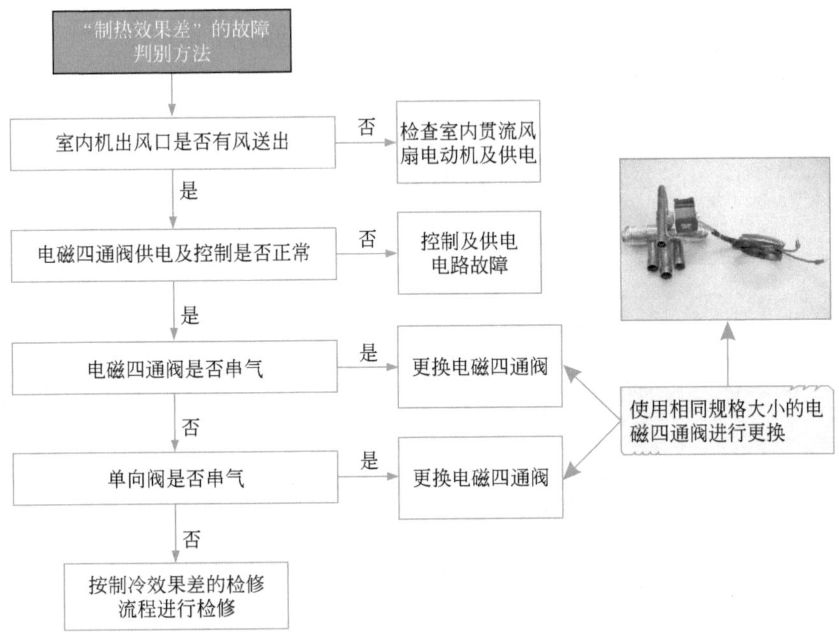

图3-36 变频空调器"制热效果差"故障的判别方法

(3)"部分功能异常"的故障判别方法

① 变频空调器"漏水"的故障判别方法 变频空调器出现"漏水"的故障时，应先确定是否为室内机漏水，若室内机漏水，应首先检查室内机的固定是否不平，然后对其室内机排水管、接水盘进行检修，排除故障。

图3-37所示为变频空调器"漏水"故障的判别方法。

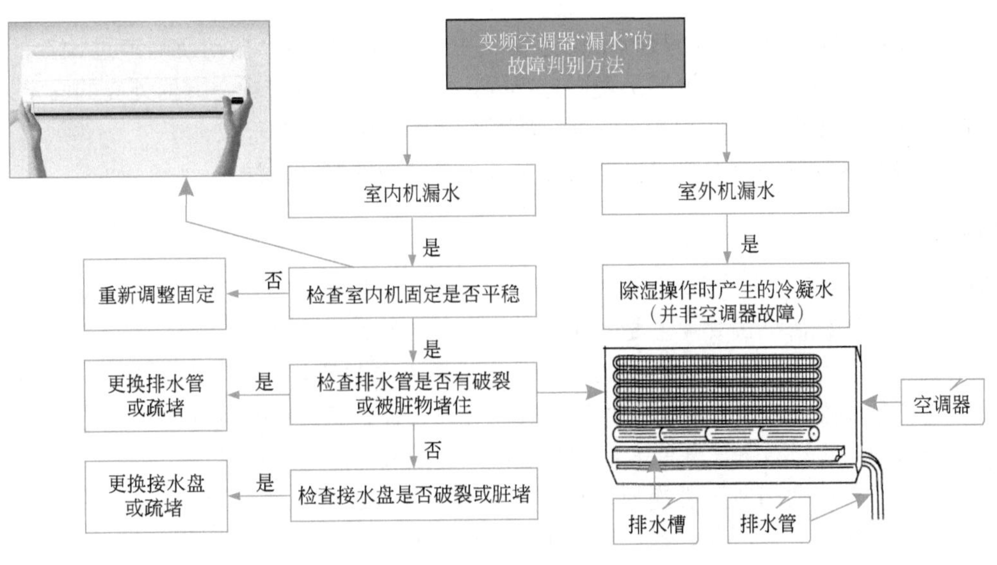

图3-37 变频空调器"漏水"故障的判别方法

② 变频空调器“漏电”的故障的判别方法　变频空调器出现“漏电”的故障时，应重点对外壳接地、电气绝缘情况以及电容器是否漏电进行检修。

图3-38所示为变频空调器“漏电”故障的判别方法。

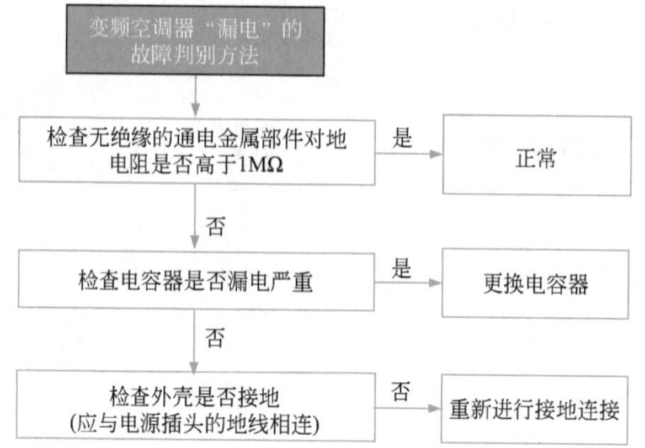

图3-38　变频空调器“漏电”故障的判别方法

变频空调器出现漏电的情况，检查变频空调器中无绝缘的通电金属部件对地电阻是否高于1MΩ。如果通电金属部件的对地电阻高于1MΩ，则变频空调器可安全使用；如果通电金属部件的对地电阻低于1MΩ，需检查变频空调器电气线路每一段的绝缘电阻是否正常。如电气线路的某段不正常，找出漏电部件，使用同型号的元器件更换即可；如果电气线路的绝缘电路都正常，则漏电可能是由静电充电引起的，并非变频空调器本身故障，可对变频空调器外壳接地排除漏电故障。

③“振动及噪声过大”的故障检修方案　变频空调器出现“振动及噪声过大”的故障时，应先查看变频空调器的机架是否固定牢固，然后再重点对变频空调器外壳的固定螺钉、内部的风扇以及变频压缩机等进行检查，从而查找到发生故障的部位。

图3-39所示为变频空调器“振动及噪声过大”故障的判别方法。

变频压缩机的机械故障主要表现在抱轴和卡缸两方面。

抱轴大多是由于润滑油不足而引起的，润滑系统油路堵塞或供油中断、润滑油中有污物杂质而使黏性增大等都会导致抱轴。另外，镀铜现象也会造成抱轴。

卡缸是指由于活塞与气缸之间的配合间隙过小或热胀关系而卡死。

抱轴与卡缸的判断：在变频空调器通电后，变频压缩机不启动运转，但是细听时可听到轻微的“嗡嗡”声，过热保护继电器几秒钟后动作，触点断开，如此反复动作，变频压缩机也不启动，即可判断为变频压缩机抱轴或卡缸。

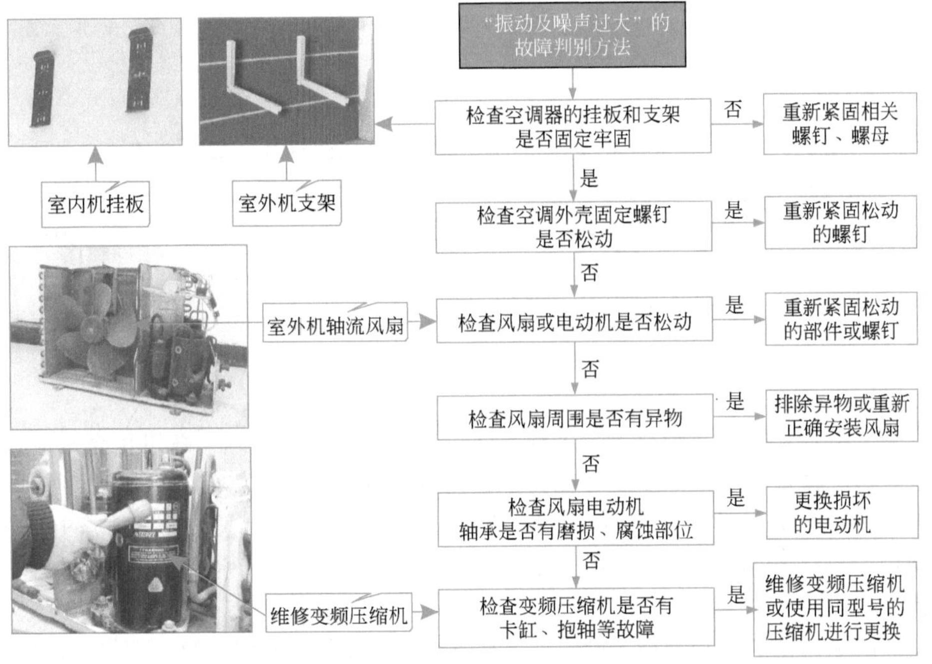

图3-39　变频空调器"振动及噪声过大"故障的判别方法

④"变频压缩机不停机"的故障检修方案　变频空调器出现"变频压缩机不停机"的故障时，应在排除温度设置不当的因素，然后重点对温度传感器、制冷管路以及风扇等进行检查，从而查找出引起变频压缩机不停机的故障原因。

图3-40所示为变频空调器"变频压缩机不停机"故障的判别方法。

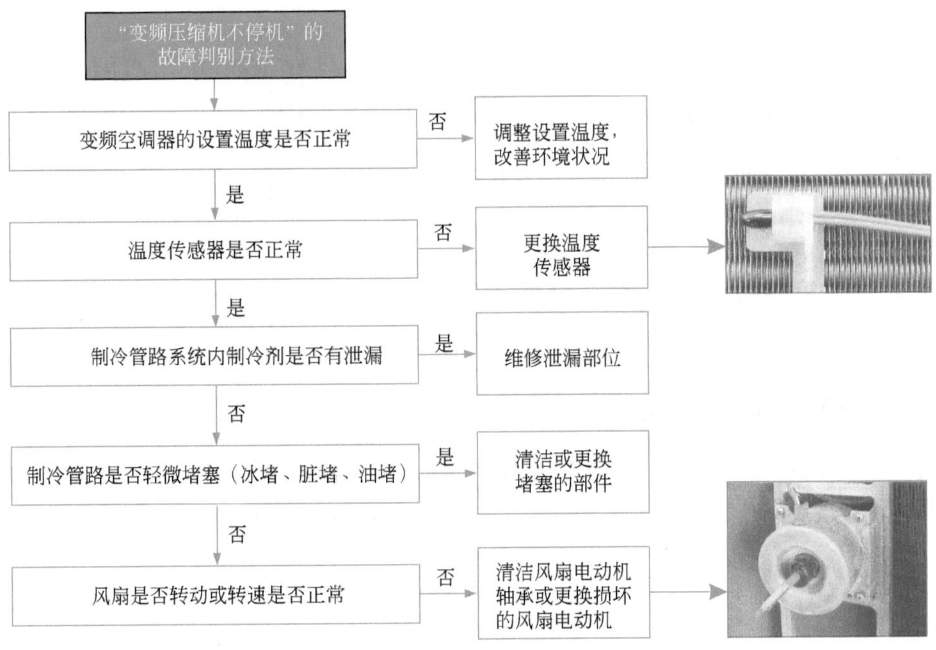

图3-40　变频空调器"变频压缩机不停机"故障的判别方法

3.3 掌握变频空调器管路系统的检修方法

变频空调器管路系统的检修是变频空调器检测中非常实用且常用的方法。变频空调器中有许多功能特征明显的组成部件，这些部件与变频空调器的电路和管路联系密切，掌握其故障表现，拆卸代换的依据和方法，注意不同器件检测代换时的重点、要点……这需要系统的学习和演练。

3.3.1 变频空调器管路系统的检漏方法

对变频空调器管路系统进行维修或检查时，常会用氮气对管路系统进行充氮检漏操作，确保管路密封性良好，为下一步进行抽真空、充注制冷剂操作做好准备。

首先需要对充氮设备进行连接，连接完之后可根据操作规范按要求的顺序打开各设备开关或阀门，然后开始向变频空调器管路中充入氮气并用洗洁精水（或肥皂水）泡沫检测有无泄漏点。

图3-41所示为充氮检漏的基本操作顺序和方法示意图。通常将充氮检漏的具体操作分为2步：第1步是向待测变频空调器进行充氮操作；第2步是对待测变频空调器进行检漏操作。

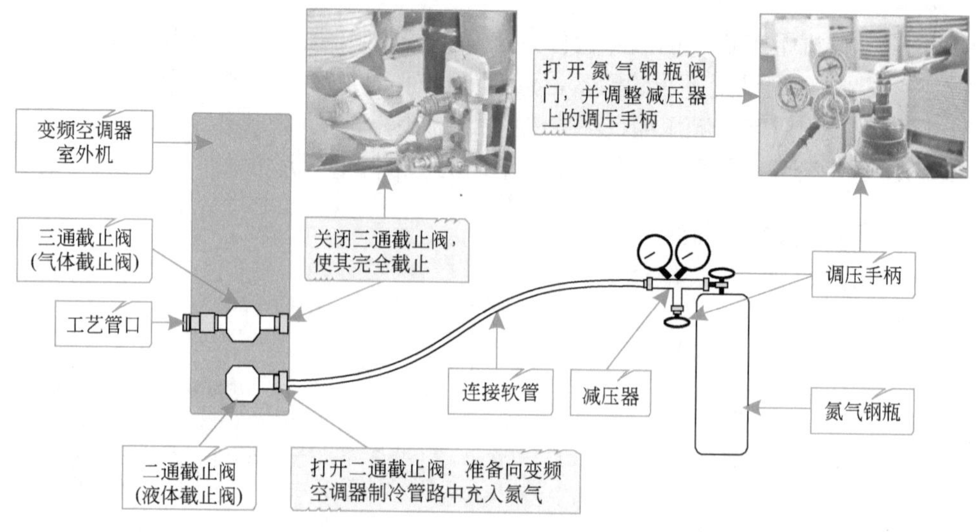

图3-41 充氮检漏的基本操作顺序和方法示意图

(1) 向待测变频空调器进行充氮操作

充氮检漏各设备连接好后，按照规范要求的顺序打开各设备的开关或阀门，开始进行充氮操作。

充氮的操作细节如图3-42所示。

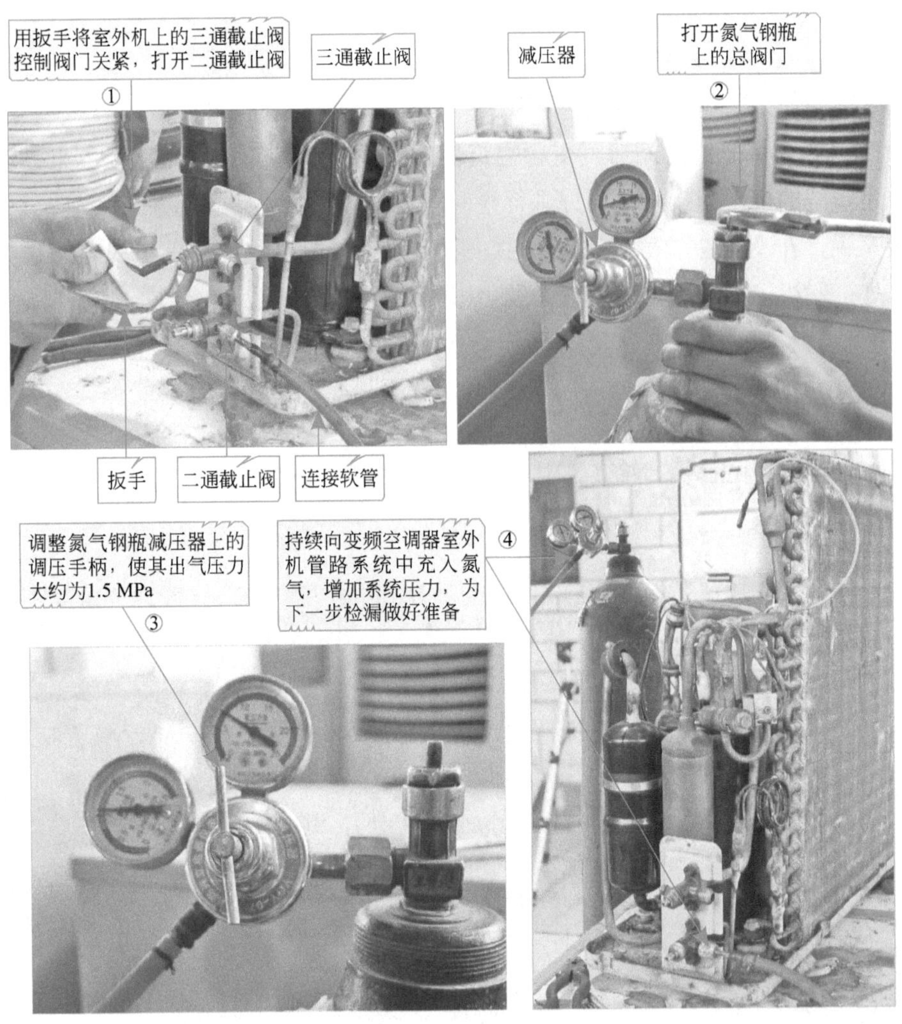

图3-42　充氮的操作细节

特别提示

由于制冷剂在变频空调器管路系统中的静态压力最高在1MPa左右，而对于系统漏点较小的故障部位，直接检漏无法测出，因此多采用充氮气增加系统压力来检查。一般向变频空调器管路系统充入氮气压力在1.5 ~ 2MPa即可。

在上述操作步骤中，主要是对变频空调器室外机中的制冷管路进行充氮，若需要对整机制冷管路充氮检漏时，可先用联机管路将室内机与室外机连接好后，通过三通截止阀上的工艺管口向变频空调器整个管路系统充氮气，其基本的操作方法与上述方法相同。值得注意的是，对整机管路进行充氮操作时，三通截止阀应处于关闭状态，二通截止阀应处于打开状态（关于三通截止阀和二通截止阀的结构及工作原理在第1章中已作介绍）。

（2）对待测变频空调器进行检漏操作

变频空调器充氮一段时间后，变频空调器管路系统具备一定压力，接下来便可对变频空调器管路系统的各个焊接接口部分进行检漏。

一般来说，在变频空调器管路系统中，除上述室外机一些泄漏重点检查部位外，在室内机接口处、联机管口弯管处等也较易发生泄漏。

图3-43所示为变频空调器管路系统中易发生泄漏故障的重点检查部位。

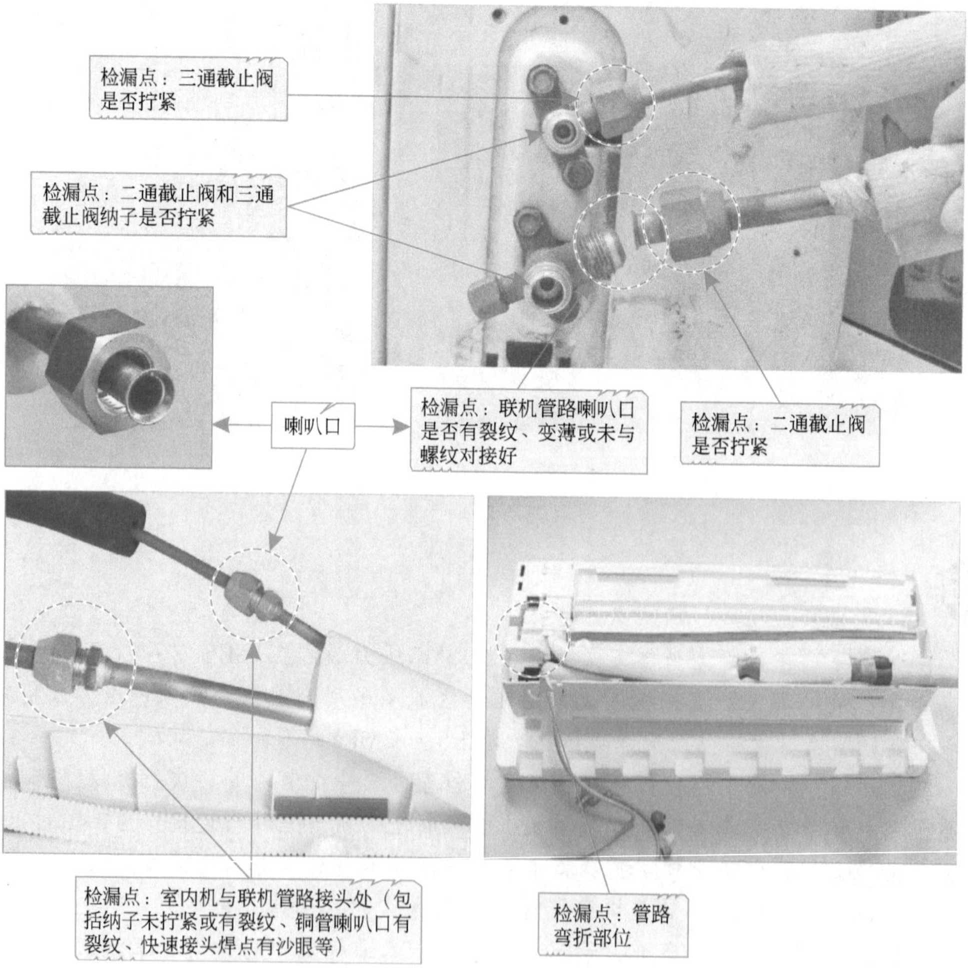

检漏点：三通截止阀是否拧紧

检漏点：二通截止阀和三通截止阀纳子是否拧紧

喇叭口

检漏点：联机管路喇叭口是否有裂纹、变薄或未与螺纹对接好

检漏点：二通截止阀是否拧紧

检漏点：室内机与联机管路接头处（包括纳子未拧紧或有裂纹、铜管喇叭口有裂纹、快速接头焊点有沙眼等）

检漏点：管路弯折部位

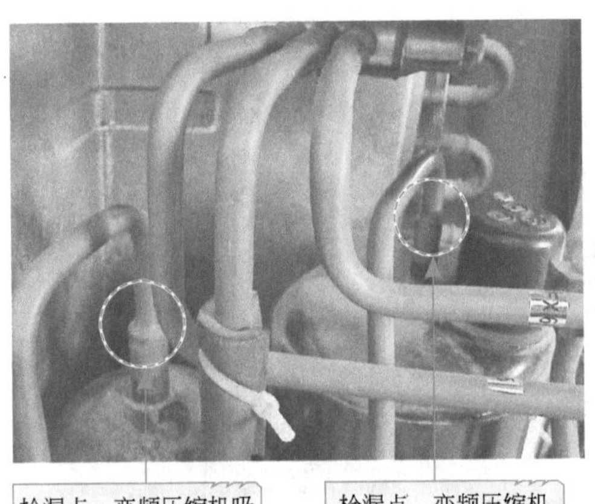

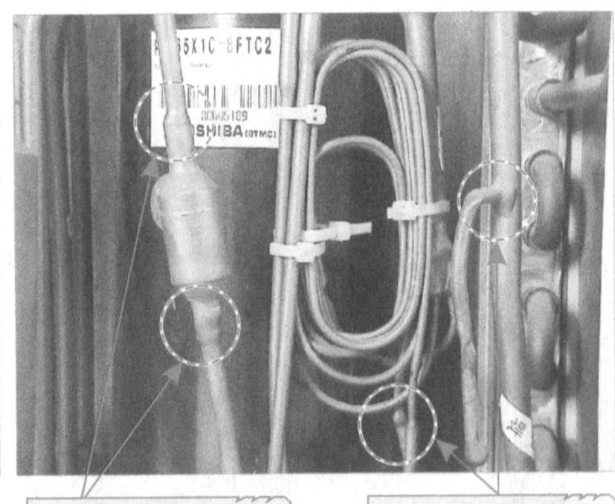

图3-43　易发生泄漏故障的重点检查部位

当变频空调器出现不制冷或制冷效果差故障时，若经检查确认为系统制冷剂不足引起的，在充注制冷剂前首先要查找泄漏点并进行处理。否则，即使补充制冷剂，由于漏点未处理，一段时间后变频空调器仍会出现同样的故障。

演示图解

图3-44所示为变频空调器管路系统检漏的操作细节。

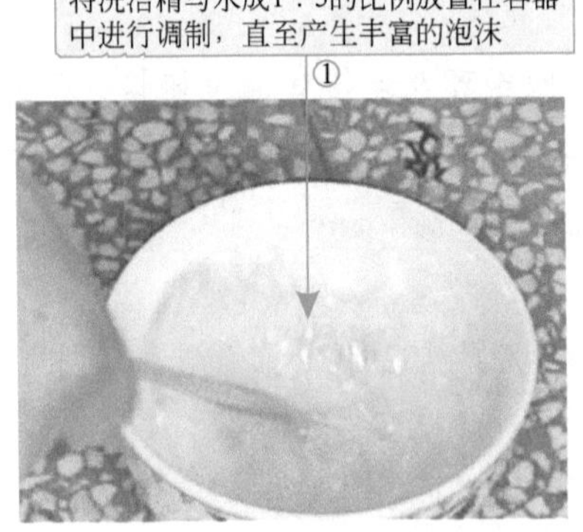

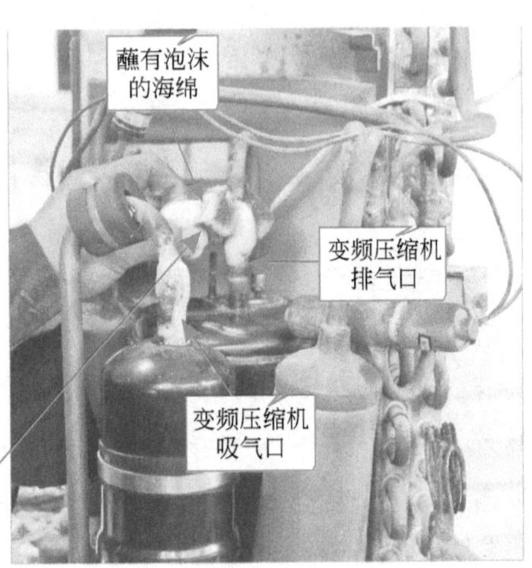

图3-44

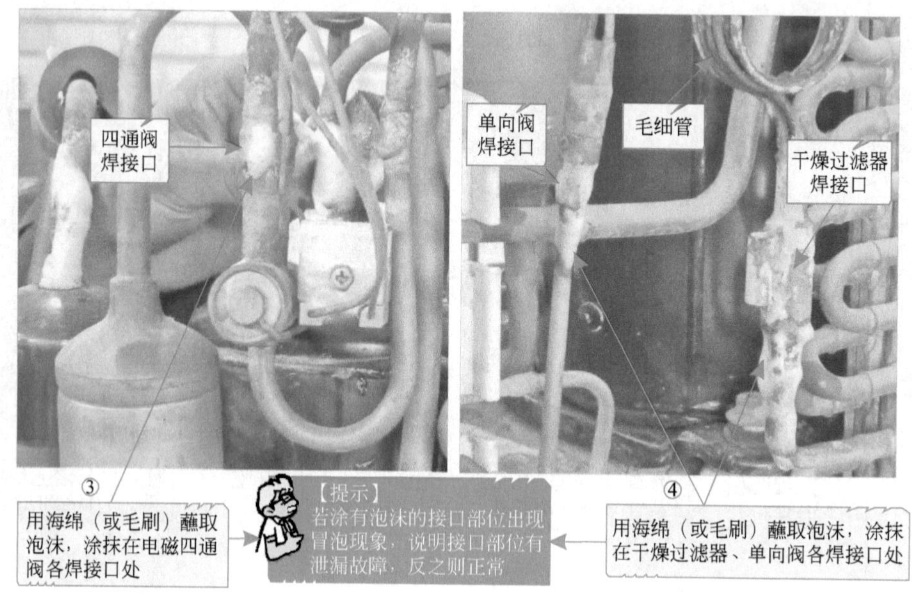

图3-44　检漏的操作细节

特别提示

根据维修经验，将常见的泄漏部位汇总如下。

① 制冷系统中有油迹的位置（变频空调器制冷剂R22能够与变频压缩机润滑油互溶，如果制冷剂泄漏，通常会将润滑油带出，因此，制冷系统中有油迹的部位就很有可能有泄漏点，应作为重点进行检查）；

② 联机管路与室外机的连接处；

③ 联机管路与室内机的连接处；

④ 变频压缩机吸气管、排气管焊接口、四通阀根部及连接管道焊接口、毛细管与干燥过滤器焊接口、毛细管与单向阀焊接口（冷暖型空调）、干燥过滤器与系统管路焊接口等。

对变频空调器管路泄漏点的处理方法一般为：

① 若管路系统中焊点部位泄漏，可补焊漏点或切开焊接部位重新进行气焊；

② 若四通阀根部泄漏，则应更换整个四通阀；

③ 若室内机与联机管路接头纳子未旋紧，可用活络扳手拧紧接头纳子；

④ 若室外机与联机管路接头处泄漏，应将接头拧紧或切断联机管路喇叭口，重新扩口后连接；

⑤ 若变频压缩机工艺管口泄漏，应重新进行封口。

严禁将氧气充入制冷系统用于检漏，否则有爆炸危险。

3.3.2 变频空调器干燥过滤器和毛细管的检测代换方法

变频空调器干燥过滤器、毛细管、单向阀出现故障后，变频空调器也可能会出现制冷/制热失常、制冷/制热效果差等现象。若怀疑干燥过滤器、毛细管、单向阀堵塞或损坏，就需要对它们进行检查。一旦发现故障，就需要寻找可替代的部件进行代换。

（1）变频空调器干燥过滤器和毛细管的检测方法

① 变频空调器干燥过滤器的检查方法　干燥过滤器最常见的故障就是堵塞，为了确定是否为干燥过滤器出现冰堵或脏堵的故障，可通过对制冷管路各部分的观察进行判断。

判断变频空调器干燥过滤器是否出现故障可通过倾听蒸发器和变频压缩机的运行声音、触摸冷凝器的温度以及观察干燥过滤器表面是否结霜进行判断。

演示图解

蒸发器和干燥过滤器表面温度的检查方法如图3-45所示。

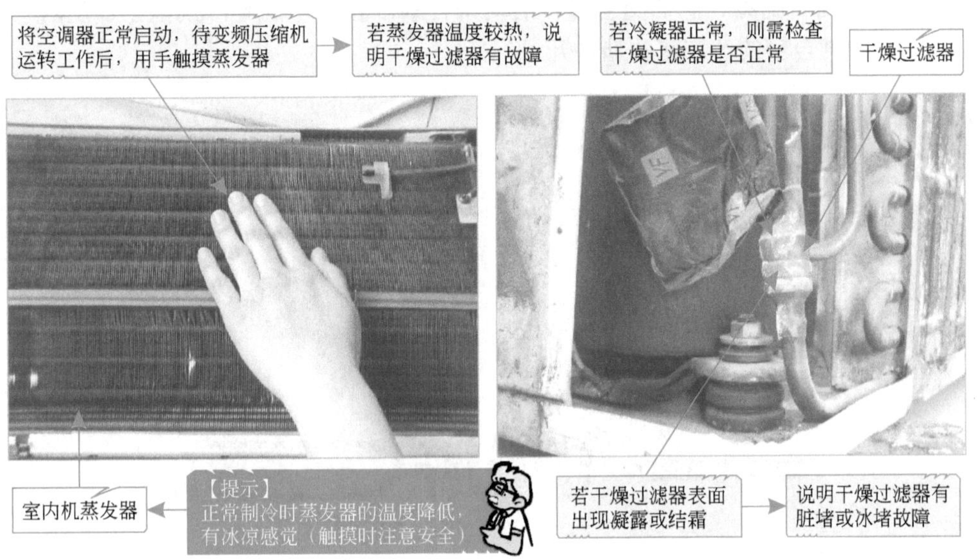

图3-45　检查蒸发器的温度和干燥过滤器的表面状态是否正常

演示图解

冷凝器入口和出口处温度的检查方法如图3-46所示。

若确定是干燥过滤器本身的故障后，需将干燥过滤器进行更换，以排除脏堵。

② 变频空调器毛细管的检查方法　毛细管出现故障后，变频空调器可能会出现不制冷（热）、制冷（热）效果差等现象。若怀疑毛细管异常，就需要对毛细管进行检查。毛细管的检测方法通常可分为3步：第1步是排除毛细管油堵；第2步是排除毛细管脏堵；第3步是排除毛细管冰堵。

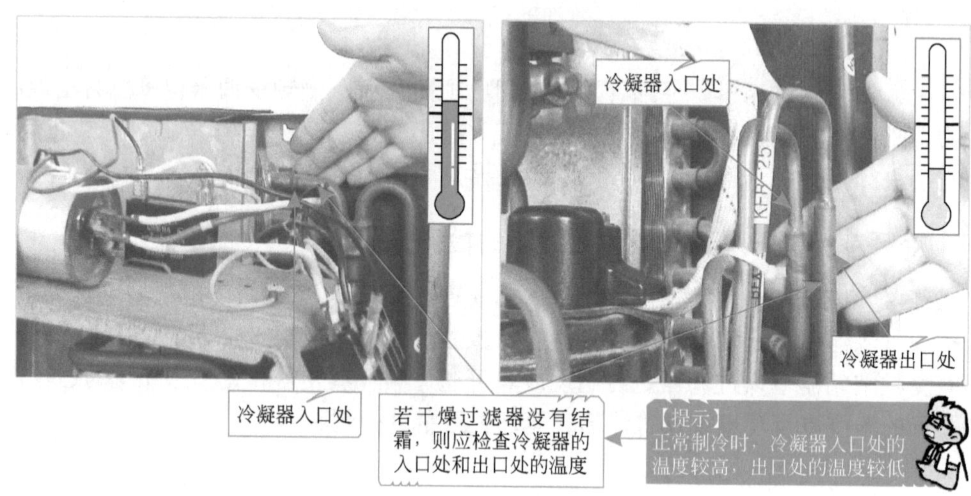

图3-46　检查冷凝器入口和出口处的温度是否正常

a.排除毛细管油堵　毛细管出现油堵故障，多是因变频压缩机中的机油进入制冷管路引起的。一般可利用制冷、制热交替开机启动来使制冷管路中的制冷剂呈正、反两个方向流动。利用制冷剂自身的流向将油堵冲开。

演示图解

毛细管油堵故障的排除方法如图3-47所示。

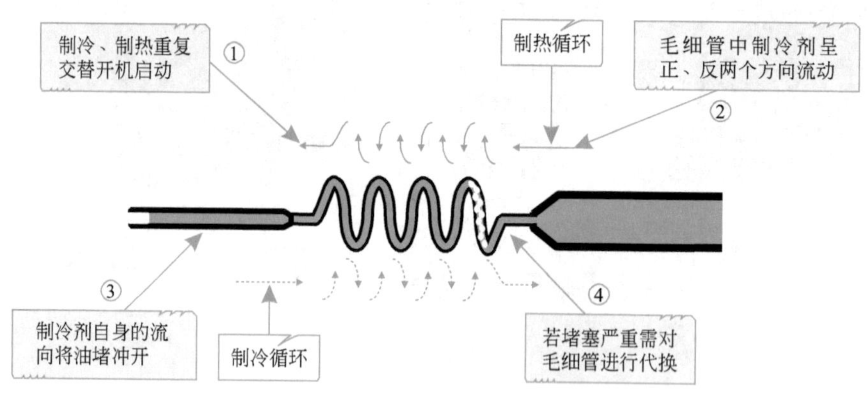

图3-47　毛细管油堵故障的排除方法

特别提示

若是在炎热的夏天出现油堵故障，可将变频空调器转换成制热状态，并用冰水给室内温度传感器降温的方法，使空调器进行制冷运行。也可在传感器两端并一20kΩ电阻，使之维持在制热状态。

b.排除毛细管脏堵　毛细管出现脏堵故障，多是因移机或维修操作过程中，有脏污进入制冷管路引起的。通常采用充氮清洁的方法排除故障，若毛细管堵塞十分严重则需要对其进行更换。

毛细管脏堵故障的排除方法如图3-48所示。

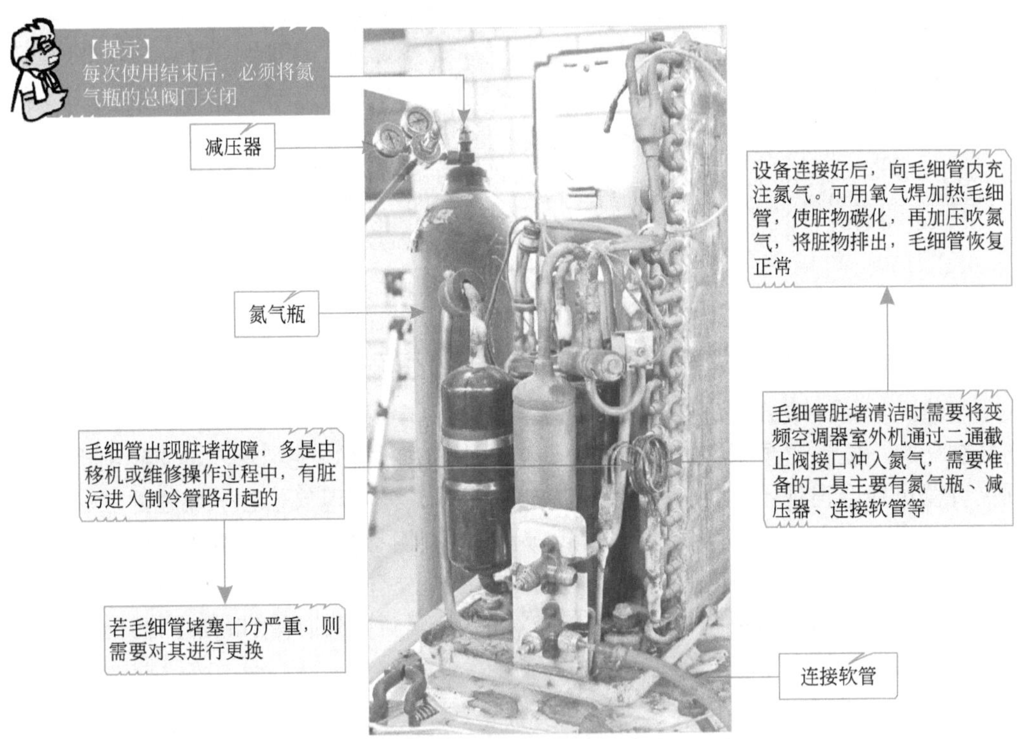

图3-48　毛细管脏堵故障的排除方法

c.排除毛细管冰堵　毛细管冰堵多是因充注制冷剂或添加冷冻机油中带有水分造成的，通常用加热、敲打毛细管的方法排除故障。

毛细管冰堵故障的排除方法如图3-49所示。

若是由于充注制冷剂后造成的冰堵故障，则应抽真空，重新充注制冷剂；

若是因为添加变频压缩机冷冻机油后造成的冰堵故障，则应先排净冷冻机油后，再重新添加冷冻机油。

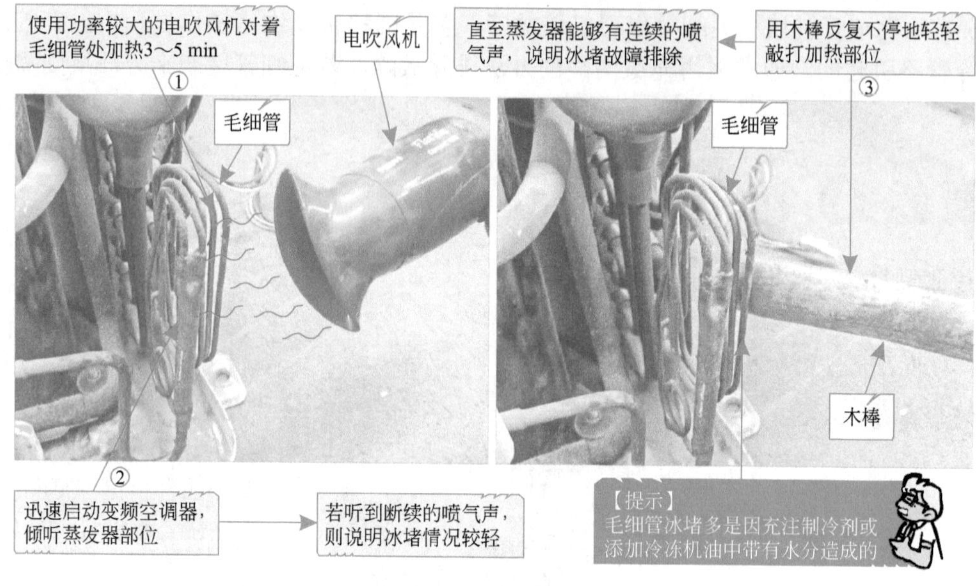

图3-49　毛细管冰堵故障的排除方法

（2）变频空调器干燥过滤器和毛细管的代换方法

一般情况下，冷暖式变频空调器中，毛细管与单向阀、干燥过滤器安装在室外机体内并连接在一起，位于变频压缩机上部的支架上。干燥过滤器、毛细管、单向阀出现故障后，变频空调器可能会出现不制冷（热）、制冷（热）效果差等现象。若干燥过滤器、毛细管、单向阀出现故障，就需要先将这三个部件作为一个整体拆焊，再对其整体进行代换。

① 对干燥过滤器、毛细管、单向阀整体进行拆焊　干燥过滤器、毛细管、单向阀安装位置比较特殊，如图3-50所示。拆焊时首先对单向阀与管路的焊接口处进行开焊，其次是对干燥过滤器与管路的焊接口处进行开焊。

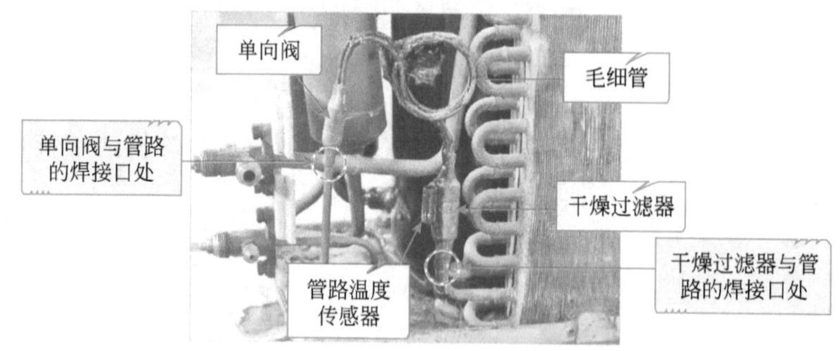

图3-50　干燥过滤器、毛细管、单向阀安装位置

a.对单向阀焊接口处进行开焊　首先对单向阀焊接口处进行开焊，使其分离。

单向阀焊接口处开焊的方法如图3-51所示。

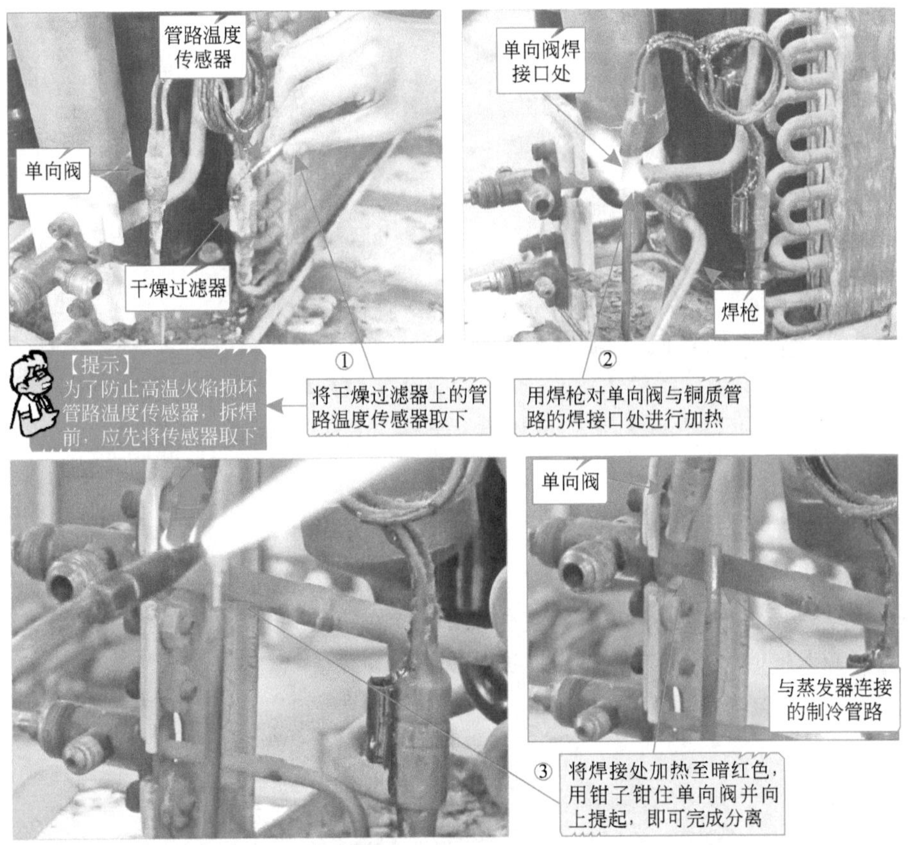

图3-51　单向阀焊接口处开焊

b.对干燥过滤器与焊接口处进行开焊　将单向阀与管路接口处分离后，接下来对干燥过滤器与焊接口处进行开焊，使其分离。

演示图解

干燥过滤器与焊接口处进行开焊的操作方法如图3-52所示。

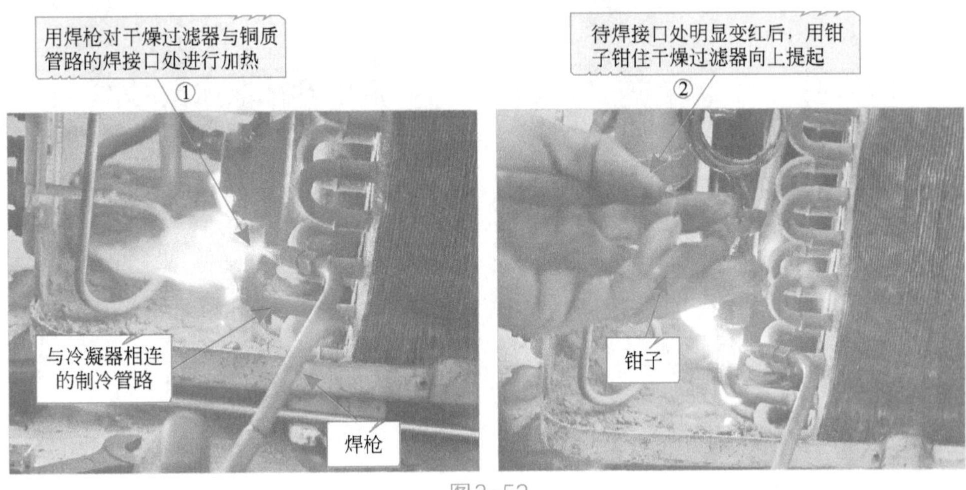

图3-52

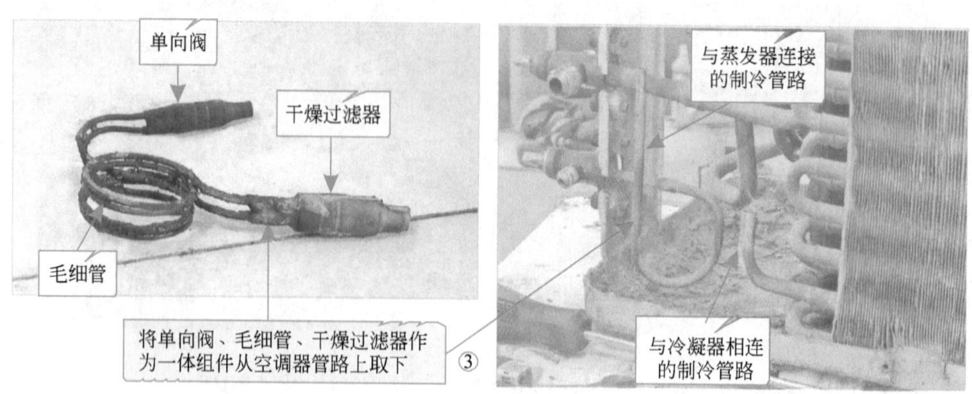

图3-52　干燥过滤器与焊接口处进行开焊的操作方法

知识拓展

干燥过滤器、毛细管、单向阀整体取下后，可以使用氮气对其整体进行清洁，干燥过滤器、毛细管、单向阀的清洁方法如图3-53所示。

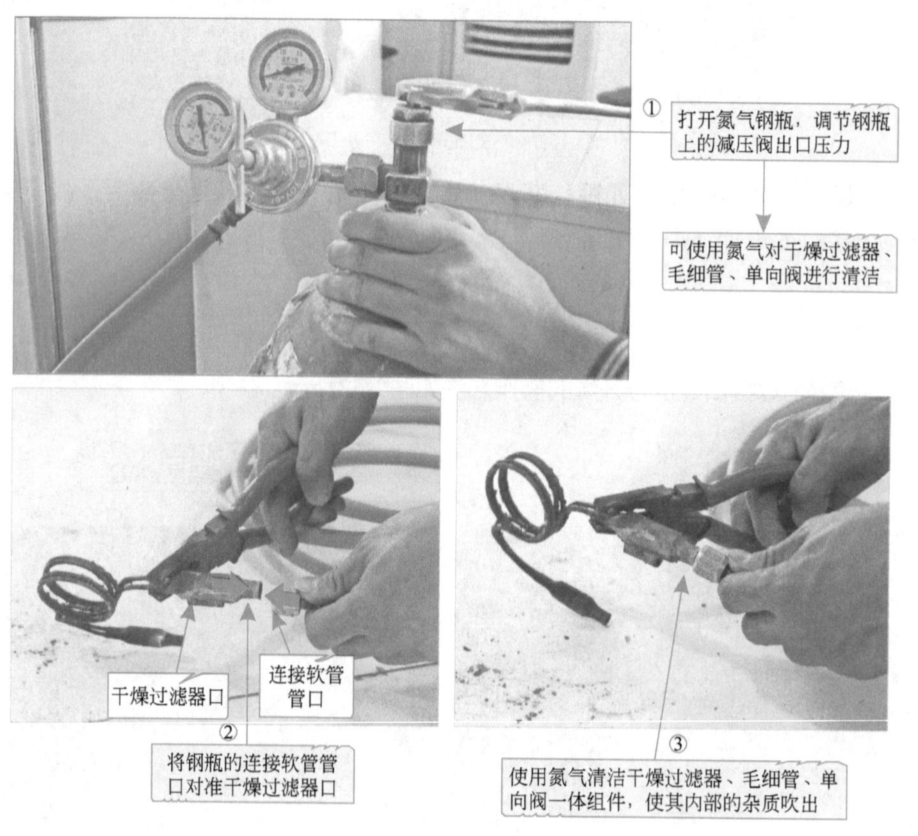

图3-53　干燥过滤器、毛细管、单向阀的清洁方法

② 对干燥过滤器、毛细管、单向阀整体进行代换　若清洁过程中，发现原来的干燥过滤器、毛细管、单向阀整体脏堵故障严重，则直接用新的干燥过滤器、毛细管、单向阀整体进行代换即可。代换时需要根据脏堵严重的干燥过滤器、毛细管、单向阀整体的管路直径、大小选择适合的进行代换。选择好后接下来便可对该组件进行代换。

演示图解

干燥过滤器、毛细管、单向阀的代换方法如图3-54所示。

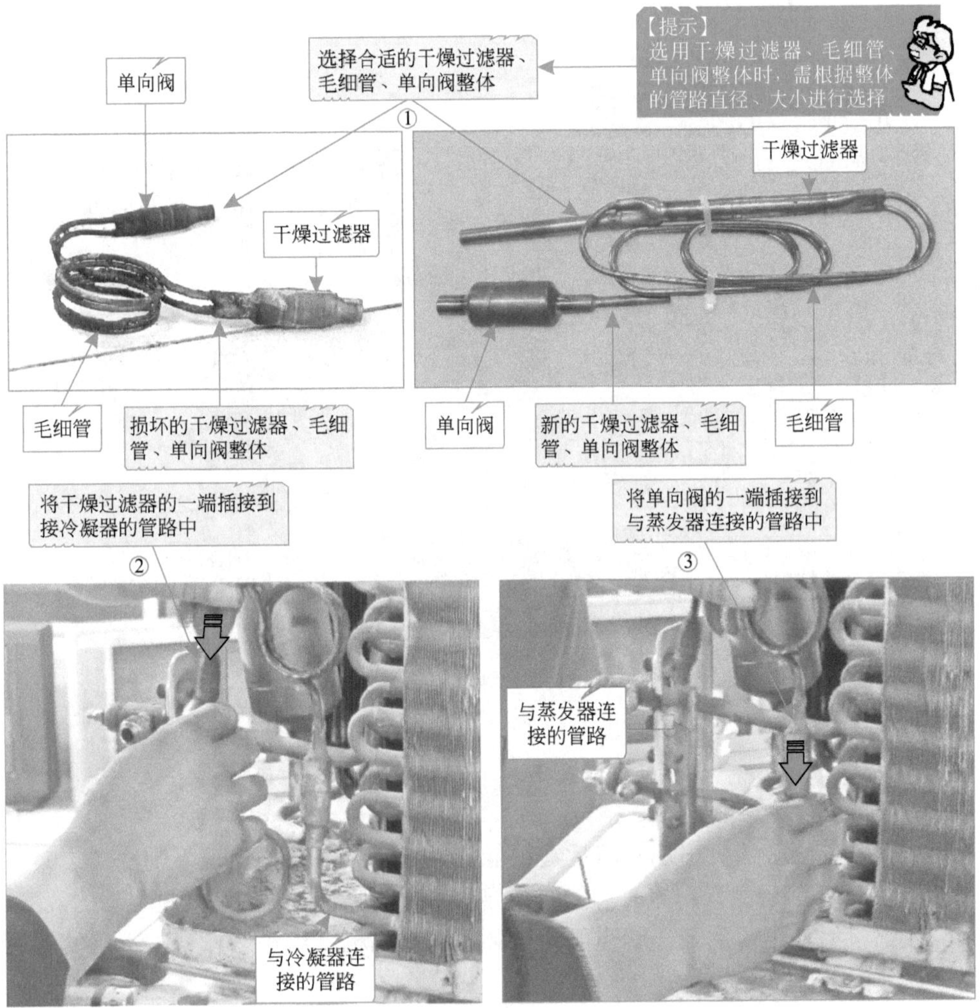

图3-54

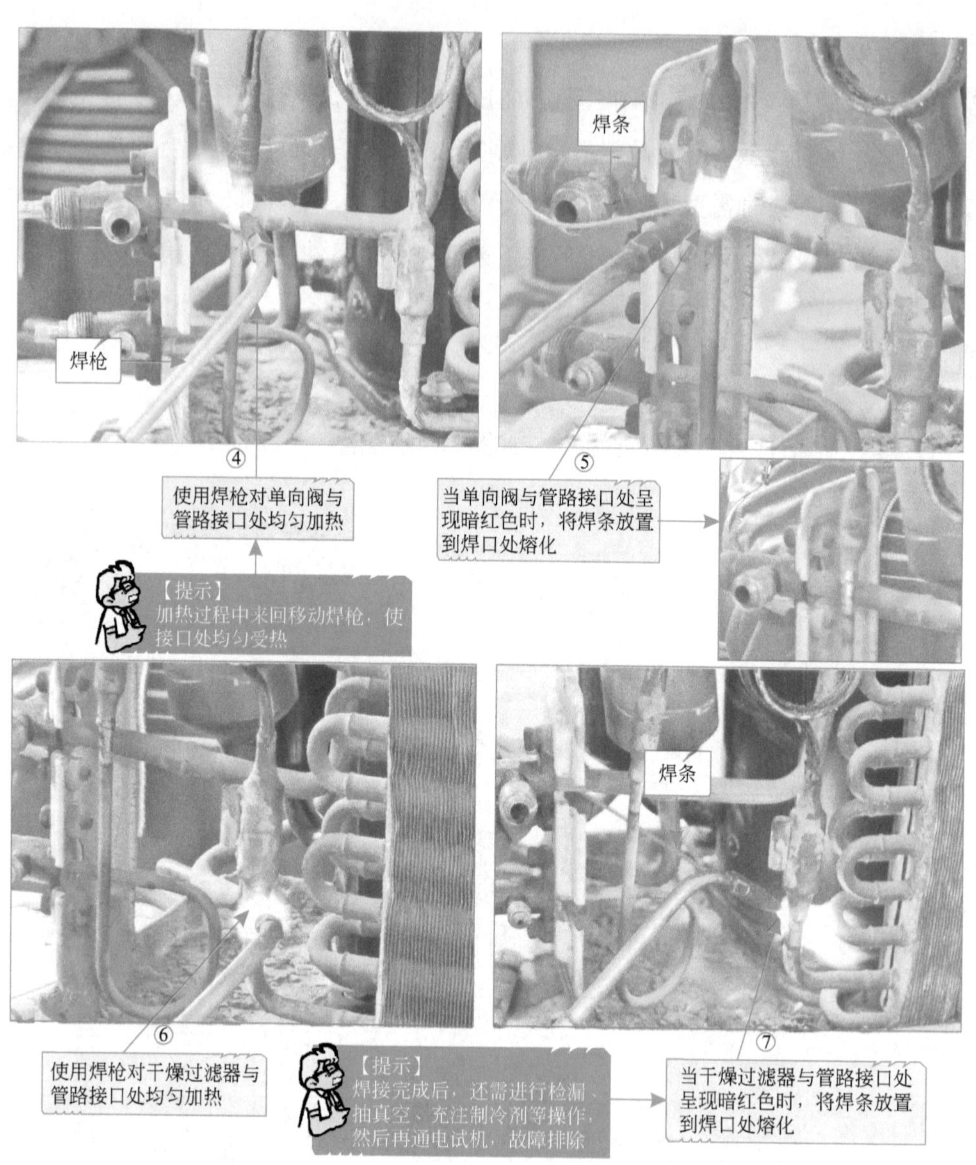

图3-54　干燥过滤器、毛细管、单向阀的代换方法

3.3.3　变频空调器变频压缩机的检测代换方法

变频空调器变频压缩机出现故障后，可能会引起变频空调器出现不制冷（热）、制冷（热）效果差、噪声等现象，严重时可能还会导致变频空调器出现无法开机启动的故障。若怀疑变频压缩机组件出现故障，就需要对变频压缩机电机绕组进行检查，一旦发现故障，就需要寻找可替代的进行代换。

（1）变频空调器变频压缩机的检测方法

若变频压缩机出现异常，需要先将变频压缩机接线端子处的护盖拆下，再使用万用表对变频压缩机接线端子间的阻值进行检测，即可判断变频压缩机是否出现故障。将万用表的红黑表笔任意搭接在变频压缩机绕组端，分别检测公共端与启动端、公共端与运行端、启动端与运行端之间的阻值。

变频压缩机的检测方法如图3-55所示。

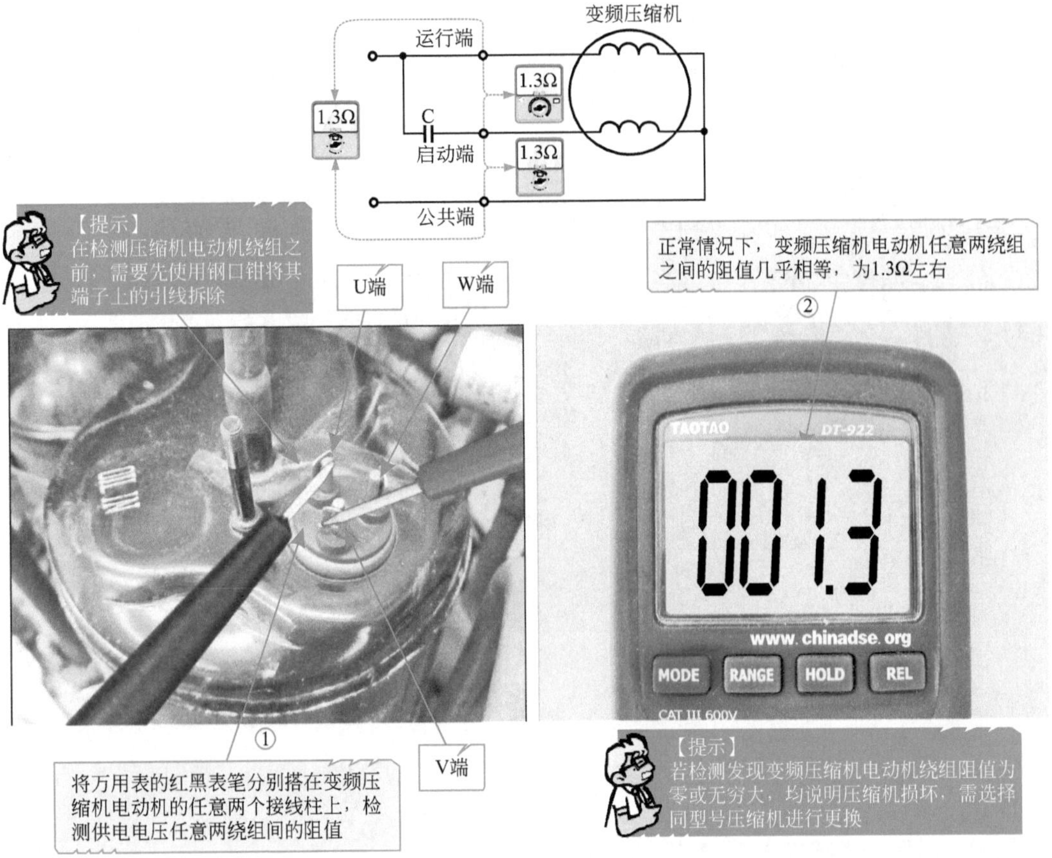

变频压缩机
运行端
C
启动端
公共端
1.3Ω
1.3Ω
1.3Ω

【提示】
在检测压缩机电动机绕组之前，需要先使用钢口钳将其端子上的引线拆除

U端
W端
V端

正常情况下，变频压缩机电动机任意两绕组之间的阻值几乎相等，为1.3Ω左右 ②

① 将万用表的红黑表笔分别搭在变频压缩机电动机的任意两个接线柱上，检测供电电压任意两绕组间的阻值

【提示】
若检测发现变频压缩机电动机绕组阻值为零或无穷大，均说明压缩机损坏，需选择同型号压缩机进行更换

图3-55 变频压缩机的检测方法

观测万用表显示的数值，正常情况下，变频压缩机电动机任意两绕组之间的阻值几乎相等。若检测时发现有电阻值趋于无穷大的情况，说明绕组有断路故障，需要对其进行更换。

特别提示

变频空调器中通常采用变频压缩机，该变频压缩机内电动机多为直流无刷电动机，其内部为三相绕组，正常情况下，其三相绕组两两之间均有一定的阻值，且三组阻值是完全相同的。

知识拓展

除了通过检测绕组阻值来判断变频压缩机好坏外，还可通过检测运行压力和运行电流来检测变频压缩机的好坏。运行压力是通过三通检修表阀检测管路压力得到的；而运行电流可通过钳形表进行检测，如图3-56所示。

若测得变频空调器运行压力为0.8MPa左右，运行电流仅为额定电流的一半，并且变频压缩机排气口与吸气口均无明显温度变化，仔细倾听，能够听到很小的气流声，多为变频压缩机存在窜气的故障。

若变频压缩机供电电压正常，而运行电流为零，说明变频压缩机的电机可能存在开路故障；若变频压缩机供电电压正常，运行电流也正常，但变频压缩机不能启动运转，多为变频压缩机的启动电容损坏或变频压缩机出现卡缸的故障。

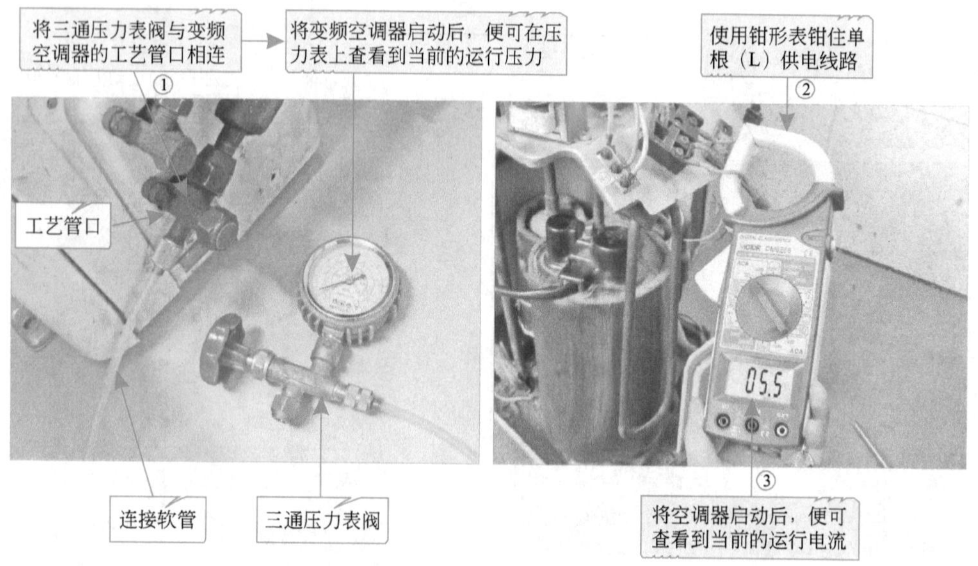

图3-56　运行压力和运行电流的检测方法

（2）变频空调器变频压缩机的代换方法

若经过检测确定为变频压缩机本身损坏引起的变频空调器故障，则需要对损坏的变频压缩机进行更换，在代换之前需要对损坏的变频压缩机进行拆焊。

① 对变频压缩机进行拆焊

a.对变频压缩机进行开焊操作　对变频压缩机进行开焊操作就是使用气焊设备将变频压缩机吸气管口与排气管口焊开，使其与制冷管路分离（断开）。确认变频空调器中的制冷剂全部排放后，即可使用气焊设备将变频压缩机与制冷管路分离。

变频压缩机管路的拆焊方法如图3-57所示。

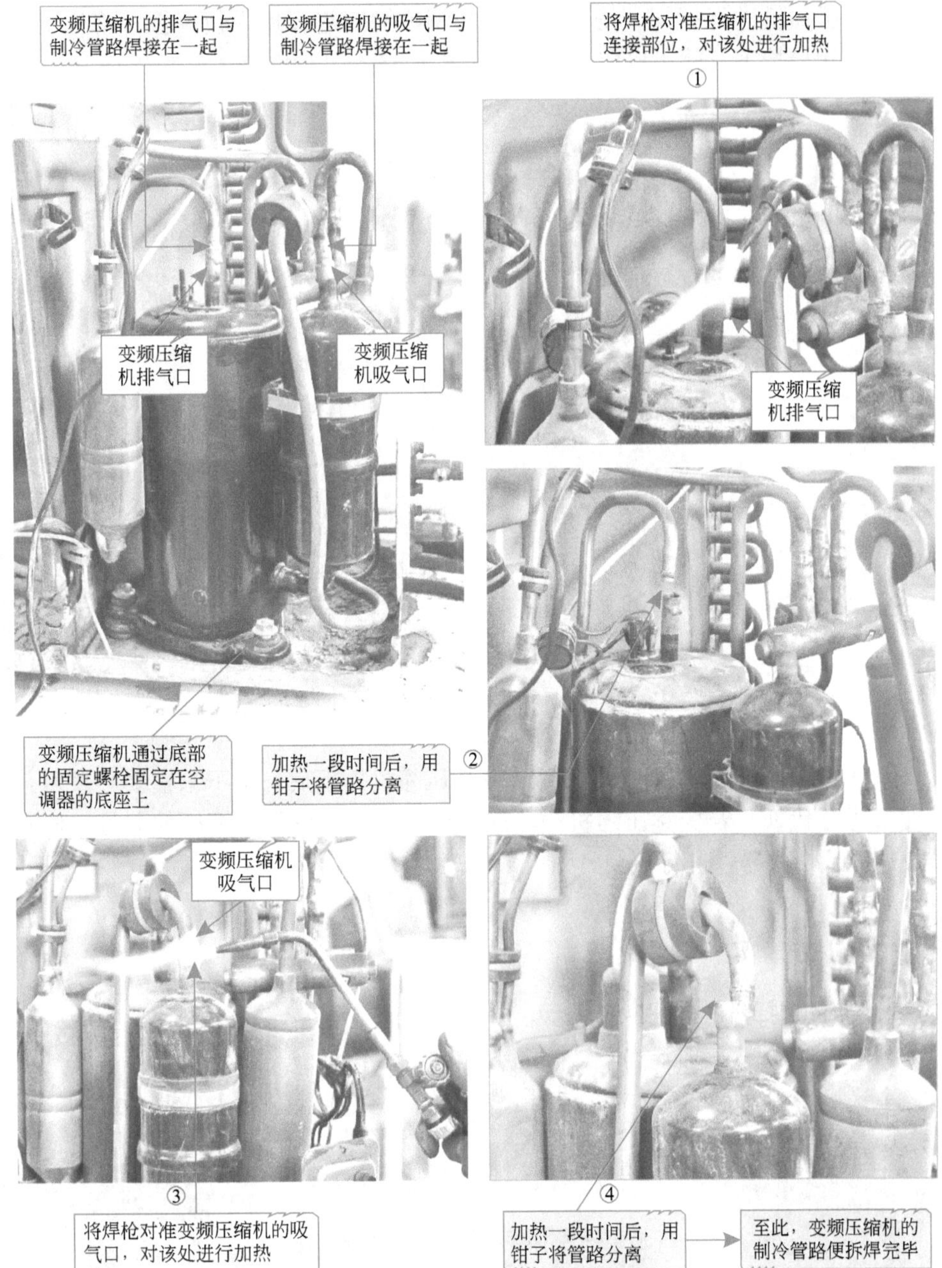

图3-57　变频压缩机管路的拆焊方法

特别提示

在进行焊接操作时，首先要确保对焊口处均匀加热，绝对不允许使焊枪的火焰对准铜管的某一部位进行长时间加热，否则会使铜管烧坏。

另外，在焊接时，若变频压缩机工艺管口的管壁上有锈蚀现象，需要使用砂布对焊接部位附近1～2cm的范围进行打磨，直至焊接部位呈现铜本色，这样有助于与管路连接器很好的焊接，提高焊接质量。

b.对变频压缩机进行拆卸　变频压缩机与制冷管路焊开后，使用扳手将位于变频压缩机底部的固定螺栓拧下，就可以取出变频压缩机了。

变频压缩机的拆卸方法如图3-58所示。

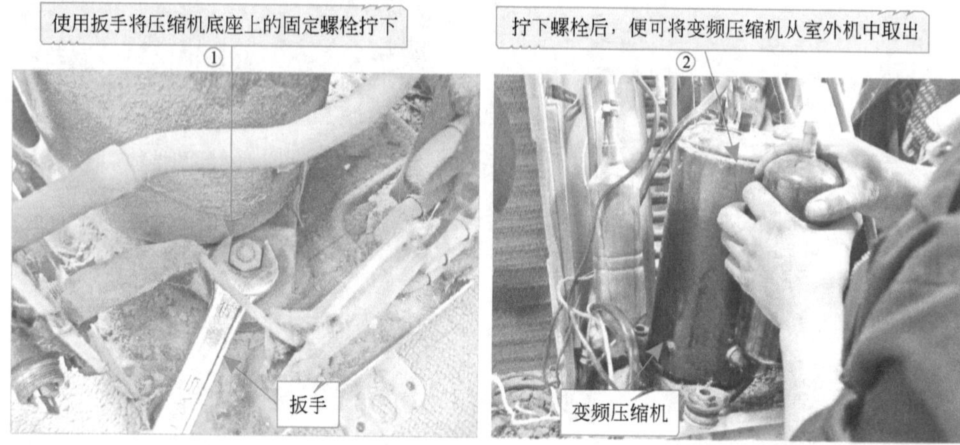

图3-58　变频压缩机的拆卸

② 对变频压缩机进行代换　将损坏的变频压缩机拆下后，接下来需要寻找可替代的新变频压缩机进行代换。若变频压缩机损坏就需要根据损坏变频压缩机的型号、体积大小等规格参数选择适合的器件进行代换。

演示图解

变频压缩机的选择方法如图3-59所示。

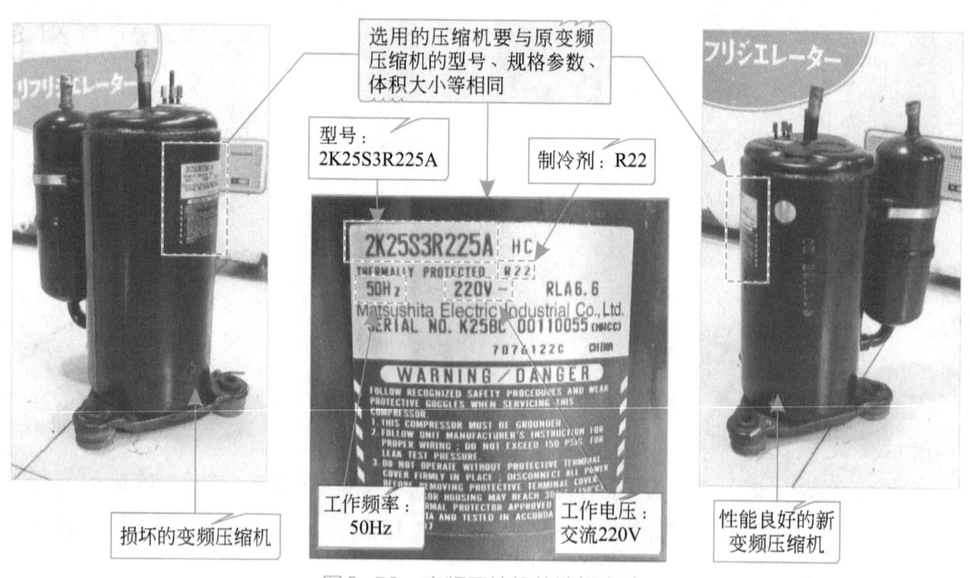

图3-59　变频压缩机的选择方法

选择好变频压缩机后，将新变频压缩机安装到室外机中，对齐管路位置后，再进行固定。

演示图解

变频压缩机的代换方法如图3-60所示。

图3-60 变频压缩机的代换方法

3.3.4 变频空调器四通阀的检测代换方法

电磁四通阀出现故障后，变频空调器可能会出现制冷/制热模式不能切换、制冷（热）效果差等现象。若怀疑电磁四通阀损坏，就需要按照步骤对电磁四通阀进行检测与代换。

（1）变频空调器四通阀的检测方法

对电磁四通阀进行检修时，首先对四通阀线圈阻值进行检测，其次就是对电磁四通阀管路温度进行检测。

① 对四通阀线圈阻值进行检测　对电磁四通阀进行检测，需要先将其连接插件拔下，再使用万用表对四通阀线圈阻值进行检测，即可判断电磁四通阀是否出现故障。

电磁四通阀线圈阻值的检测方法如图3-61所示。

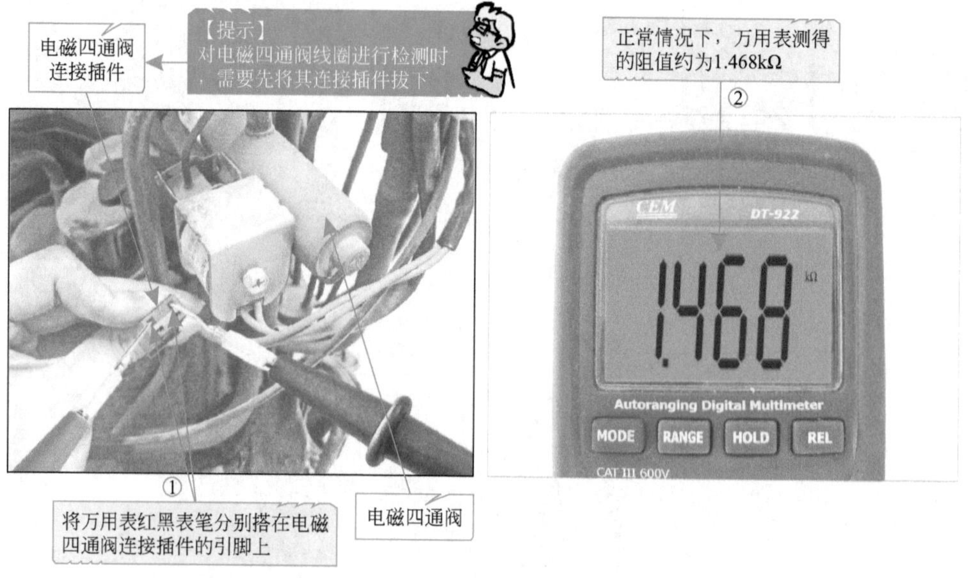

图3-61　电磁四通阀线圈阻值的检测方法

正常情况下，万用表可测得一定的阻值，约为1.468kΩ。若阻值差别过大，说明电磁四通阀损坏，需要对其进行更换。

② 对电磁四通阀管路温度进行检测　若四通阀线圈阻值正常，则应对电磁四通阀管路的温度进行检测，用手分别触摸管路即可判断出故障。

对电磁四通阀管路温度的检测方法如图3-62所示。

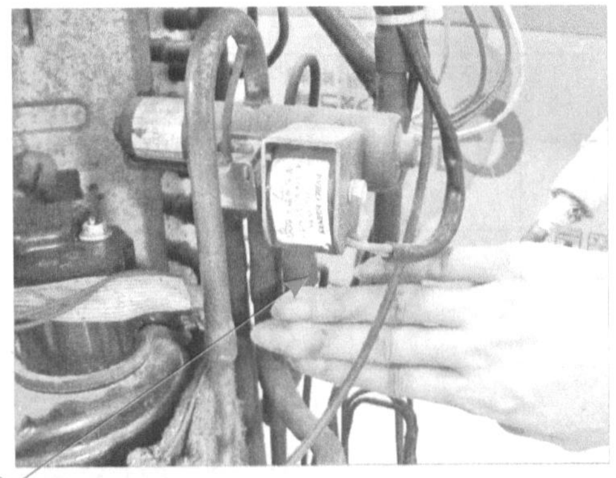

图3-62 电磁四通阀管路温度的检测方法

用手感觉电磁四通阀管路的温度，与正常情况下管路的温度进行比较，如果温度差别过大，说明电磁四通阀有故障。正常情况下，电磁四通阀管路的温度见表3-1所列。

表3-1 电磁四通阀管路的温度

变频空调器工作情况	接变频压缩机排气管	接变频压缩机吸气管	接蒸发器	接冷凝器	左侧毛细管温度	右侧毛细管温度
制冷状态	热	冷	冷	热	较冷	较热
制热状态	热	冷	热	冷	较热	较冷

特别提示

若电磁四通阀长时间不工作，其内部的阀芯或滑块有可能无法移动到位。在制热模式下，启动变频空调器时，电磁四通阀会发出轻微的撞击声，若没有撞击声，可使用木棒或螺钉旋具轻轻敲击电磁四通阀，利用振动恢复阀芯或滑块的移动能力。

知识拓展

电磁四通阀常见故障表现和故障原因见表3-2所列。

表3-2 电磁四通阀常见故障表现和故障原因

故障表现	变频压缩机排气管一侧	变频压缩机吸气管一侧	蒸发器一侧	冷凝器一侧	左侧毛细管	右侧毛细管	原因
电磁四通阀不能从制冷转到制热	热	冷	冷	热	阀体温度	热	阀体内脏污
	热	冷	冷	热	阀体温度	阀体温度	毛细管阻塞、变形
	热	冷	冷	暖	阀体温度	暖	变频压缩机故障
电磁四通阀不能从制热转到制冷	热	冷	热	冷	阀体温度	阀体温度	压力差过高
	热	冷	热	冷	阀体温度	阀体温度	毛细管堵塞
	热	冷	热	冷	热	热	导向阀损坏
	暖	冷	暖	冷	暖	阀体温度	压塑机故障

续表

故障表现	变频压缩机排气管一侧	变频压缩机吸气管一侧	蒸发器一侧	冷凝器一侧	左侧毛细管	右侧毛细管	原因
制热时内部泄漏	热	热	热	热	阀体温度	热	窜气、压力不足、阀芯损坏
	热	冷	热	冷	暖	暖	导向阀泄漏
不能完全转换	热	暖	暖	热	阀体温度	热	压力不够、流量不足；或滑块、活塞损坏

特别提示

- 电磁四通阀不能从制冷转到制热时：提高变频压缩机排出压力，清除阀体内的肮物或更换电磁四通阀。
- 电磁四通阀不能完全转换时：提高变频压缩机排出压力或更换电磁四通阀。
- 电磁四通阀制热时内部泄漏：提高变频压缩机排出压力，敲动阀体或更换电磁四通阀。
- 电磁四通阀不能从制热转到制冷时：检查制冷系统，提高变频压缩机排出压力，清除阀体内的肮物，更换电磁四通阀或更换维修变频压缩机。

（2）变频空调器四通阀的代换方法

若经过检测确定为四通阀本身损坏引起的变频空调器故障，则需要对损坏的四通阀进行更换，在代换之前需要对损坏的四通阀进行拆焊。

① 对四通阀进行拆焊　电磁四通阀安装在室外机变频压缩机上方，与多根制冷管路相连。使用气焊设备和钳子对电磁四通阀进行拆卸。

演示图解

电磁四通阀的拆焊方法如图3-63所示。

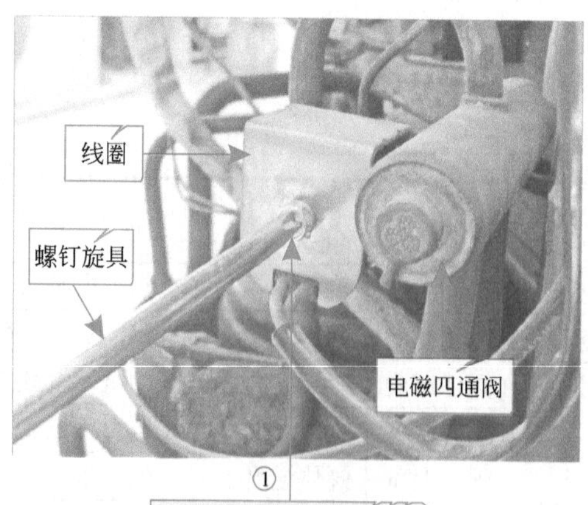

① 使用螺钉旋具将电磁四通阀上线圈的固定螺钉拧开

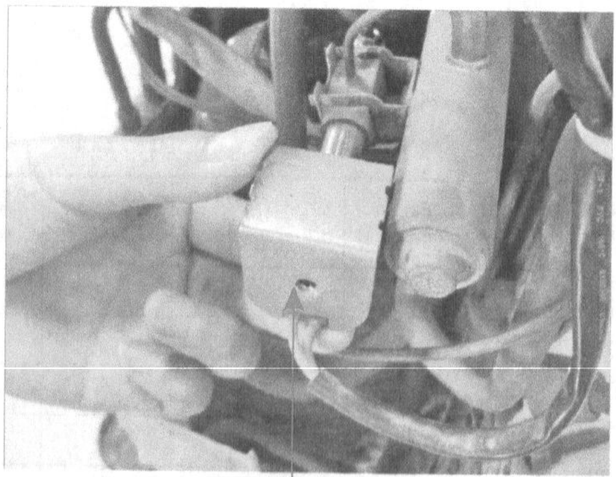

② 将线圈从电磁四通阀上取下

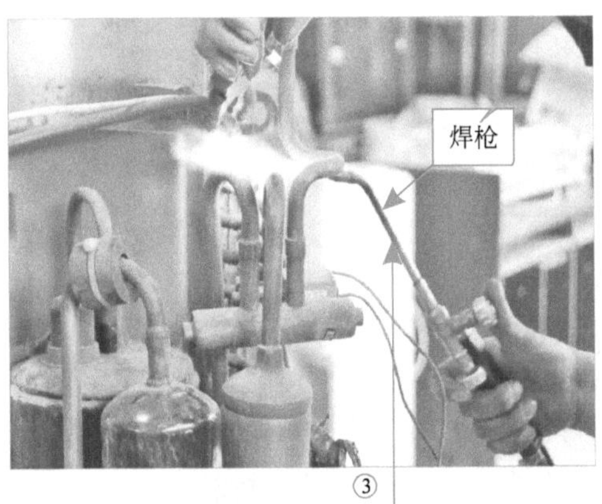

使用焊枪对电磁四通阀上与变频压缩机排气管相连的管路进行加热，待加热一段时间后使用钳子将管路分离

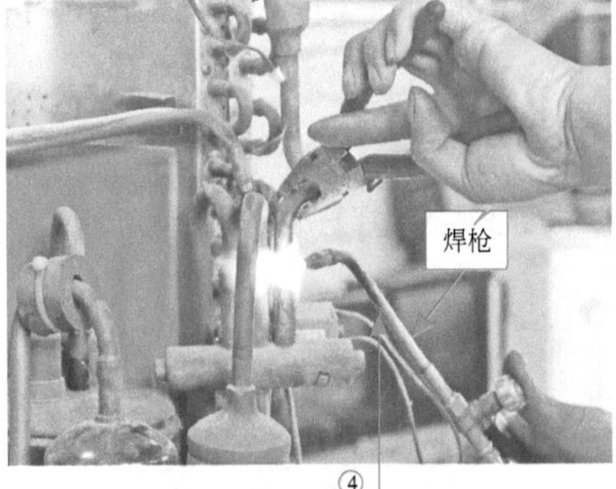

使用焊枪对电磁四通阀上与冷凝器相连的管路进行加热，待加热一段时间后使用钳子将管路分离

使用焊枪对电磁四通阀上与变频压缩机吸气管相连的管路进行加热，待加热一段时间后使用钳子将管路分离

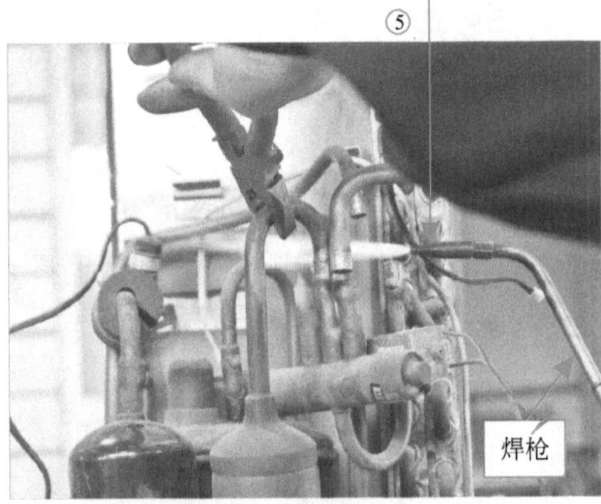

最后对电磁四通阀上与蒸发器相连的管路进行拆焊操作

从室外机管路中分离的电磁四通阀

图3-63　电磁四通阀的拆焊方法

② 对四通阀进行代换　将损坏的电磁四通阀拆下后，接下来需要根据损坏电磁四通阀的规格参数寻找可替代的新电磁四通阀进行代换。

电磁四通阀的选择方法如图3-64所示。

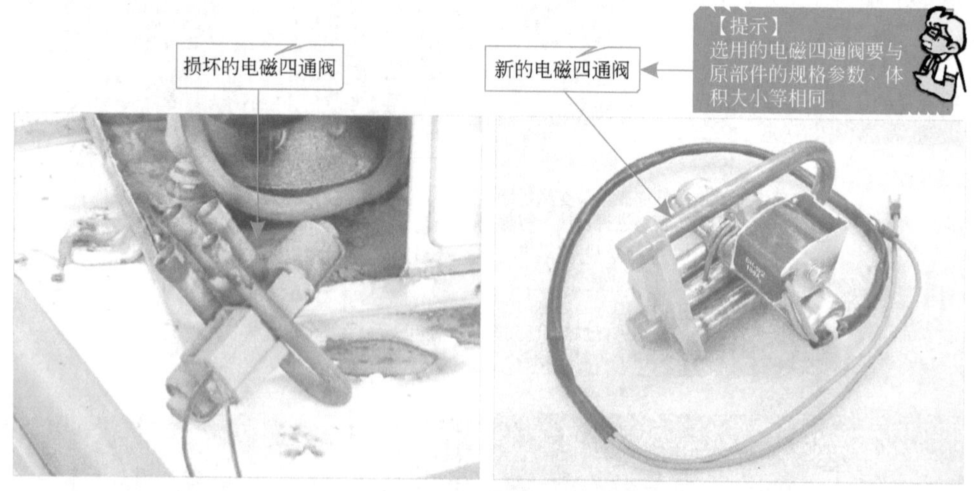

图3-64　电磁四通阀的选择方法

选择好合适的电磁四通阀后，将新电磁四通阀安装到室外机中，对齐管路位置后，再进行焊接。

电磁四通阀的代换方法如图3-65所示。

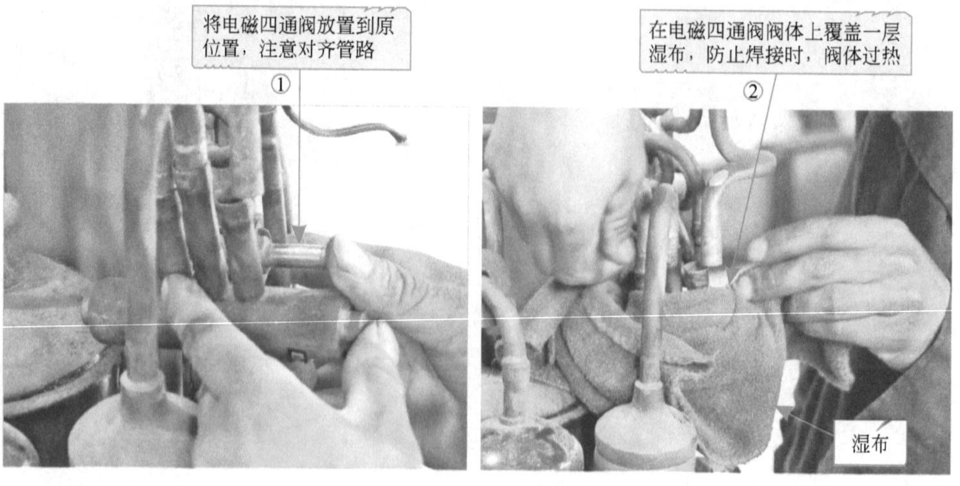

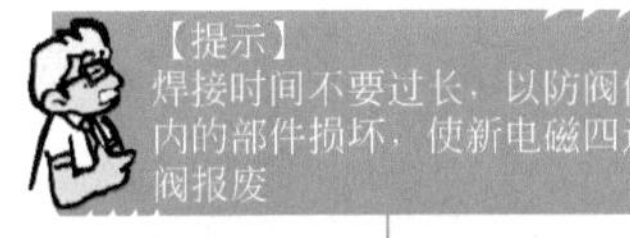

使用气焊设备将电磁四通阀的四根管路分别与制冷管路焊接在一起

③

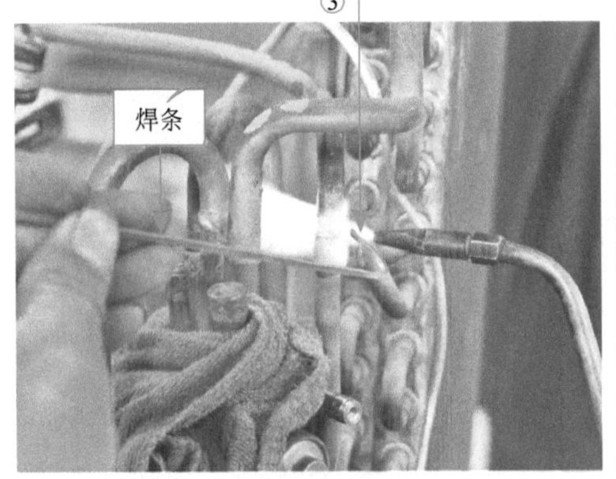

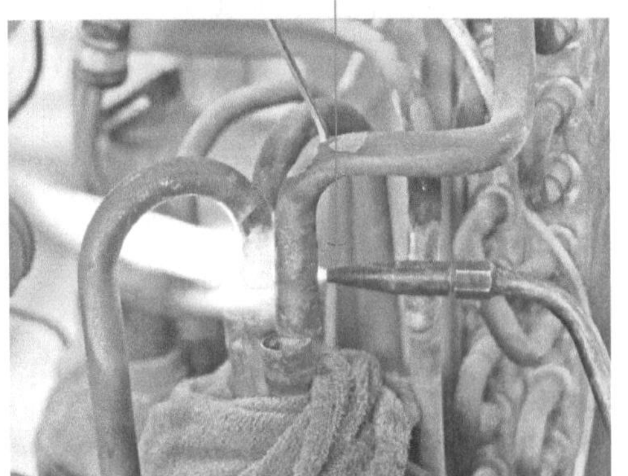

焊接完成，待管路冷却后，将盖在阀体上的湿布取下

④

焊接完成后，进行检漏、抽真空、充注制冷剂等操作，再通电试机，故障排除

⑤

图3-65　电磁四通阀的代换方法

特别提示

值得注意的是，为了让读者能够看清楚操作过程和操作细节，在开焊和焊接时没有采取严格的安全保护措施，整个过程由经验丰富的技师完成，学员在检测和练习时，一定要做好防护措施，以免造成其他部件的烧损。

知识拓展

电磁四通阀一旦出现故障，维修人员经常采取的方法就是直接进行拆卸代换，由于电磁四通阀的拆卸代换操作十分复杂，工艺难度也较高，因此对于电磁四通阀代换不仅费时、费力，而且也会使维修成本大大增加。很多时候电磁四通阀的故障是由四通阀线圈故障引起的，如果在确定电磁四通阀存在故障后，先对电磁四通阀线圈进行检测，若能发现是电磁四通阀线圈损坏，那么只更换电磁四通阀线圈将大大缩减维修时间，降低维修成本。

第4章 变频空调器通信电路的检修技能

4.1 认识变频空调器的通信电路

变频空调器中的通信电路主要是实现室内机与室外机之间进行数据传输的电路，是由室内机通信电路和室外机通信电路两部分构成，如图4-1所示。由图可知，通信电路分别安装在室内机控制电路中与室外机控制电路中。

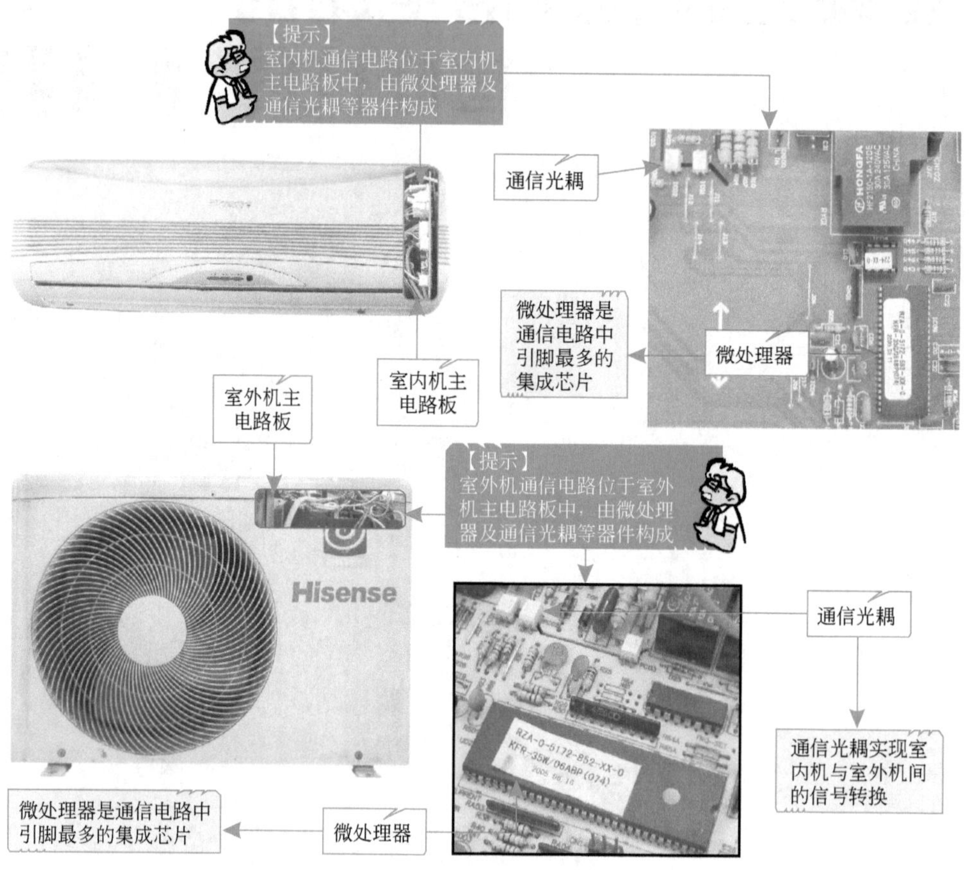

图4-1　典型变频空调器中的通信电路部分（海信KFR-35GW/06ABP型）

4.1.1 变频空调器通信电路的结构特点

变频空调器室内机与室外机均安装有控制电路，两个控制电路必须协调工作才可以使变频空调器正常运行。其中，室外机控制电路按照室内机控制电路发送的指令工作，而室内机控制电路也会收到室外机控制电路的发送的反馈数据，因而，在电路中需要设置两个控制电路之间的信息传输电路，该电路称为通信电路。

其中，室内机通信电路包括室内机微处理器、室内机通信光耦（室内机发送光耦、室内机接收光耦）和连接引线；室外机通信电路包括室外机微处理器、室外机通信光耦（室外机发送光耦、室外机接收光耦）和连接引线等。图4-2所示为典型（海信KFR-35GW/06ABP型）变频空调器中的通信电路部分。

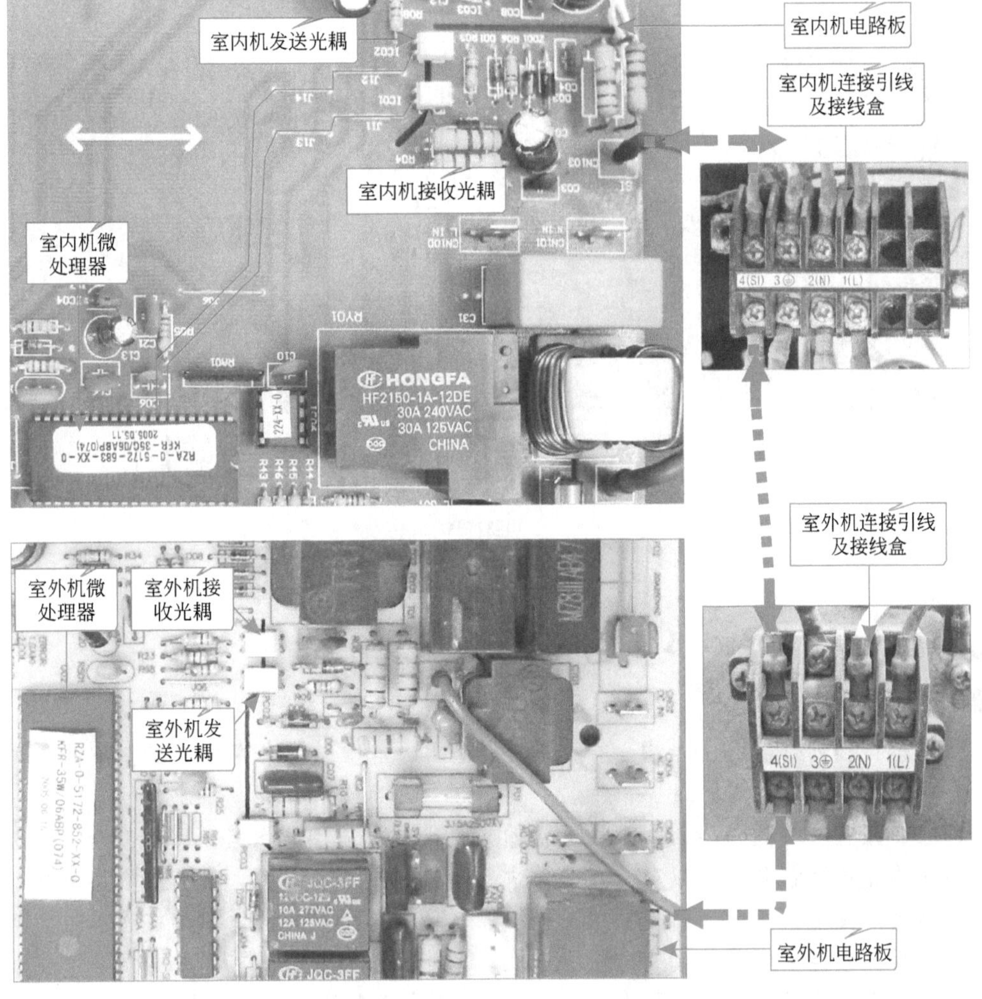

图4-2 典型（海信KFR-35GW/06ABP型）变频空调器中的通信电路部分

(1) 微处理器

微处理器是通信电路中发送和接收数据信息的核心器件。正常情况下，当变频空调器开机时，室内机微处理器将开机指令及参考信息经通信电路送至室外机微处理器中；当室外机微处理器接收到开机指令进行识别后，将反馈信息经通信电路送至室内机微处理器中，变频空调器正常开机。

(2) 通信光耦

通信光耦是利用光电变换器件传输控制信息，它是变频空调器通信电路中的关键器件。一般情况下，通信电路中有四只通信光耦，其中室内两只，分别为室内机发送光耦、室内机接收光耦；室外机也有两只，分别为室外机发送光耦、室外机接收光耦。

图4-3所示为典型变频空调器中通信光耦的实物外形。

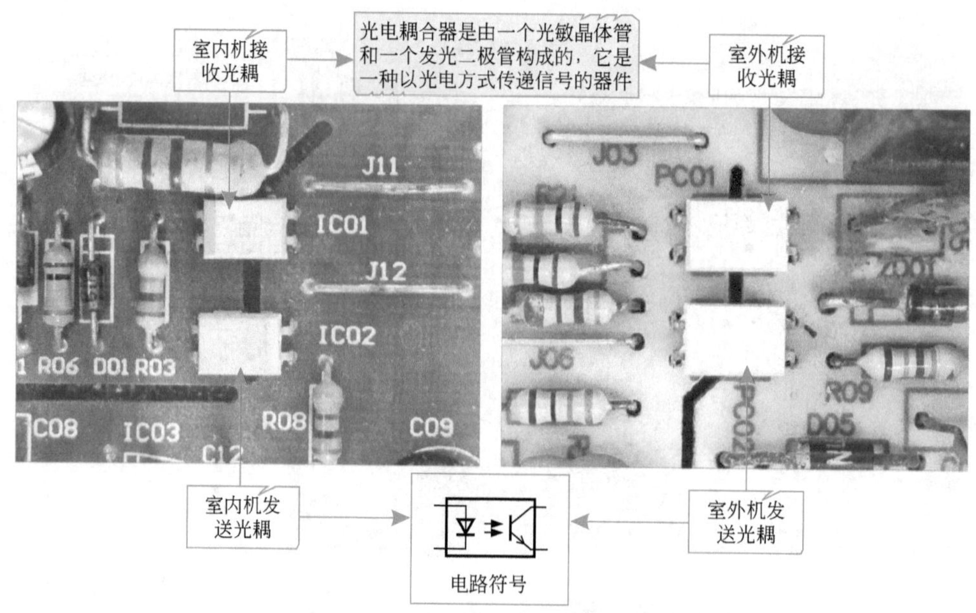

图4-3　典型变频空调器中通信光耦的实物外形

特别提示

通信光耦内部实际上是由一个光敏晶体管和一个发光二极管构成的。它是一种以光电方式传递信号的器件。

在变频空调器通信线路中，由于传输线路借助交流供电线路，因而需采用隔离措施，利用光传递信号就可以与交流线路进行良好的隔离。当室内机的开机指令加到通信光耦内的发光二极管，将数据信号转换成光信号，经光敏晶体管再将光信号转换成电信号后，经传输线路传到室外机中；来自室外机微处理器的工作状态信号（反馈信号）也经由通信光耦将电信号转换为光信号，再变成电信号送入室内机中。

知识拓展

在变频空调器中常见的通信光耦通常为四个引脚，其中一侧为发光二极管的两个引脚；另一侧为光敏晶体管的两个引脚。除此之外，还有一种通信光耦为6个引脚，如图4-4所示。

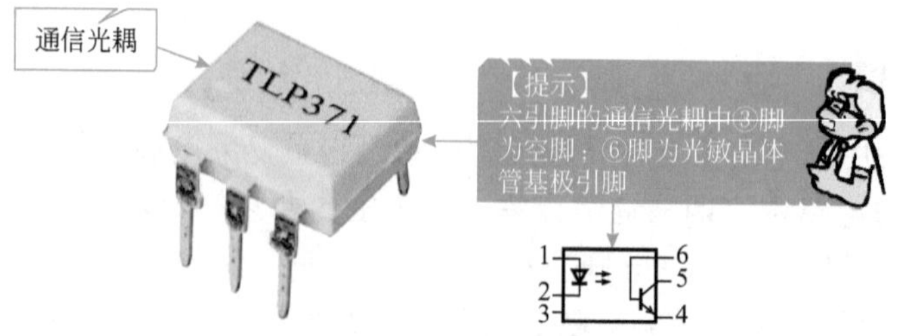

图4-4　6个引脚的通信光耦实物外形

（3）连接引线及接线盒

变频空调器的室内机和室外机通过连接引线和接线盒进行连接，图4-5所示为典型变频空调器室内外机连接引线及接线盒部分。

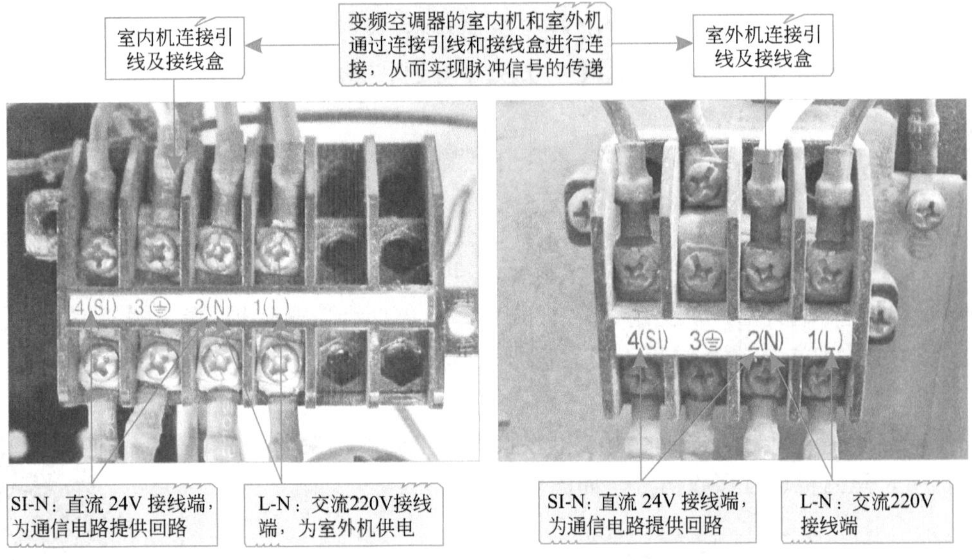

图4-5 典型变频空调器室内外机连接引线及接线盒部分

4.1.2 变频空调器通信电路的工作原理

通信电路主要用于变频空调器中室内机和室外机电路板之间进行数据传输。下面分别对信号的发送和接收进行分析。

图4-6为室内机发送信号，室外机接收信号的流程。

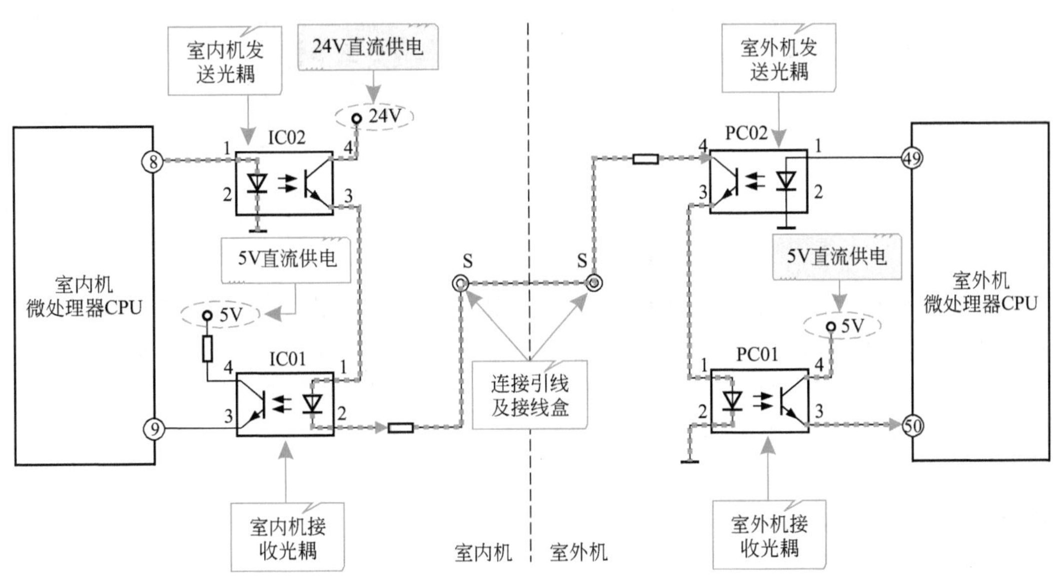

图4-6 变频空调器室内机发送信号，室外机接收信号的流程

由图可见，室内机与室外机的信息传输通道是一条串联的电路，信息的接收和发送都用这一条线路，为了确保信息的正常传输，室内机CPU与室外机CPU之间采用时间分割的方式，室内机向室外机发送信息50ms，然后由室外机向室内机发送50ms。为此，电路系统在室内机向室外机传输信息期间，要保持信道的畅通。例如室内机向室外机发送信息时，室外机CPU的㊾脚保持高电平使PC02处于导通状态，持续50ms，当室外机向室内机发送信息时，室内机的⑧脚处于高电平，使IC02处于导通状态。

特别提示

变频空调器通电后，室内机微处理器输出的指令，经通信电路的室内机发送光耦IC02内光敏晶体管送往室内机接收光耦IC01中（发光二极管），经②脚送出，由连接引线及接线盒传送到室外机发送光耦PC02内，由PC2的③脚输出电信号送至室外机接收光耦PC01，将工作指令信号送至室外机微处理器中。

通信电路中室内机发送信号，室外机接收信号完成后，接下来将由室外机发送信号，室内机进行接收信号，如图4-7所示。

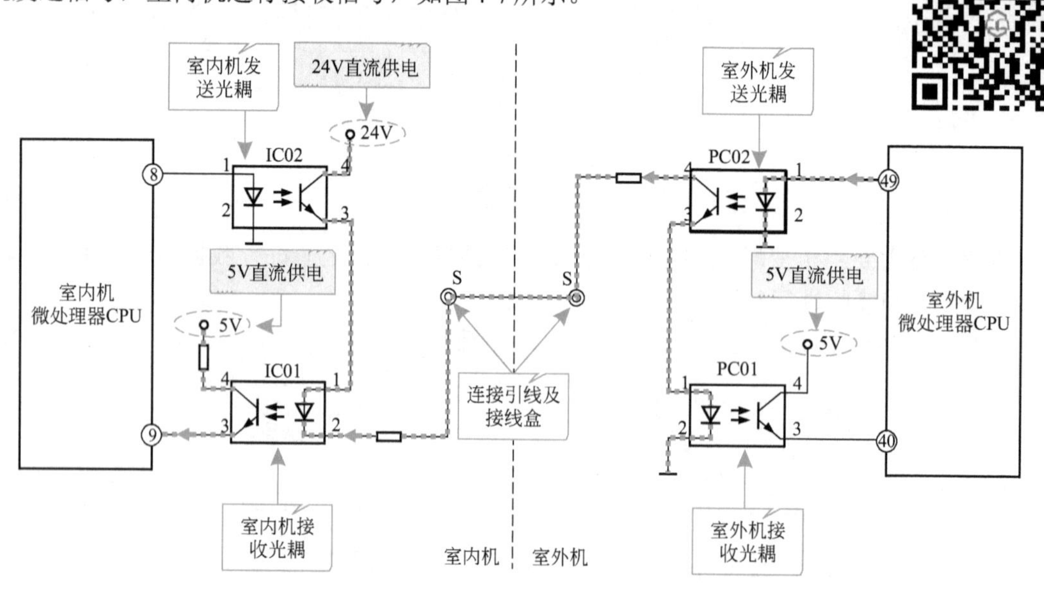

图4-7　变频空调器室外机发送信号，室内机接收信号的流程

由图4-7可知，当室外机微处理器控制电路收到室内机工作指令信号后，室外机的微处理器根据当前的工作状态产生应答信息，该信息经通信电路中的室外机发送光耦PC02将光信号转换成电信号，并通过连接引线及接线盒将该信号送至室内机接收光耦IC01，将反馈信号送至室内机微处理器中，由此完成一次通信过程。

知识拓展

变频空调器的通信电路以室内机微处理器为主，正常情况下，室内机发送出信号

后，等待接收，若未接收到反馈信号，则会再次发送当前的指令信号，若仍无法收到反馈信号，则进行出错报警提示；室外机接收室内机指令状态时，若接收不到室内机指令，则会一直处于等待接收指令状态。

图4-8所示为海信KFR-35GW/06ABP型空调器中的通信电路，由图可知，该电路主要是由室内机发送光耦IC02（TLP521）、室内机接收光耦IC01（TLP521）、室外机发送光耦PC02（TLP521）、室外机接收光耦PC01（TLP521）等构成的。

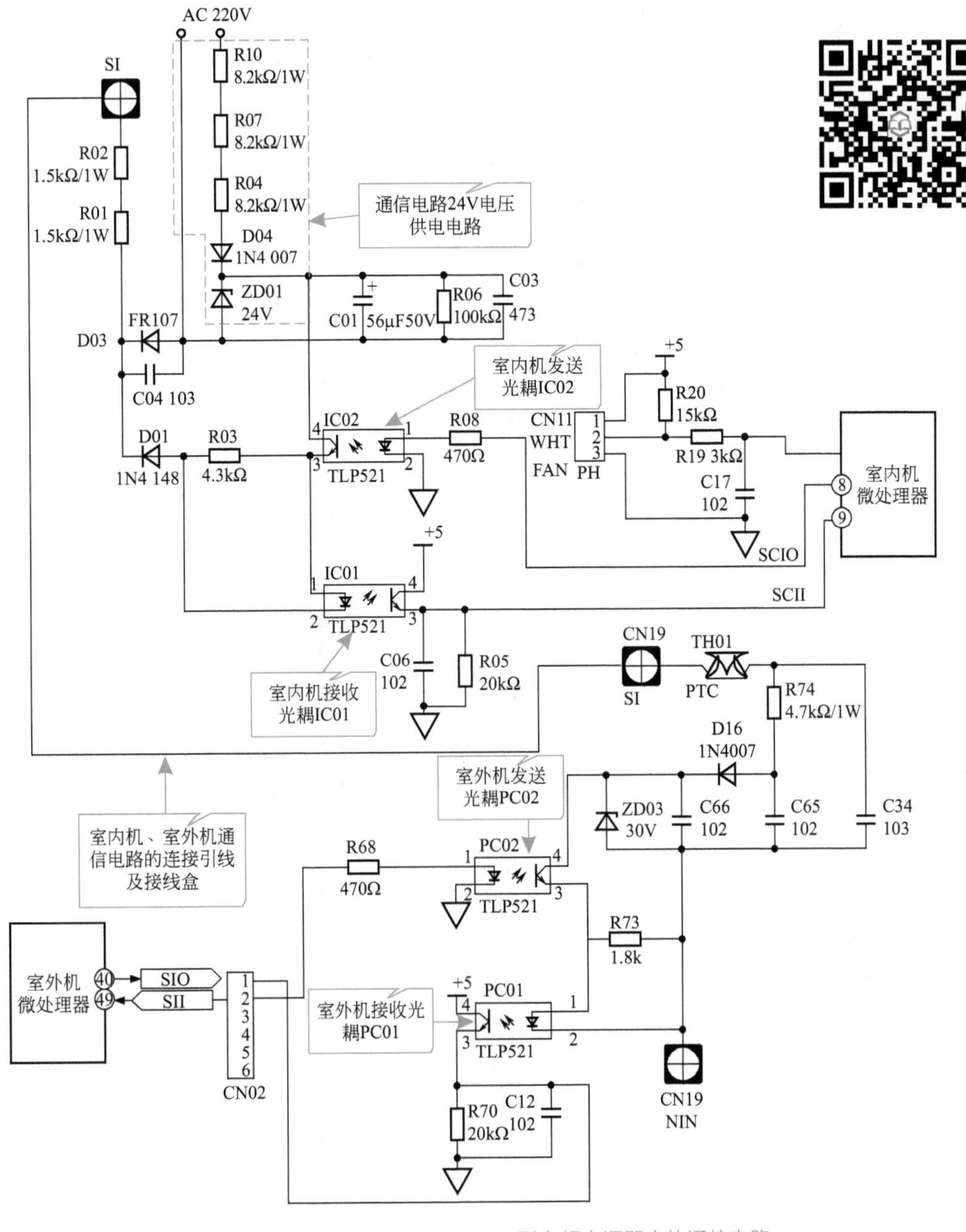

图4-8　海信KFR-35GW/06ABP型变频空调器中的通信电路

对变频空调器中通信电路进行详细分析时，可分为两种不同的工作状态进行分析，即一种为室内机发送、室外机接收信号时的流程，另一种为室外机发送、室内机接收信号时的流程。

（1）室内机发送、室外机接收信号的流程

变频空调器通电后，室内机的微处理器输出指令。当前为室内机发送指令、室外机接收指令的信号状态，如图4-9所示。

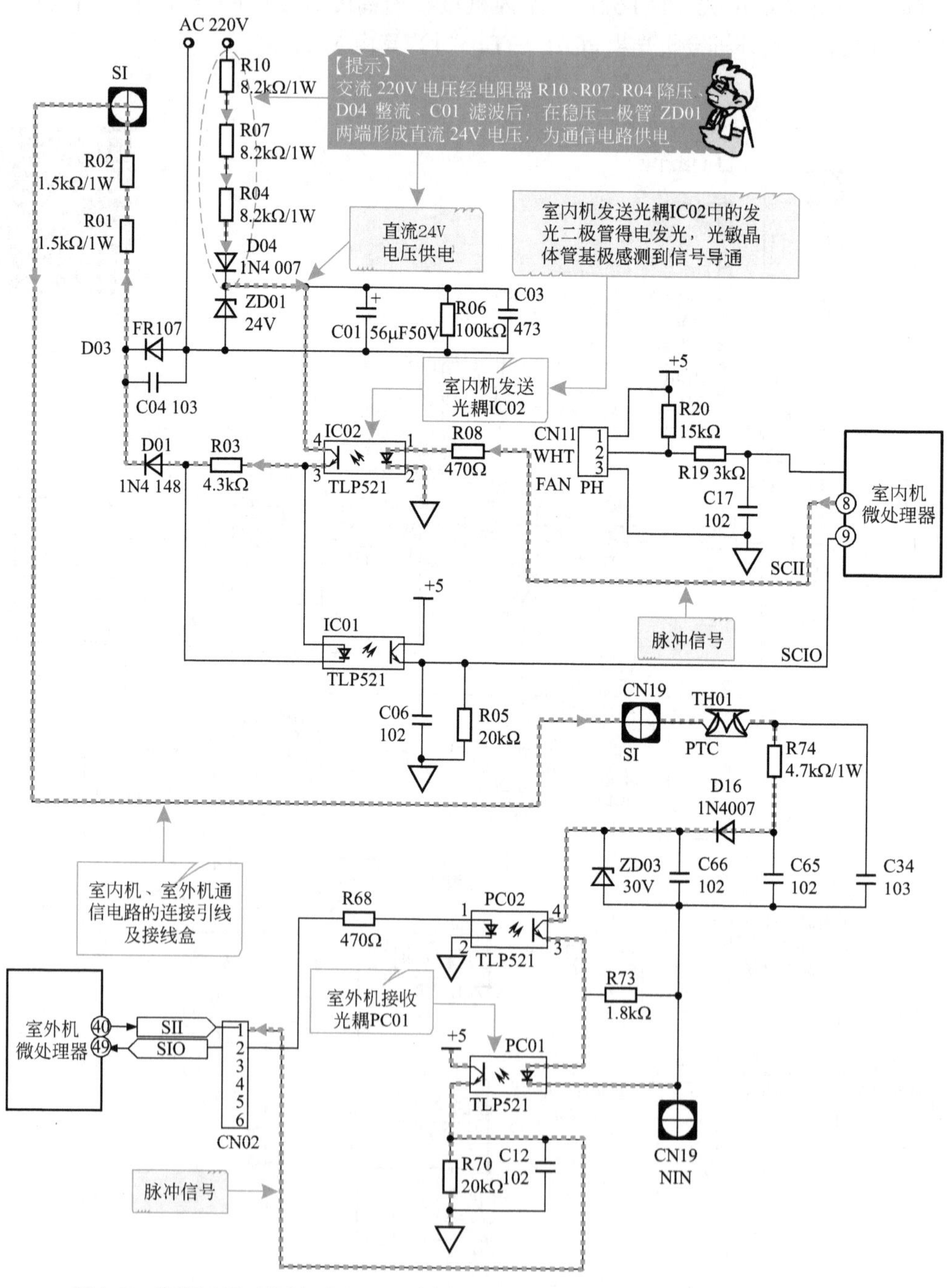

图4-9　海信KFR-35GW/06ABP型变频空调器室内机发送、室外机接收信号的流程

室内机发送信号、室外机接收信号的过程可分为两步进行分析。

① 交流220V电压经分压电阻、整流二极管、稳压二极管处理后输出+24V直流电压，并送入光耦IC02的④脚，经③脚输出后送往光耦IC01的①脚，由光耦IC01的②脚输出。

该信号经二极管D01、电阻器R01、R02后送至通信电路连接引线及接线盒SI，并经过接线盒CN19、TH01、电阻器R74、二极管D16送到室外机发送光耦PC02的④脚，由③脚输出送至室外机接收光耦PC01的①脚，由②脚输出与CN19（供电引线N端）形成回路，完成对通信电路的供电工作。

② 由室内机微处理器⑧脚发出脉冲信号送往室内机发送光耦IC02的①脚，室内机发送光耦IC02工作后，将电信号转换成光信号（光耦IC02内部发光二极管发光），然后再经光耦IC02内部的光敏晶体管转换成电信号由③脚输出。

由室内机发送光耦IC02输出的电信号经电阻R03、二极管D01、TH01、电阻器R74、二极管D16后送到室外机发送光耦PC02的④脚，并由③脚输出，送至室外机接收光耦PC01的①脚，此时PC01的发光二极管导通。室外机接收光耦PC01将电信号通过③脚输出送至室外机微处理器的㊵脚，完成室内机向室外机的信息传送。

（2）室外机发送、室内机接收信号的流程

变频空调器室外机微处理器接收到指令信号，并进行识别和处理后，向室外机的相关电路和部件发出控制指令，同时将反馈信号送回室内机微处理器中。此时为室外机发送指令、室内机接收指令的信号状态，如图4-10所示。

同样，室外机发送信号、室内机接收信号的过程可分为两步进行分析。

① 交流220V电压经分压电阻、整流二极管、稳压二极管处理后输出+24V直流电压，并送入光耦IC02的④脚，经③脚输出后送往光耦IC01的①脚，由光耦IC01的②脚输出。

该信号经二极管D01、电阻器R01、R02后送至通信电路连接引线及接线盒SI，并经过接线盒CN19、TH01、电阻器R74、二极管D16送到室外机发送光耦PC02的④脚，由③脚输出送至室外机接收光耦PC01的①脚，由②脚输出与CN19（供电引线N端）形成回路，完成对通信电路的供电工作。

② 由室外机微处理器㊾脚输出的脉冲信号送往室外机发送光耦PC02的①脚，此时PC02工作，由④脚输出电信号，该信号经二极管D16、电阻器R74、TH01、电阻器R02、R01、二极管D01后送入室内机接收光耦IC01的②脚，此时室内机接收光耦IC01内部的发光二极管发光，光敏晶体管导通，将接收到的电信号送至室内机微处理器的⑨脚，反馈信号送达，完成室外机向室内机的信息传送。

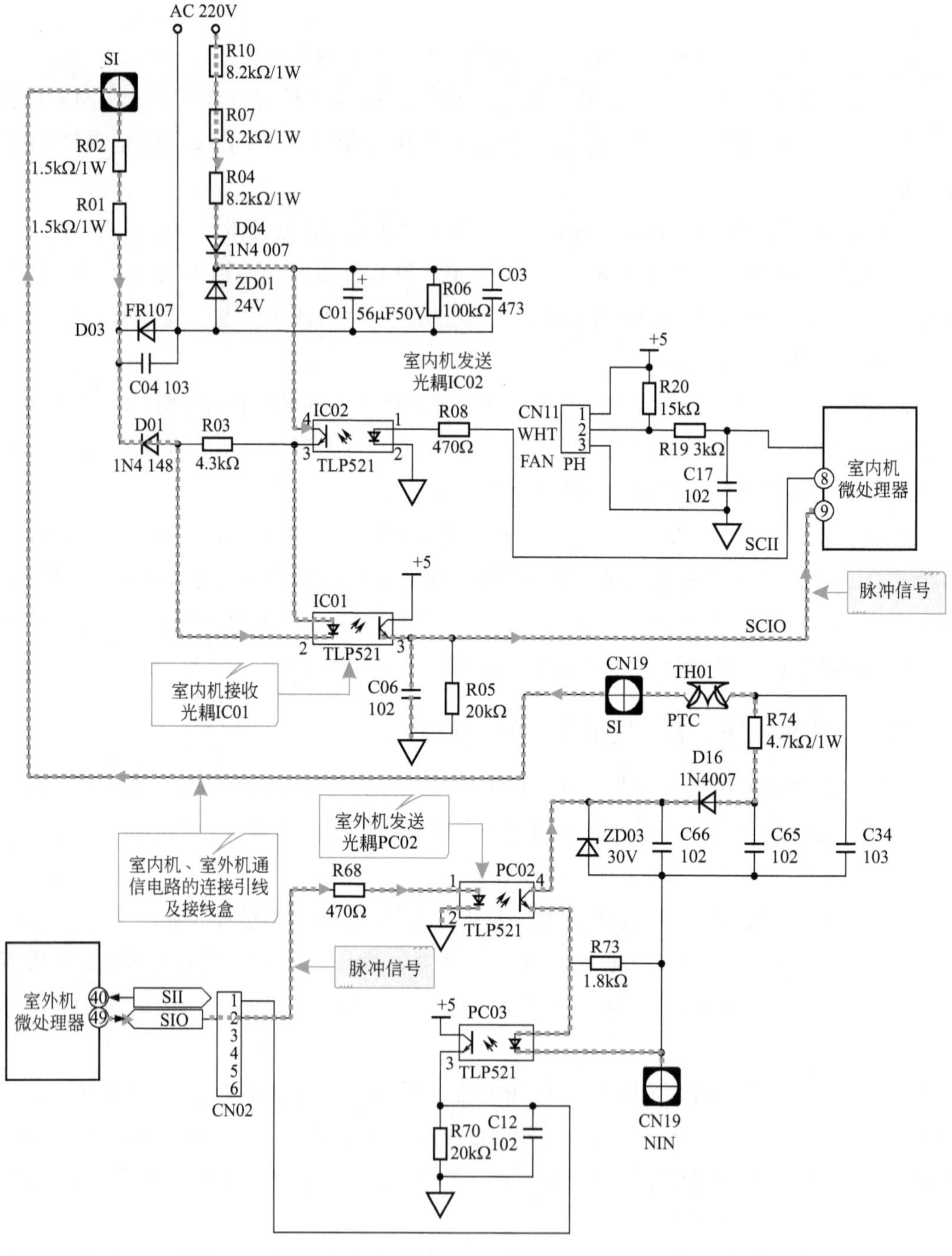

图4-10　海信KFR-35GW/06ABP型变频空调器室外机发送、室内机接收信号的流程

特别提示

在变频空调器的通信电路中使用的电源为专用24V电压，该电压为交流220V经整流稳压电路后得到，一般都为单独供电。

知识拓展

通过上面的介绍，可以知道在通信电路中主要的供电电压为24V，除此之外，在一些变频空调器中，通信电路的供电电压为146V左右。图4-11所示为典型变频空调器中通信电路的供电部分。

由图可知，变频空调器通信电路的供电部分没有设置稳压管，主要是由限流电阻、分压电阻以及整流二极管、滤波电容进行整流滤波后输出的146V电压作为通信电路的供电电压。

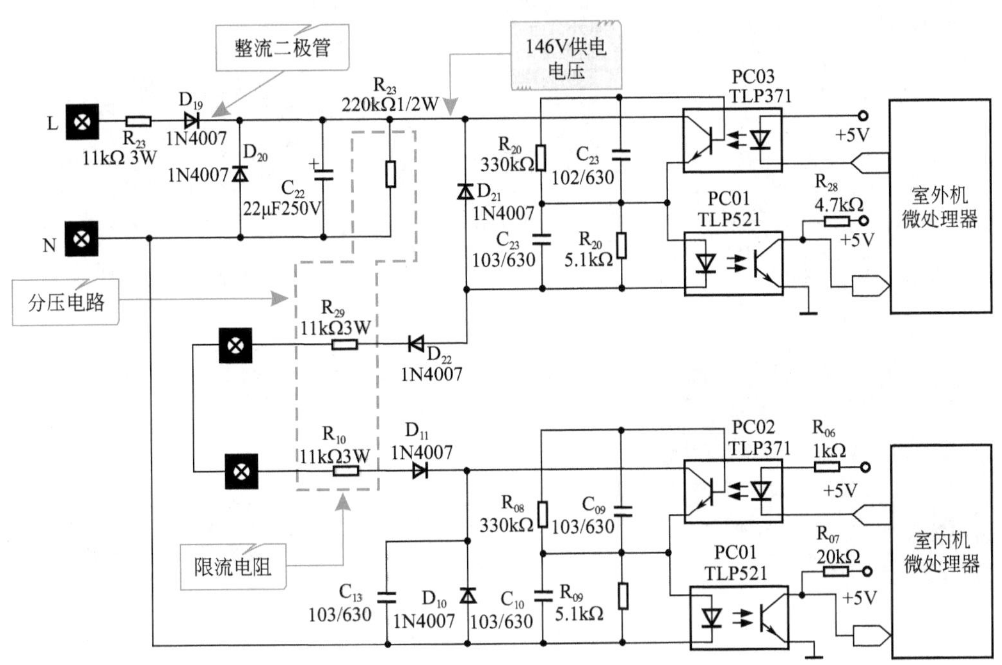

图4-11 典型变频空调器通信电路的供电部分

4.2 变频空调器通信电路的检修流程

4.2.1 变频空调器通信电路的故障特点

当变频空调器的通信电路出现故障后，则会造成各种控制指令无法实现、室外机不能正常运行、运行一段时间后停机或开机即出现整机保护等故障，由于通信电路实现了室内外机的信号传送，若该电路中某一元器件损坏，均会造成变频空调器不能正常运行的故障，如图4-12所示。

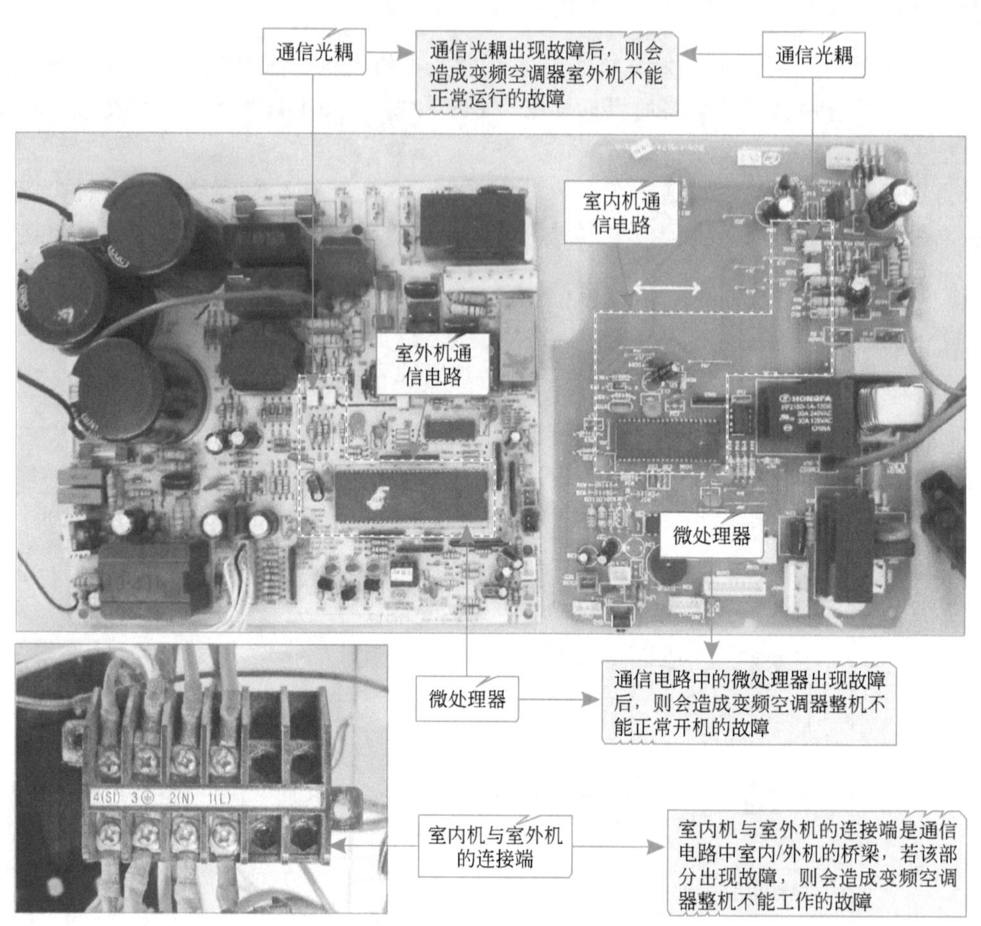

图4-12　变频空调器通信电路的故障特点

4.2.2　变频空调器通信电路的检修分析

通信电路是变频空调器中重要的数据传输电路，若该电路出现故障通常会引起空调器室外机不运行或运行一段时间后停机等不正常现象，对该电路进行检修时，可根据通信电路的信号流程对可能产生故障的部件逐一进行排查。图4-13所示为变频空调器通信电路的检修分析。

变频空调器的室外机与室外机进行通信的信号为脉冲信号，用万用表检测应为跳变的电压，因此在通信电路中，室内与室外机连接引线接线盒处、通信光耦的输入侧和输出侧、室内/室外微处理器输出或接收引脚上都应为跳变的电压。因此，对该电路部分的检测，可分段检测，跳变电压消失的地方，即为主要的故障点。

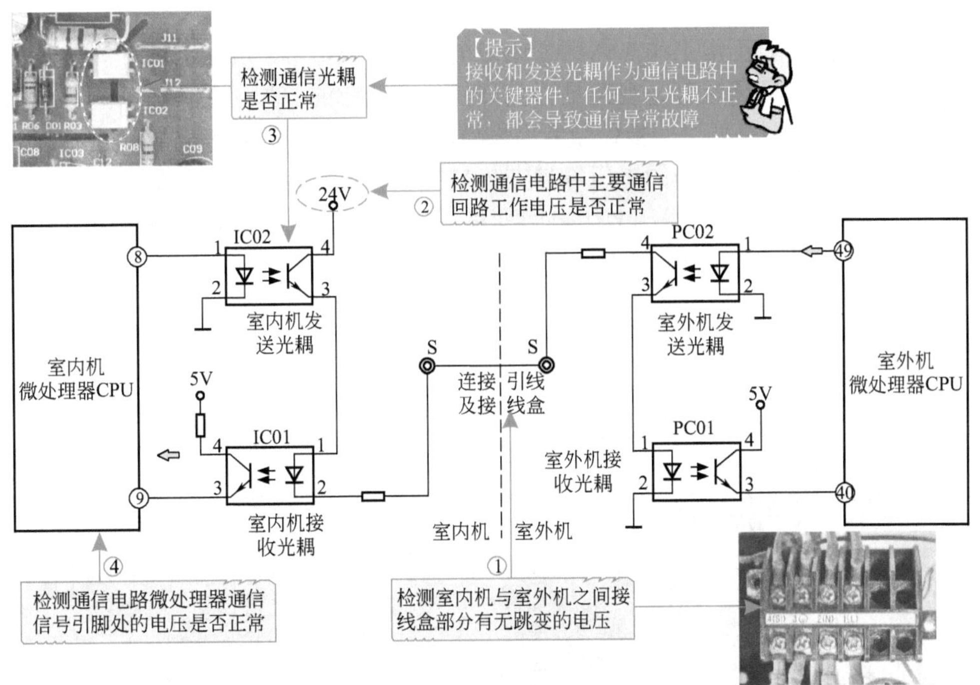

图4-13 变频空调器通信电路的检修分析

特别提示

例如，在室内机发送、室外机接收信号状态下，若室内机微处理器输出脉冲信号正常，则在其发送光耦上、室外机接收光耦上、室外机微处理器接收端都应有跳变电压，否则说明通信电路存在断路情况，顺信号流程逐级检测即可排除故障。

在室外机发送、室内机接收信号状态下，若室外机微处理器输出脉冲信号正常，则在其发送光耦上、室内机接收光耦上、室内机微处理器接收端都应有跳变电压，否则说明通信电路存在断路情况，顺信号流程逐级检测即可排除故障。

4.3 变频空调器通信电路的检修方法

变频空调器通信电路是变频空调器中重要的通信部分，若该电路出现故障后经常会造成整机不能正常工作的故障，对该电路进行检修时，可依据故障现象分析出产生故障的原因，并根据变频空调器通信电路的检修分析对可能产生故障的部件按从易到难的顺序逐一进行排查。

4.3.1 室内机与室外机连接部分的检修方法

当变频空调器不能正常工作，怀疑是通信电路出现故障时，应先对室内机与室外机的连接部分进行检修。检修时可先观察是否由硬件损坏造成的，如连接线破损、接线触点断裂等，若连接完好，则需要进一步使用万用表检测连接部分的电压值是否正常。

若检测室内机连接引线处的电压维持在24V左右，则多为室外机微处理器未工作，应查通信电路；若电压仅在零至几十伏之间变换，则多为室外机通信电路故障；若电压为0V，则多为通信电路的供电电路异常，应对供电部分进行检修。

室内机与室外机连接部分检修方法如图4-14所示。

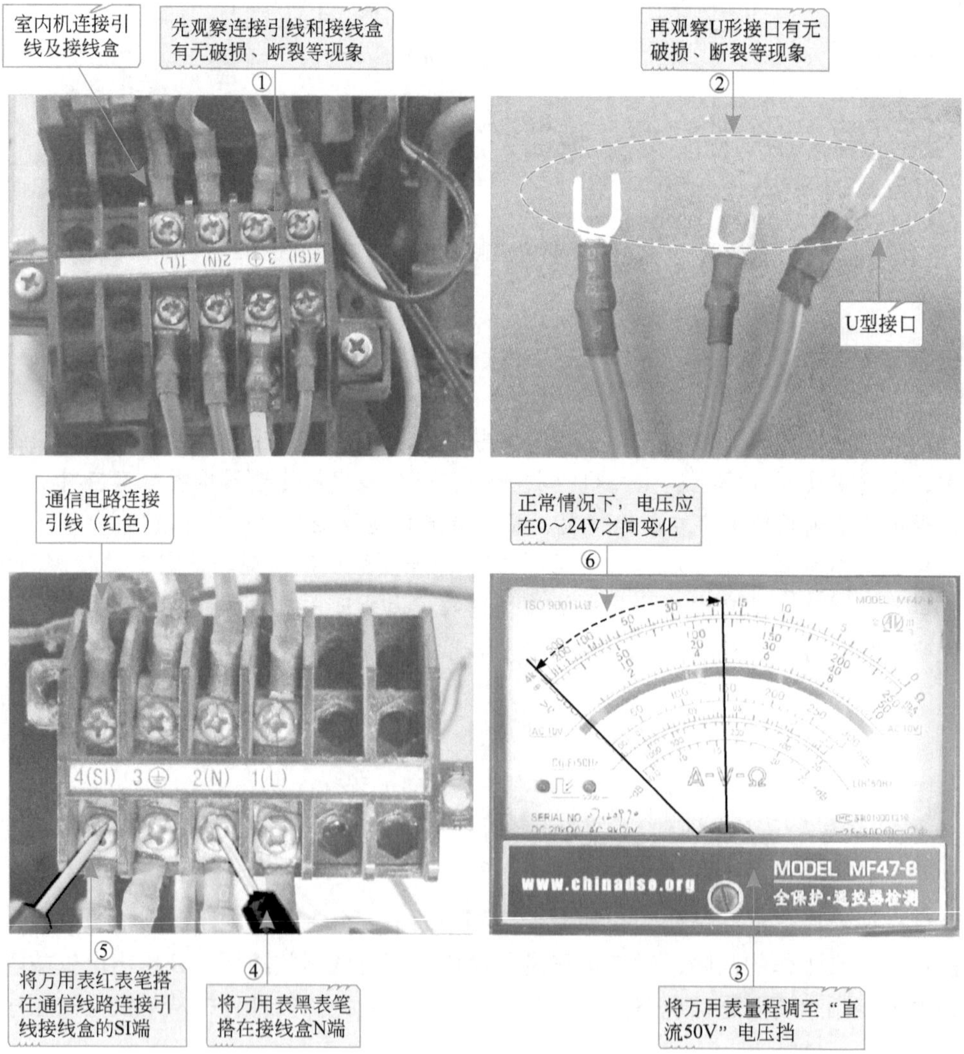

室内机连接引线及接线盒

① 先观察连接引线和接线盒有无破损、断裂等现象

② 再观察U形接口有无破损、断裂等现象

U型接口

4(SI) 3 2(N) 1(L)

通信电路连接引线（红色）

⑥ 正常情况下，电压应在0～24V之间变化

MODEL MF47-8

www.chinadse.org

全保护·遥控器检测

⑤ 将万用表红表笔搭在通信线路连接引线接线盒的SI端

④ 将万用表黑表笔搭在接线盒N端

③ 将万用表量程调至“直流50V”电压挡

图4-14　室内机与室外机连接部分检修方法

4.3.2 通信电路供电电压的检修方法

检测通信电路中室内机与室外机的连接部分正常时，若故障依然没有排除，则应进一步对通信电路的供电电压进行检测。

正常情况下，应能检测到+24V的供电电压，若该电压不正常，则需要对供电电路中的相关部件进行检测，如限流电阻、整流二极管等；若电压值正常，则需要对通信电路中的关键部件进行检测。

演示图解

通信电路供电电压的检修方法如图4-15所示。

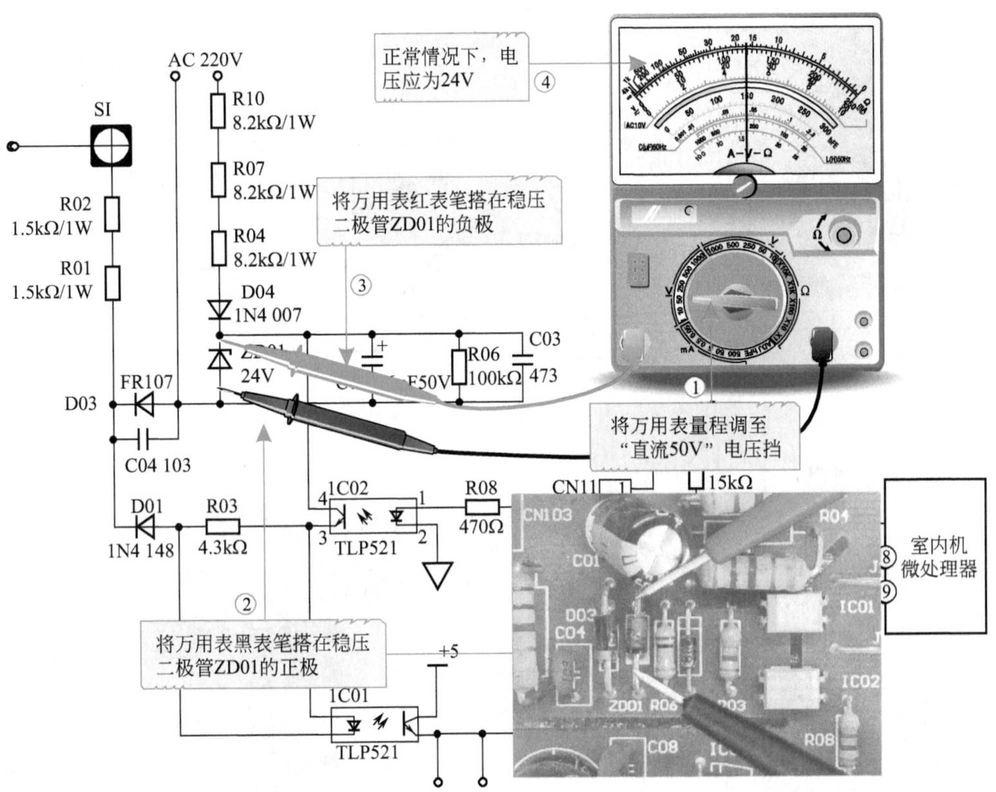

图4-15 通信电路供电电压的检修方法

4.3.3 通信光耦的检修方法

经检测通信电路的供电电压正常时，则需要对该电路中的关键部件——通信光耦进行检测。在通信电路中通信光耦共有四个，每个通信光耦的检测方法基本相同，下面以其中一个为例，介绍一下具体的检修方法。

检测时，若输入的电压值与输出的电压值变化正常，则表明通信光耦可以正常工作；若检测输入的电压为恒定值，则应对微处理器输出的电压进行检测。

演示图解

光电耦合器的检修方法如图4-16所示。

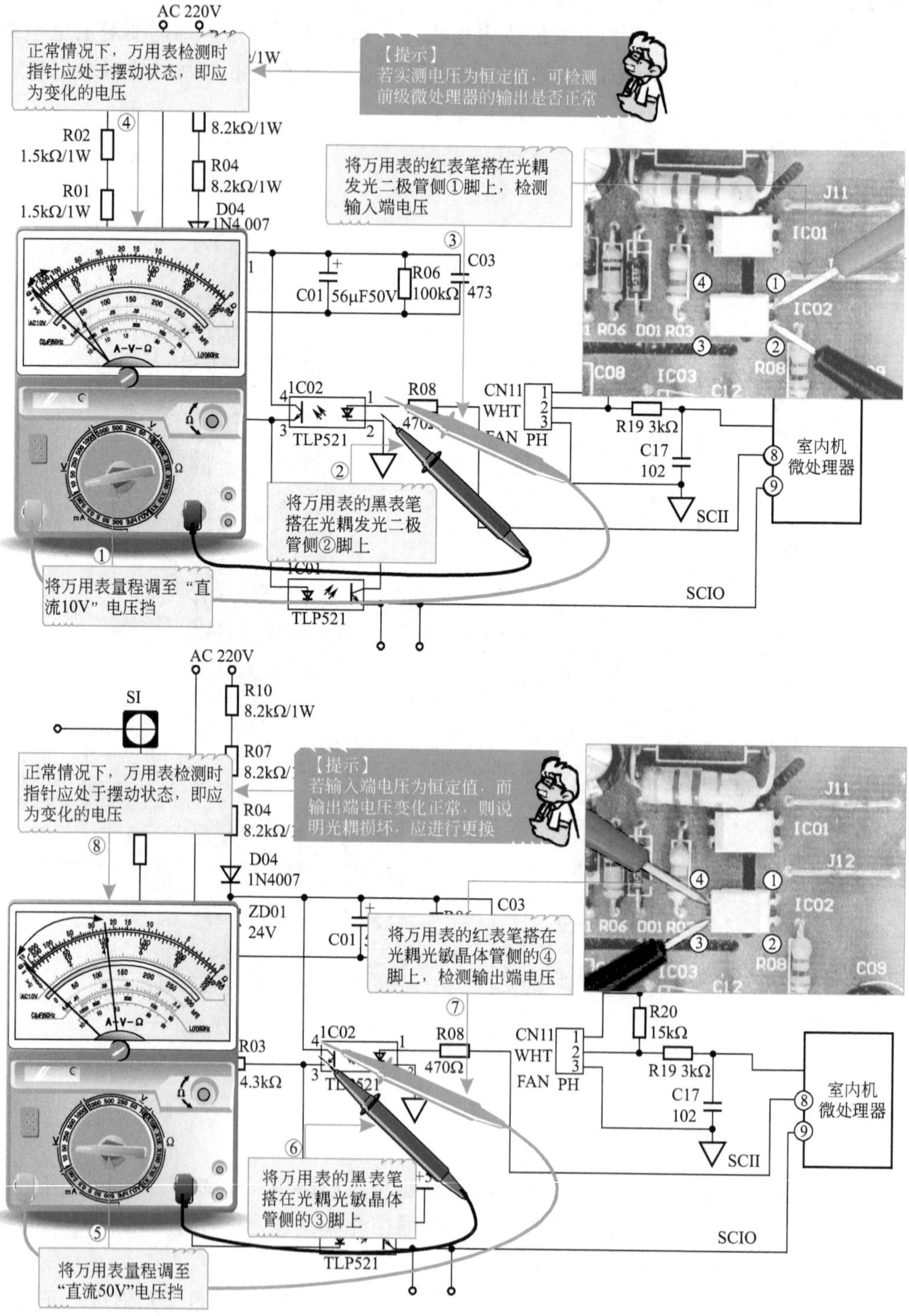

正常情况下，万用表检测时指针应处于摆动状态，即应为变化的电压

【提示】若实测电压为恒定值，可检测前级微处理器的输出是否正常

将万用表的红表笔搭在光耦发光二极管侧①脚上，检测输入端电压

将万用表的黑表笔搭在光耦发光二极管侧②脚上

将万用表量程调至“直流10V”电压挡

正常情况下，万用表检测时指针应处于摆动状态，即应为变化的电压

【提示】若输入端电压为恒定值，而输出端电压变化正常，则说明光耦损坏，应进行更换

将万用表的红表笔搭在光耦光敏晶体管侧的④脚上，检测输出端电压

将万用表的黑表笔搭在光耦光敏晶体管侧的③脚上

将万用表量程调至“直流50V”电压挡

图4-16　光电耦合器的检修方法

特别提示

在变频空调器开机状态，室内机与室外机进行数据通信，通电电路工作。此时，通信电路或处于室内机发送、室外机接收信号状态，或处于室外机发送、室内机接收信号状态，因此，对通信光耦进行检测时，应根据信号流程成对检测。即室内机发送、室外机接收信号状态时，应检测室内机发送光耦、室外机接收光耦；室外机发送、室内机接收信号状态时，应检测室外机发送光耦、室内机接收光耦。若在某一状态下，光耦输入端有跳变电压，而输出端为恒定值，则多为光耦损坏。

知识拓展

在通信电路中，判断通信光耦是否好坏时，除了参照上述方法进行检测和判断。另外，也可以在断电状态下检测其引脚间阻值的方法进行判断，即根据其内部结构，分别检测二极管侧和光敏晶体管侧的正反向阻值，根据二极管和光敏晶体管的特性，判断通信光耦内部是否存在击穿短路或断路情况。

正常情况下，排除外围元器件影响（可将通信光耦从电路板中取下）时，通信光耦内发光二极管侧，正向应有一定的阻值，反向为无穷大；光敏晶体管侧正反向阻值都应为无穷大。

4.3.4 微处理器输入/输出状态的检修方法

若检测通信电路中室内外机的的连接部分、供电以及通信光耦均正常时，变频空调器仍不能正常工作，则需要进一步对微处理器输入/输出的状态进行检修。

通常在室内机发送、室外机接收的状态下，使用万用表检测室内机微处理器的输出电压时万用表的指针应处于摆动状态，即应为变化的电压值（0～5V）。

若室内机微处理器输出的电压为恒定值，则表明室内机微处理器未输出脉冲信号，应对控制电路部分进行排查。

微处理器输入/输出状态的检修方法如图4-17所示。

特别提示

检测室内或室外微处理器通信信号端的电压状态时，也需要注意当前通信电路所处的状态。例如，当室内机发送、室外机接收信号状态时，室内机微处理器通信输出端为跳变电压，表明其指令信号已输出；同时室外机微处理器通信输入端也为跳变电压，表明指令信号接收到。否则说明通信异常。

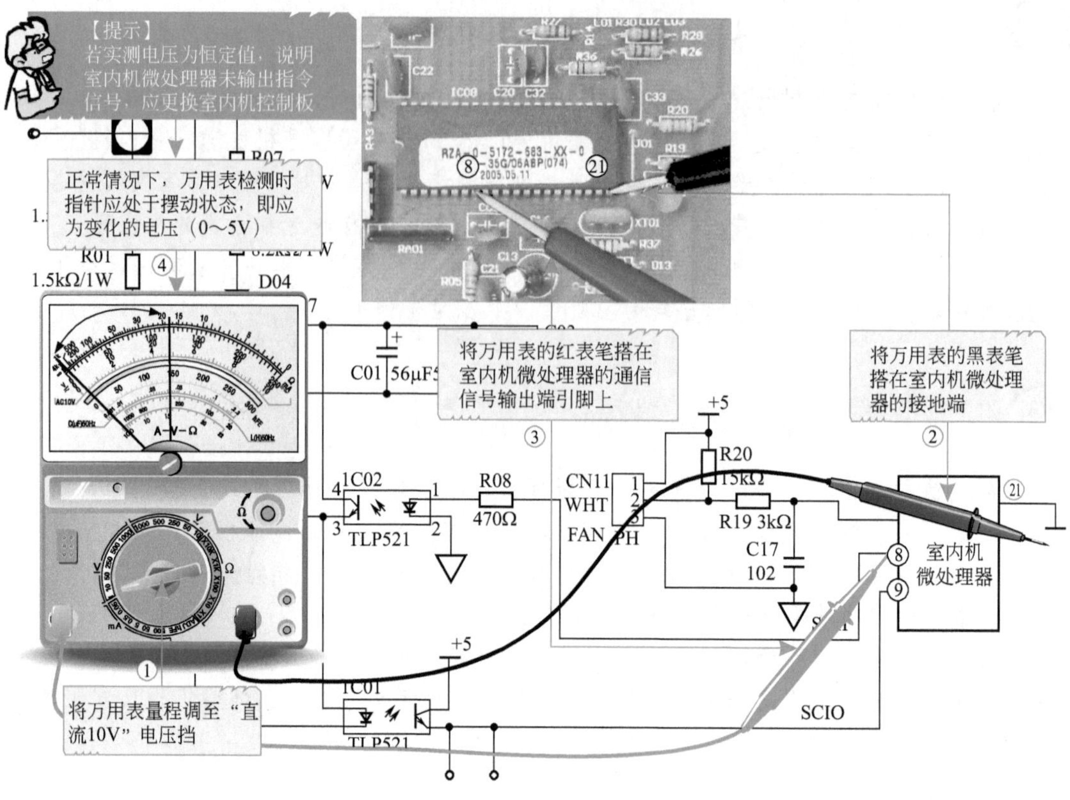

图4-17　微处理器输入/输出状态的检修方法

4.4 海尔KFR-50LW/BP变频空调器通信电路

（1）案例说明

海尔KFR-50LW/BP变频空调器开机后，整机不工作，电源指示灯连续闪烁七次。

（2）故障分析

海尔KFR-50LW/BP变频空调器开机整机不能进入工作状态，而且指示灯有闪烁的故障表现，通过指示灯显示的表现，查找本型号变频空调器的相关资料，可圈定故障范围是发生在通信电路中，可能是回路部分出现了断路的故障。

图4-18所示为海尔KFR-50LW/BP变频空调器的室内机通信电路。

由图可知，海尔KFR-50LW/BP变频空调器将通信电路的供电部分设置在室外机主板中通过接线端子与室内机相连，该变频空调器中的双向信息采用交叉线路的方式进行传递。

当室内机微处理器的㉘脚发送的脉冲通信信号为高电平时，室内机发送光耦D305内的发光二极管发光，光敏晶体管导通。此时，由室外机的供电电压经接线端子的L端送入室内机发送光耦的⑤脚，由④脚输出并经S端送至室外机中形成供电回路。若检测S端与L端间的电压值正常，则表明室外机的发送通道正常。

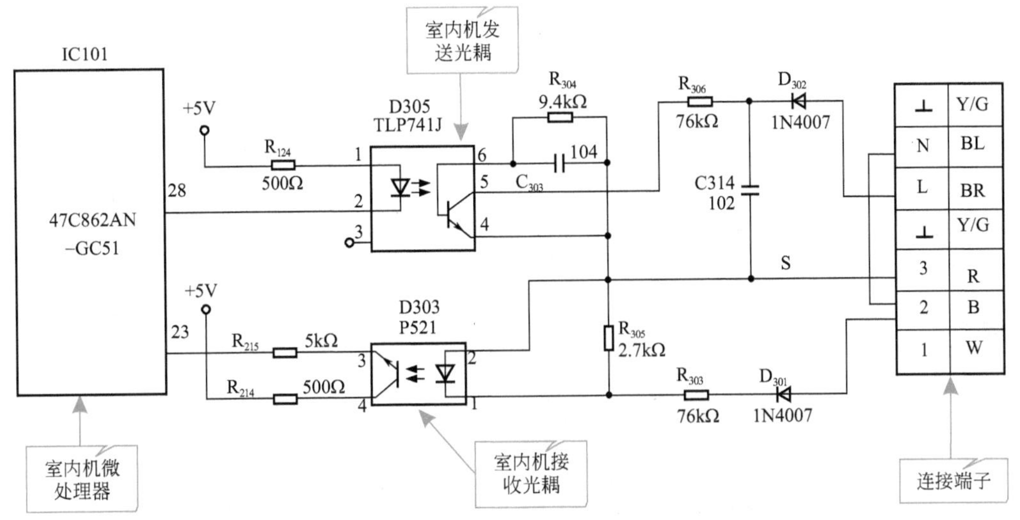

图4-18　海尔KFR-50LW/BP变频空调器的室内机通信电路

接下来，应对室内机的发送信号部分以及回路部分进行检测，若该部分通道出现问题应对该通道中的关键部件进行检测。

(3) 检修过程

根据以上检修分析，可以首先检测室外机的发送通道是否正常。

演示图解

室外机发送通道的检测方法如图4-19所示。

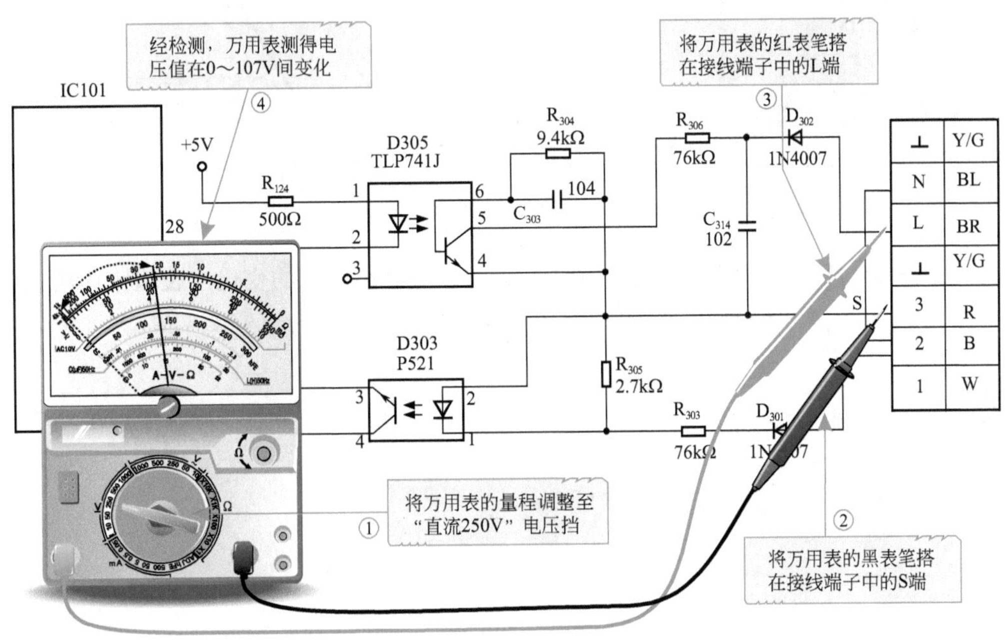

图4-19　室外机发送通道的检测方法

经检测，S端与L端之间的电压在0～107V之间变化，表明室外机发送通道正常，接下来则需要对室内机发送通道进行检测。

室内机发送通道的检测方法如图4-20所示。

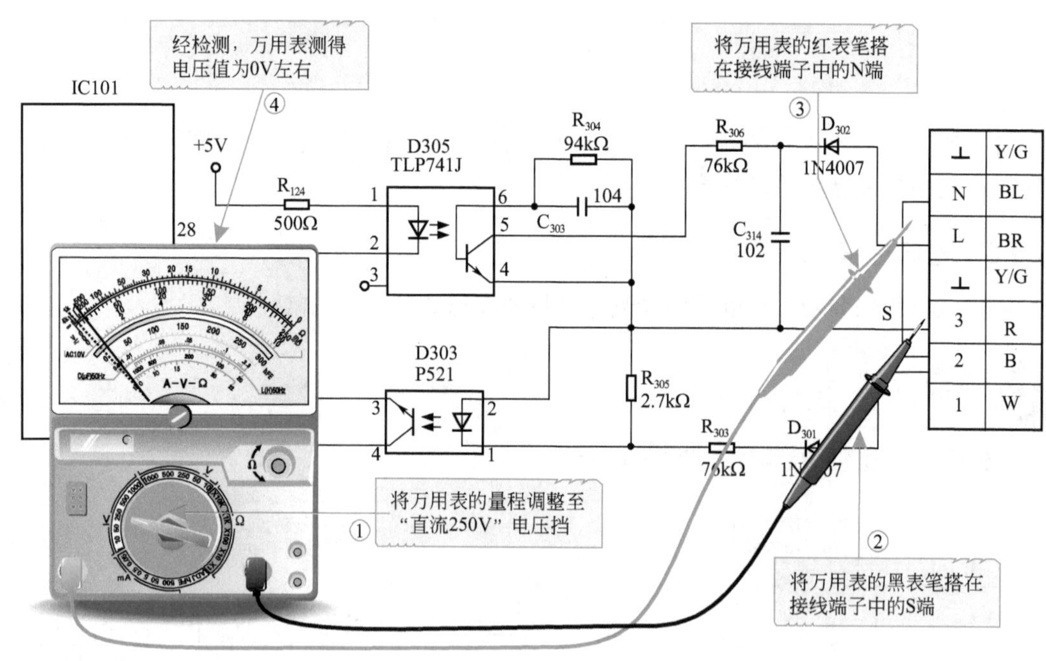

图4-20　室内机发送通道的检测方法

经检测S端与N端之间的电压值为0V左右，并伴有小幅度的变化，表明室内机发送通道的回路出现了故障，接下来，先对主要部件进行检测，如室内机发送光耦。

室内机发送光耦的检测方法如图4-21所示。

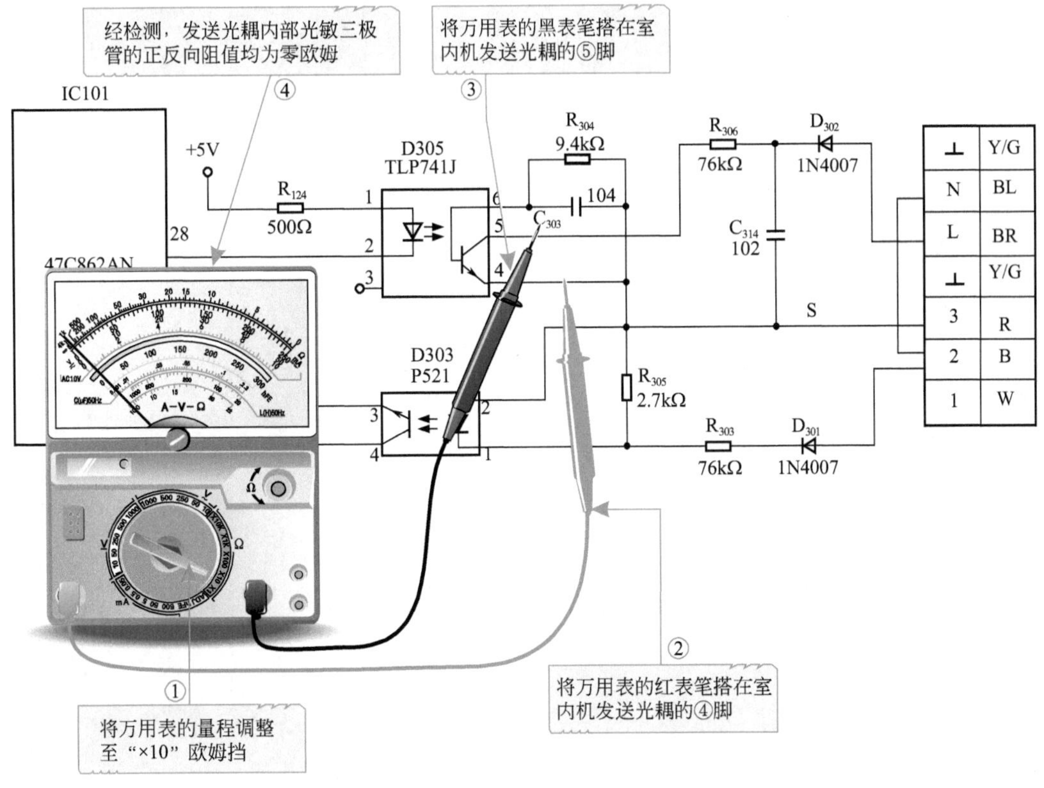

图4-21　室内机发送光耦的检测方法

经检测，室内机的发送光耦中的④脚与⑤脚间短路，以同型号的发送光耦进行更换后，开机运行，故障排除。

特别提示

对变频空调器通信电路进行故障判别时，可以先从大方面入手，即先判断是室内机发送通道还是室外机发送通道的故障，若测出其中一路不通时，根据实际的检测数值及该回路中的电路结构，即可判断故障位置是室内机还是室外机，最后进一步检测该通道中的主要部件是否正常，并排除故障元器件。

第5章 变频空调器控制电路的检修技能

5.1 认识变频空调器的控制电路

控制电路是控制压缩机、电磁四通阀、风扇电动机等电气部件协调运行的电路。

在学习控制电路检修之初，首先要对控制电路的安装位置、结构特点和工作原理有一定的了解，对于初学者而言，要能够根据控制电路的结构特点在变频空调器主电路板中准确地找到控制电路。这是开始检修控制电路的第一步。

5.1.1 变频空调器控制电路的结构特点

控制电路是以微处理器为核心的自动检测、自动控制电路，用以对变频空调器中各部件的协调运行进行控制。

通常，在变频空调器的室内机和室外机中都设有各自独立的控制电路板，控制电路的核心部分是一只大规模集成电路，该电路称为微处理器（CPU），微处理器的外围都设置有陶瓷谐振器和存储器小集成电路等特征元件，因此，初学者可在主电路板中找到这些特征元件，确定控制电路的大体位置，如图5-1所示。

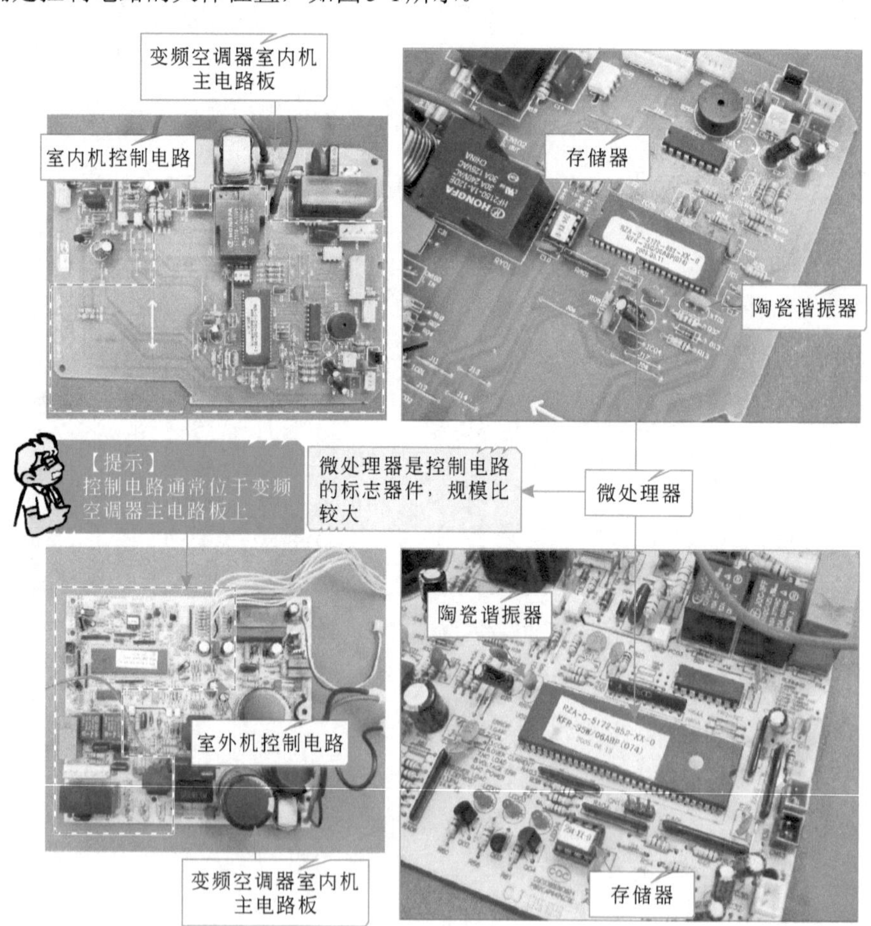

图5-1 控制电路的安装位置

（1）变频空调器室内机控制电路的结构特点

变频空调器室内机控制电路接收遥控指令后开始启动工作，通过对输入信息的识别，根据程序输出各种控制指令，同时接收各部位传感器的检测信息，在对室内机进行控制的同时还将控制信息通过通信电路送到室外机微处理器对室外机进行控制。

图5-2所示为海信KFR-35GW/06ABP型变频空调器的室内机控制电路。该控制电路主要是由微处理器、存储器、晶体、复位电路、继电器、反相器以及各种功能部件接口等组成的。

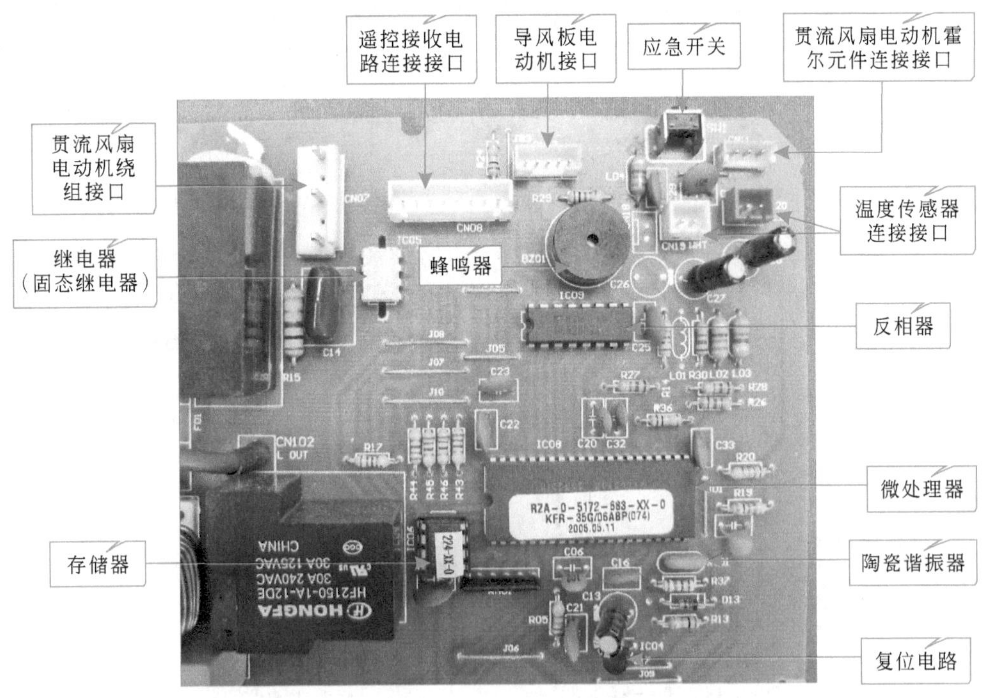

图5-2 海信KFR-35GW/06ABP型变频空调器的室内机控制电路

① 微处理器　微处理器是控制电路中的核心器件，又称为CPU，内部集成有运算器和控制器，主要用来对人工指令信号和传感器检测信号进行识别处理，并转换为相应的控制信号，对变频空调器整机进行控制。图5-3所示为典型室内机控制电路中微处理器的实物外形。

微处理器最大特点是按照程序进行工作，并具有分析和判断的功能，它工作时需要不断地检测各部位的温度信号、电压信息和工作状态（电流等）信息，当遇到异常信息时，微处理器会中断正在运行的程序而转入自动停机保护状态。

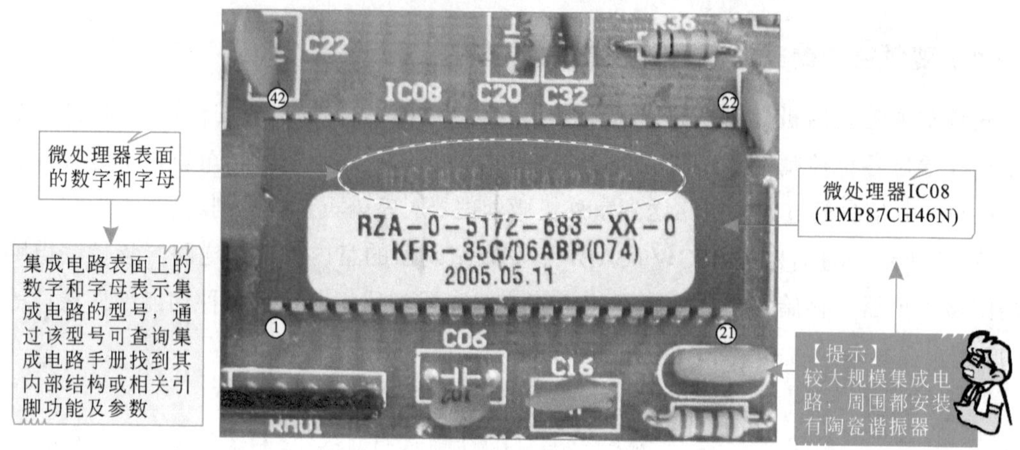

图5-3　典型室内机控制电路中微处理器的实物外形

特别提示

在图5-3中，微处理器表面标识其型号为TMP87CH46N，通过查询集成电路手册可知，其各引脚功能及内部结构框图如图5-4所示。通过了解内部结构框图能够更清楚地掌握内部的处理过程，有助于对芯片中信号的输入、输出进行准确的分析。

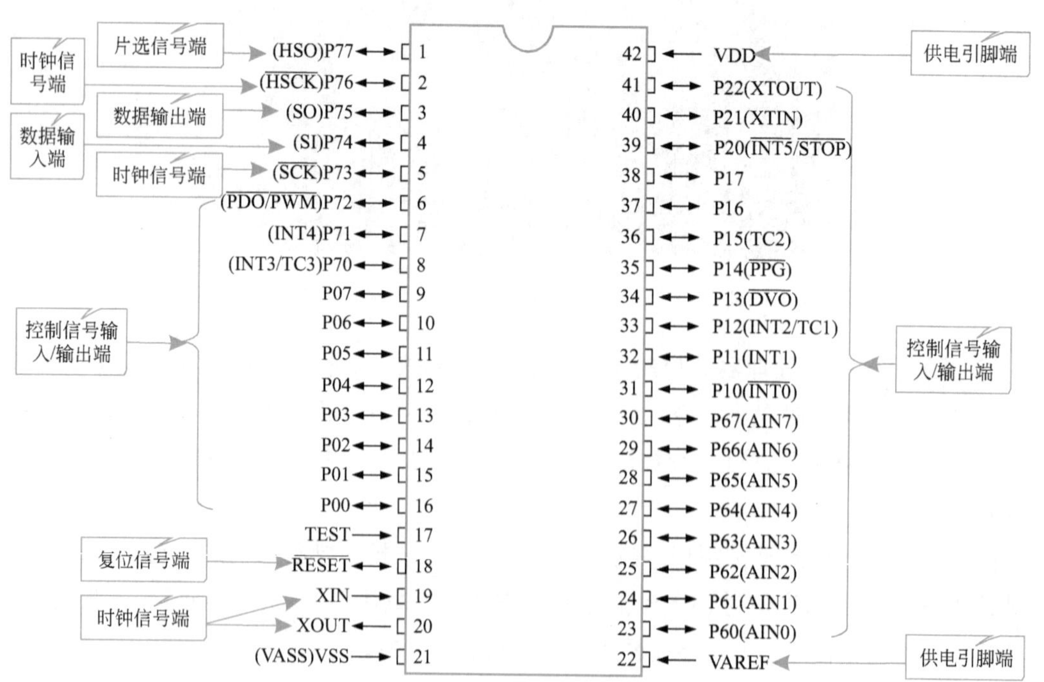

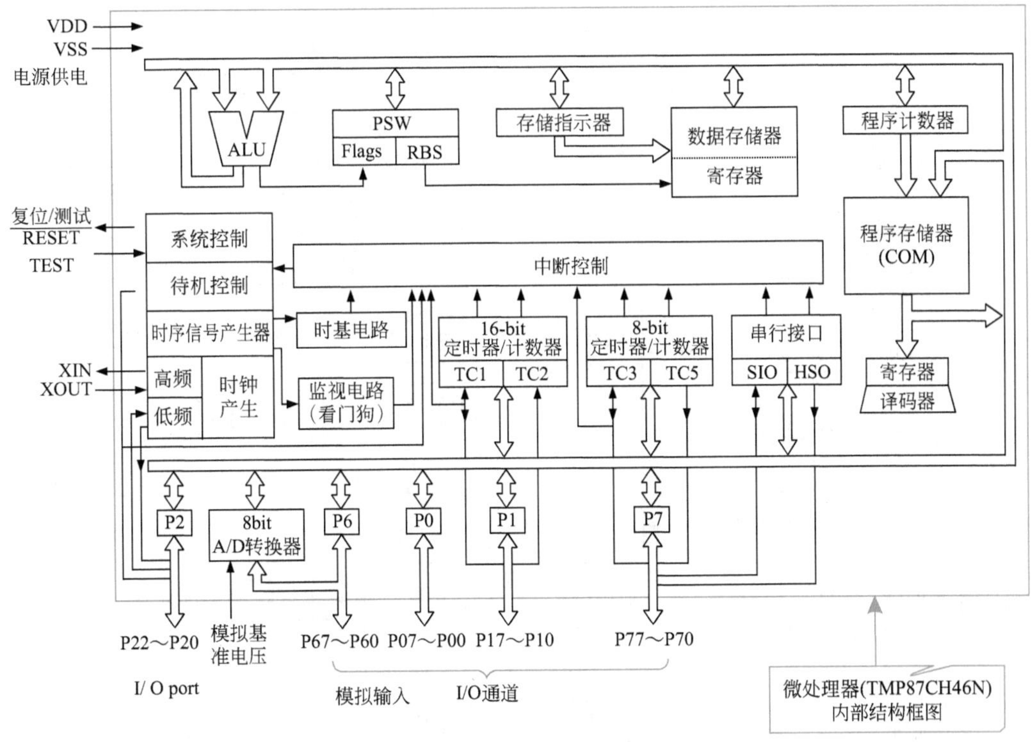

图5-4　微处理器（TMP87CH46N）各引脚功能及内部结构框图

知识拓展

不同的变频空调器室内机控制电路中，微处理器的型号、引脚数及具体的内部结构也会有所不同，但实现的功能基本相同。图5-5所示为典型微处理器（ST72F324K4B6）的功能框图。

② 陶瓷谐振器　陶瓷谐振器是控制电路中外形特征十分明显的元件，通常位于微处理器附近，主要用来和微处理器内部的振荡电路构成时钟振荡器，产生时钟信号，使微处理器能够正常运行，以确保控制电路可以正常地工作。图5-6所示为典型室内机控制电路中陶瓷谐振器的实物外形。

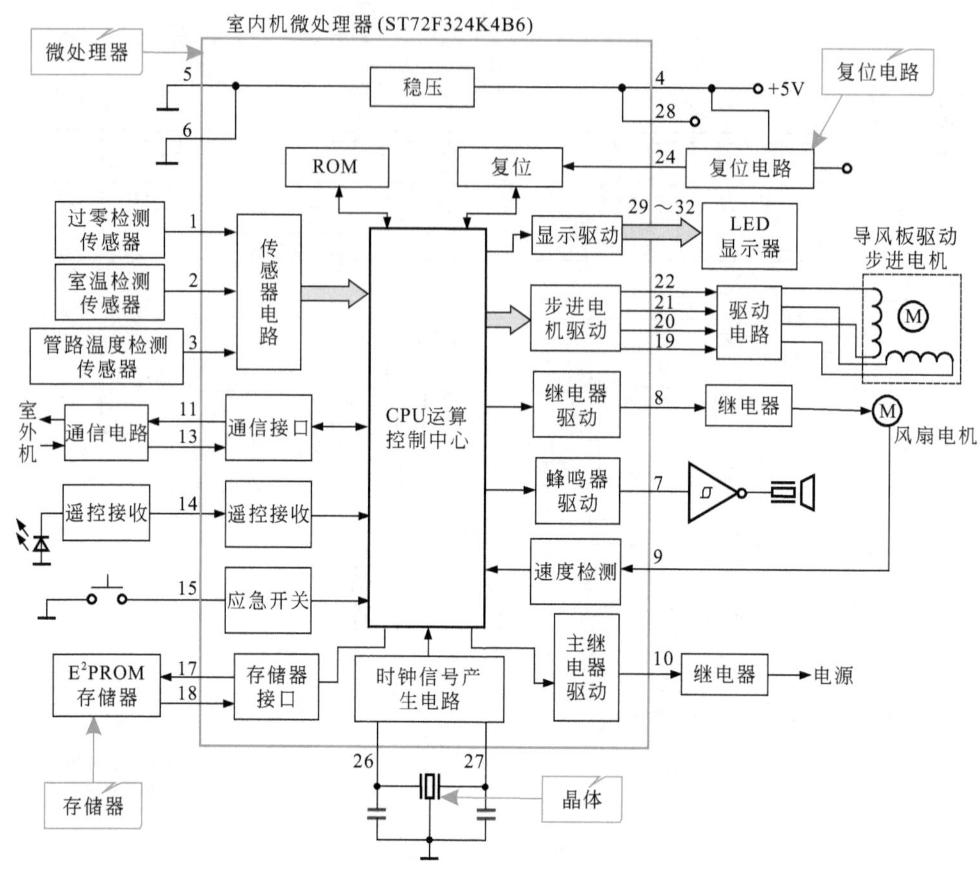

图5-5　典型微处理器的功能框图

图5-6　典型室内机控制电路中陶瓷谐振器的实物外形

陶瓷谐振器是一种采用陶瓷材料制作的谐振器，其功能及工作原理与常听到的晶体相同，只是制作材料不同，精度不同，晶体的精度和稳定性更好一些。图5-7所示为典型陶瓷谐振器与晶体的实物外形。

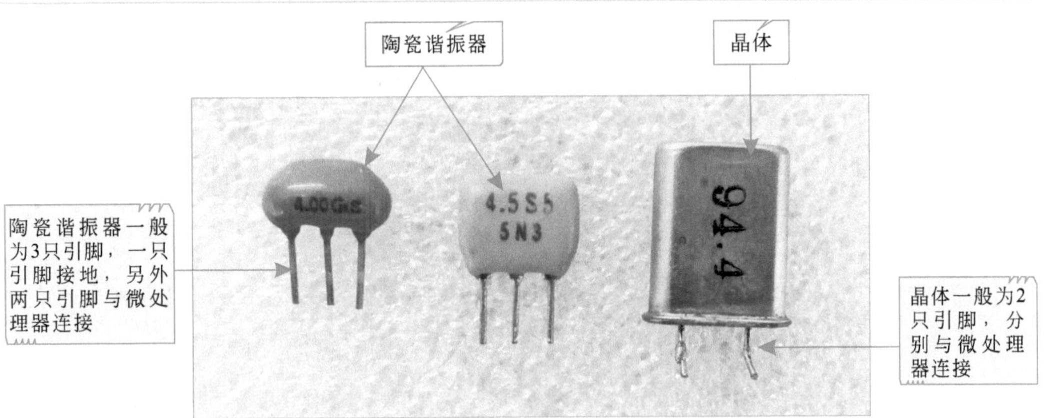

图5-7 典型陶瓷谐振器与晶体的实物外形

③ 存储器 存储器一般安装在微处理器附近，主要用来存储变频空调器的工作程序和数据信息，也用来存储调整后的工作状态、工作模式、温度设置等数据信息。图5-8所示为典型室内机控制电路中存储器的实物外形。

图5-8 典型室内机控制电路中存储器的实物外形

特别提示

这种存储器断电后其内部所存的数据不会丢失，关机后再开机设置的参数仍然保留，不必重新调整，给用户带来了方便。如果用户在使用中改变了某些设置，微处理器会自动将新设定的数据更新。

④ 复位电路　复位电路主要用来为微处理器提供复位信号，是微处理器初始工作不可缺少的电路之一。图5-9所示为典型室内机控制电路中复位电路的实物外形，该电路通常是由一个复位信号产生集成电路和外围阻容元件构成。

图5-9　典型室内机控制电路中复位电路的实物外形

⑤ 反相器　反相器是一种集成的反相放大器，用于将微处理器输出的控制信号进行反相放大，可作为微处理器的接口电路对控制电路中继电器、蜂鸣器和电动机等器件的控制。图5-10所示为典型室内机控制电路中反相器的实物外形。

图5-10　典型室内机控制电路中反相器的实物外形

知识拓展

图5-11所示为反相器ULN2803AP的内部结构框图。该电路内具有7个独立的反相器，它的⑨脚为供电端，①～⑦脚为信号输入端，⑩～⑯脚为信号输出端。

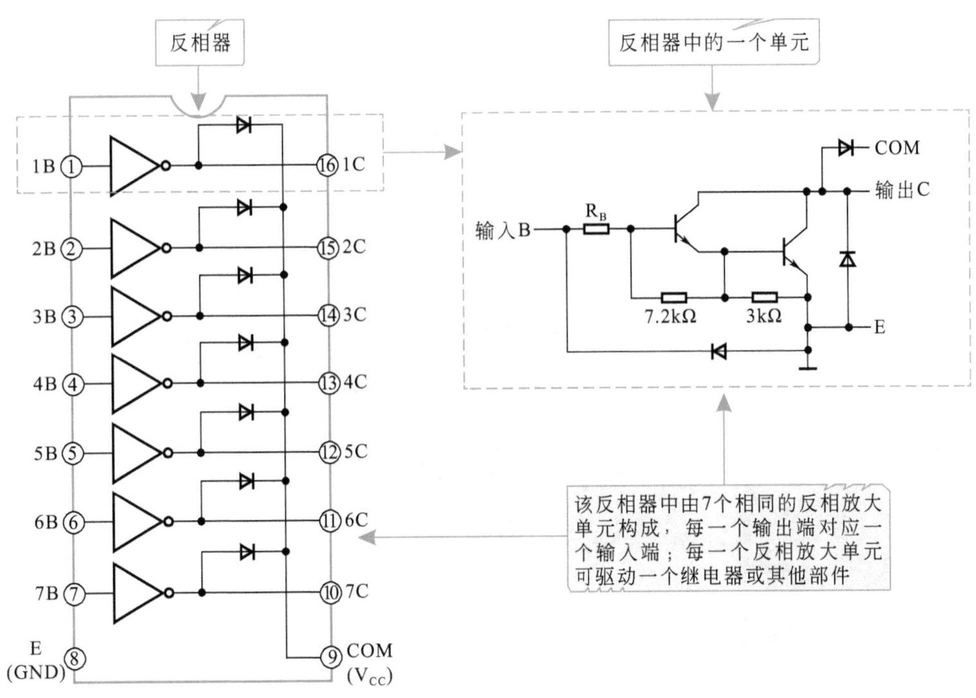

图5-11　反相器ULN2803AP的内部结构框图

⑥ 继电器　在变频空调器室内机中，控制电路微处理器对变频空调器内的贯流风扇电动机的控制是通过继电器实现的。图5-12所示为典型室内机控制电路中继电器的实物外形，该继电器为固态继电器（TLP3616），实际上是一种光控晶闸管，当发光二极管两端有电压而发光时，则双向晶闸管导通，即⑥脚和⑧脚之间导通。变频空调器室内机，通常都使用固态继电器，来控制室内贯流风扇电动机的运转。

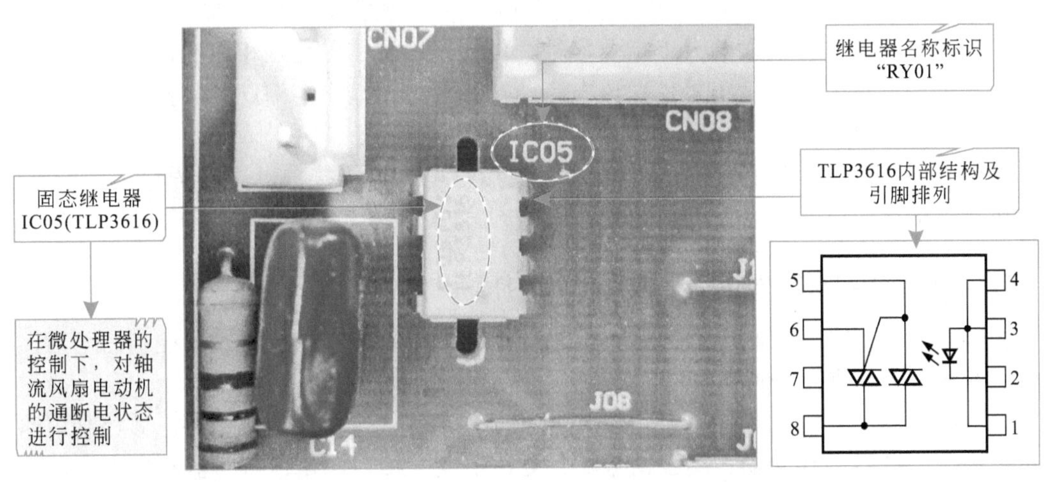

图5-12　典型室内机控制电路中继电器的实物外形

⑦ 温度传感器　温度传感器是指对温度进行感应，并将感应的温度变化情况转换为电信号的功能部件。在变频空调器室内机中，通常设有两个温度传感器，即室内环境温度传

感器和室内管路温度传感器。图5-13所示为典型室内机控制电路中室内环境温度传感器和管路温度传感器外形。

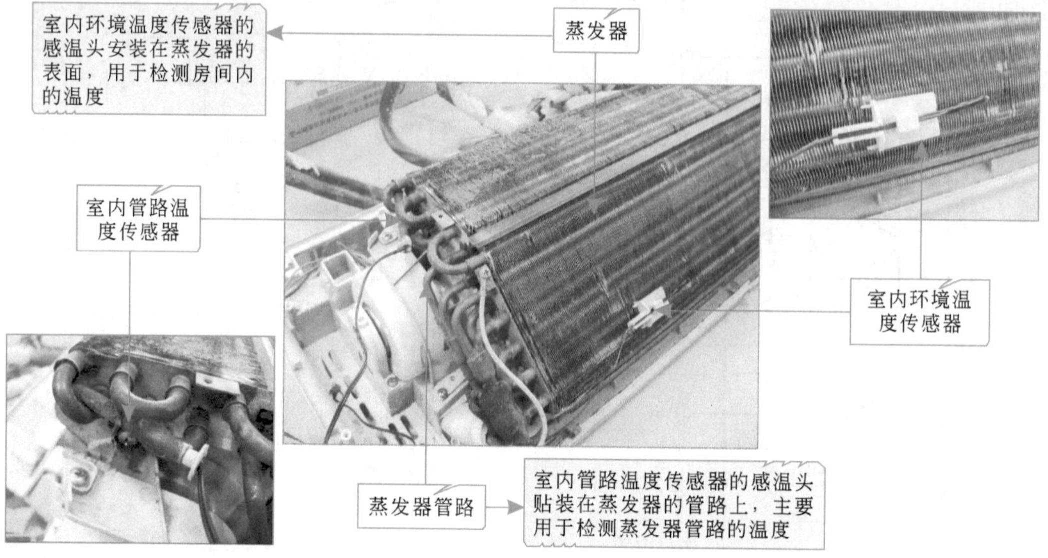

图5-13 典型室内机控制电路中室内温度传感器和管路温度传感器外形

室内环境温度传感器的感温头通常安装在蒸发器的表面，即进风口的前侧，主要用于检测房间内的温度；室内管路温度传感器的感温头通常贴装在蒸发器的管路上，由一个卡子固定在铜管中，主要用于检测蒸发器管路的温度。

室内环境温度传感器和室内管路温度传感器都通过信号线和插件与控制电路关联，并将感测的室内的温度信号、蒸发器的温度信号送入微处理器中，经微处理运算调节，从而决定变频空调器的当前运行状态。

⑧ 各种接口或驱动电路　室内机控制电路作为变频空调器的控制核心，接收和输出各种控制指令。其中，输入的人工指令信号、传感器检测信号通过相应的接口送到该电路中；输出的控制信号、通信信号也由该电路通过各种接口输出，因此各种接口也是室内机控制电路中的重要组成部分。

一般，室内机控制电路中的接口包括遥控接收电路连接接口、温度传感器连接接口、室内风扇电动机（贯流风扇驱动电动机、导风板驱动电动机）连接接口等，如图5-14所示。

（2）变频空调器室外机控制电路的结构特点

变频空调器室外机控制电路由室内机进行控制，接收由室内机传输的控制信号后，对室外机的各个部分进行控制。

图5-15所示为海信KFR-35GW/06ABP型变频空调器的室外机控制电路。该控制电路主要也是由微处理器、存储器、陶瓷谐振器、复位电路、接口电路、传感器和继电器等部分构成的。

室外机控制电路的结构与室内机控制电路的结构相似，各组成部件的功能也十分相近。

① 室外机控制电路的微处理器接收由室内机微处理器送来的控制信号，然后对室外机的各个部件电路及部件进行控制。

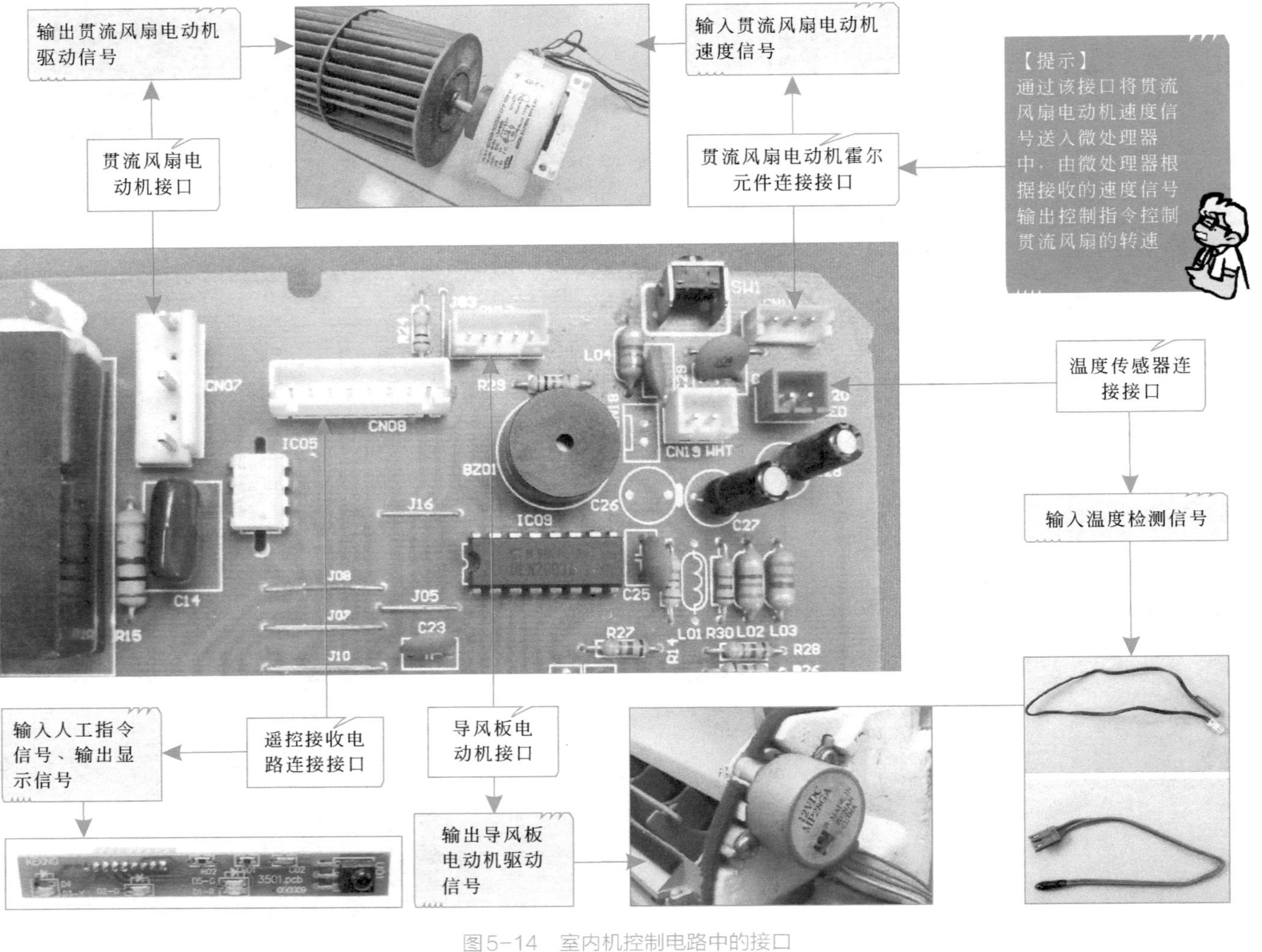

图5-14　室内机控制电路中的接口

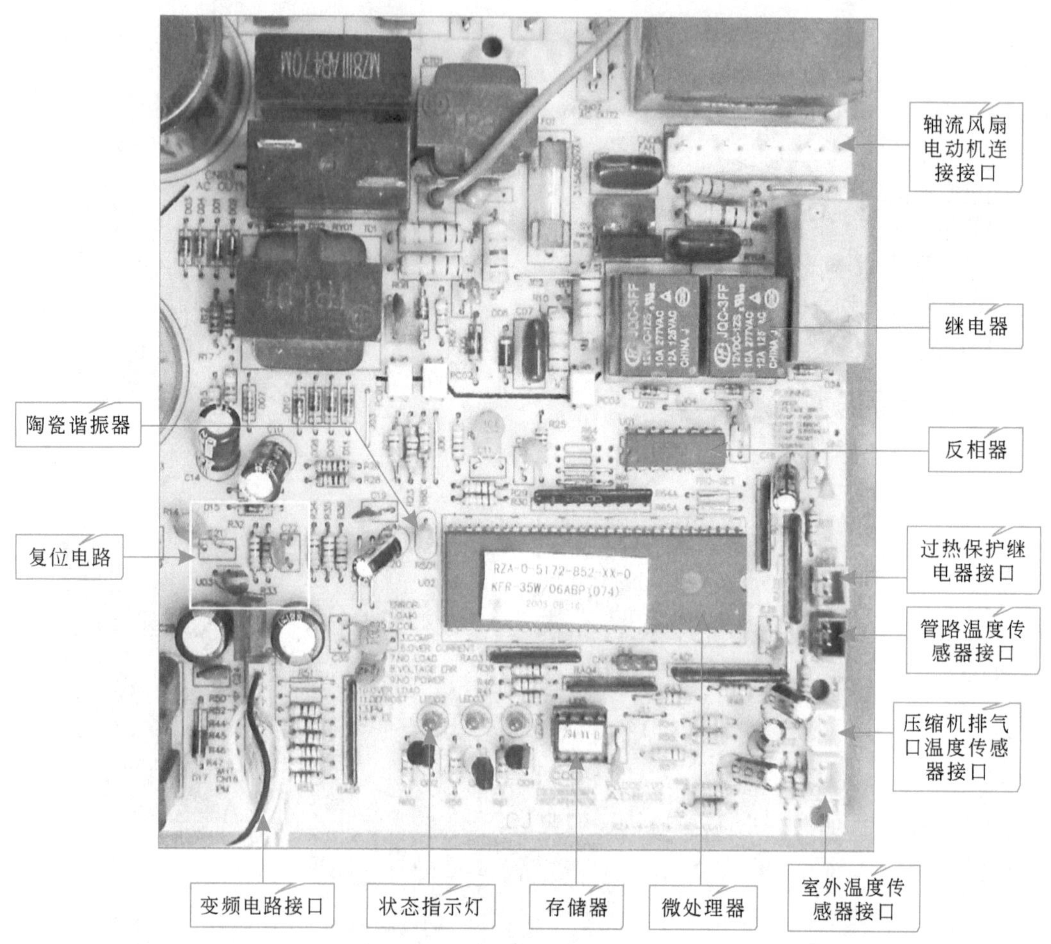

图5-15 海信KFR-35GW/06ABP型变频空调器的室外机控制电路

② 陶瓷谐振器用来为微处理器提供时钟晶振信号。

③ 复位电路主要用来在开机时为微处理器提供复位信号。

④ 存储器用于存储室外机系统运行的一些状态参数，例如，变频压缩机的运行曲线数据、变频电路的工作数据等。

⑤ 各连接接口用于连接各电气部件，其中主要包括室外风扇电动机（轴流风扇电动机）连接接口、过热保护器接口、温度传感器接口等。

5.1.2 变频空调器控制电路的工作原理

变频空调器控制电路主要用于控制整机的协调运行，在变频空调器的室内机与室外机中都设有独立的控制电路，两个电路之间由电源线和信号线连接，完成供电和相互交换信息（室内机、室外机的通信），控制室内机和室外机各部件协调工作。图5-16所示为典型变频空调器控制电路的工作原理方框图。

变频空调器工作时，室内机微处理器接收各路传感元件送来的检测信号，包括遥控器指定运转状态的控制信号、室内环境温度信号、室内管路温度信号（蒸发器管路温度信

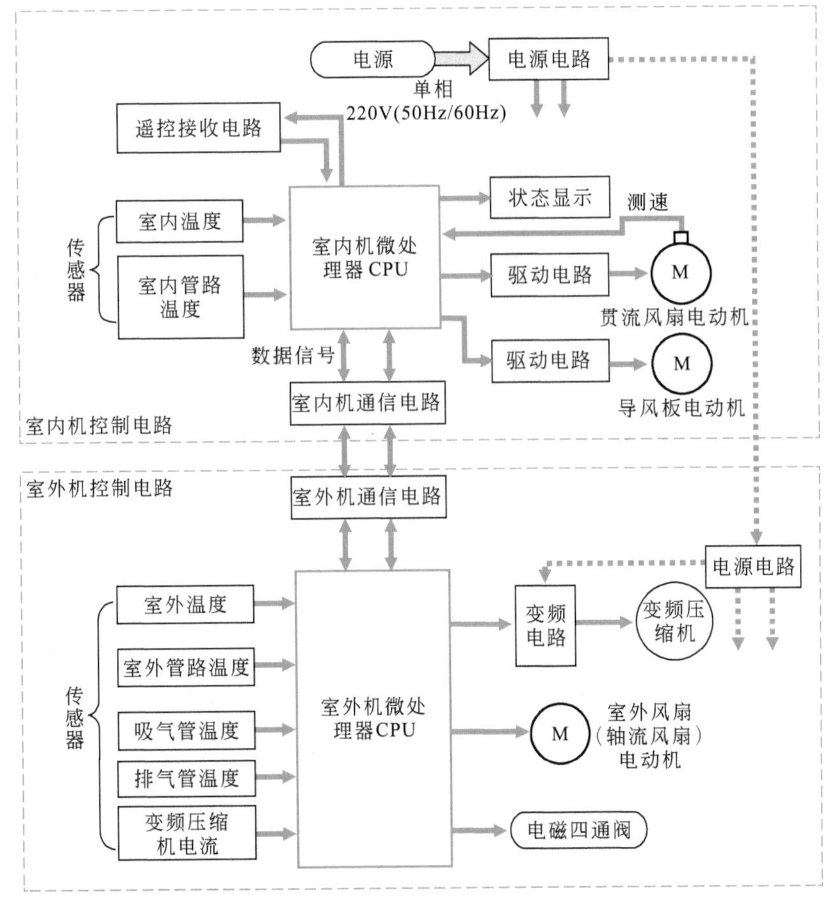

图5-16　典型变频空调器控制电路的工作原理方框图

号）、室内机风扇电动机转速的反馈信号等。室内机微处理器接收到上述信号后便发出控制指令，其中包括室内机风扇电动机转速控制信号、变频压缩机运转频率控制信号、显示部分的控制信号（主要用于故障诊断）和室外机传送信息用的串行数据信号等。

同时，室外机微处理器从监控元件得到感应信号，包括来自室内机的串行数据信号、电流传感信号、吸气管温度信号、排气管温度信号、室外温度信号、室外管路（冷凝器管路）温度信号等。室外机微处理器根据接收到的上述信号，经运算后发出控制指令，其中包括室外机风扇电动机的转速控制信号、变频压缩机运转的控制信号、电磁四通电磁阀的切换信号、各种安全保护监控信号、用于故障诊断的显示信号以及控制室内机除霜的串行信号等。

下面以海信KFR-35GW/06ABP型变频空调器的控制电路为例，来具体了解一下该电路的基本工作过程和信号流程。

（1）变频空调器室内机控制电路的工作原理

图5-17所示为海信KFR-35GW/06ABP型变频空调器的室内机控制电路原理图。该电路是以微处理器IC08为核心的自动控制电路。

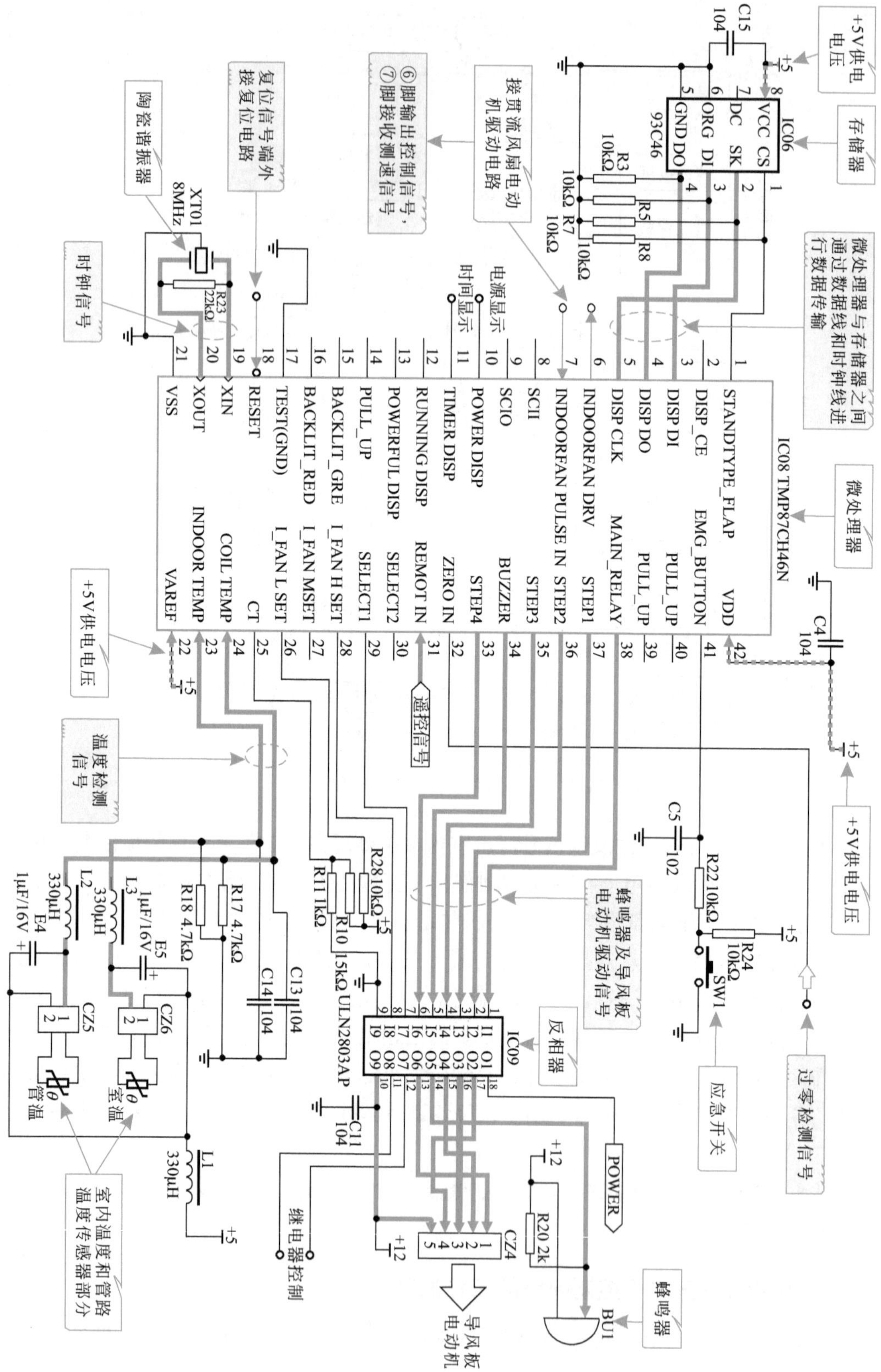

+5V供电电压
存储器
IC06
93C46
微处理器与存储器之间通过数据线和时钟线进行数据传输
IC08 TMP87CH46N
微处理器
接贯流风扇电动机驱动电路
⑥脚输出控制信号，⑦脚接收测速信号
复位信号端外接复位电路
陶瓷谐振器
时钟信号
电源显示
时间显示
遥控信号
+5V供电电压
温度检测信号
蜂鸣器及导风板电动机驱动信号
反相器
IC09
ULN2803AP
应急开关
过零检测信号
POWER
继电器控制
导风板电动机
蜂鸣器
室内温度和管路温度传感器部分
室温
管温

图5-17 海信KFR-35GW/06ABP型变频空调器的室内机控制电路原理图

① 供电电路　变频空调器开机后，由电源电路送来的+5V直流电压，为变频空调器室内机控制电路部分的微处理器IC08以及存储器IC06提供工作电压，其中微处理器IC08的㉒脚和㊷脚为+5V供电端，存储器IC06的⑧脚为+5V供电端。

② 指令输入电路　接在微处理器㉛脚外部的遥控接收电路，接收用户通过遥控器发射器发来的控制信号。该信号作为微处理器工作的依据。此外㊶脚外接应急开关，也可以直接接收用户强行启动的开关信号。微处理器接收到这些信号后，根据内部程序输出各种控制指令。

③ 复位电路　开机时微处理器的电源供电电压是由0上升到+5V，这个过程中启动程序有可能出现错误，因此需要在电源供电电压稳定之后再启动程序，这个任务是由复位电路来实现的。图5-18所示为该变频空调器室内机微处理器的复位电路。

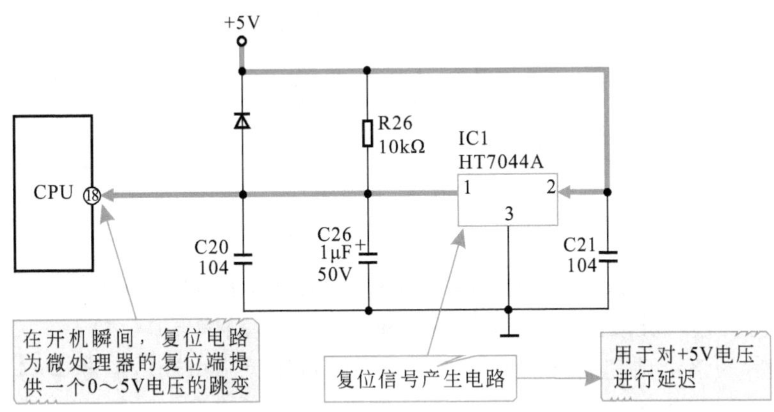

图5-18　变频空调器室内机微处理器的复位电路

IC1是复位信号产生电路，②脚为电源供电端，①脚为复位信号输出端，当电源+5V加到②脚时，经IC1延迟后，由①脚输出复位电压，该电压经滤波（C20、C26）后加到CPU的复位端⑱脚。

复位信号比开机时间有一定的延时，防止电源供电未稳的状态CPU启动。

④ 时钟电路　室内机控制电路中微处理器IC08的⑲脚和⑳脚与陶瓷谐振器XT01相连，该陶瓷谐振器是用来产生8MHz的时钟晶振信号，作为微处理器IC08的工作条件之一。

图5-19所示为该变频空调器室内机微处理器时钟电路的简图。在微处理器内部设有时钟振荡电路，与引脚外部的陶瓷谐振器构成时钟电路，为整个电路提供同步时钟信号。

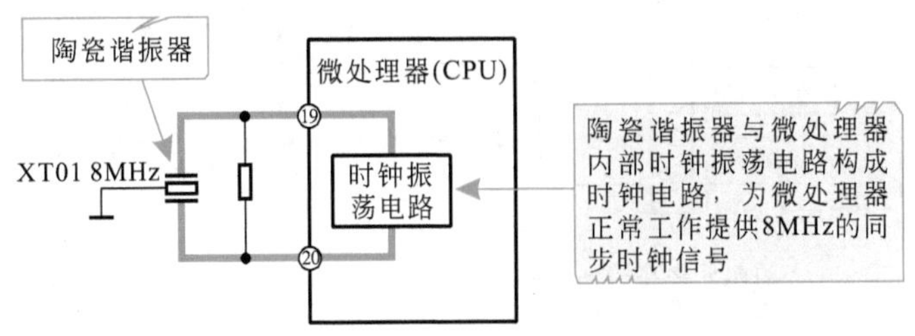

图5-19　变频空调器室内机微处理器的时钟电路

⑤ 存储器电路　微处理器IC08的①脚、③脚、④脚和⑤脚与存储器IC06的①脚、②脚、③脚和④脚相连，分别为片选信号（CS）、数据输入（DI）、数据输出（DO）和时钟信号（SK）。

图5-20所示为该变频空调器室内机微处理器存储器电路的简图，在工作时微处理器将用户设定的工作模式、温度、制冷、制热等数据信息存入存储器中。信息的存入和取出是经过串行数据总线SDA和串行时钟总线SCL进行的。

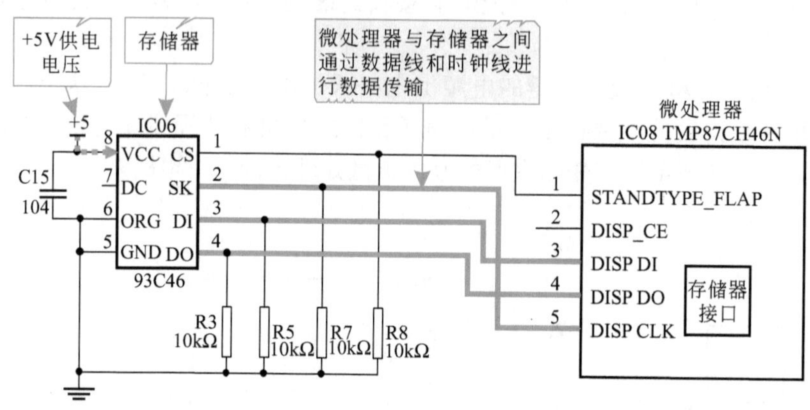

图5-20　变频空调器室内机微处理器的存储器电路

⑥ 室内风扇（贯流风扇）电动机驱动电路　微处理器IC08的⑥脚输出贯流风扇电动机的驱动信号，⑦脚输入反馈信号（贯流风扇电动机速度检测信号）。

图5-21所示为该变频空调器室内机控制电路中贯流风扇电动机驱动电路简图。从图可见，贯流风扇电动机由交流220V电源供电。

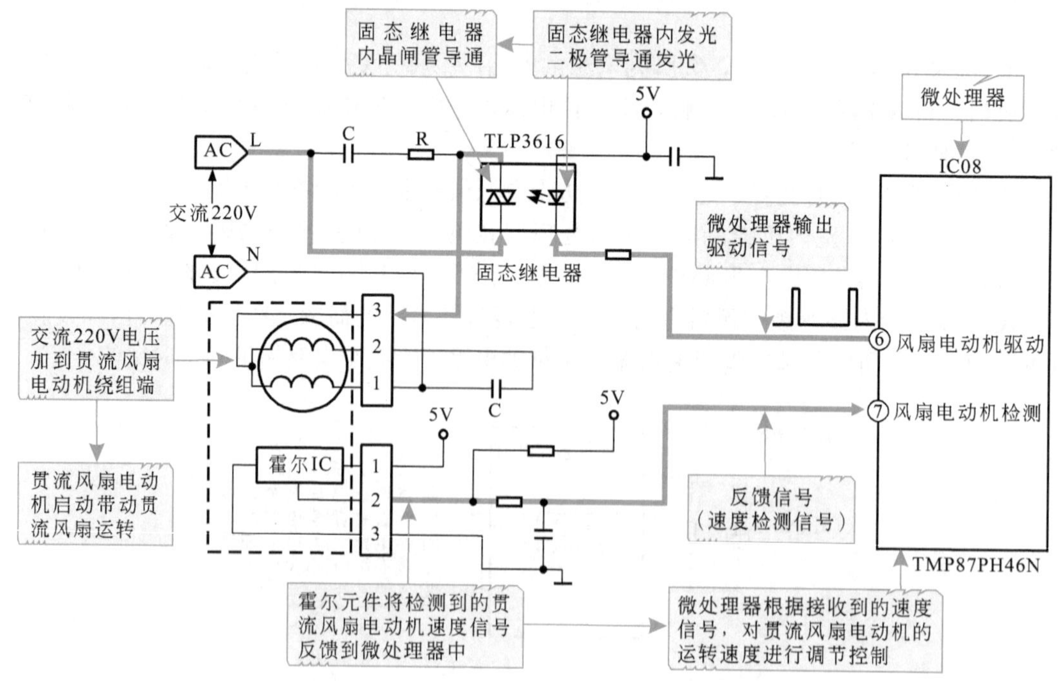

图5-21　变频空调器室内机风扇驱动控制电路

当微处理器IC08的⑥脚输出贯流风扇电动机的驱动信号，固态继电器TLP361内发光二极管发光，TLP361中的晶闸管受发光二极管的控制，当发光二极管发光时，晶闸管导通，有电流流过，交流输入电路的L端（火线）经晶闸管加到贯流风扇电动机的公共端，交流输入电路的N端（零线）加到贯流风扇电动机的运行绕组，再经启动电容C加到电动机的启动绕组上，此时贯流风扇电动机启动带动贯流风扇运转。

同时，贯流风扇电动机霍尔元件将检测到的贯流风扇电动机速度信号由微处理器IC08的⑦脚送入，微处理器IC08根据接收到的速度信号，对贯流风扇电动机的运转速度进行调节控制。

知识拓展

在图5-21中，由于固态继电器中双向晶闸管上所加的是交流220V电源，电流方向是交替变化的，因而每半个周期要对晶闸管触发一次才能维持连续供电。改变触发脉冲的相位关系，可以控制供给电动机的能量，从而改变速度。图5-22所示为交流供电和触发脉冲的相位关系。

室内风扇电动机的转速是由设在电动机内部的霍尔元件进行检测的，霍尔元件是一种磁感应元件，受到磁场的作用会转换成电信号输出。在转子上会装有小磁体，当转子旋转时，磁体会随之转动，霍尔元件输出的信号与电动机的转速成正比，该信号被送到CPU的⑦脚，为CPU提供风扇电动机转速参考信号。

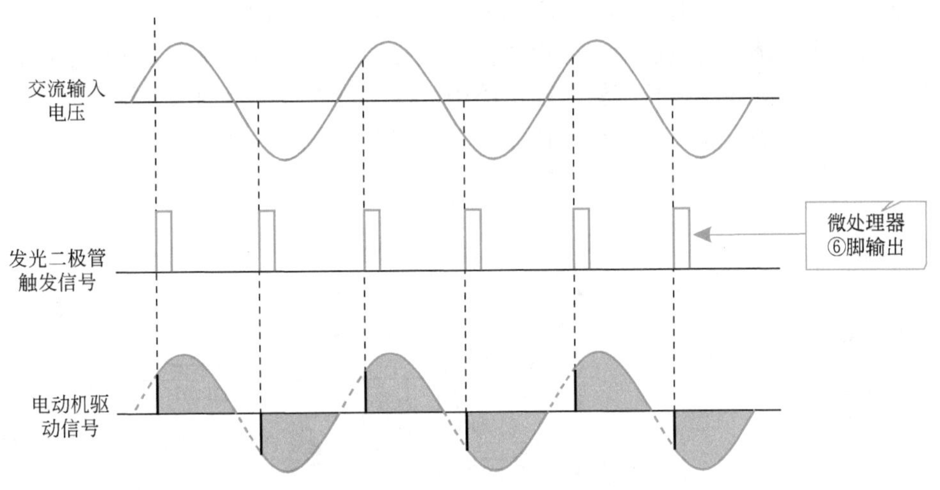

图5-22 交流供电和触发脉冲的相位关系

⑦ 导风板电动机驱动电路　微处理器IC08的㉝～㊲脚输出蜂鸣器以及导风板电动机的驱动信号，经反相器IC09后控制蜂鸣器及导风板电动机工作。

图5-23所示为该变频空调器导风板电动机驱动电路。从图可见，直流+12V接到导风板电动机两组线圈的中心抽头上。微处理器经反相放大器控制线圈的4个引出脚，当某一引脚为低电平时，该脚所接的绕组中便会有电流流过。如果按一定的规律控制绕组的电流就可以实现所希望的旋转角度和旋转方向。

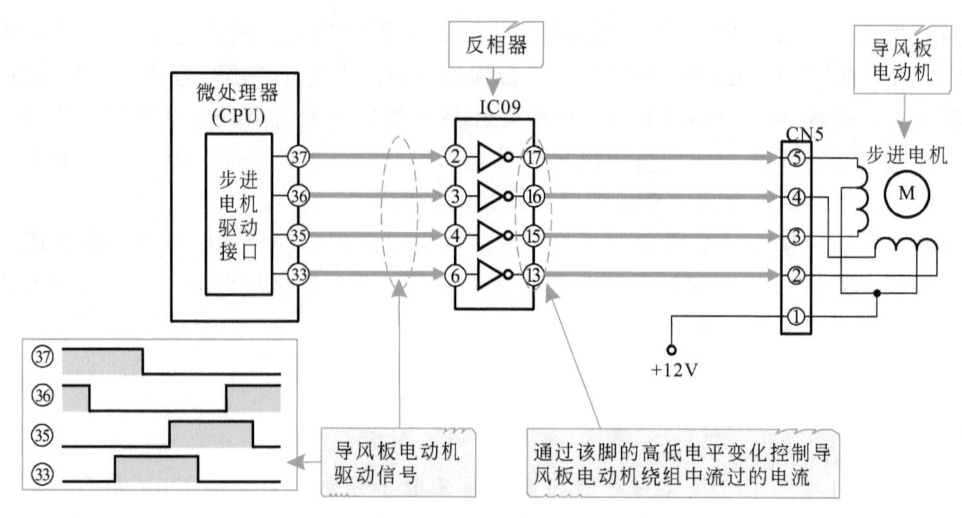

图5-23　变频空调器导风板电动机驱动电路

特别提示

驱动导风板摆动的导风板电动机又称叶片电机，这种电动机一般采用步进电动机，步进电动机是采用脉冲信号的驱动方式，一定周期的驱动脉冲会使电动机旋转一个角度。

⑧ 传感器接口电路　图5-24所示为该变频空调器室内机的传感器接口电路。检测室内环境温度的温度传感器（热敏电阻）设置在蒸发器的表面，检测管路温度的温度传感器设置在蒸发器的盘管处。温度传感器接在电路中，使之与固定电阻构成分压电路，将温度的变化变成直流电压的变化，并将电压值送入微处理器（CPU）的㉓、㉔脚，微处理器根据接收的温度检测信号输出相应的控制指令。

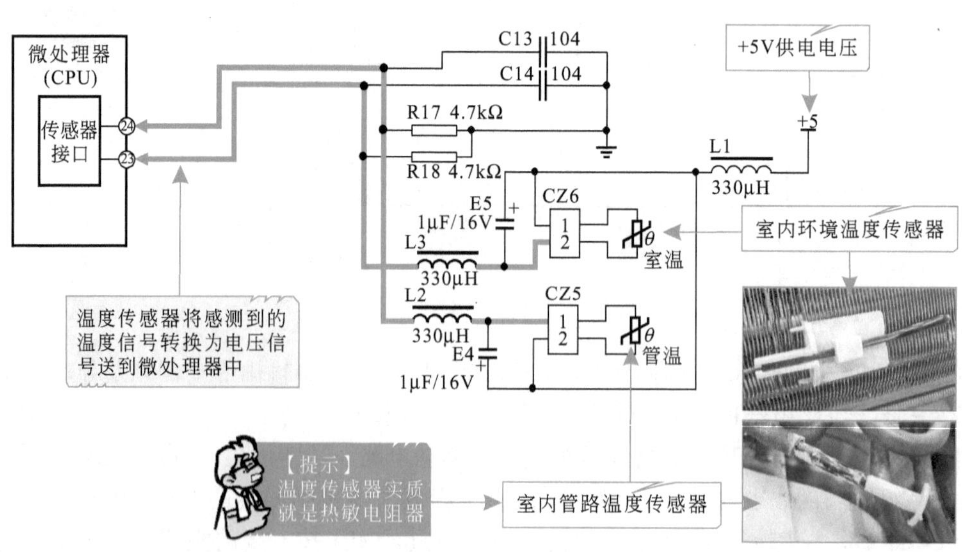

图5-24　变频空调器室内机的传感器接口电路

特别提示

变频空调器处于制冷模式时，当室内环境温度传感器检测到室内温度降低，其自身阻值升高，使其输出的电压降低，从而送入微处理器中的电压值也降低。微处理器接收到温度传感器传输的低电压后，其内部自动调整空调器的制冷温度，对室外机控制电路传输信号，由室外机控制电路降低变频压缩机的运转转速，使其处在恒温的制冷模式下，从而保证空调器的自动控温功能。

当室内环境温度传感器检测到室内温度升高时，其自身阻值会降低，使其输出的电压升高。微处理器接收到温度传感器传输的高电压后，其内部自动调整空调器的制冷温度，对室外机控制电路传输信号，由室外机控制电路升高变频压缩机的运转转速，增强制冷量，从而保证空调器的自动控温功能。

⑨ 通信接口电路　⑪、⑫脚为室内微处理器与室外微处理器进行通信的接口，室内机的微处理器可以向室外机发送控制信号。室外机微处理器也可以向室内机回传控制信号，即将室外机的工作状态回传，以便由室内机根据这些信息进行协调控制，同时还可根据异常信号判别系统是否出现异常。

（2）变频空调器室外机控制电路的工作原理

图5-25所示为海信KFR-35GW/06ABP型变频空调器室外机的控制电路原理图。该电路是以微处理器U02为核心的自动控制电路。

① 供电电路　变频空调器开机后，由室外机电源电路送来的+5V直流电压，为变频空调器室外机控制电路部分的微处理器U02以及存储器U05提供工作电压，其中微处理器IC08的55脚和64脚为+5V供电端，存储器IC06的⑧脚为+5V供电端。

② 复位和时钟电路　室外机控制电路得到工作电压后，由复位电路U03为微处理器提供复位信号，微处理器开始运行工作。

同时，陶瓷谐振器RS01（16MHz）与微处理器内部振荡电路构成时钟电路，为微处理器提供时钟信号。

③ 存储器电路　存储器U05（93C46）用于存储室外机系统运行的一些状态参数，例如，变频压缩机的运行曲线数据、变频电路的工作数据等；存储器在其②脚（SCK）的作用下，通过④脚将数据输出，③脚输入运行数据，室外机的运行状态通过状态指示灯指示出来。

④ 室外风扇（轴流风扇）电动机驱动电路　风扇电动机采用绕组抽头结构，改变抽头接线可实现速度控制，其结构和控制电路如图5-26所示。

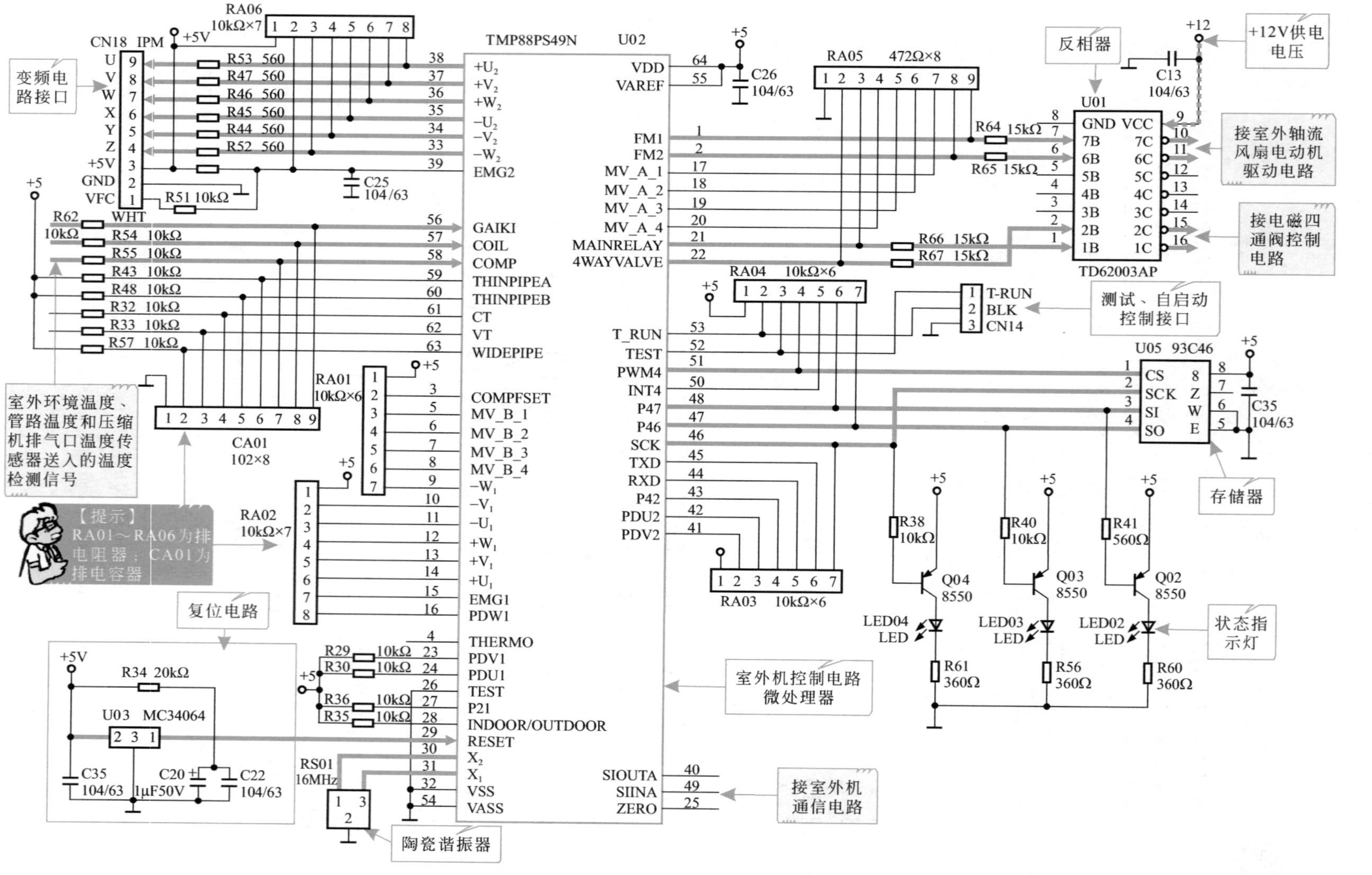

图5-25　海信KFR-35GW/06ABP型变频空调器室外机的控制电路原理图

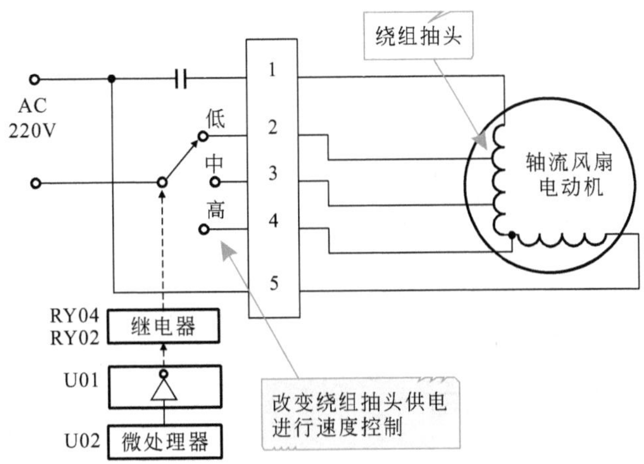

图5-26　室外风扇（轴流风扇）电动机结构和控制电路

图5-27所示为该变频空调器室外风扇（轴流风扇）电动机驱动电路。从图中可以看出，室外机微处理器U02向反相器U01（ULN2003A）输送驱动信号，该信号从①、⑥脚送入反相器中。反相器接收驱动信号后，控制继电器RY02和RY04导通或截止。通过控制继电器的导通/截止，从而控制室外风扇电动机的转动速度，使风扇实现低速、中速和高速的转换。电动机的启动绕组接有启动电容。

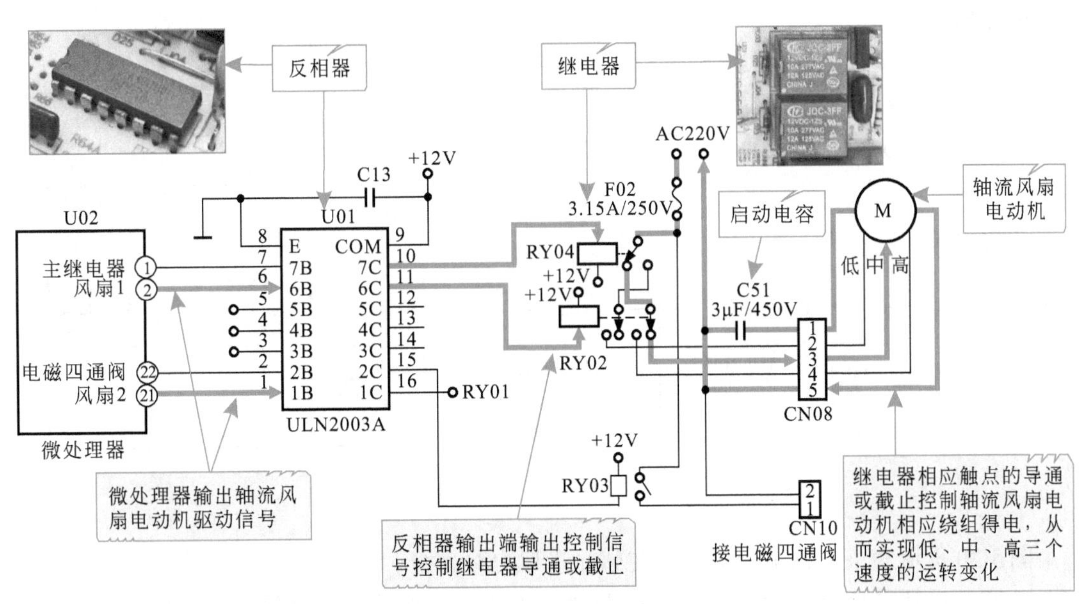

图5-27　变频空调器室外风扇（轴流风扇）电动机驱动电路

⑤ 电磁四通阀控制电路　空调器电磁四通阀的线圈供电是由微处理器控制的，微处理器的控制信号经过反相放大器后去驱动继电器，从而控制电磁四通阀的动作。

图5-28所示为该变频空调器中电磁四通阀的控制电路。在制热状态时，室外机微处理器U02输出控制信号，送入反相器U01（ULN2003A）的②脚，经反相器放大的控制信号，由其⑮脚输出，使继电器RY03工作，继电器的触点闭合，交流220V电压经该触点为电磁

四通阀供电，来对内部电磁导向阀阀芯的位置进行控制，进而改变制冷剂的流向。

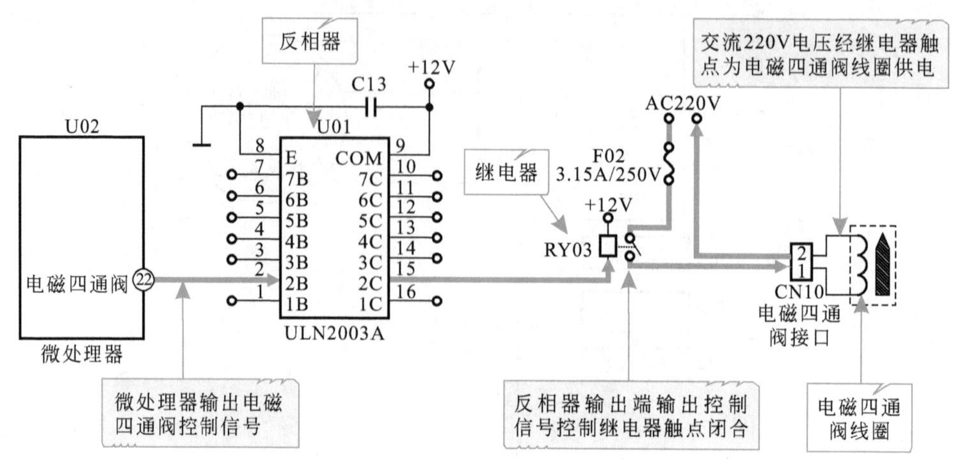

图5-28　变频空调器电磁四通阀的控制电路

⑥ 传感器接口电路　室外机组中设有一些温度传感器为室外微处理器提供工作状态信息，其结构和原理如图5-29所示。例如室外温度传感器、管路温度传感器以及变频压缩机吸气口、排气口温度传感器等都是为室外机微处理器提供参考信息。温度传感器实际就是热敏电阻器。

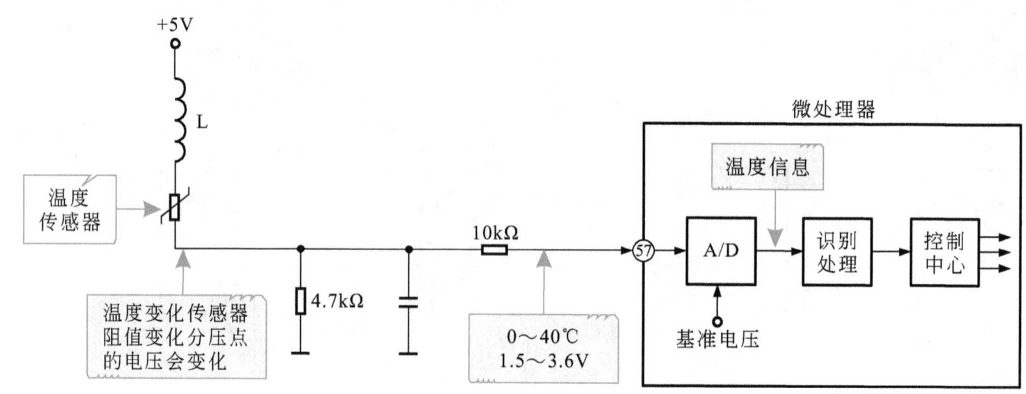

图5-29　温度传感器及接口电路结构和原理

图5-30所示为该变频空调器中的传感器接口电路部分。

设置在室外机检测部位的温度传感器通过引线和插头接到室外机控制电路板上。经接口插件分别与直流电压+5V和接地电阻相连，然后加到微处理器的传感器接口引脚端。温度变化时，温度传感器的阻值会发生变化。温度传感器与接地电阻构成分压电路，分压点的电压值会发生变化，该电压送到微处理器中，在内部传感器接口电路中经A/D变换器将模拟电压量变成数字信号，提供给微处理器进行比较判别，以确定对其他部件的控制。

⑦ 变频接口电路　室外机主控电路工作后，接收由室内机传输的制冷/制热控制信号后，便对变频电路进行驱动控制，经由接口CN18将驱动信号送入变频电路中。

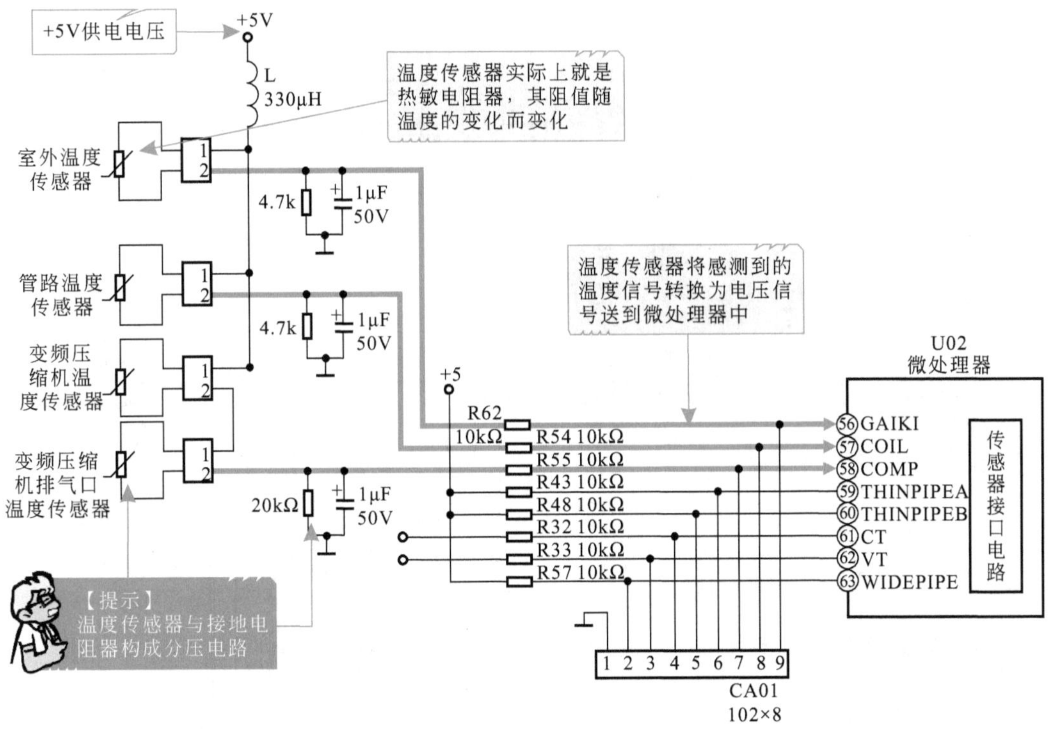

图5-30 变频空调器的传感器接口电路

⑧ 通信电路 微处理器U02的㊵脚、㊾脚、㉕脚为通信电路接口端。其中，由㊾脚接收由通信电路（空调器室内机与室外机进行数据传输的关联电路）传输的控制信号，并由㊵脚将室外机的运行和工作状态数据经通信电路送回室内机控制电路中。

特别提示

室外机微处理器的工作必须与室内机协调一致，实际上也是受室内机微处理器的控制，室内机微处理器通过线路将控制指令传送给室外机的微处理器，室外机微处理器将工作状态再通过线路反馈给室内机微处理器。

知识拓展

在室外机控制电路中，除上述几部分基本电路外，在室外机控制电路的外围还设有电流检测电路和电压检测电路。图5-31所示为电压检测和电流检测电路的原理图。

交流220V电压首先经电压检测变压器降压，再经二极管（D08 ~ D11）整流滤波后，变成直流电压送入微处理器㉛脚，由微处理器判断室外机供电电压是否正常。若交流输入电压发生变化会引起整流后直流电压的变化，微处理器根据直流电压的变化情况可判别输入交流电压是否在正常的范围。

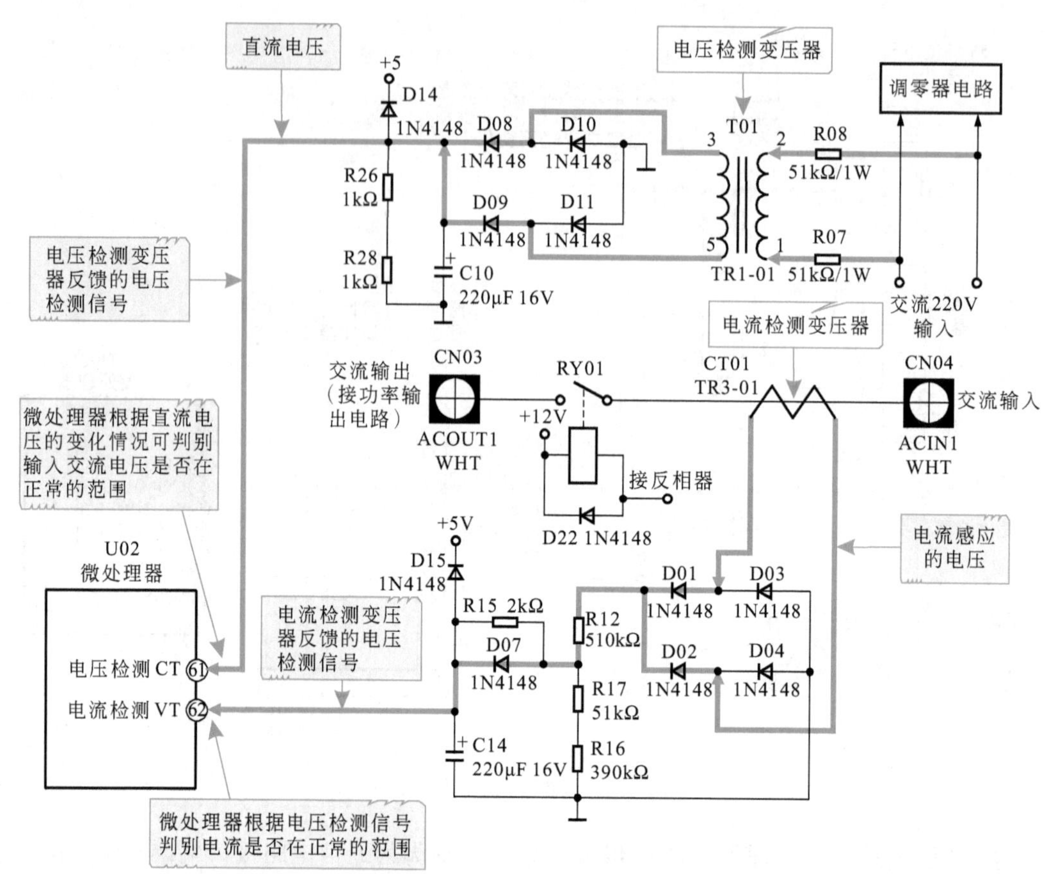

图5-31　变频空调器中电压检测和电流检测电路的原理图

电流检测电路通过电流检测变压器判断交流220V的供电电流是否正常。

当室外机工作时，交流220V电源供电线会有电流，该电流会使电流检测变压器的检测绕组感应出电压，该电压与电流成正比，经桥式整流后，会变成电压信号送入微处理器的㊷脚，由微处理器对电压检测信号进行分析处理，从而判别电流是否在正常的范围，如有过流情况，则对室外机进行保护控制。

5.2 变频空调器控制电路的检修流程

5.2.1 变频空调器控制电路的故障特点

控制电路是变频空调器中的关键电路，若该电路出现故障经常会引起变频空调器不启动、制冷/制热异常、控制失灵、操作或显示不正常等现象，如图5-32所示。

图5-32　变频空调器控制电路的故障特点

5.2.2 变频空调器控制电路的检修分析

控制电路中各部件不正常都会引起控制电路故障，进而引起变频空调器出现不启动、制冷/制热异常、控制失灵、操作或显示不正常等现象，对该电路进行检修时，应首先采用观察法检查控制电路的主要元件有无明显损坏或元件脱焊、插口不良等现象。如出现上述情况则应立即更换或检修损坏的元器件，若从表面无法观测到故障点，则需根据控制电路的信号流程以及故障特点对可能引起故障的工作条件或主要部件逐一进行排查。图5-33所示为典型变频空调器控制电路的检修分析。

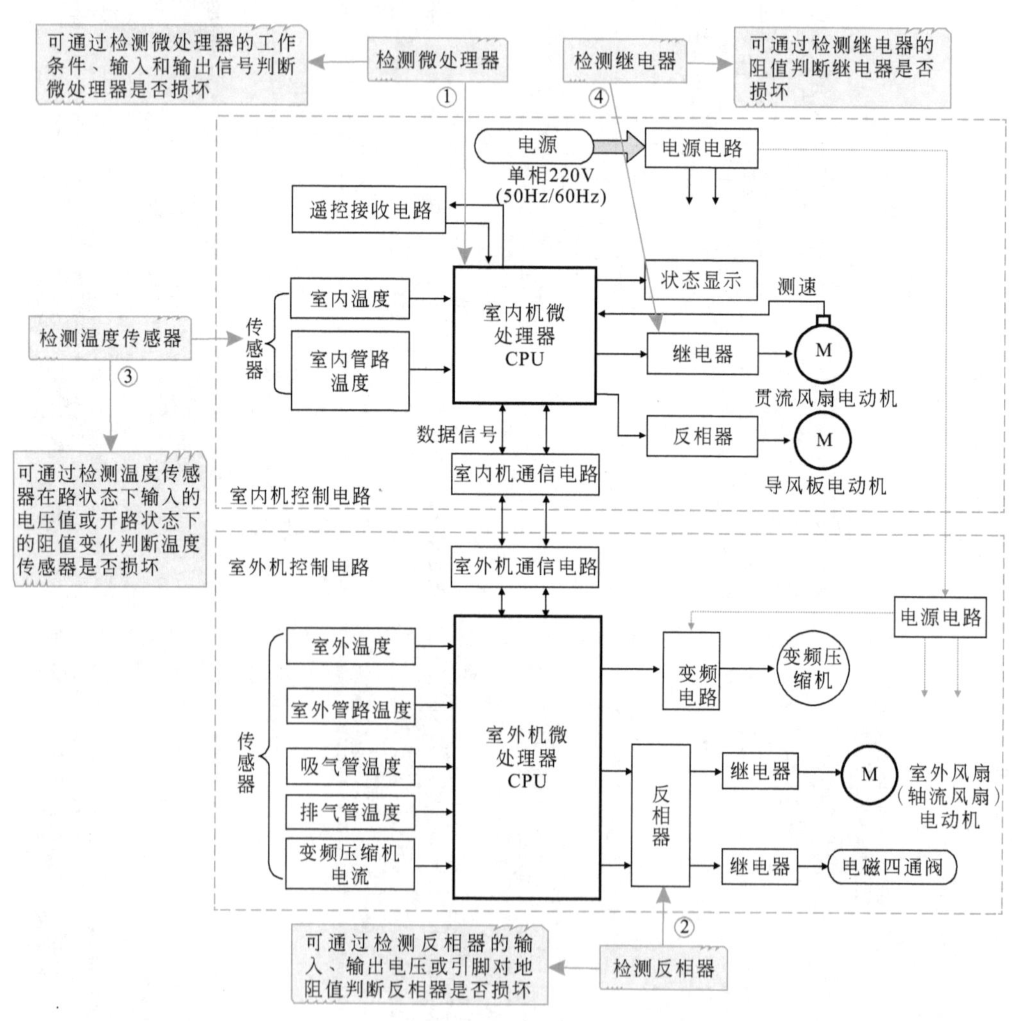

图5-33　典型变频空调器控制电路的检修分析

5.3 变频空调器控制电路的检修方法

对变频空调器控制电路的检修，可按照前面的检修分析进行逐步检测，对损坏的元件或部件进行更换，即可完成对控制电路的检修。

5.3.1 微处理器的检测方法

微处理器是变频空调器中的核心部件，若该部件损坏将直接导致变频空调器不工作、控制功能失常等故障。

一般对微处理器的检测包括三个方面，即检测工作条件、检测输入和输出信号。检测结果的判断依据为：在工作条件均正常的前提下，输入信号正常，而无输出或输出信号异常，则说明微处理器本身损坏。

（1）微处理器输出控制信号的检测方法

当怀疑变频空调器控制电路微处理器出现故障时，应首先对微处理器输出的控制信号进行检测，若输出的控制信号正常，表明微处理器工作正常；若输出的控制信号不正常，则表明微处理器没有正常工作，此时应对微处理器的工作条件进行检测。

演示图解

图5-34所示为室内机微处理器输出控制信号的检测方法（以贯流风扇电动机驱动信号为例）。

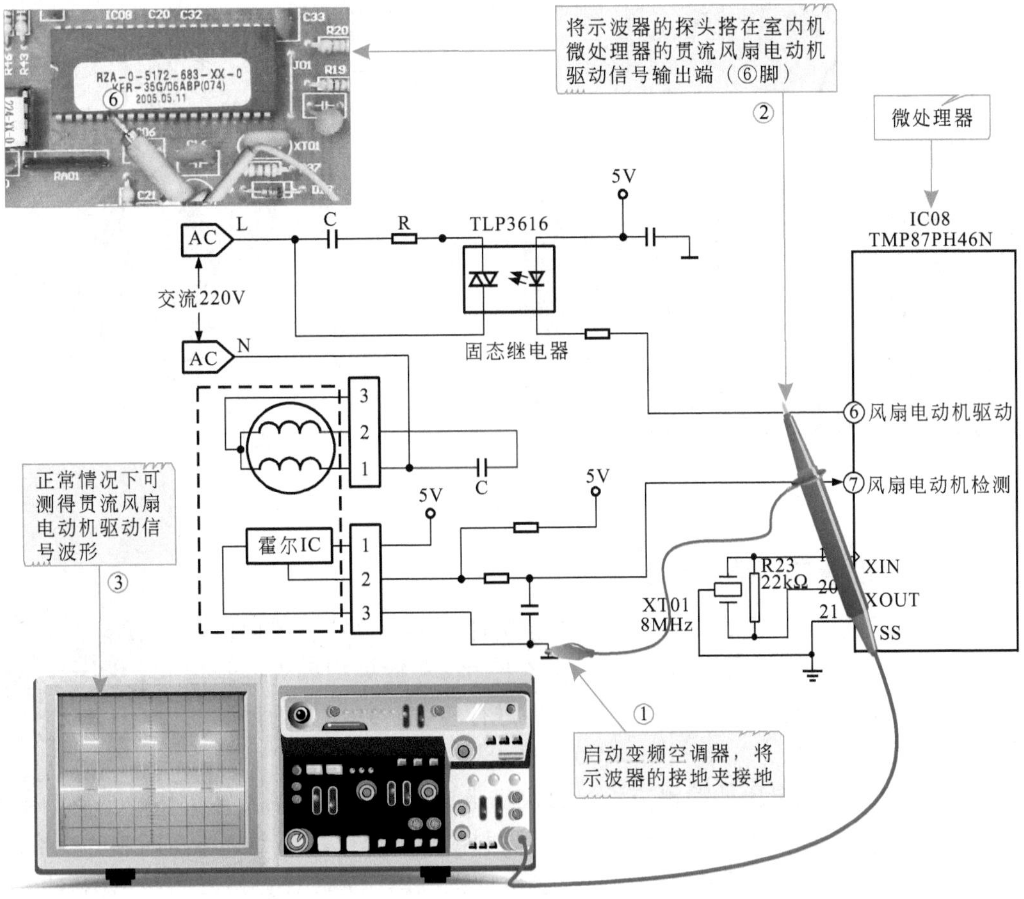

① 启动变频空调器，将示波器的接地夹接地

② 将示波器的探头搭在室内机微处理器的贯流风扇电动机驱动信号输出端（⑥脚）

③ 正常情况下可测得贯流风扇电动机驱动信号波形

微处理器

IC08 TMP87PH46N

⑥ 风扇电动机驱动

⑦ 风扇电动机检测

TLP3616 固态继电器

交流220V

霍尔IC

XT01 8MHz

R23 22kΩ

图5-34 室内机控制电路输出控制信号的检测方法

特别提示

变频空调器室外机微处理器与室内机微处理器的控制对象不同，因此所输出的控制信号也有所区别。室外机微处理器输出的控制信号主要包括轴流风扇电动机驱动信号和电磁四通阀控制信号，其具体的检测方法如图5-35和图5-36所示。

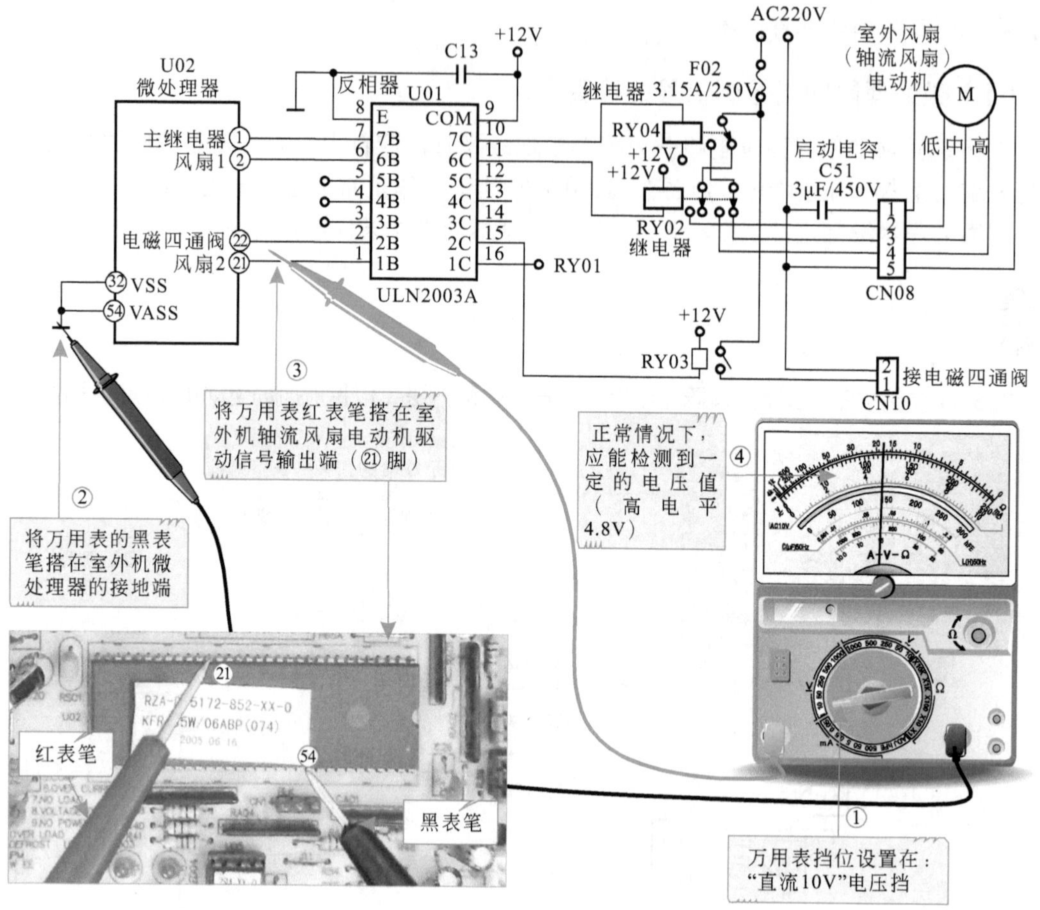

U02 微处理器
主继电器 ①
风扇1 ②
电磁四通阀 ㉒
风扇2 ㉑
㉜ VSS
54 VASS
C13
+12V
反相器 U01
E COM
7B 7C
6B 6C
5B 5C
4B 4C
3B 3C
2B 2C
1B 1C
ULN2003A
RY01
AC220V
F02 3.15A/250V
继电器
RY04
+12V
RY02 继电器
室外风扇（轴流风扇）电动机
M
低 中 高
启动电容 C51 3μF/450V
CN08
RY03
接电磁四通阀
CN10

② 将万用表的黑表笔搭在室外机微处理器的接地端

③ 将万用表红表笔搭在室外机轴流风扇电动机驱动信号输出端（㉑脚）

④ 正常情况下，应能检测到一定的电压值（高电平4.8V）

红表笔
黑表笔

① 万用表挡位设置在："直流10V"电压挡

图5-35　室外机微处理器输出轴流风扇电动机驱动信号的检测方法

（2）微处理器工作条件的检测方法

微处理器正常工作需要满足一定的工作条件，其中包括直流供电电压、复位信号、时钟信号和存储器等。若经上述检测微处理器无控制信号输出时，可分别对微处理器这些工作条件进行检测，判断微处理器的工作条件是否满足需求。

① 微处理器供电电压的检测方法　直流供电电压是微处理器正常工作最基本的条件。若经检测微处理器的直流供电电压正常，则表明前级供电电路部分正常，应进一步检测微处理器的其他工作条件；若经检测无直流供电或直流供电异常，则应对前级供电电路中的相关部件进行检查，排除故障。

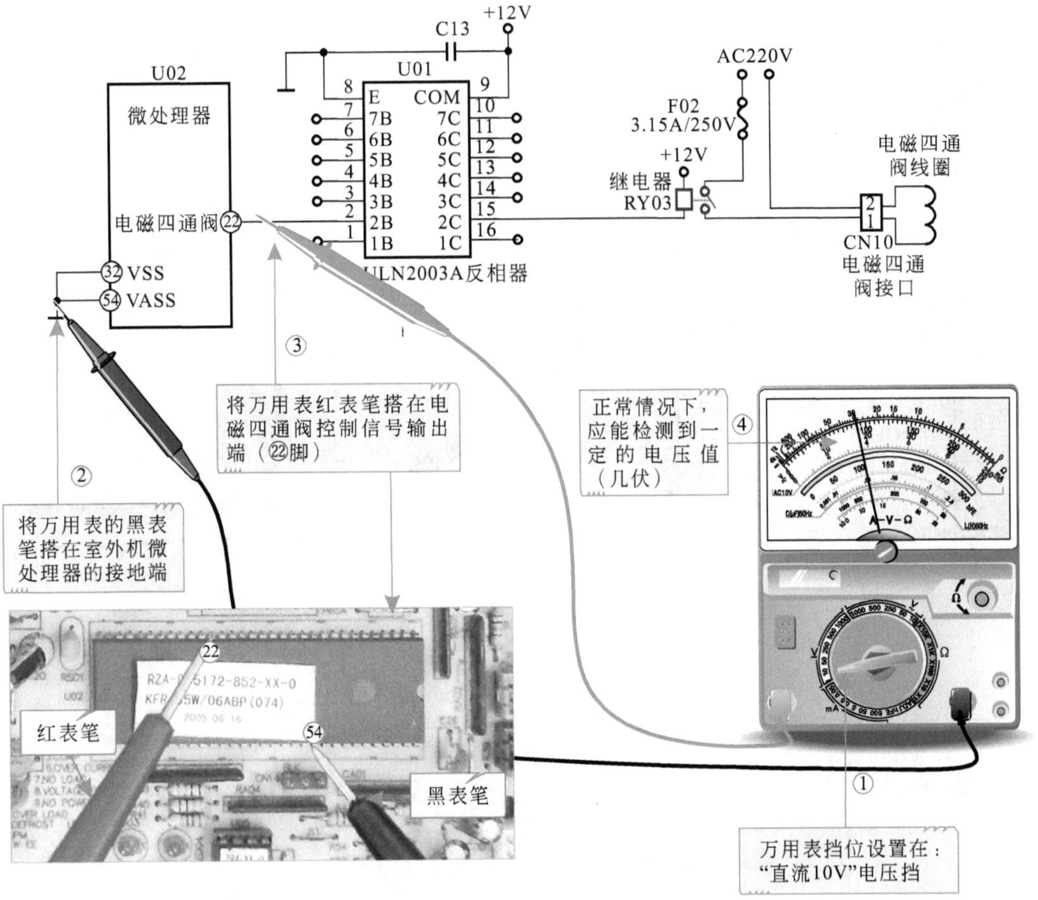

图5-36　室外机微处理器输出电磁四通阀控制信号的检测方法

演示图解

图5-37所示为室内机微处理器供电电压的检测方法。

② 室内机微处理器复位信号的检测方法　复位信号是微处理器正常工作的必备条件之一，在开机瞬间，微处理器复位信号端得到复位信号，内部复位，为进入工作状态做好准备。若经检测，开机瞬间微处理器复位端复位信号正常，应进一步检测微处理器的其他工作条件；若经检测无复位信号，则多为复位电路部分存在异常，应对复位电路中的各元器件进行检测，排除故障。

图5-38所示为室内机微处理器复位信号的检测方法。

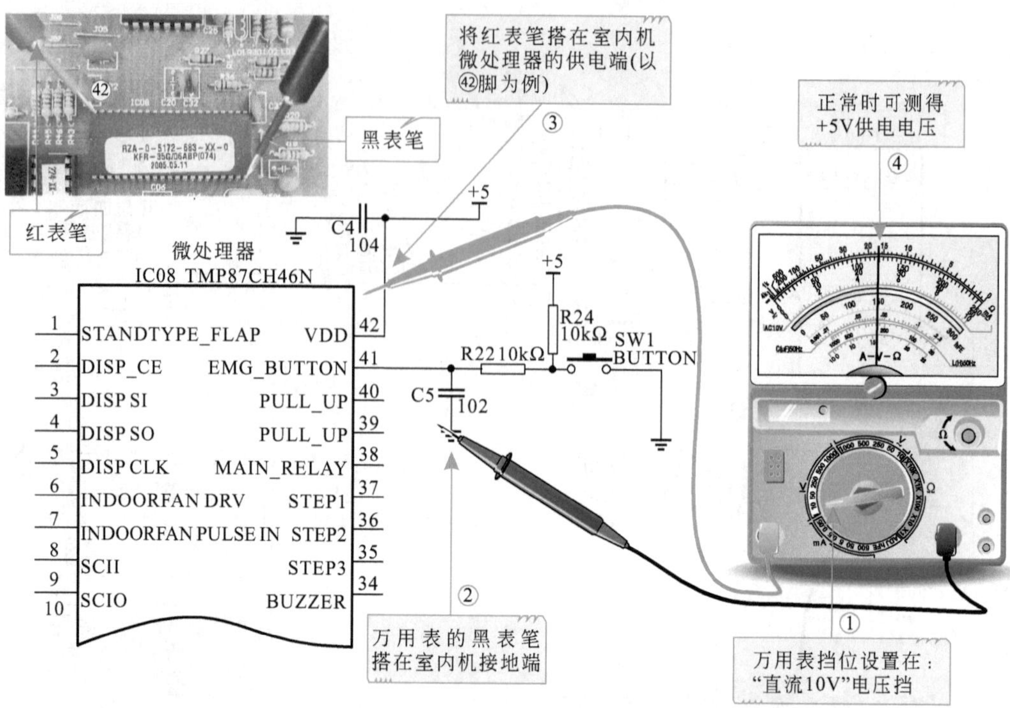

图5-37　室内机微处理器供电电压的检测方法

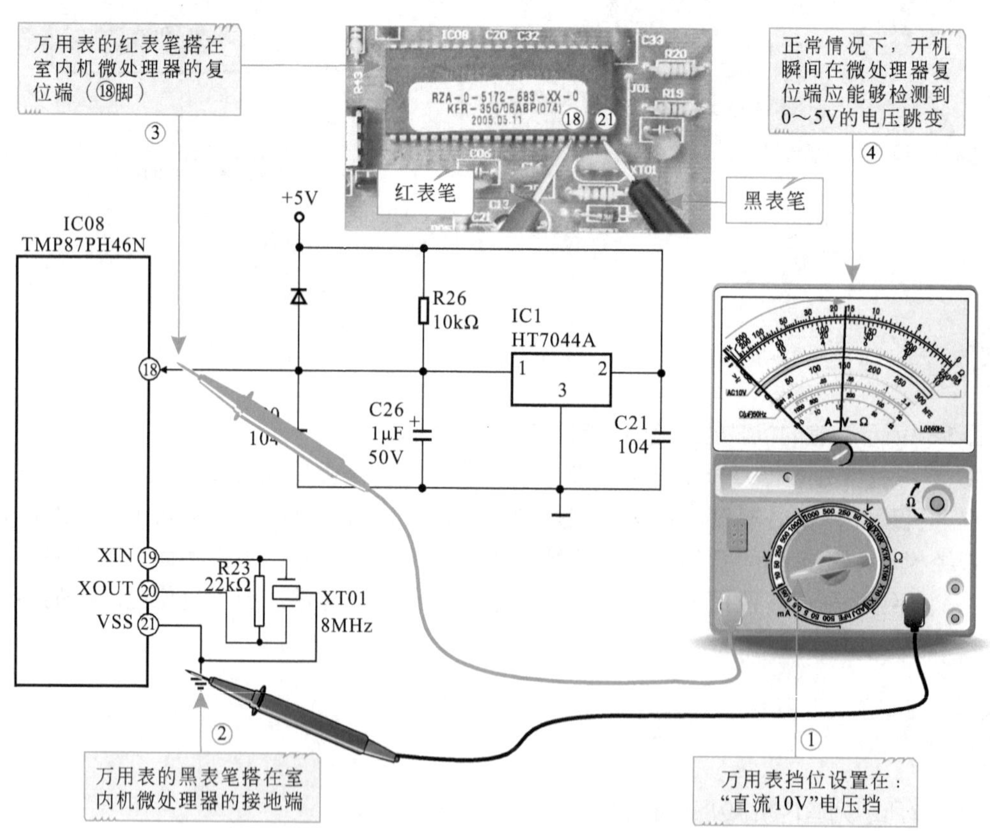

图5-38　室内机微处理器复位信号的检测方法

③ 微处理器时钟信号的检测方法　时钟信号是微处理器工作的另一个基本条件，若该信号异常，将引起微处理器出现不工作或控制功能错乱等现象。一般可用示波器检测微处理器时钟信号端信号波形或陶瓷谐振器引脚的信号波形进行判断。

演示图解

图5-39所示为室内机微处理器时钟信号的检测方法。

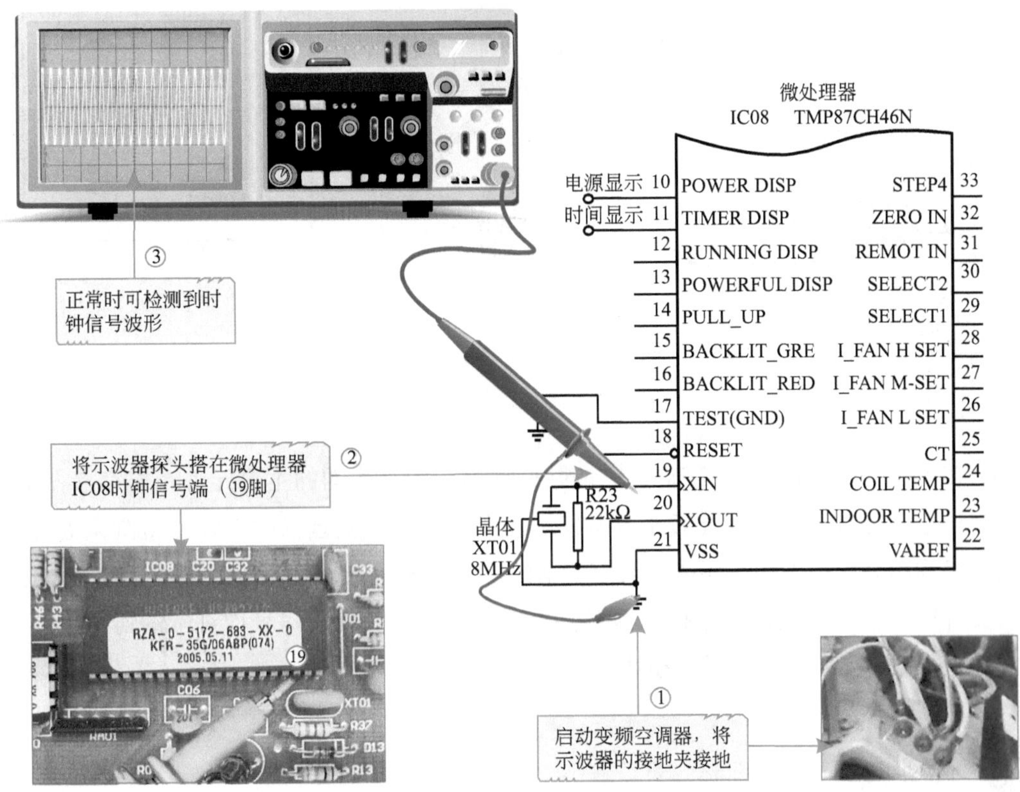

图5-39　室内机微处理器时钟信号的检测方法

特别提示

若时钟信号异常，可能为陶瓷谐振器损坏，也可能为微处理器内部振荡电路部分损坏，可进一步用万用表检测陶瓷谐振器引脚阻值的方法判断其好坏，如图5-40所示。正常情况是陶瓷谐振器两端之间的电阻应为无穷大。

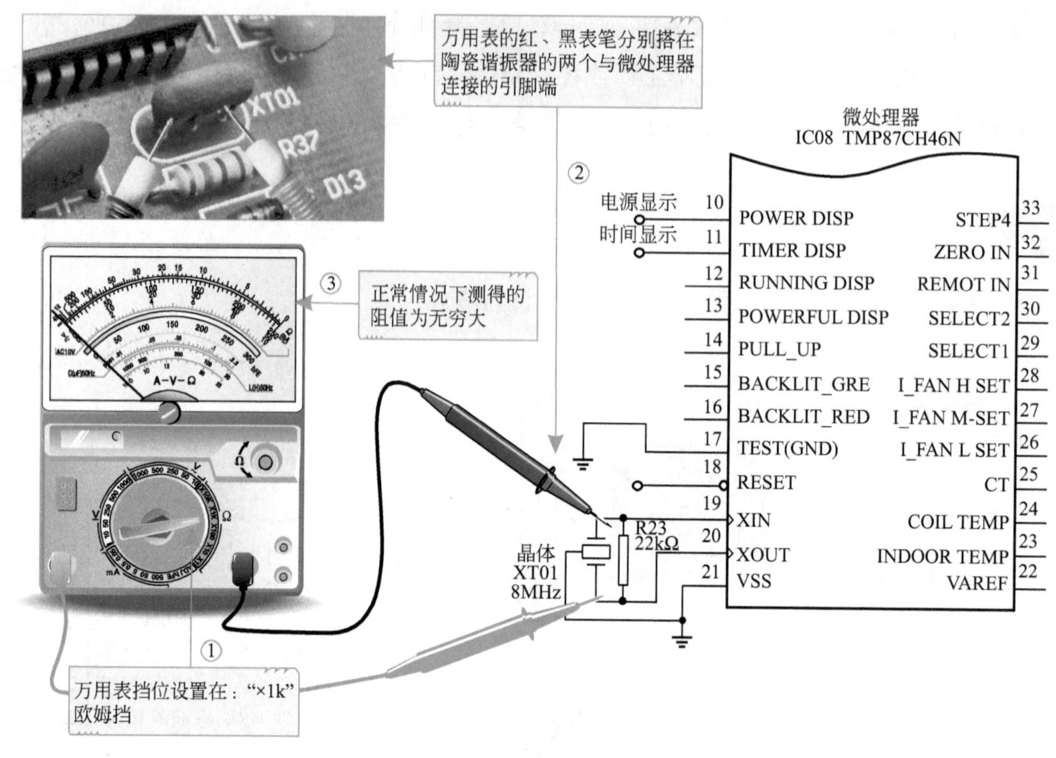

图5-40 陶瓷谐振器的检测方法

④ 存储器的检测方法 存储器也是微处理器正常工作的的主要元件，若存储器损坏，很可能导致微处理器控制功能紊乱等故障。因此，检测微处理器时，除了检测微处理器的供电、复位和时钟条件外，还需要对存储器的工作情况进行检测。检测存储器的供电电压、数据及时钟信号是否正常，若存储器在供电电压、时钟和数据信号均正常的情况下，无法正常工作，则可能是其本身已经损坏。

演示图解

图5-41所示为室内机微处理器外部存储器的检测方法。

特别提示

存储器除了上述检测方法外，也可以在断电状态下，检测其正反向对地阻值判断存储器的好坏，如图5-42所示。正常情况下，存储器各引脚的正向和反向对地阻值见表5-1所列，若实测的阻值与标准值差异过大，则可能是存储器本身损坏。

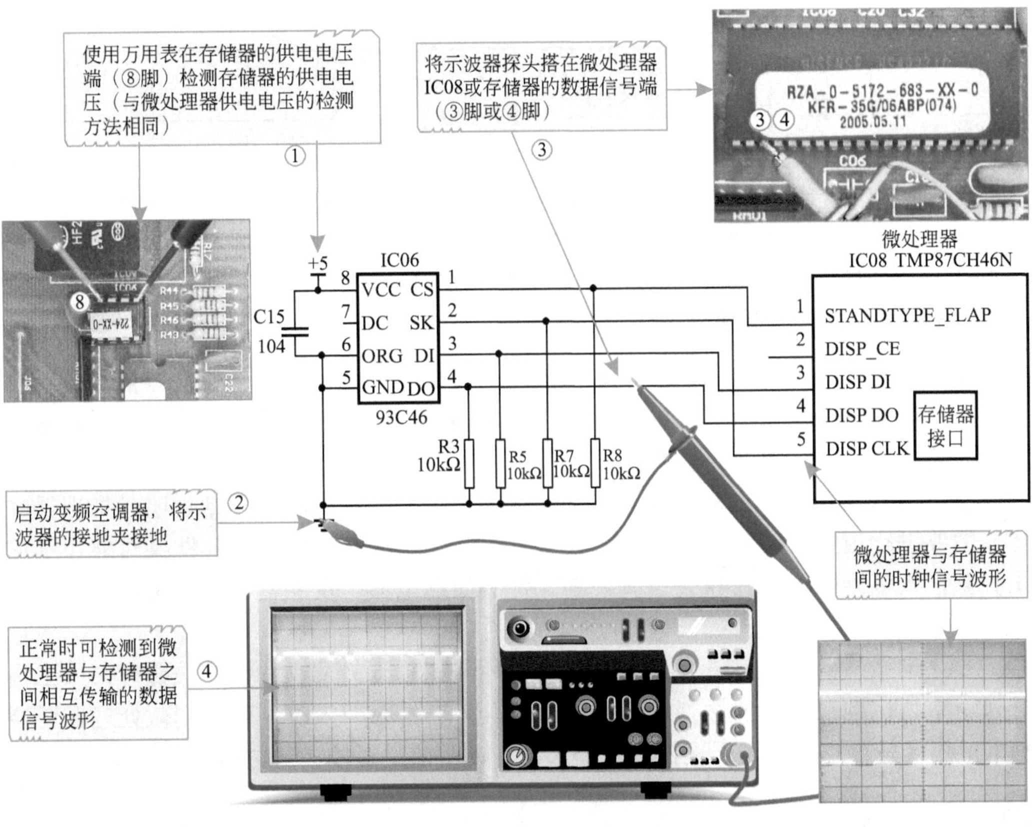

图5-41 室内机微处理器外部存储器的检测方法

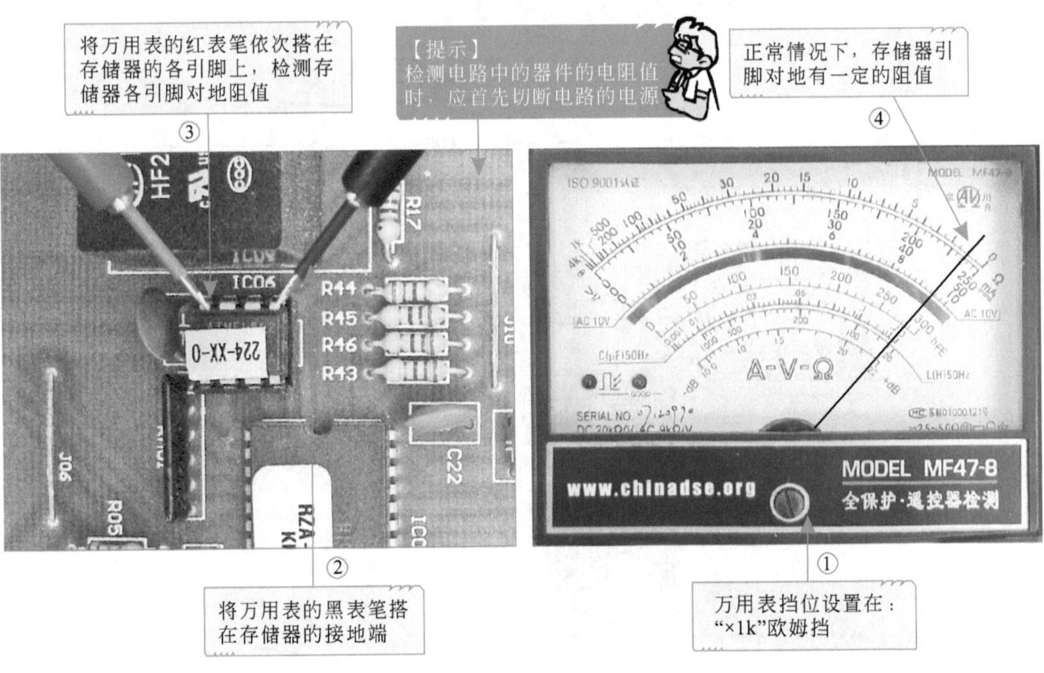

图5-42 室内机微处理器外部存储器的检测

表5-1　存储器各引脚的正向和反向对地阻值

引脚	正向对地阻值（×1kΩ）	反向对地阻值（×1kΩ）	引脚	正向对地阻值（×1kΩ）	反向对地阻值（×1kΩ）
①	5	8	⑤	0	0
②	5	8	⑥	0	0
③	5	8	⑦	∞	∞
④	4.5	7.5	⑧	2	2

（3）微处理器输入控制信号的检测方法

微处理器正常工作需要向微处理器输入相应的控制信号，其中包括遥控信号和温度检测信号。若经上述检测微处理器的工作条件能够满足，而微处理器输出异常时，可分别对微处理器输入的控制信号进行检测。

若微处理器输入信号正常，且工作条件也正常，而无任何输出，则说明微处理器本身损坏，需要进行更换；若输入控制信号正常，而某一项控制功能失常，即某一路控制信号输出异常，则多为微处理器相关引脚外围元件（如继电器、反相器等）失常，找到并更换损坏元件即可排除故障。

① 微处理器输入遥控信号的检测方法　当用户操作遥控器上的操作按键时，人工指令信号送至室内机控制电路的微处理器中。当输入人工指令无效时，可检测微处理器遥控信号输入端信号是否正常。若无遥控信号输入，则说明前级遥控接收电路出现故障。

演示图解

图5-43所示为室内机微处理器输入遥控信号检测方法。

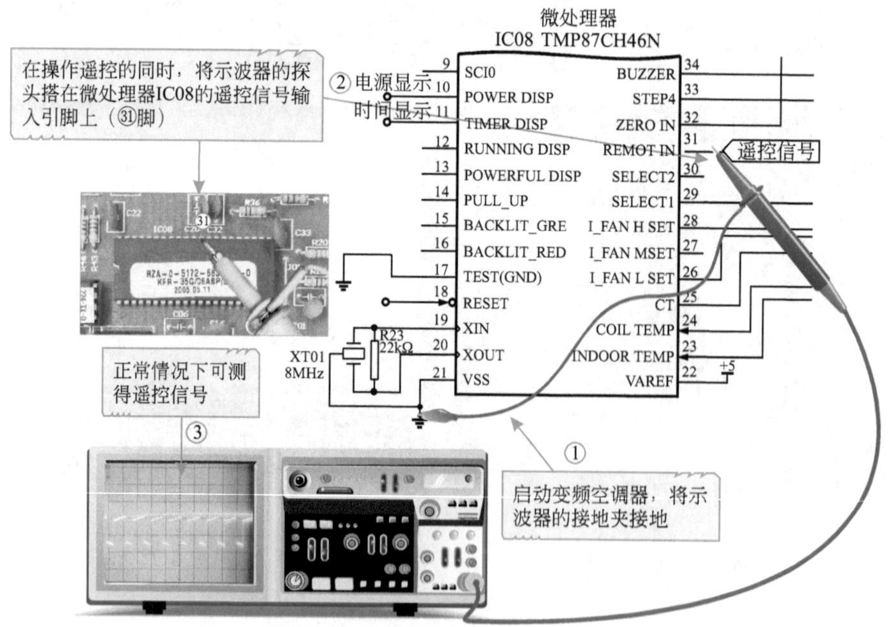

图5-43　室内机微处理器输入遥控信号检测方法

② 微处理器输入温度传感器信号的检测　温度传感器也是变频空调器控制电路中的重要器件，用于为其提供正常的环境温度和管路温度信号，若该传感器失常，则可能导致空调器自动控温功能失常、显示故障代码等情况。

关于温度传感器的检测方法将在5.3.3节中具体介绍，这里不再重复。

知识拓展

在检测控制电路微处理器本身的性能时，还可以使用万用表检测微处理器各引脚间的正反向阻值来判断微处理器是否正常。检测正向对地阻值时，应将黑表笔搭在微处理器的接地端，红表笔依次搭在其他引脚上；检测反向对地阻值时，应将红表笔搭在微处理器接地端，黑表笔依次搭在其他引脚上。

正常情况下，该变频空调器中室内机微处理器TMP87CH46N各引脚的对地阻值见表5-2所列。

表5-2　微处理器TMP87CH46N各引脚的正反向对地阻值（万用表挡位为：×1kΩ）

引脚	正向	反向	引脚	正向	反向	引脚	正向	反向
①	5	8	⑮	8	13	㉙	7.5	13
②	6.5	7	⑯	8	13	㉚	7.5	13
③	5	8	⑰	0	0	㉛	7.5	13
④	4.8	7.5	⑱	6	8.5	㉜	8	12
⑤	5	8	⑲	8	13.5	㉝	7.5	9
⑥	8	13	⑳	8	13.5	㉞	6.5	9
⑦	7.5	13	㉑	0	0	㉟	6.5	9
⑧	7	12.5	㉒	2	2.2	㊱	6.5	9
⑨	8	13	㉓	3.5	3.5	㊲	6.5	9
⑩	8	13	㉔	3.5	3.5	㊳	6.5	9
⑪	8	13	㉕	2	2	㊴	8	∞
⑫	8	13	㉖	6.5	11	㊵	7.5	13
⑬	8	13	㉗	7.5	13	㊶	8	11
⑭	8	13	㉘	7.5	13	㊷	2	2

5.3.2 反相器的检测方法

反相器是变频空调器中各种功能部件的驱动电路部分，若该器件损坏将直接导致变频空调器相关的功能部件失常，如常见的室内、室外风扇电动机不运行、电磁四通阀不换向引起的变频空调器不制热等。

判断反相器是否损坏时，可使用万用表对其各引脚的对地阻值进行检测判断，若检测出的阻值与正常值偏差较大，说明反相器已损坏，需进行更换。

演示图解

图5-44所示为室外机反相器ULN2003的检测方法。正常时测得反相器ULN2003各引脚的对地阻值见表5-3所列。

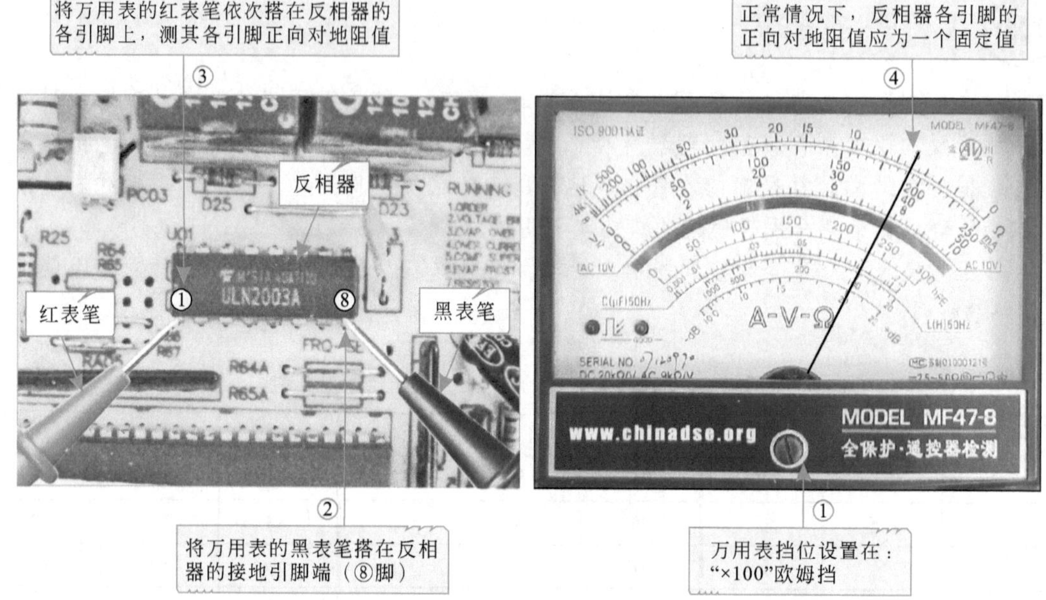

图5-44　反相器的检测方法

表5-3　反相器ULN2003各引脚对地阻值

引脚	对地阻值	引脚	对地阻值	引脚	对地阻值	引脚	对地阻值
①	500Ω	⑤	500Ω	⑨	400Ω	⑬	500Ω
②	650Ω	⑥	500Ω	⑩	500Ω	⑭	500Ω
③	650Ω	⑦	500Ω	⑪	500Ω	⑮	500Ω
④	650Ω	⑧	接地	⑫	500Ω	⑯	500Ω

5.3.3 温度传感器的检测方法

在变频空调器中，温度传感器是不可缺少的控制器件，如果温度传感器损坏或异常，通常会引起变频空调器不工作、室外机不运行等故障，因此掌握温度传感器的检修方法是十分必要的。

检测温度传感器通常有两种方法：一种是在路检测温度传感器供电端信号和输出电压（送入微处理器的电压）；一种是开路状态下检测不同环境温度下的电阻值。

（1）在路检测温度传感器相关电压值

① 温度传感器供电电压的检测方法（以室内环境温度传感器为例）　变频空调器室内

环境温度传感器经电感器与5V供电电路关联，正常情况下，可用万用表的直流电压挡对该端电压进行检测。若电压正常，说明室内环境温度传感器供电正常；若无电压，则检测电感器是否开路或电源供电部分是否异常。

演示图解

图5-45所示为室内环境温度传感器供电电压的检测方法。

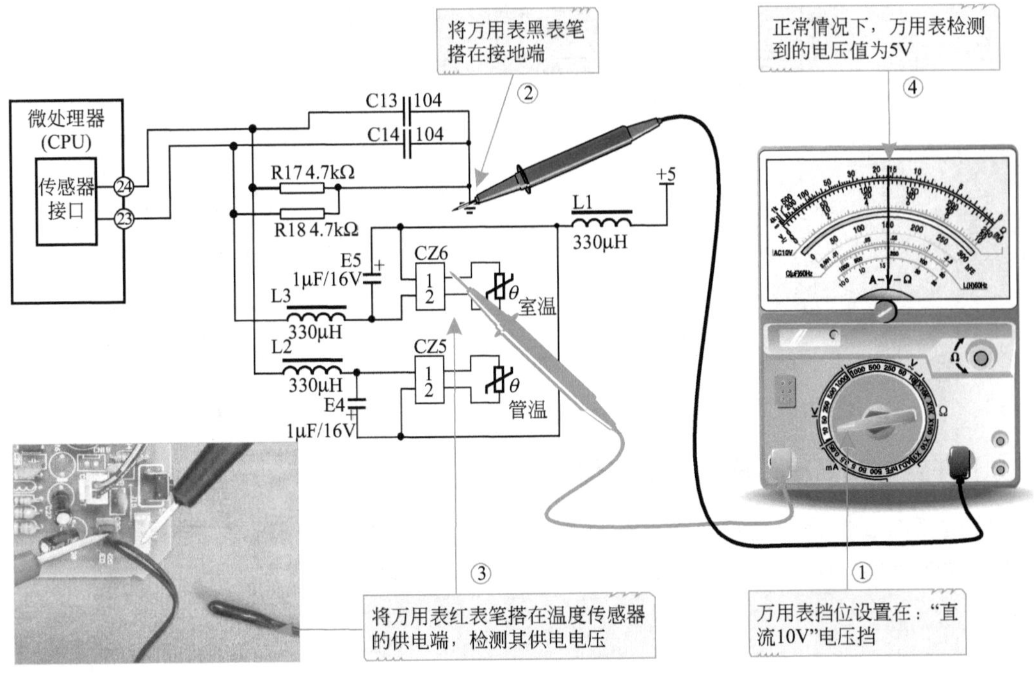

图5-45 室内环境温度传感器供电电压的检测方法

② 温度传感器送入微处理器的电压信号的检测方法（以室内环境温度传感器为例）室内环境温度传感器工作时，将温度的变化信号转换为电信号，经插座送入微处理器的相关引脚中，可用万用表的直流电压挡检测传感器插座上送入微处理引脚端的电压值，正常情况下，应可测得0.55～4.2V电压值。

图5-46所示为室内环境温度传感器送入微处理器的电压信号的检测方法。

若温度传感器的供电电压正常，插座处的电压为0V，则多为外接传感器损坏，应对其进行更换。

一般来说，若微处理器的传感器信号输入引脚处电压高于4.2V或低于0.55V，都可以判断为温度传感器损坏。

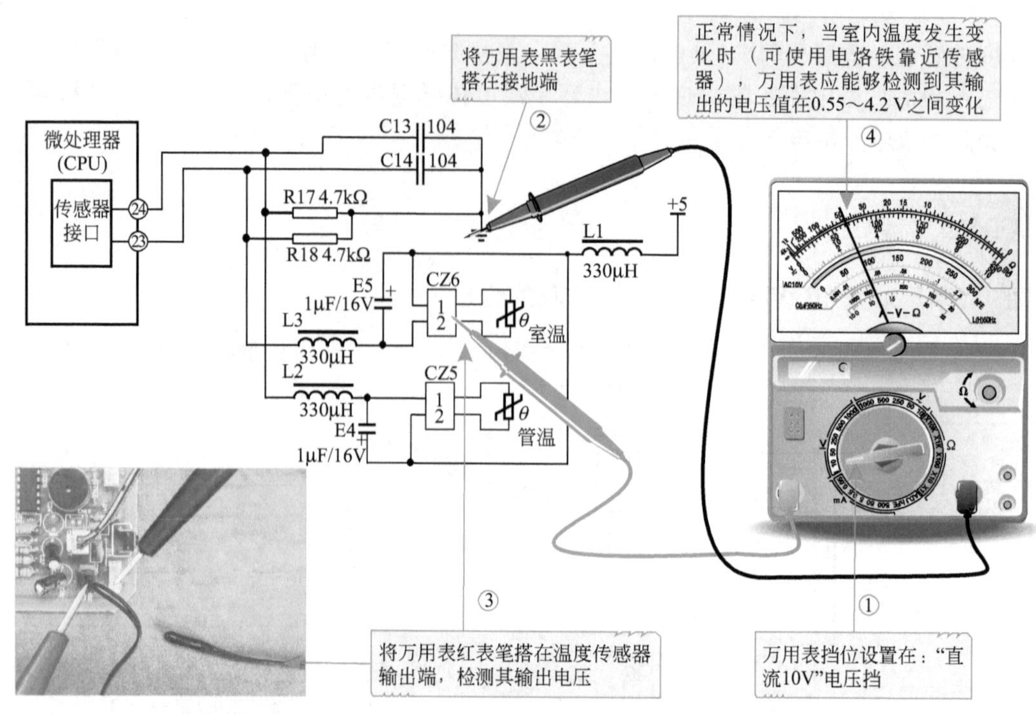

图5-46　室内环境温度传感器送入微处理器的电压信号的检测方法

（2）开路检测温度传感器的电阻值

开路检测温度传感器是指将温度传感器与电路分离，不加电情况下，在不同温度状态时检测温度传感器的阻值变化情况来判断温度传感器的好坏。

图5-47所示为温度传感器的开路检测方法（以室内环境温度传感器为例）。

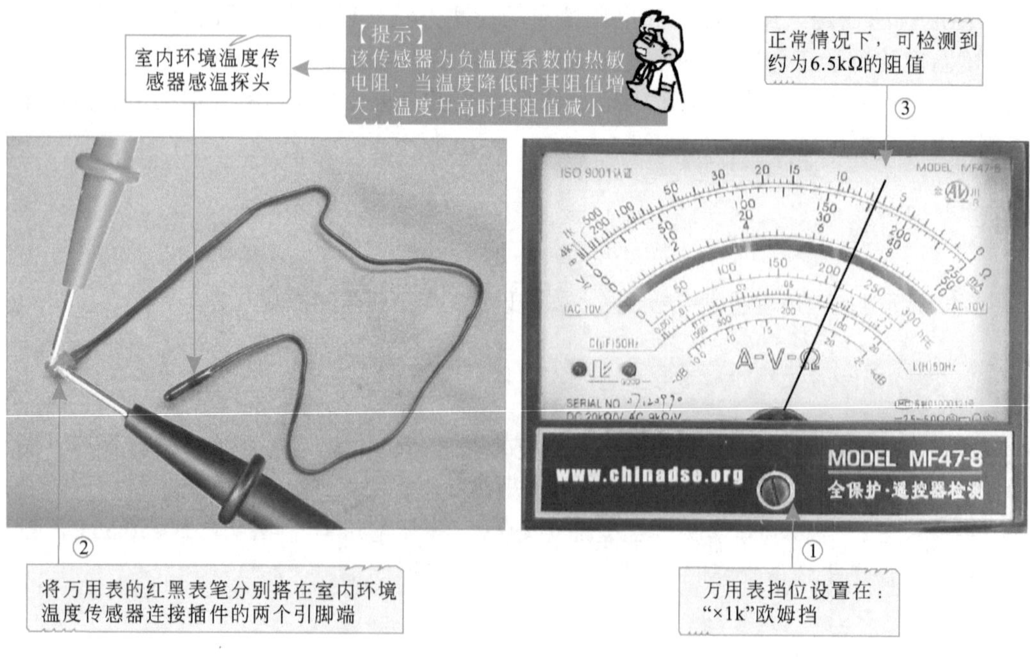

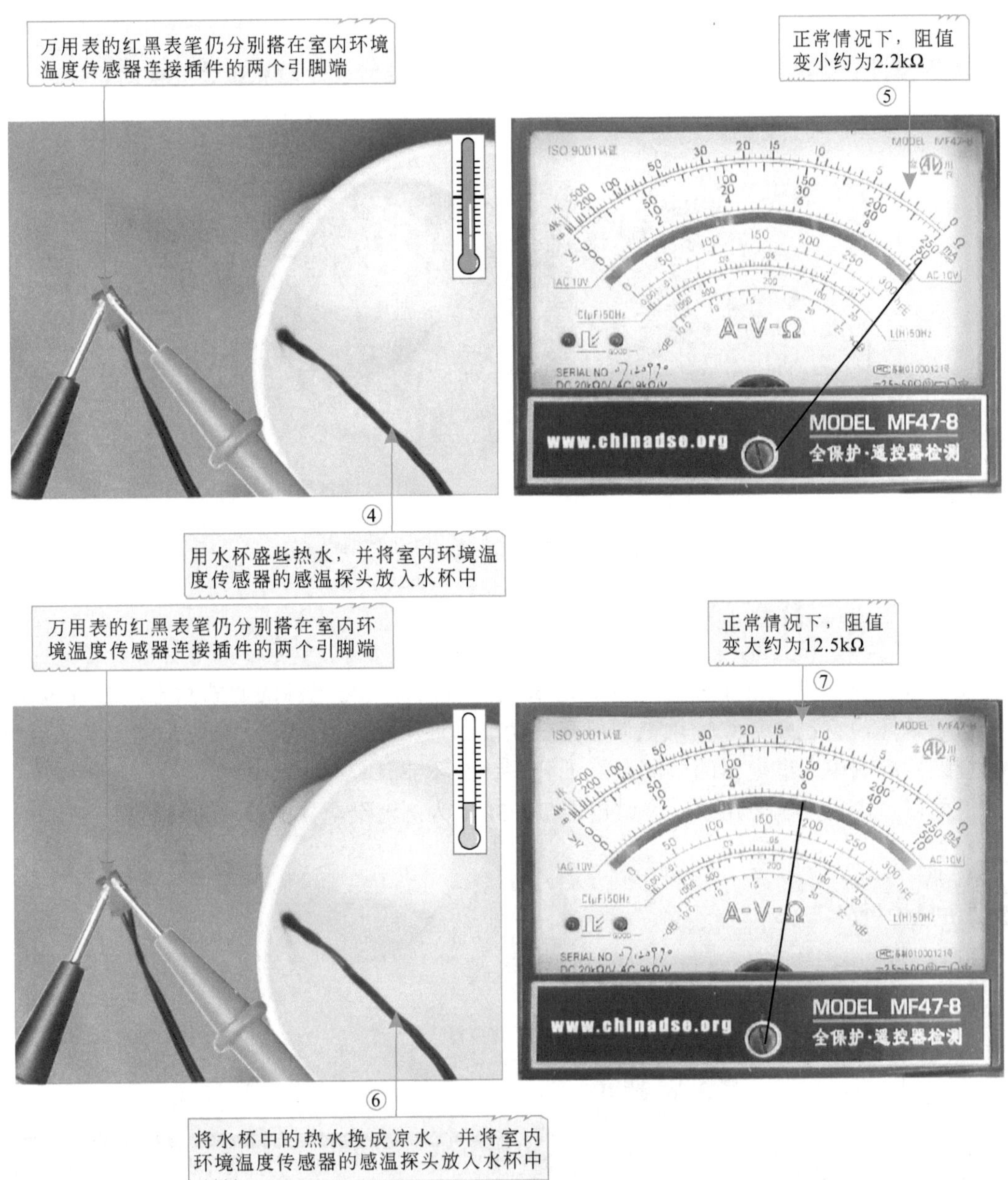

图5-47　温度传感器的开路检测方法

如果温度传感器在常温、热水和冷水中的阻值没有变化或变化不明显，则表明温度传感器工作已经失常，应及时更换。如果温度传感器的阻值一直都是很大（趋于无穷大），则说明温度传感器出现了故障。

特别提示

温度传感器若堆积了大量灰尘或其导热硅脂变质、脱落也会造成温度检测不准确，从而导致变频空调器出现故障。在变频空调器中，用来检测管路的温度传感器上会包裹一层白色的导热硅脂，如图5-48所示。若导热硅脂变质或极少，会导致变频空调器出现报警提示故障或进入保护模式。检查管路温度传感器时，可通过更换或涂抹导热硅脂排除故障。

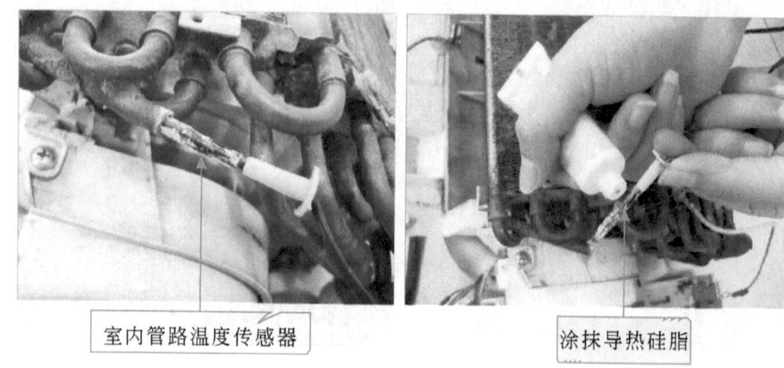

图5-48 在室内管路温度传感器上涂抹导热硅脂

5.3.4 继电器的检测方法

在变频空调器中，继电器的通断状态决定着被控部件与电源的通断状态，若继电器功能失常或损坏，将直接导致变频空调器某些功能部件不工作或某些功能失常的情况，因此，变频空调器检测中，继电器的检测也是十分关键的环节。

下面以室内机控制电路中固态继电器TLP3616为例对继电器的检测方法进行介绍。

演示图解

图5-49所示为固态继电器TLP3616的检测方法。

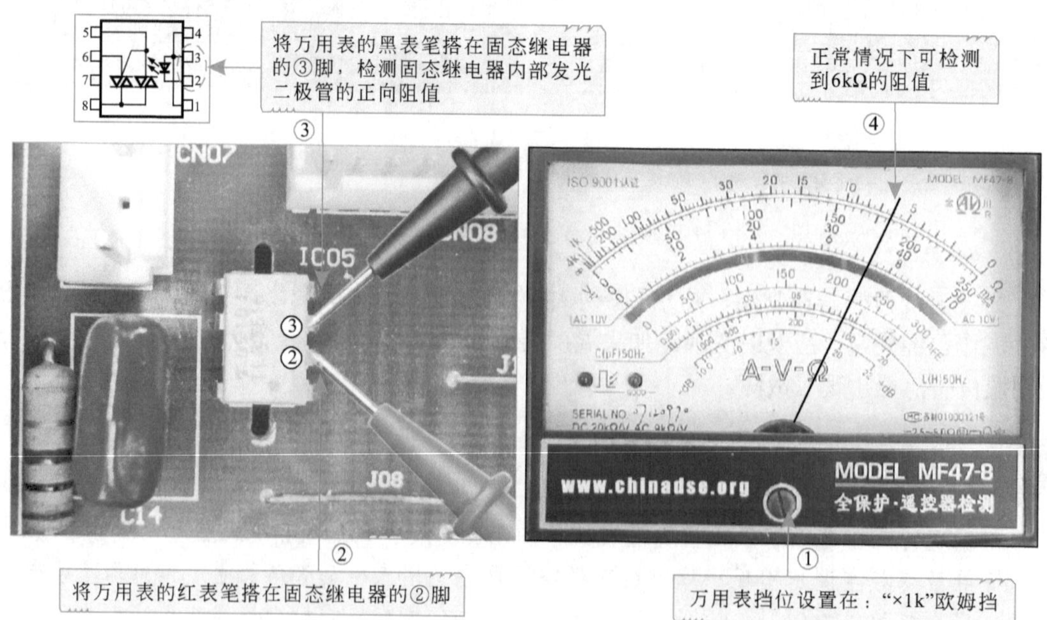

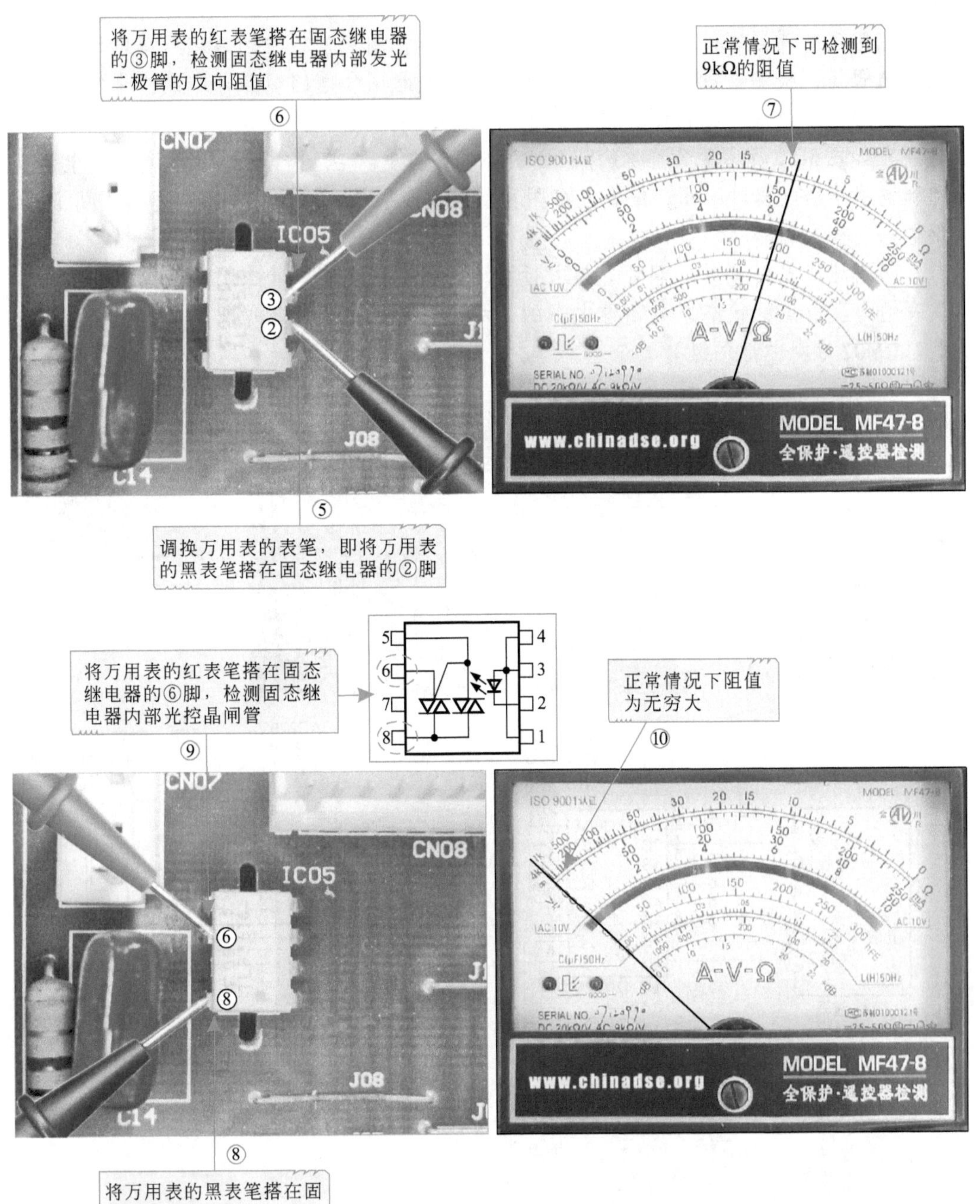

图5-49　固态继电器TLP3616的检测方法

正常情况下测得TLP3616的③脚和②脚的正向阻值为6kΩ，反向阻抗为9kΩ；而⑥脚和⑧脚之间的正反向阻值均为无穷大。若检测出的阻值与正常值偏差较大，说明固态继电器TLP3616损坏，需要对其进行更换。

特别提示

在变频空调器室外机中通常采用电磁继电器控制室外机中的轴流风扇电动机、电磁四通阀等，检测这种继电器之前，要先通过电路图和电路板背部印制线来查找继电器的引脚，若无法找到机型相对应的电路图纸，也可使用其他相近机型的电路图进行对照。如图5-50所示为海信KFR-35GW/06ABP型变频空调器室外机轴流风扇电动机控制电路及继电器对照图，结合电路图和电路板印制线，可查找出继电器的引脚顺序、供电电压输入端等。

明确继电器引脚后，即可对其进行检测。一般可在断电状态下检测继电器线圈阻值和继电器触点的状态来判断继电器的好坏（下面以室外机轴流风扇电动机的控制继电器RY02为例进行介绍）。

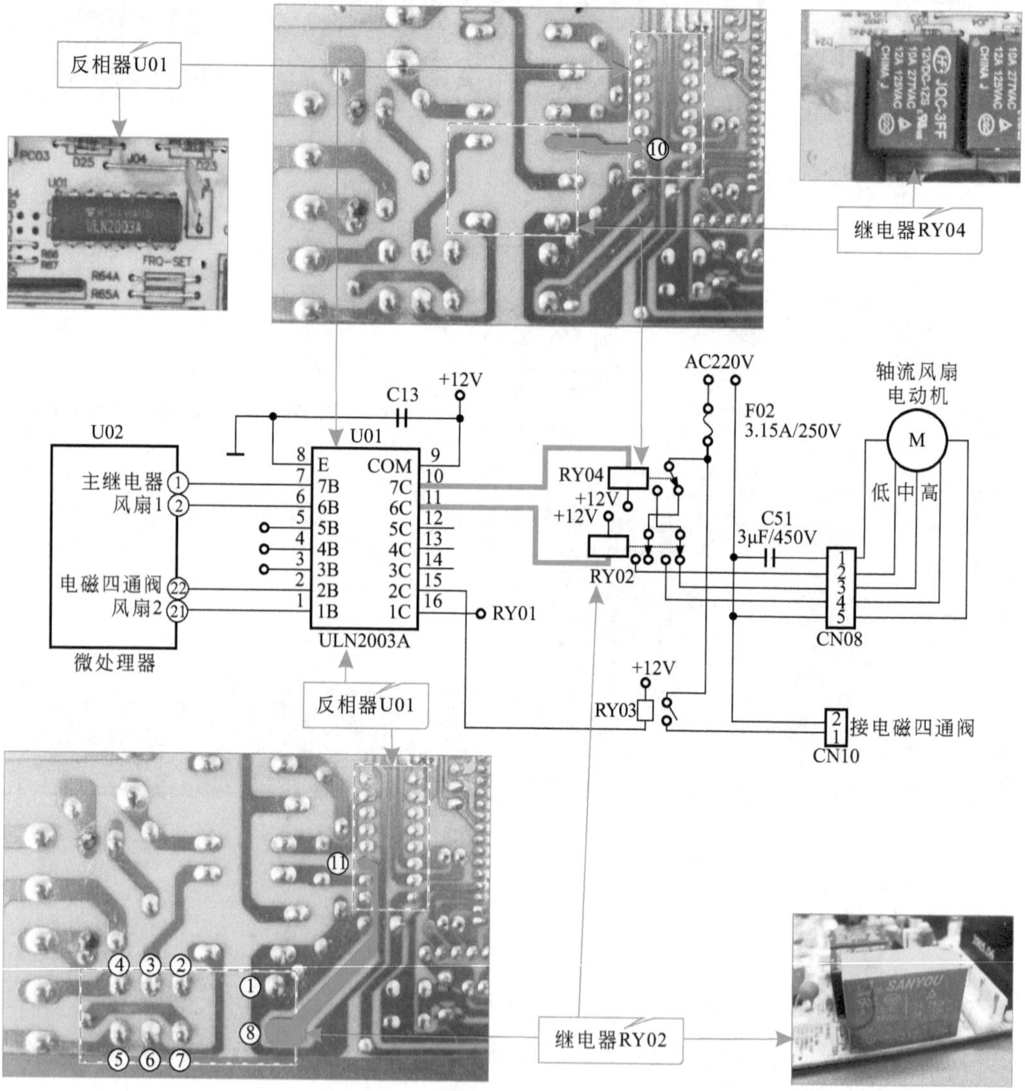

图5-50　海信变频空调器室外机风扇控制电路及继电器对照图

变频空调器控制电路中继电器的检测方法，如图5-51所示。

使用万用表对继电器的内部线圈进行检测（以RY02为例）。正常时在继电器RY02线圈两端引脚上（①脚、⑧脚），可测得阻值为250Ω左右的电阻值，若阻值趋于零或无穷大则说明其已损坏，应进行更换。

若继电器线圈阻值正常，可参照电路图中，明确其触点在常态下的状态，然后用万用表电阻挡检测其触点。正常情况下，常开触点两引脚阻值应为无穷大，常闭触点两引脚阻值应为零，否则说明继电器触点异常，应进行更换。

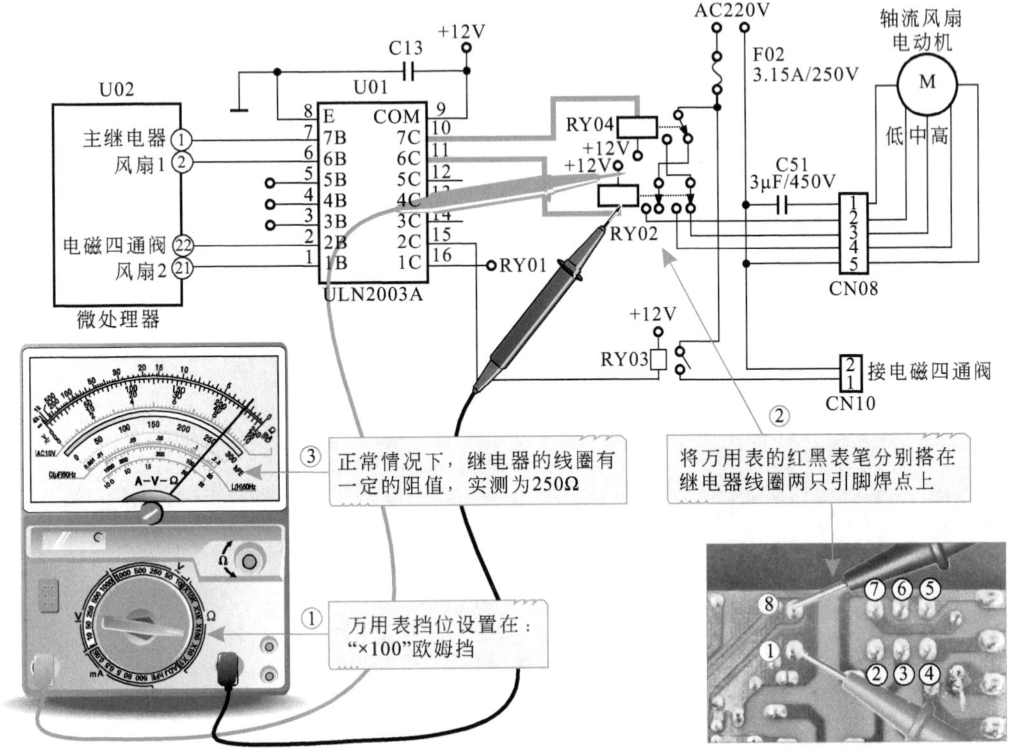

图5-51　继电器RY02线圈侧阻值的检测方法

第6章 变频空调器遥控电路的检修技能

6.1 认识变频空调器的遥控电路

变频空调器的遥控电路主要是用于为变频空调器输入人工指令，接收电路收到指令后送往控制电路中的微处理器，同时由接收电路中的显示部件显示变频空调器的当前工作状态。

6.1.1 变频空调器遥控电路的结构特点

变频空调器的遥控电路主要是由遥控器及接收电路两部分构成的，如图6-1所示。其中遥控器是指一个发送遥控指令的独立电路单元，用户通过遥控器将人工指令信号以红外光的形式发送给变频空调器的接收电路板中；接收电路将接收的红外光信号转换成电信号，并进行放大，滤波和整形处理后变成控制脉冲，送给室内机的微处理器中。

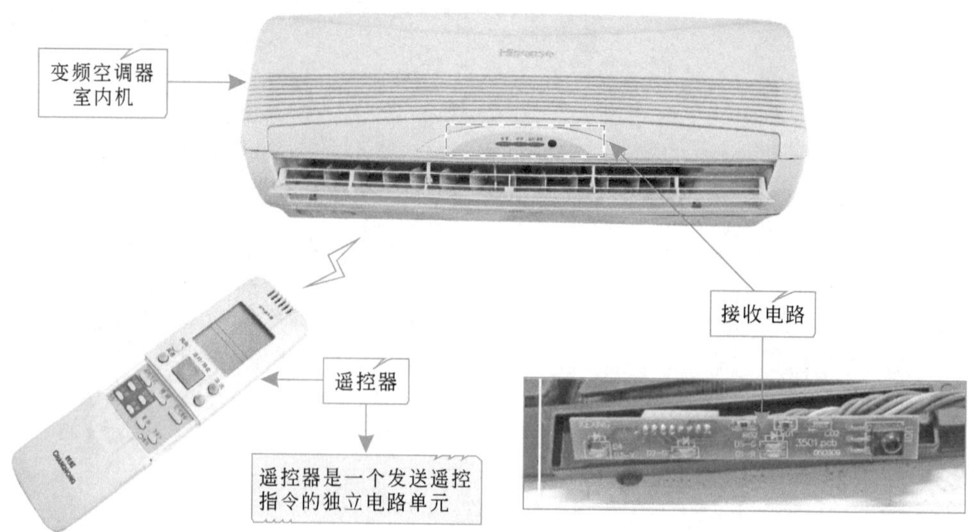

图6-1　变频空调器的遥控电路

（1）遥控器的结构

变频空调器的遥控器是一种便携式红外光指令发射器。用户在使用时，通过遥控发射器将人工指令信号以红外发光的形式发送给变频空调器的遥控电路，来控制变频空调器的工作，图6-2所示为遥控器的实物外形。

由图可知，遥控器主要是由操作按键、显示屏、调制编码控制微处理器以及红外发光二极管等构成的。

① 操作按键　操作按键主要用来输入人工指令，为遥控发射电路微处理器提供人工指令信号，通过不同的功能按键来发送不同的指令信号。图6-3所示为不同遥控器中的操作按键。

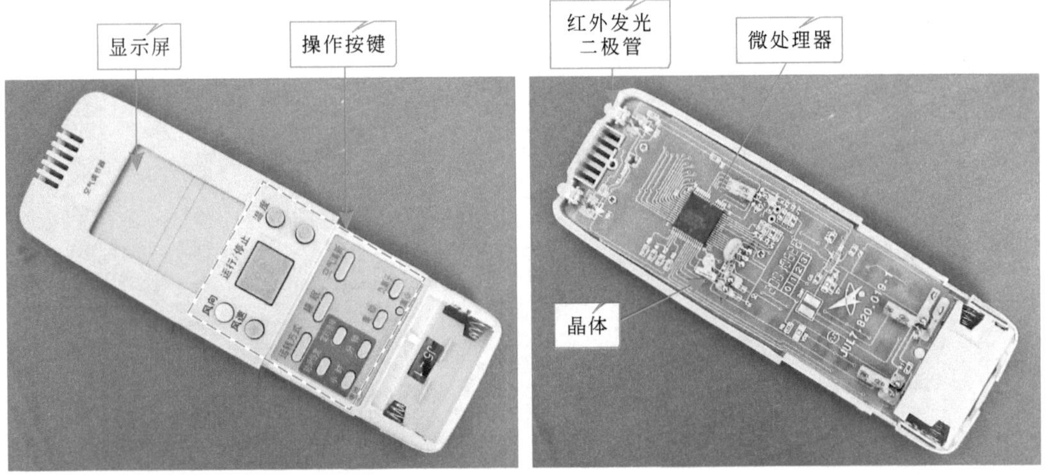

图6-2　遥控发射器的实物外形

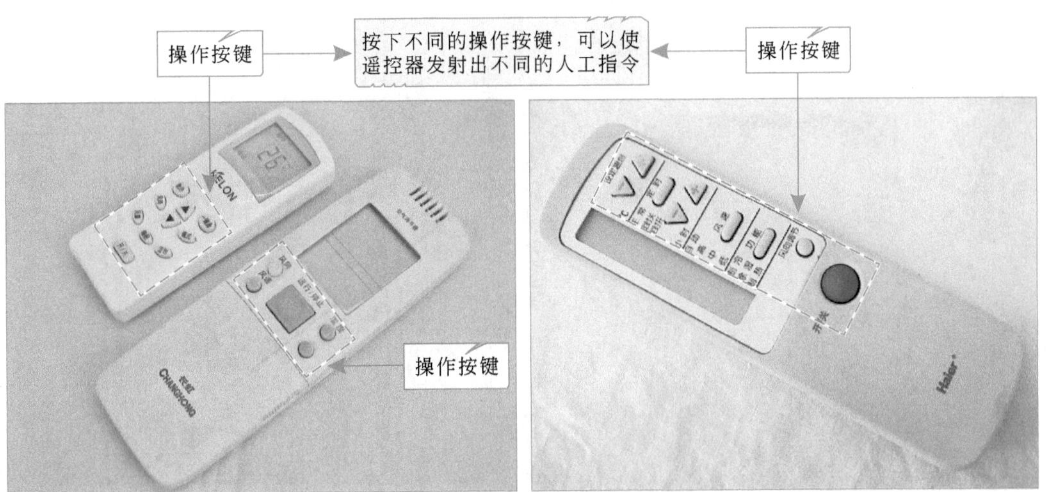

图6-3　不同遥控器中的操作按键

知识拓展

不同品牌不同型号变频空调器的操作按键也各有特点，图6-4所示为长虹变频空调器遥控器的按键分布，由图可知，该遥控器设有外部操作按键和隐藏的内部操作按键，其中，外部操作按键位于遥控发射器的外表面，内部操作按键需将遥控发射器的滑盖打开后，方可看到，用户可根据不同的需求选择操作按键对变频空调器进行控制。

② 显示屏　遥控器中的显示屏是一种液晶显示器件，主要用来显示变频空调器当前的工作状态（或用户设定的信息），例如风速、温度、定时以及其他功能等信息，其外形如图6-5所示。

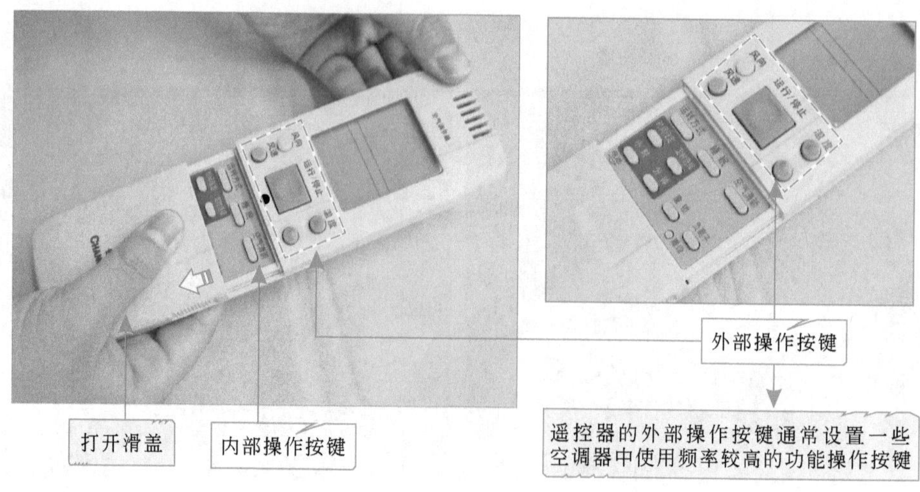

图6-4　长虹变频空调器遥控发射器的操作按键

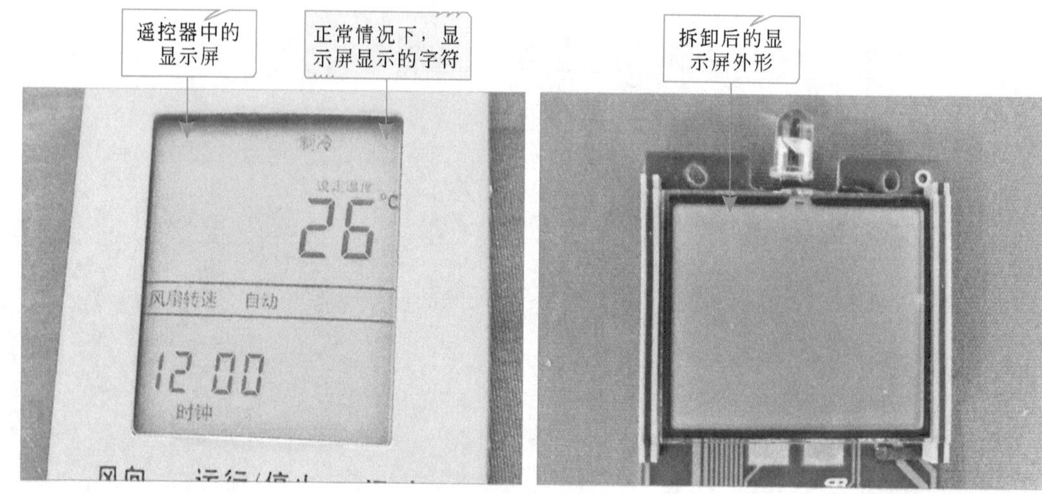

图6-5　显示屏的实物外形

特别提示

在遥控发射器中装入电池后，显示屏会显示全部的字符，进入自检状态，然后清屏并显示正常情况下的字符，这时就可以使用遥控发射器对变频空调器进行控制了。

知识拓展

有些遥控器中的显示屏通过导电硅胶作为导体与外围电路相互连接，如图6-6所示，在该显示屏与电路板引脚之间安装有一种导电硅胶，使电路板中的触点与显示屏中的引脚进行连接，从而完成数据的传送。

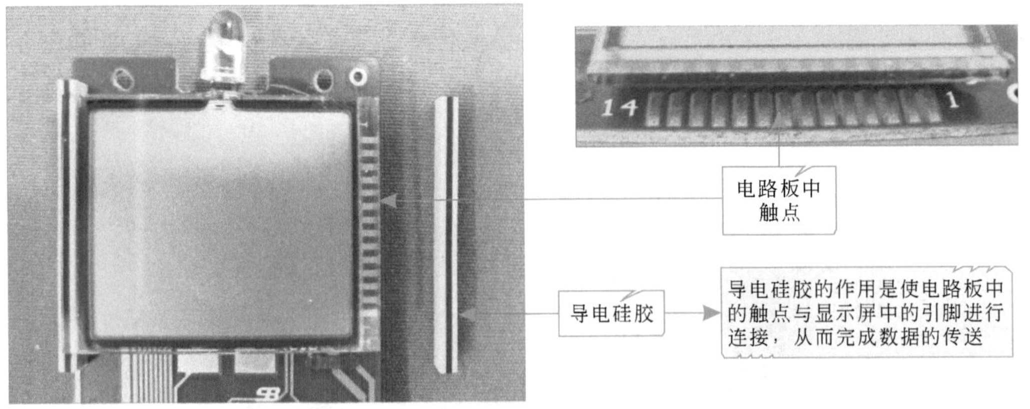

图6-6 显示屏的连接

③ 微处理器及晶体　微处理器及晶体是遥控器中的关键器件，如图6-7所示。

其中，微处理器可以对变频空调器的各种控制信息进行编码，然后将编码的信号调制到载波上，通过红外发光二极管以红外光的形式发射到变频空调器室内机的遥控电路中。

晶体或陶瓷谐振器与微处理器内部的振荡电路构成晶体振荡器，用于为微处理器提供时钟信号，该信号也是微处理器的基本工作条件之一。通常情况下，晶体安装在微处理器附近，在其表面通常会标有振荡频率数值。

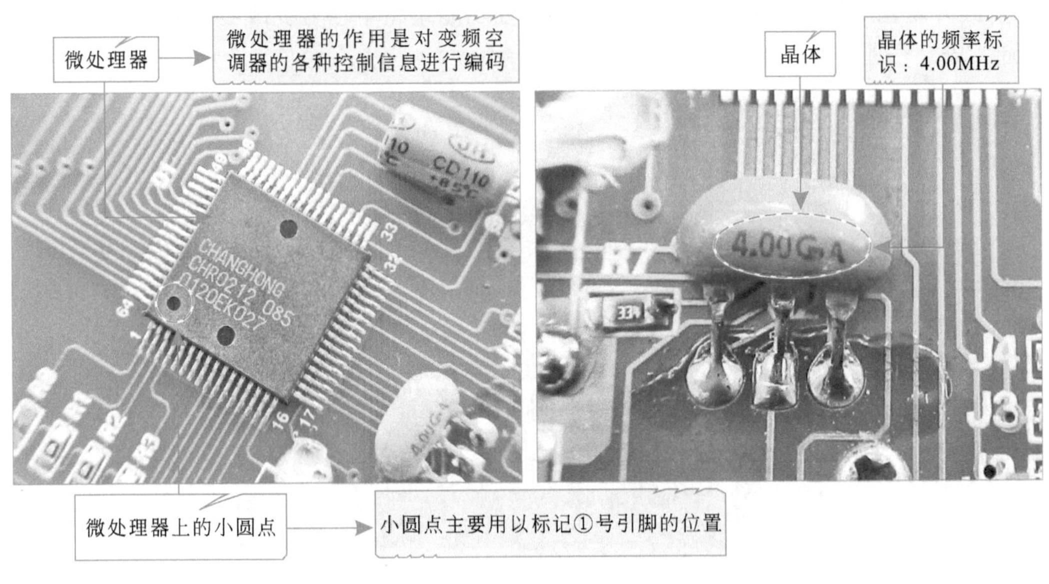

图6-7 微处理器以及晶体的实物外形

知识拓展

在遥控器的电路中，通常会安装有两个晶体，如图6-8所示，其中4MHz的主晶体与微处理器内部的振荡电路产生高频时钟振荡信号，该信号为微处理器芯片提供主时钟信号。

另外一个晶体为32.768kHz的副晶体，该晶体也与微处理器内部的振荡电路配合工作，产生32.768kHz的低频时钟振荡信号，这个低频振荡信号主要是为微处理器的显示驱动电路提供待机时钟信号。

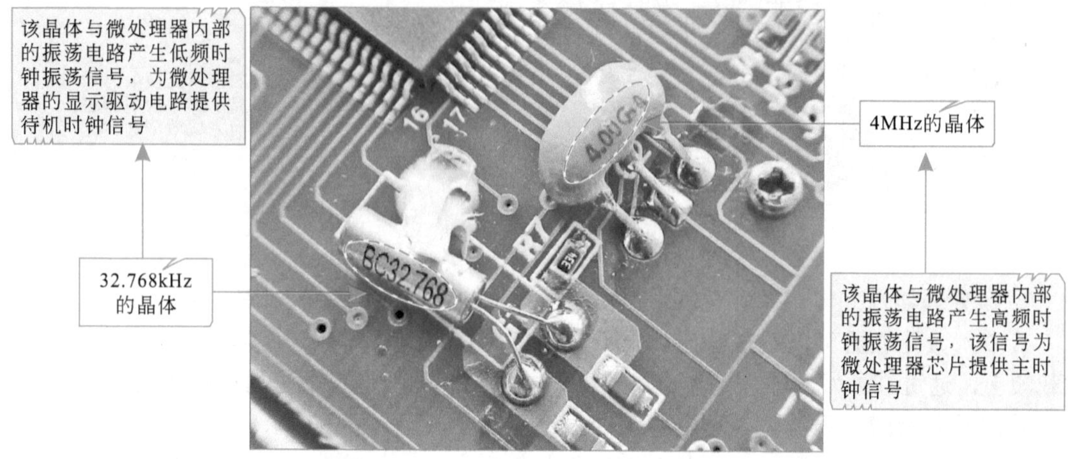

图6-8　遥控器中的晶体（或陶瓷谐振器）

④ 红外发光二极管　红外发光二极管的主要功能是将电信号变成红外光信号并发射出去。通常安装在遥控器的前端部位，如图6-9所示。

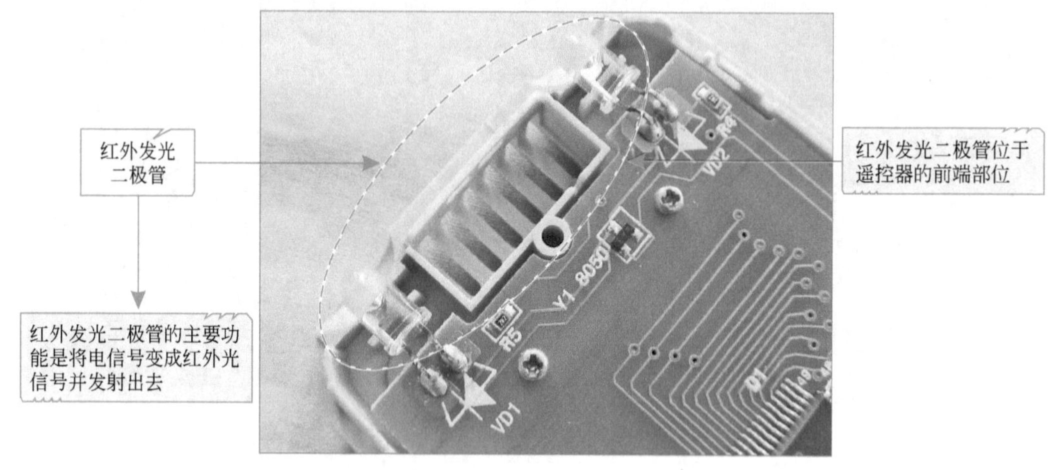

图6-9　红外发光二极管的安装部位及实物外形

（2）接收电路的结构

变频空调器的遥控电路主要用于接收遥控器发出的人工指令，并将接收到的信号进行放大、滤波、整形等一系列的处理后，将其变成控制信号，送到室内机的微处理器中，为微处理器提供人工指令。图6-10所示为变频空调器中遥控电路的实物外形。

由图可知，变频空调器的遥控电路与发光二极管显示电路制作在一块电路板上。

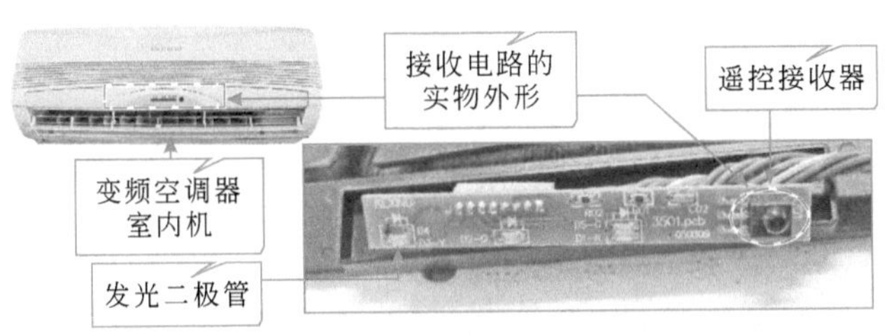

图6-10 变频空调器中遥控电路的实物外形

① 发光二极管　发光二极管主要是在微处理器的驱动下显示当前变频空调器的工作状态。图6-11所示为发光二极管的实物外形，由图可知，发光二极管D3用来显示变频空调器的电源状态；D2用来显示变频空调器的定时状态；D5和D1分别用来显示变频空调器的正常运行和高速运行状态。

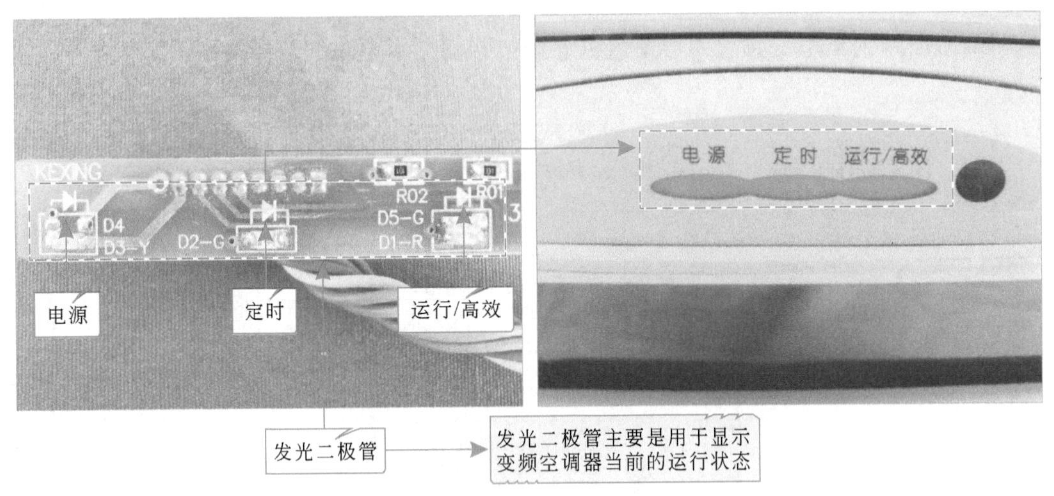

图6-11 发光二极管D1～D5的实物外形

② 遥控接收器　遥控接收器主要是用来接收由遥控器发出的人工指令，并将接收到的信号进行放大、滤波以及整形等处理后，将其变成脉冲控制信号，送到室内机的微处理器中，为控制电路提供人工指令。图6-12所示为遥控接收器的实物外形。

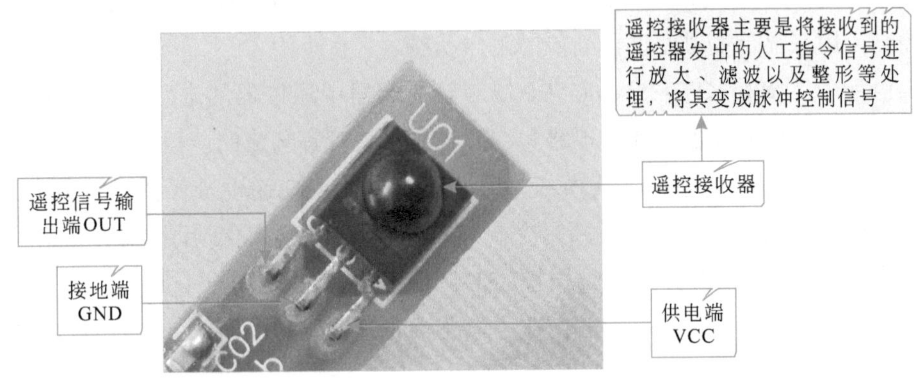

图6-12 遥控接收器U01的实物外形

由图可知，遥控电路中的遥控接收器主要有三个引脚端，分别为接地端、电源供电端和信号输出端。

6.1.2 变频空调器室内机遥控电路的工作原理

变频空调器的遥控电路将遥控器送来的人工指令进行接收，并将接收的红外光信号转换成电信号，送给变频空调器室内机的控制电路中执行相应的指令。

变频空调器室内机的控制电路将处理后的显示信号送往显示电路中，由该电路中的显示部件显示变频空调器的当前工作状态。

图6-13所示为典型变频空调器室内机遥控电路和显示电路的信号关系。

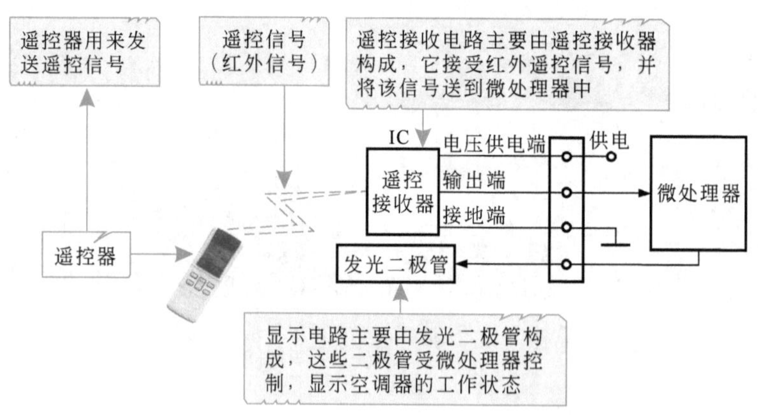

图6-13　典型变频空调器室内机遥控电路和显示电路的信号关系

从图中可以看出，用户通过遥控器将人工指令信号以红外光的形式发送给变频空调器室内机的接收电路，接收电路将接收的信号进行转换后，并进行放大，滤波和整形处理变成控制脉冲，然后送给变频空调器室内机控制电路的微处理器中，同时微处理器对显示电路进行控制，用来显示变频空调器当前的工作状态。

图6-14所示为海信KFR-35W/06ABP型变频空调器中遥控器的电路图，由图可知，遥控器电路主要是由微处理器、操作电路和红外发光二极管等构成的。

由图可知，遥控器通电后，其内部电路开始工作，用户通过操作按键输入人工指令，该指令经微处理器处理后，形成控制指令，然后经数字编码和调制后由⑲脚输出，经晶体管V1、V2放大后去驱动红外发光二极管LED1和LED2，红外发光二极管LED1和LED2通过辐射窗口将控制信号发射出去，并由遥控电路接收，如图6-15所示。

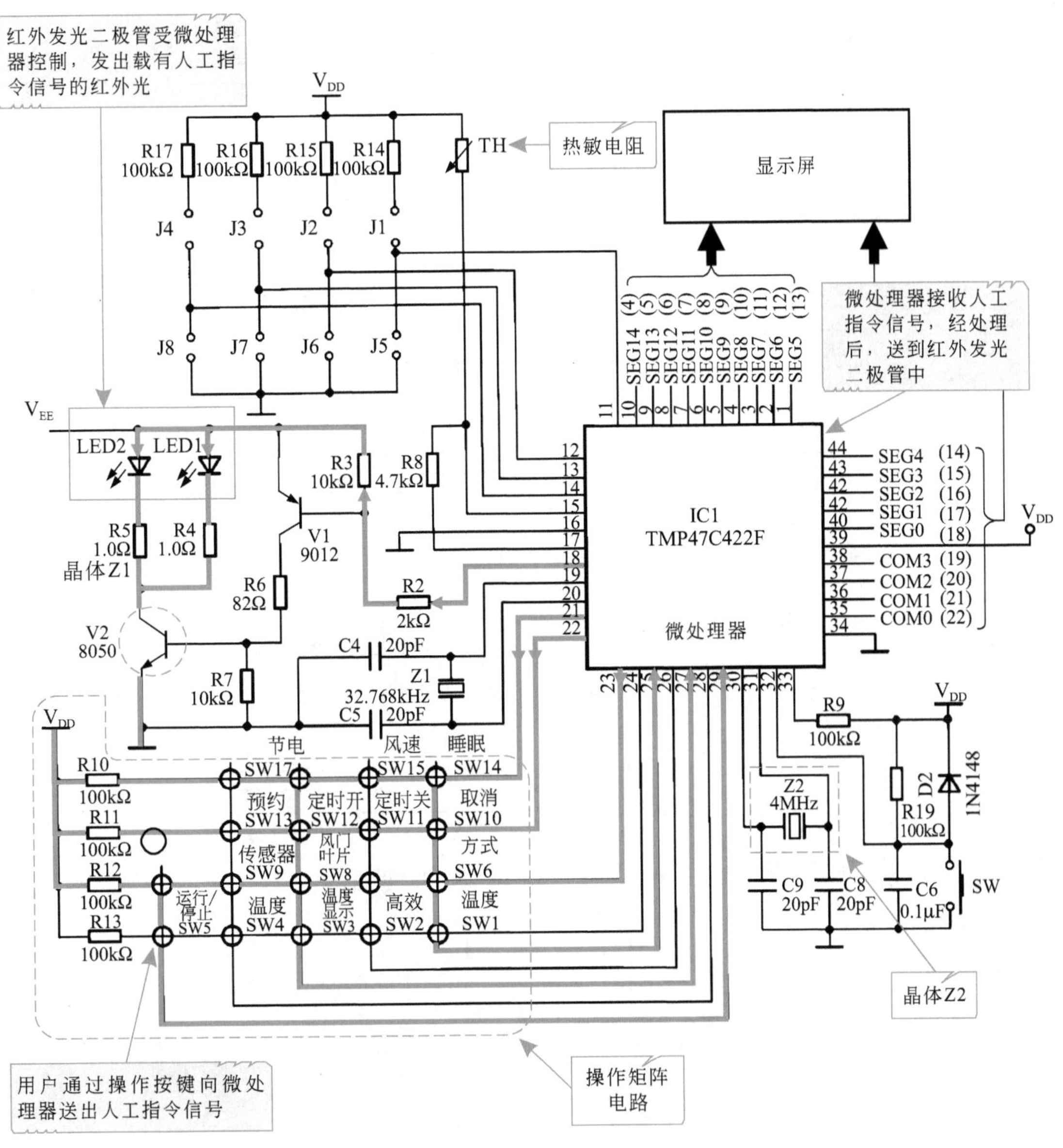

红外发光二极管受微处理器控制，发出载有人工指令信号的红外光
热敏电阻
显示屏
微处理器接收人工指令信号，经处理后，送到红外发光二极管中
IC1
TMP47C422F
微处理器
晶体Z1
晶体Z2
用户通过操作按键向微处理器送出人工指令信号
操作矩阵电路

图6-14

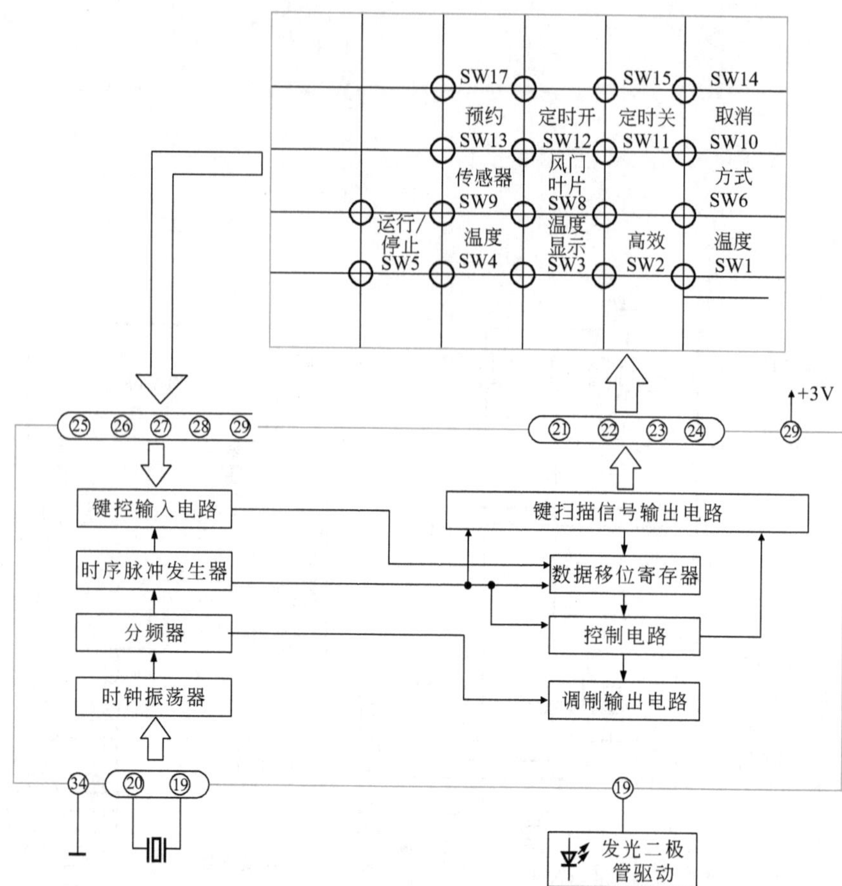

图6-14　海信KFR-35W/06ABP型变频空调器中遥控器的电路图

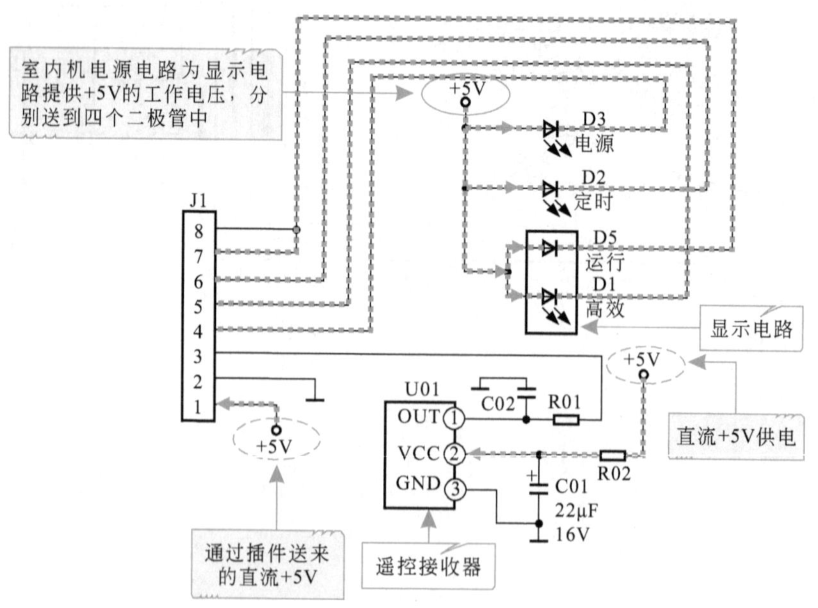

图6-15　海信KFR-35W/06ABP型变频空调器中遥控电路的电路图

由图可知，海信KFR-35W/06ABP型变频空调器中遥控电路的电路主要是由遥控接收器、发光二极管等元器件构成的。

遥控接收器的②脚为5V的工作电压，①脚输出遥控信号并送往微处理器中，为控制电路输入人工指令信号，使变频空调器执行人工指令，同时控制电路输出的显示驱动信号，送往发光二极管中，显示变频空调器的工作状态。其中，发光二极管D3是用来显示空调器的电源状态；D2是用来显示空调器的定时状态；D5和D1分别用来显示空调器的正常运行和高速运行状态。

特别提示

遥控接收器是接收红外光信号的电路模块，当遥控器发出红外光信号后，遥控接收器的光电二极管将接收到的红外脉冲信号（光信号）转变为电信号，再经AGC放大（自动增益控制）、滤波和整形后，形成控制信号再传输给微处理器。图6-16所示为遥控接收器的内部电路结构。

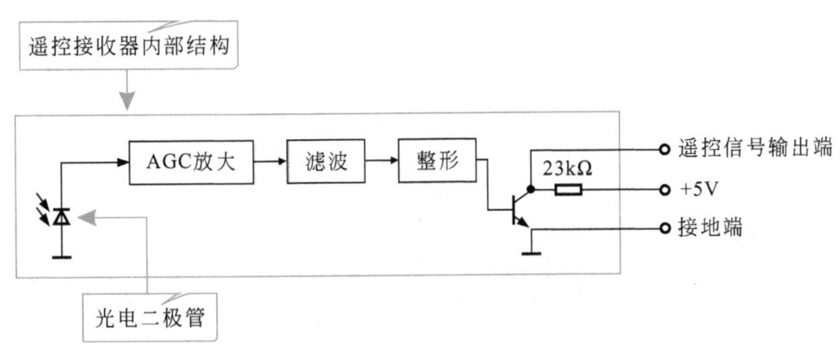

图6-16　遥控接收器的内部电路结构

6.2 变频空调器遥控电路的检修流程

6.2.1 变频空调器遥控电路的故障特点

变频空调器的遥控电路出现故障后，通常会导致变频空调器控制失常、显示异常等故障特点，不同元器件出现损坏后，造成的故障也不相同。

（1）遥控器的故障特点

变频空调器中遥控器出现故障后，则会造成用户使用遥控器时，变频空调器不开机、制冷/制热不正常、风速无法调节等故障，如图6-17所示。

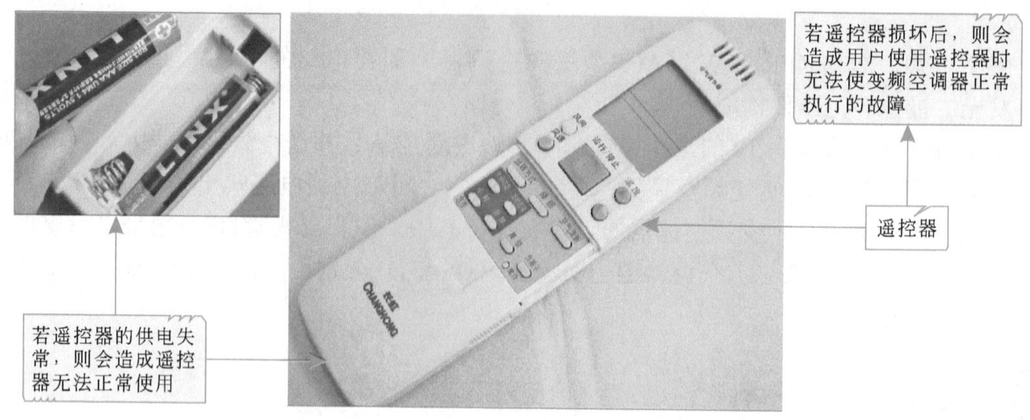

图6-17　遥控器的故障特点

（2）接收电路和显示电路的故障特点

接收电路出现故障时，则会造成变频空调器不能使用遥控器正常控制或操作失灵等故障现象，显示电路有故障会引起指示灯不亮或显示失常的故障。其故障特点如图6-18所示。

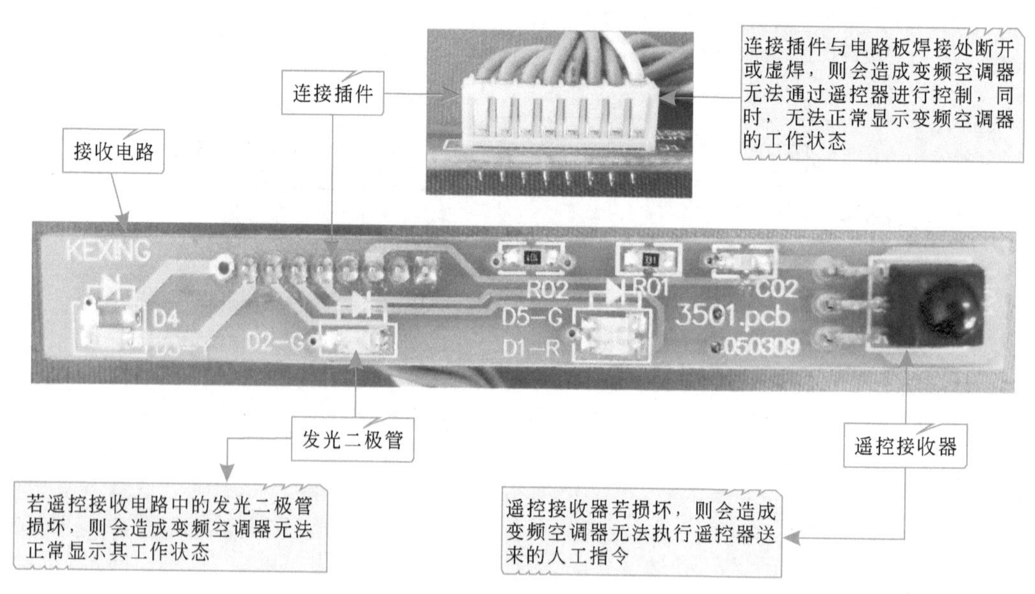

图6-18　接收电路的故障特点

6.2.2　变频空调器室内机遥控接收电路和显示电路的检修分析

遥控接收电路和显示电路是变频空调器实现人机交互的部分，该电路出现故障经常会引起控制失灵、显示异常等现象。对该电路进行检修时，可依据故障现象分析出产生故障的原因，并根据遥控接收电路和显示电路的信号流程对可能产生故障的部件逐一进行排查。

当遥控接收电路和显示电路出现故障时，首先应对遥控器中的发送部分进行检测，若该电路正常，再对室内机上的接收电路进行检测。图6-19所示为典型变频空调器遥控接收电路和显示电路的检修流程。

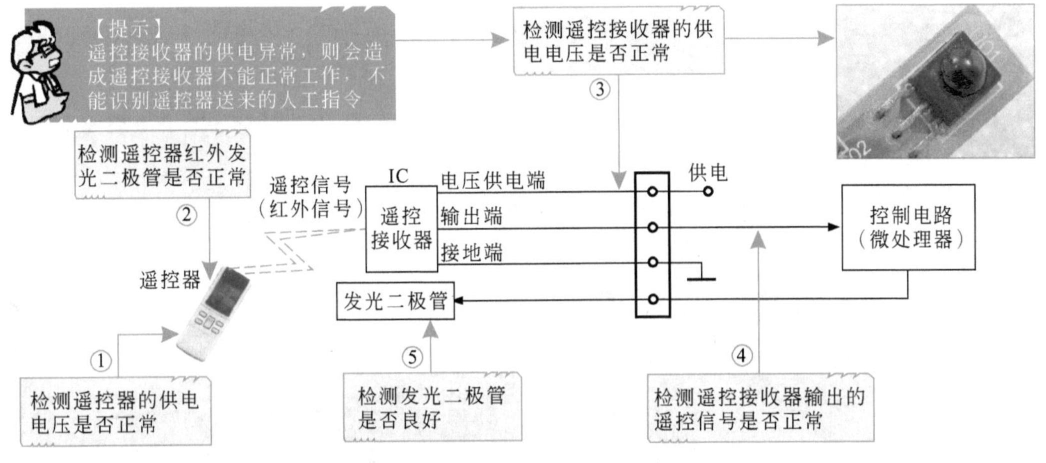

图6-19　典型变频空调器遥控接收电路和显示电路的检修流程

6.3 变频空调器室内机遥控电路的检修方法

遥控电路是变频空调器接收人工指令和显示工作状态的部分，该电路出现故障经常会引起控制失灵、显示异常等现象。对该电路进行检修时，可依据故障现象分析出产生故障的原因，并根据遥控电路的检修分析对可能产生故障的部件逐一进行排查。

（1）遥控器供电电压的检测方法

变频空调器出现无法输入人工指令的故障时，应先检测遥控器本身的供电电压是否正常。

若供电异常，则应对供电电池进行更换；若供电正常，则应对红外发光二极管的性能进行检测。

演示图解

遥控器供电电压的检测方法如图6-20所示。

（2）红外发光二极管的检测方法

若遥控器的供电正常，接下来则应对红外发光二极管进行检测。检测红外发光二极管时，可检测其正反向阻值是否正常。

正常情况下，红外发光二极管的正向阻值应有几十千欧的阻值，反向阻值应为无穷大。若检测该器件异常，则需要对红外发光二极管进行更换；若检测红外发光二极管正常，则需要对遥控接收器的微处理器及外围电路进行判断。

演示图解

红外发光二极管的检测方法如图6-21所示。

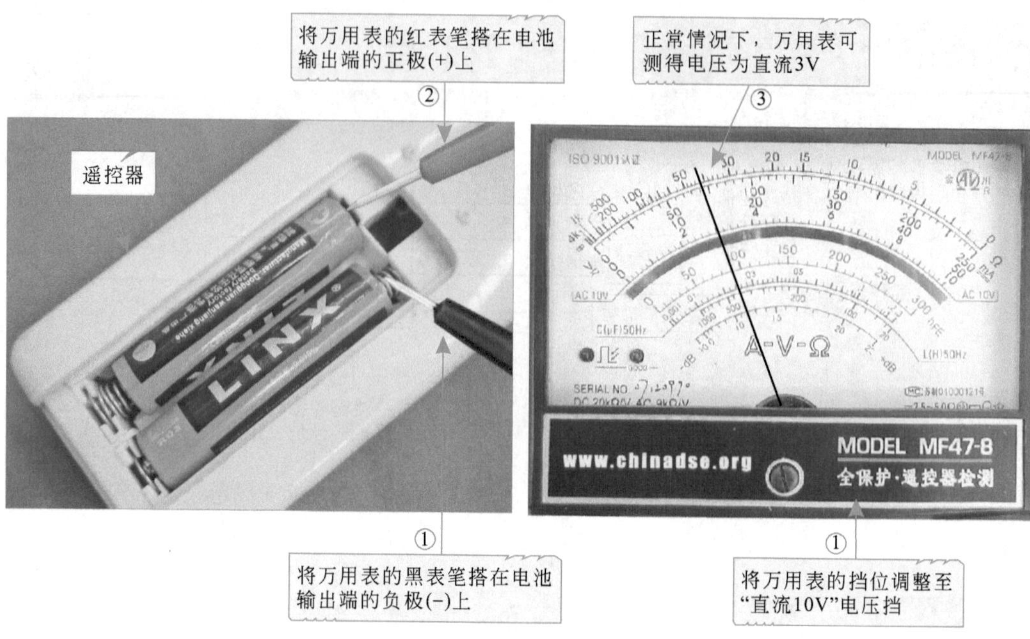

图6-20 遥控器供电电压的检测方法

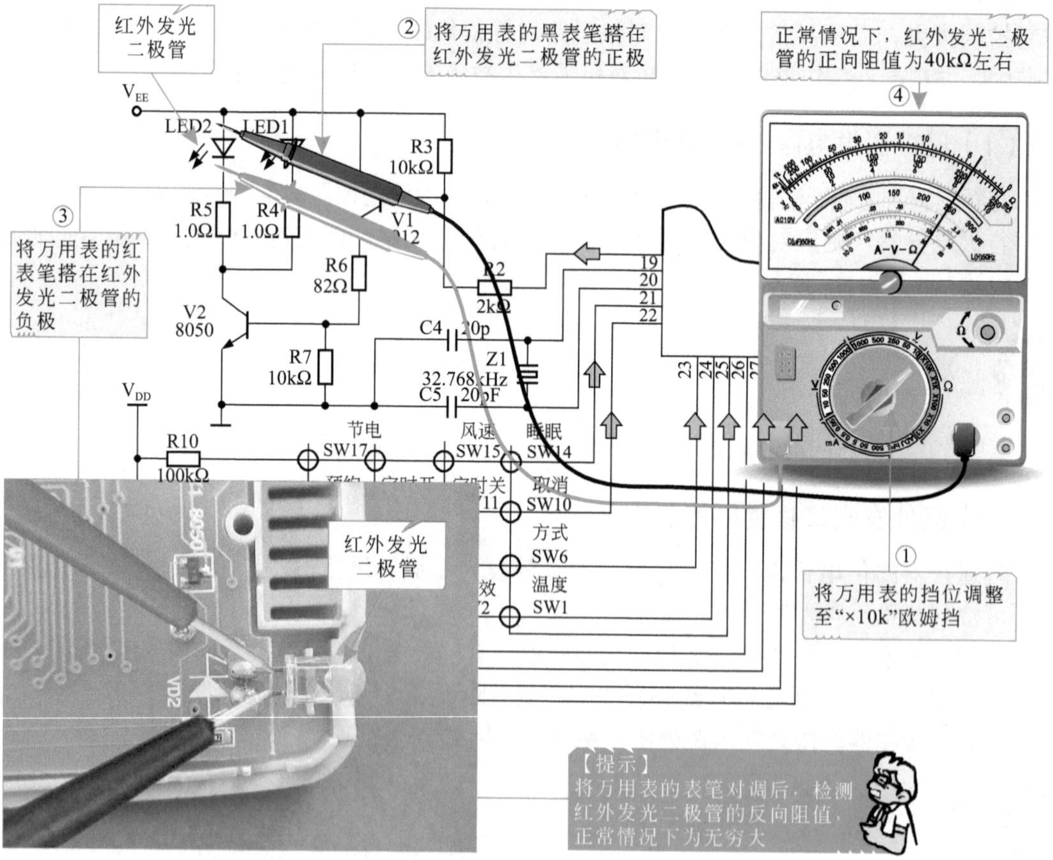

红外发光二极管

② 将万用表的黑表笔搭在红外发光二极管的正极

正常情况下，红外发光二极管的正向阻值为40kΩ左右 ④

③ 将万用表的红表笔搭在红外发光二极管的负极

① 将万用表的挡位调整至“×10k”欧姆挡

【提示】
将万用表的表笔对调后，检测红外发光二极管的反向阻值，正常情况下为无穷大

图6-21 红外发光二极管的检测方法

知识拓展

除了采用万用表检测红外发光二极管是否正常外，还可通其他一些快速测试法进行检测，例如通过手机照相功能观察红外发光二极管。当操作遥控器按键时，可看到红光；若将遥控器靠近收音机，当操作遥控器按键时，可听到“刺啦”声，如图6-22所示。

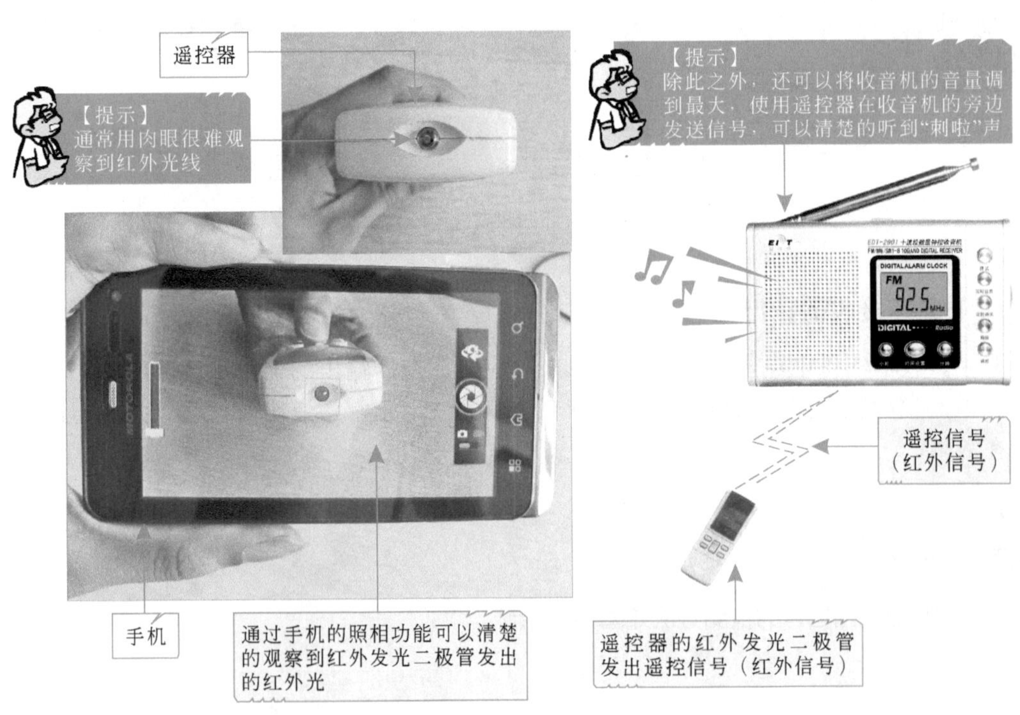

图6-22　检测红外发光二极管的性能

（3）遥控接收器供电电压的检测方法

若遥控器本身均正常，而故障依然存在时，则需要对遥控电路中的遥控接收器进行检测，检测时首先应对该器件的供电电压进行检测。

正常情况下，遥控接收器的供电电压应为+5V。若供电电压异常，则需要对电源电路进行检测；若供电电压正常，则应进一步对遥控接收器输出的信号进行检测。

演示图解

遥控接收器供电电压的检测方法如图6-23所示。

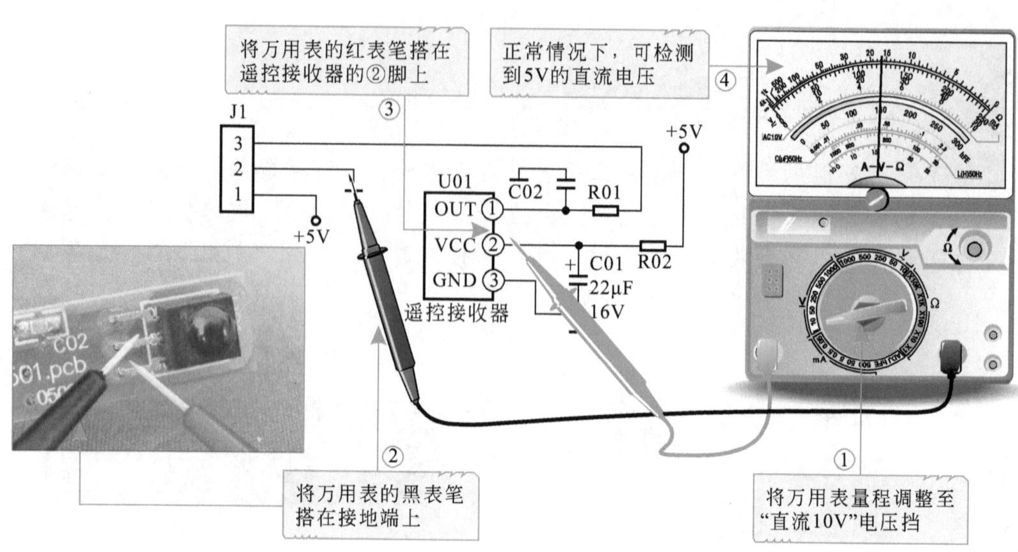

图6-23 遥控接收器供电电压的检测方法

（4）遥控接收器输出信号的检测方法

遥控接收器的供电电压正常时，接下来则应对遥控器输出的信号进行检测。若信号波形不正常，说明遥控接收器可能存在故障；若信号波形正常，说明微处理器控制电路等可能存在故障。

遥控接收器输出信号的检测方法如图6-24所示。

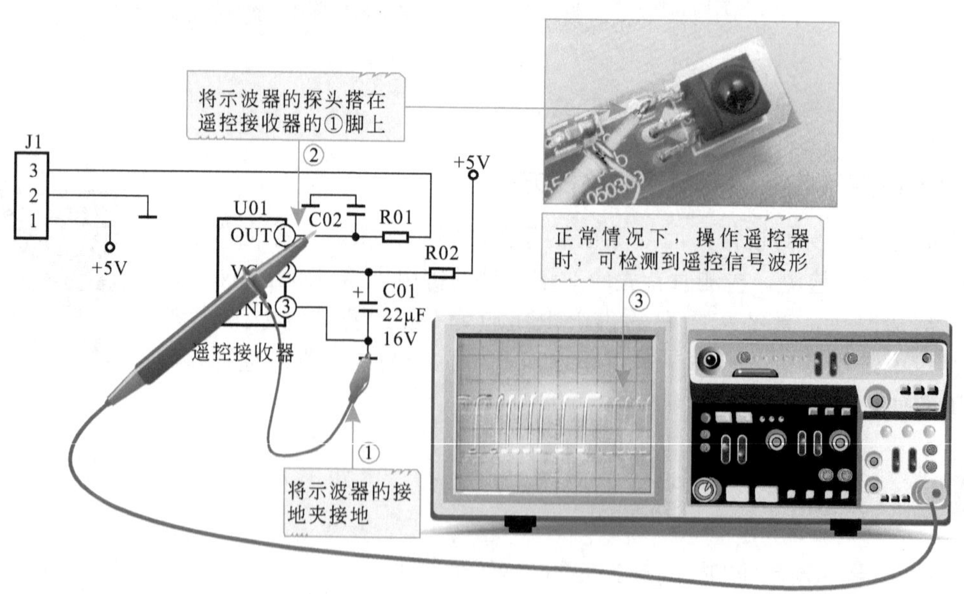

图6-24 遥控接收器输出信号的检测方法

若检测遥控接收器本身损坏时，可以使用同型号的遥控接收器进行更换，更换前，应将损坏的遥控接收器在电路板中拆卸下来。

演示图解

遥控接收器的拆卸方法如图6-25所示。

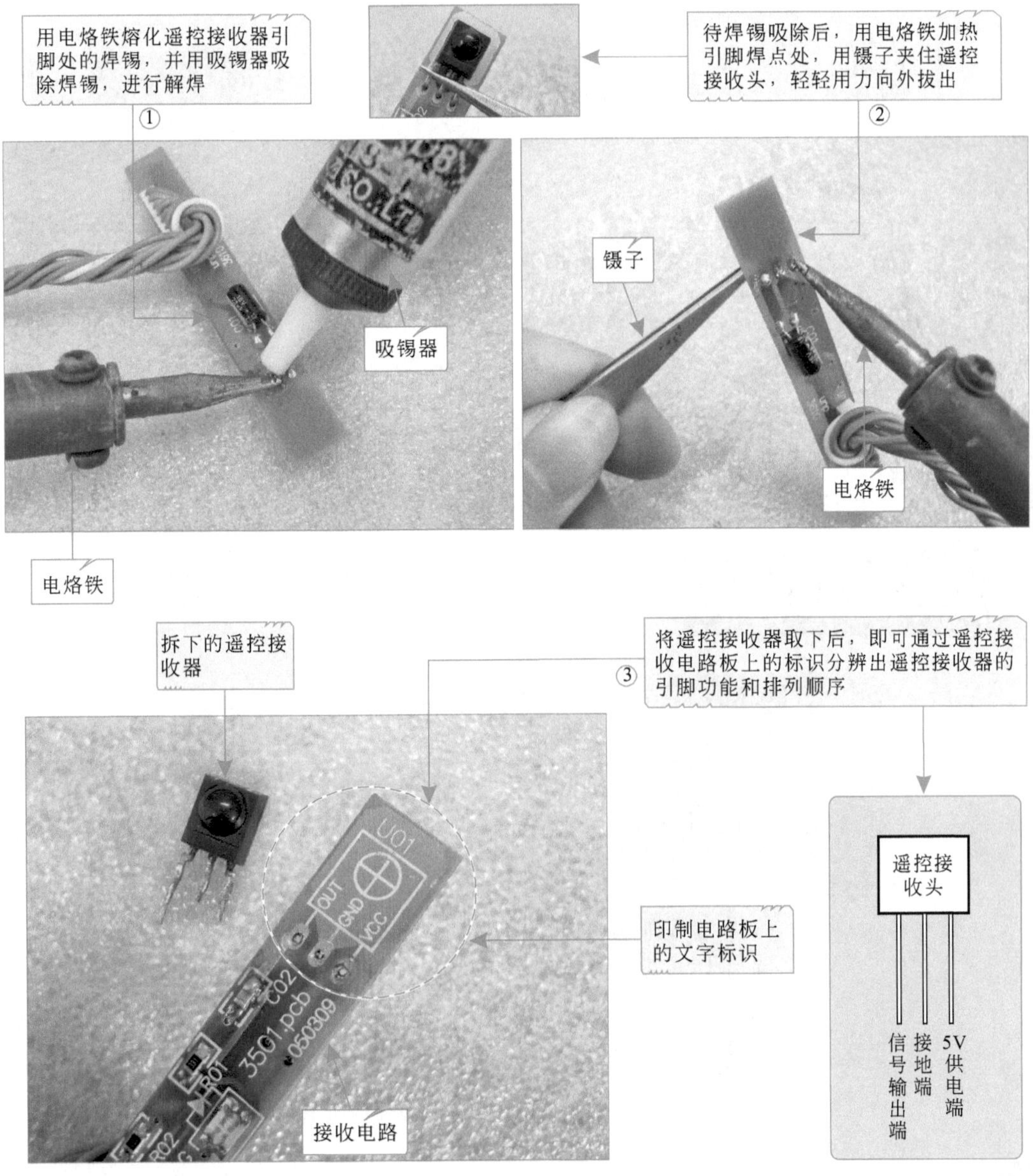

① 用电烙铁熔化遥控接收器引脚处的焊锡，并用吸锡器吸除焊锡，进行解焊

吸锡器

电烙铁

② 待焊锡吸除后，用电烙铁加热引脚焊点处，用镊子夹住遥控接收头，轻轻用力向外拔出

镊子

电烙铁

拆下的遥控接收器

③ 将遥控接收器取下后，即可通过遥控接收电路板上的标识分辨出遥控接收器的引脚功能和排列顺序

印制电路板上的文字标识

接收电路

U01 OUT GND VCC C02 3501.pcb 060309 R01 R02

遥控接收头

信号输出端 接地端 5V供电端

图6-25 遥控接收器的拆卸方法

取下损坏的遥控接收器后，应使用同型号的遥控接收器进行更换。若没有同型号的遥控接收器，还可以选择其他电子产品中的遥控接收器进行代换，例如，在彩色电视机、影

碟机等产品中找到合适的遥控接收器进行代换。

在代换前，应将代换用的遥控接收器与损坏的遥控接收器进行比较，确定引脚是否相对应。

将代换用的遥控接收器与损坏的遥控接收器进行比较如图6-26所示。

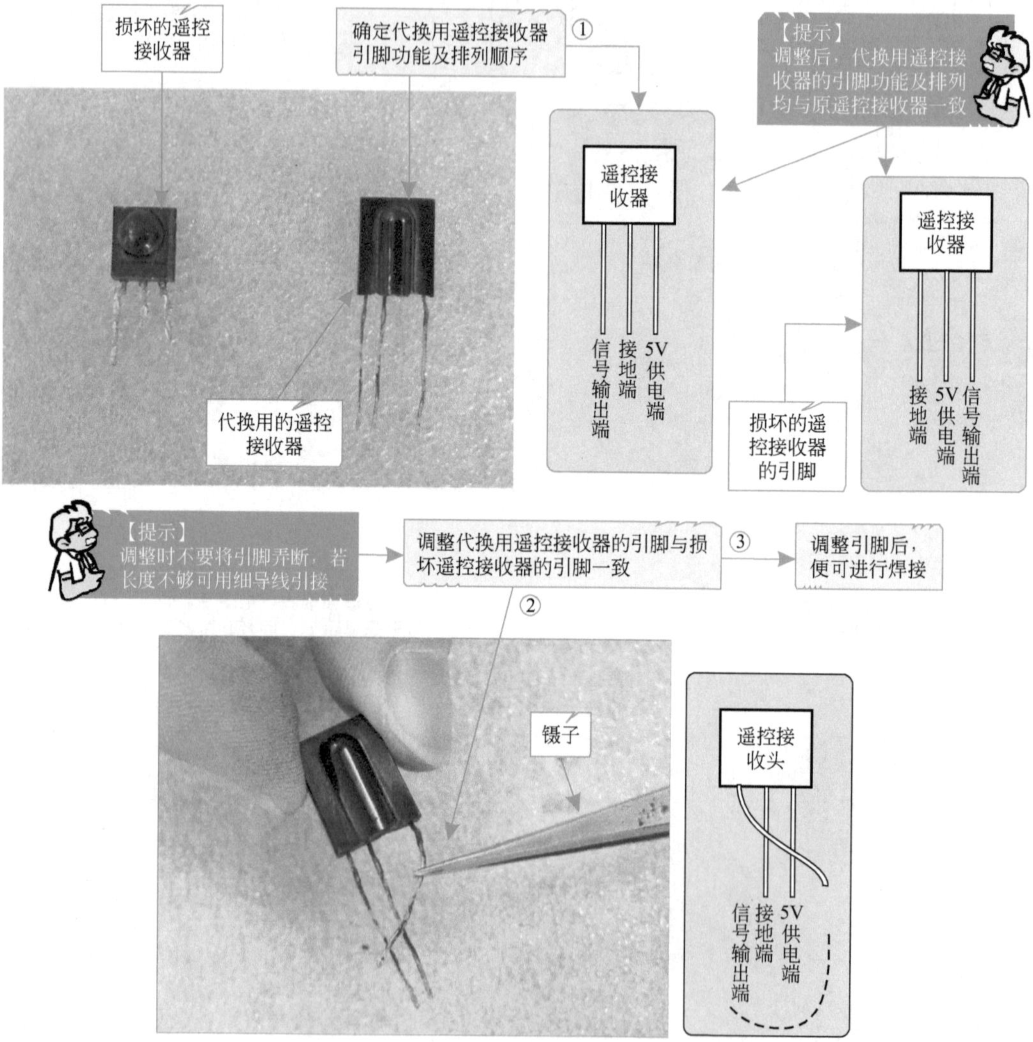

损坏的遥控接收器

确定代换用遥控接收器引脚功能及排列顺序 ①

【提示】调整后，代换用遥控接收器的引脚功能及排列均与原遥控接收器一致

遥控接收器
信号输出端 接地端 5V供电端

代换用的遥控接收器

损坏的遥控接收器的引脚

遥控接收器
接地端 5V供电端 信号输出端

【提示】调整时不要将引脚弄断，若长度不够可用细导线引接

调整代换用遥控接收器的引脚与损坏遥控接收器的引脚一致 ③ ②

调整引脚后，便可进行焊接

镊子

遥控接收头
信号输出端 接地端 5V供电端

图6-26　将代换用的遥控接收器与损坏的遥控接收器进行比较

在确定遥控接收器的引脚时，通过电路板标识信息判断遥控接收头的引脚功能是最直接、最简单有效的方法。

将调整完引脚的彩色电视机遥控接收头替换变频空调器中的遥控接收器时，首先将代换用遥控接收器插入原遥控电路板中原遥控接收器的引脚焊孔上，用电烙铁进行焊接。

演示图解

将代换用遥控接收头进行焊接，并进行通电试机如图6-27所示。

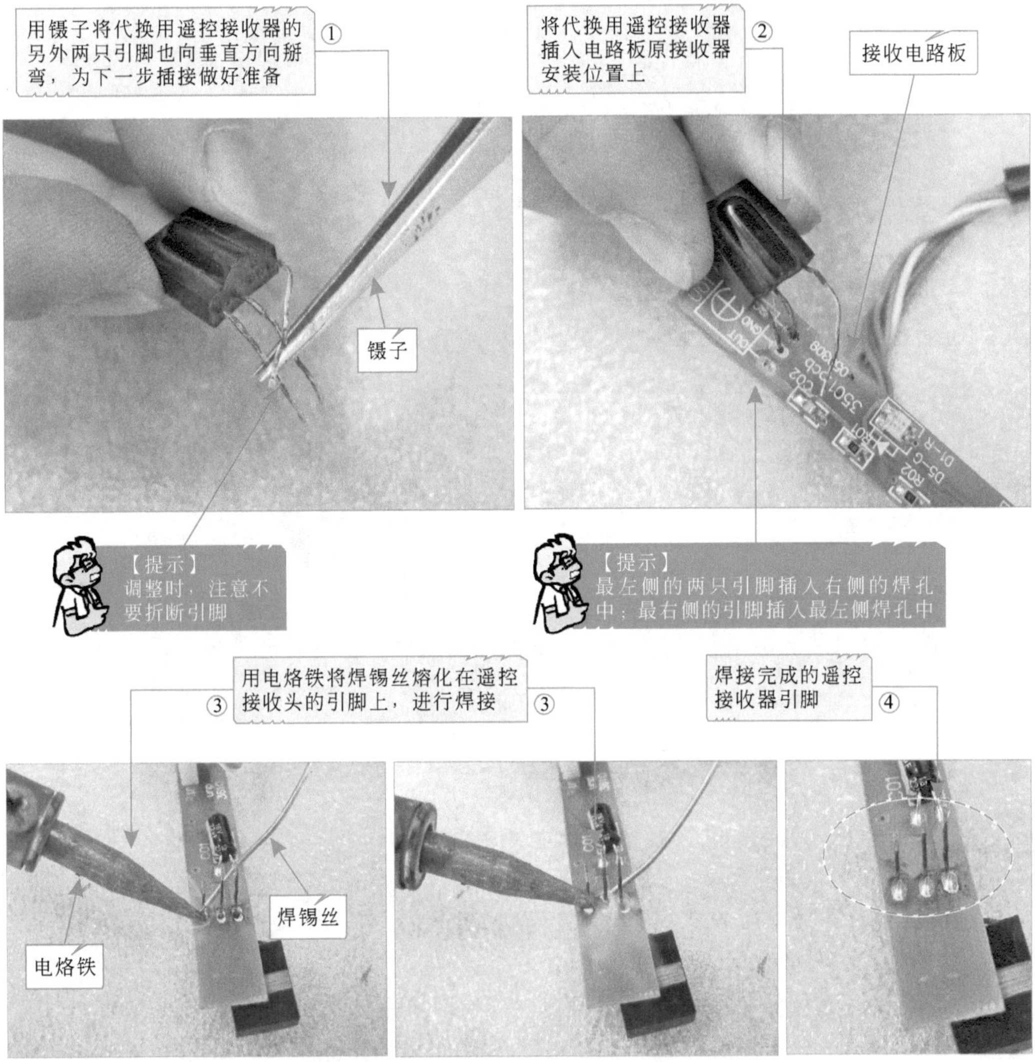

① 用镊子将代换用遥控接收器的另外两只引脚也向垂直方向掰弯，为下一步插接做好准备

镊子

【提示】调整时，注意不要折断引脚

② 将代换用遥控接收器插入电路板原接收器安装位置上

接收电路板

【提示】最左侧的两只引脚插入右侧的焊孔中；最右侧的引脚插入最左侧焊孔中

③ 用电烙铁将焊锡丝熔化在遥控接收头的引脚上，进行焊接

电烙铁

焊锡丝

④ 焊接完成的遥控接收器引脚

图6-27　焊接代换用遥控接收头

特别提示

在代换遥控接收器时，注意接地端与电源端切不可接反，否则通电后，将立即损坏遥控接收器。

接下来，将焊接后的遥控接收器引脚进行修整，完成代换操作。

演示图解

对焊好的遥控接收器引脚进行修整如图6-28所示。

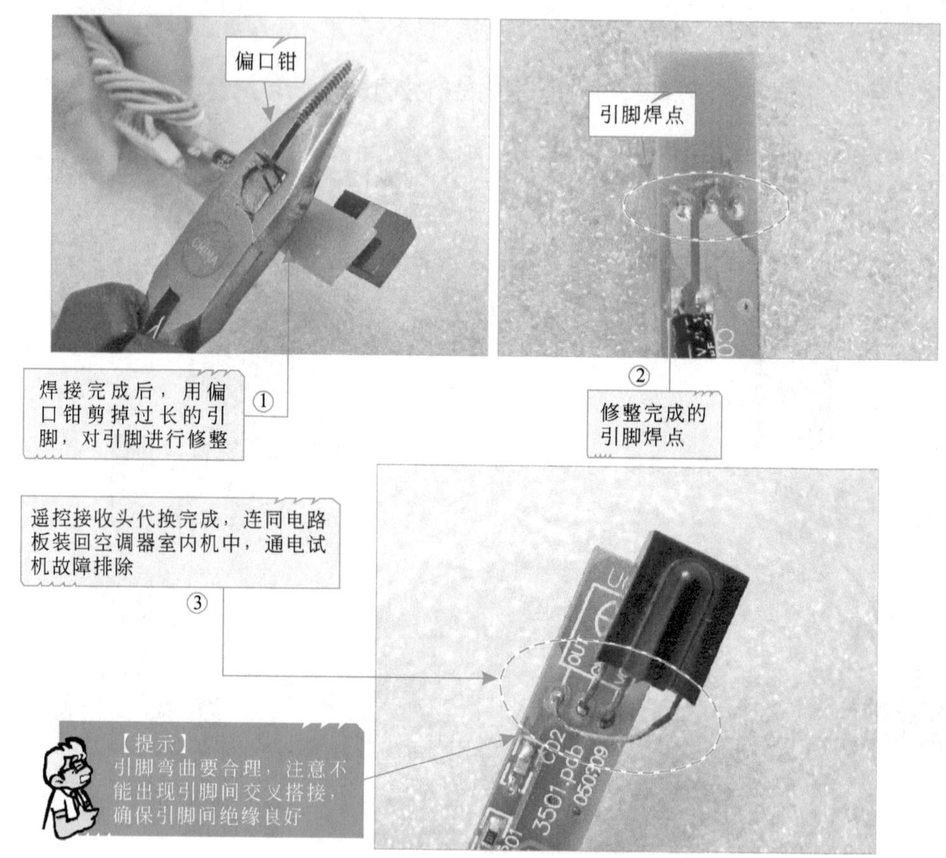

图6-28　对焊好的遥控接收头引脚进行修整

知识拓展

选择替代的遥控接收器时，应注意以下几点。

① 遥控接收器的中心频率与遥控器匹配。

大多数红外遥控接收器的中心频率为38kHz，它可接收37 ~ 39kHz的遥控器发射频率（相差1kHz），若偏差较大，则会出现遥控失灵现象。此时，则需要将遥控器的晶体更换为455kHz晶体（对应发射频率为38kHz）。

同样，若遇到一些中心频率为36kHz、37kHz、39kHz、40kHz的遥控接收器时，也可通过更换遥控器的晶体实现匹配，分别对应晶体为：432kHz、445kHz、465kHz、480kHz。

② 选择尺寸相似的遥控接收器

若原遥控接收器的尺寸较大，则选配时随意性大一些，可选择与之尺寸相近的代换，也可用体积小的型号代换；但若原遥控接收器尺寸较小，相应其安装电路板上的安装空间也相对较小，此时应注意选配小体积的遥控接收器进行代换。

在日常生活中，带有遥控功能的家用电器产品，大都采用红外遥控接收器，若出现损坏，且无法购得同型号遥控接收器时，可试用其他电器产品中的遥控接收器进行代换，如使用电视机中的遥控接收器代换变频空调器中的遥控接收器。

一般来说，无论哪种型号的接收器基本上均可采用常见型号代换。选配时应注意一下遥控接收器输出端的机型应一致。

大多数遥控接收器的信号输出端的信号极性为负极性，即在无遥控信号输入时，用万用表检测信号输出端为高电位（一般为4.8 ~ 5.0V）；当接收到遥控信号后，信号输出端的电压下降。但也有少数遥控接收器输出信号为正极性，若用常见型号接收器直接代换，则无法遥控，对于此种情况可在信号输出端加接反相器解决。

（5）发光二极管的检测方法

若变频空调器出现显示异常或不显示等故障时，需要对显示部分进行检测，如发光二极管。

正常情况下，发光二极管的正向应有几十千欧的阻值，反向阻值为无穷大。

演示图解

发光二极管的检测方法如图6-29所示。

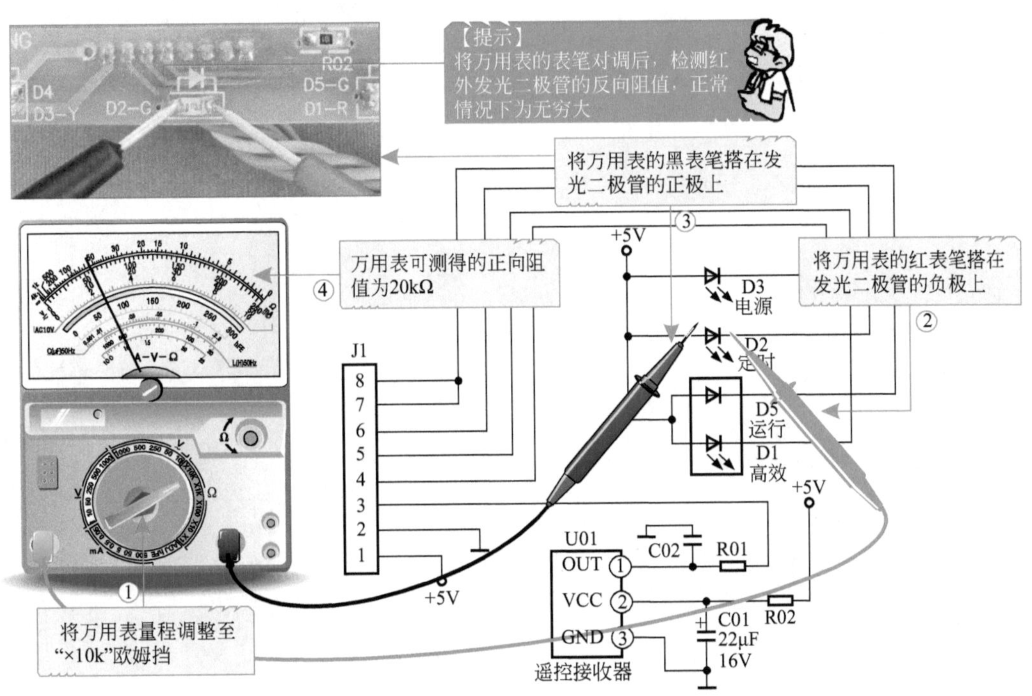

图6-29 发光二极管的检测方法

第7章 变频空调器电源电路的检修技能

7.1 认识变频空调器的电源电路

变频空调器的电源电路主要分为室内机电源电路和室外机电源电路两部分。室内机的电源电路与市电交流220V输入电压连接，为室内机控制电路板和室外机电路供电，而室外机电源电路则主要为室外机控制电路和变频电路等部分提供工作电压。

7.1.1 变频空调器电源电路的结构特点

变频空调器电源电路根据室内机和室外机的供电要求的不同，其电源电路也有所区别。变频空调器室内机的电源电路位于室内机控制电路板上。熔断器、滤波线圈、桥式整流电路等是电源电路的主要器件；变频空调器室外机的电源电路通常与室外机控制电路制作在一块电路板上，为室外机的主要器件及控制电路供电。

图7-1所示为典型变频空调器的电源电路。

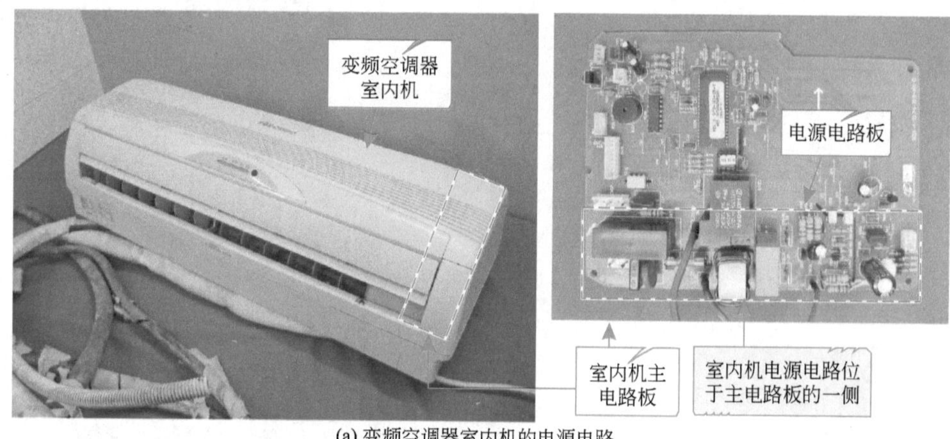

(a) 变频空调器室内机的电源电路

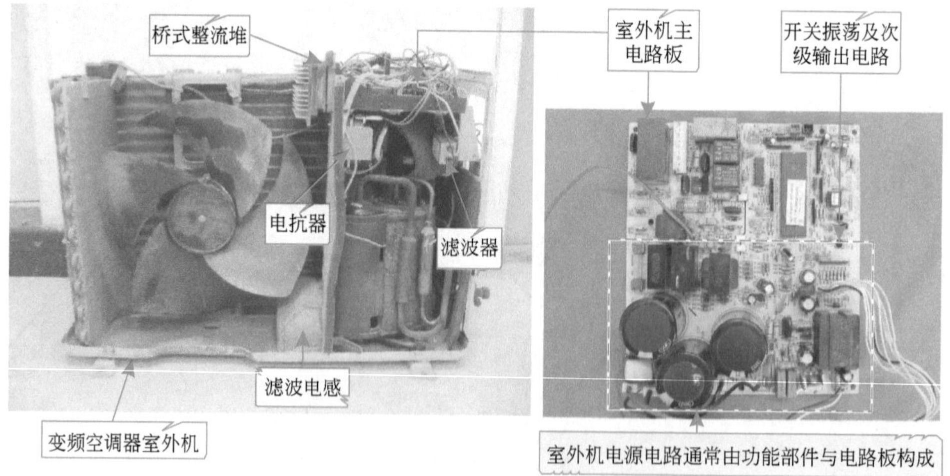

(b) 变频空调器室外机的电源电路

图7-1 典型（海信KFR-35GW/06ABP型）变频空调器的电源电路

（1）变频空调器室内机电源电路的结构特点

室内机的电源电路与市电220V输入端子连接，通过接线端子为室内机控制电路板和室外机等进行供电。图7-2所示为海信KFR-35GW/06ABP型变频空调器室内机电源电路的结构。

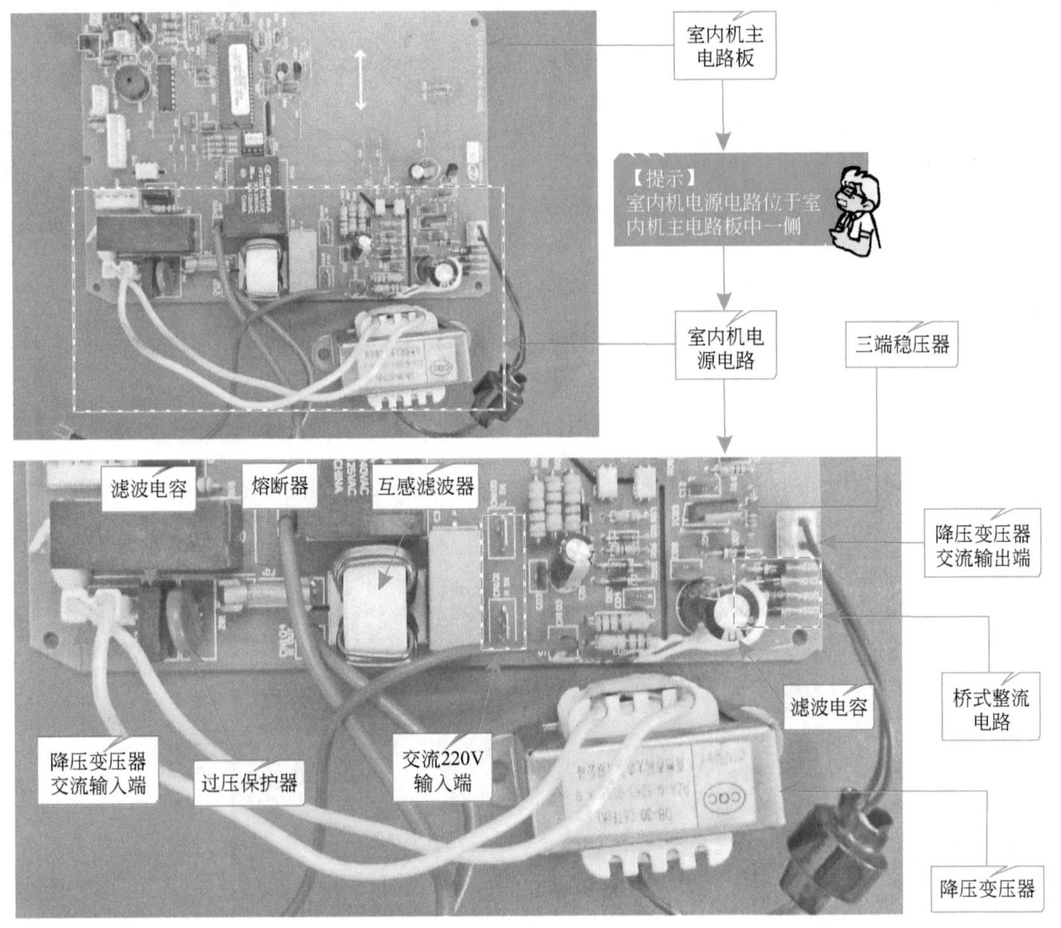

图7-2 海信KFR-35GW/06ABP型变频空调器室内机电源电路的结构

由图可知，变频空调器室内机电源电路主要是由互感滤波器、熔断器、过压保护器、降压变压器、桥式整流电路、三端稳压器和滤波电容等元器件构成的。

① 互感滤波器 变频空调器室内机电源电路中的互感滤波器是由两组线圈在磁芯上对称绕制而成的，其作用是通过互感原理消除来自外部电网的干扰，同时使空调器产生的脉冲信号不会辐射到电网对其他电子设备造成影响。图7-3所示为互感滤波器的实物外形及背部引脚。

② 熔断器 熔断器在电源电路中主要起到保证电路安全运行的作用，它通常串接在交流220V输入电路中，当变频空调器的电路发生过载故障或异常时，电流会不断升高，而过高的电流有可能损坏电路中的某些重要器件，甚至可能烧毁电路。而熔断器会在电流异常升高到一定强度时，靠自身熔断来切断电路，从而起到保护电路的目的。图7-4所示为熔断器的实物外形。

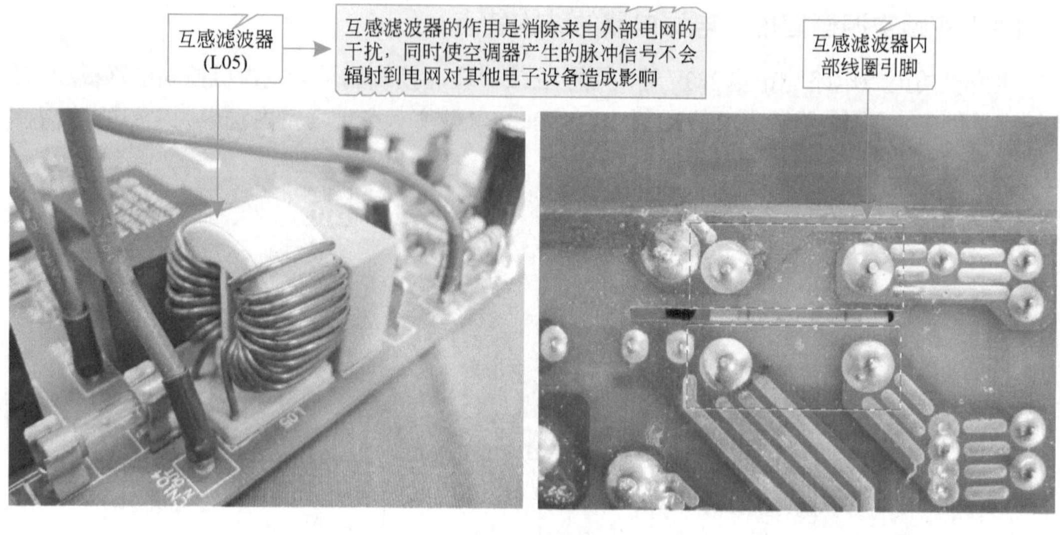

图7-3　互感滤波器的实物外形及背部引脚

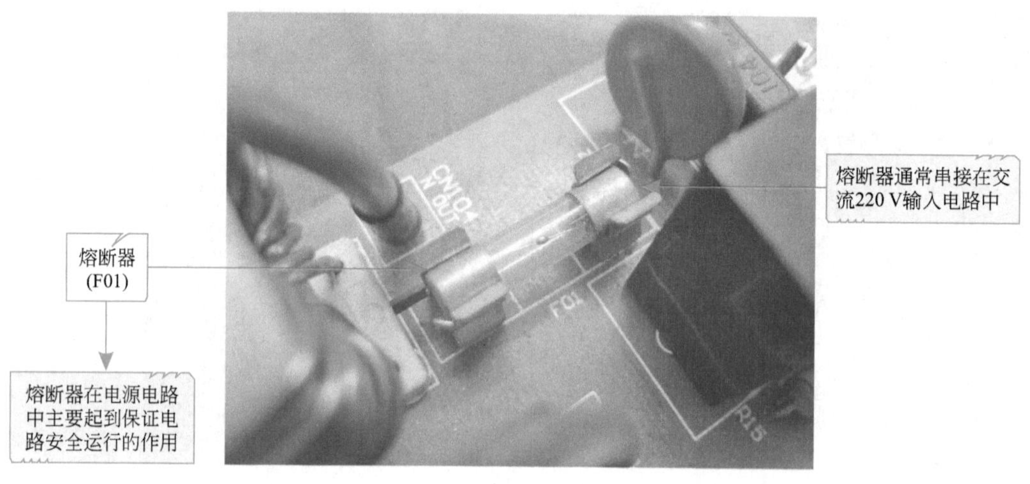

图7-4　熔断器的实物外形

③ 过压保护器　电源电路中的过压保护器实际是一只压敏电阻器。当送给变频空调器电路中的交流220V电压过高达到或者超过过压保护器的临界值时，过电压保护器的阻值会急剧变小，这样就会使熔断器迅速熔断，起到保护电路的作用。图7-5所示为过压保护器的实物外形。

④ 降压变压器　降压变压器是变频空调器电源电路中体积较大的元器件之一，该器件具有明显的外形特征。其功能是将交流220V电压转变成交流低压后送到电路板上。该交流低压经桥式整流、滤波和稳压后形成+12V或+5V的直流电压。图7-6所示为降压变压器的实物外形。

⑤ 桥式整流电路　变频空调器室内机电源电路中的桥式整流电路是由四只整流二极管（D09、D08、D10、D02）按照桥式整流的结构连接而成，主要作用是将降压变压器输出的交流低压整流为直流电压。图7-7所示为桥式整流电路的实物外形。

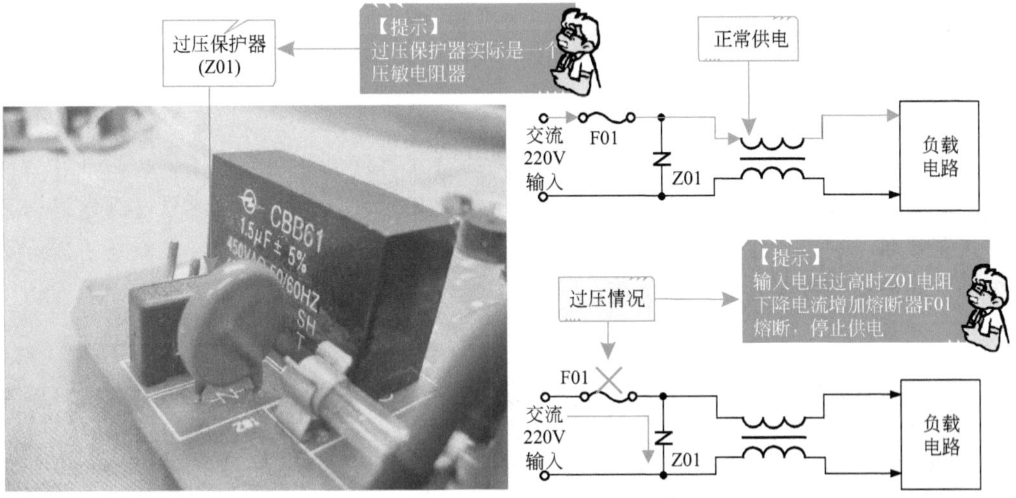

图7-5　过压保护器的实物外形

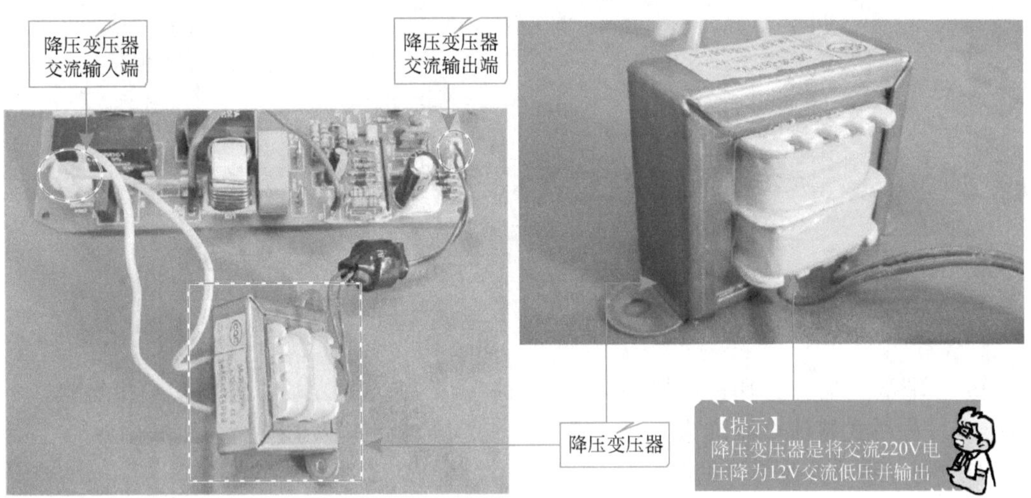

图7-6　降压变压器的实物外形

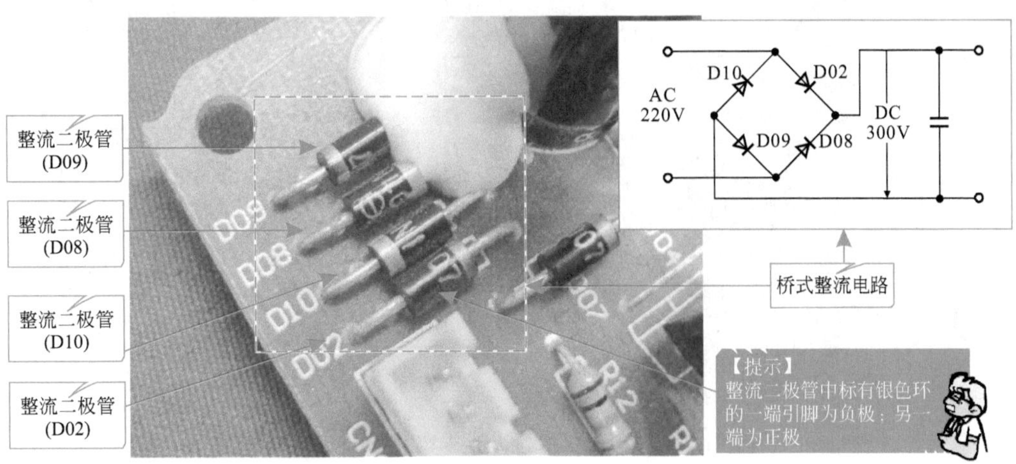

图7-7　桥式整流电路的实物外形

知识拓展

不同型号、不同品牌空调器中电源电路的桥式整流电路也有所不同，一般由四个整流二极管组成桥式整流电路进行整流，如图7-8所示，也有些空调器电源电路采用桥式整流堆（将四个整流二极管集成在一起）进行整流。其中桥式整流堆还可以分为方形桥式整流堆和扁形桥式整流堆。

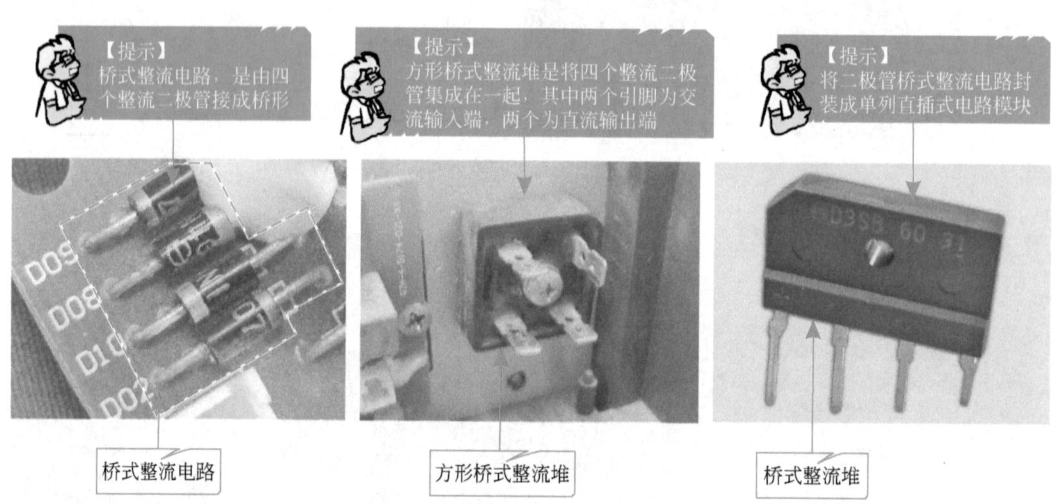

图7-8　不同类型的桥式整流堆（电路）实物外形

⑥ 三端稳压器　三端稳压器共有三个引脚，分别为输入端、输出端和接地端，如图7-9所示，由桥式整流电路送来的直流电压（+12V）经三端稳压器稳压后输出+5V直流电压，为控制电路或其他部件供电。

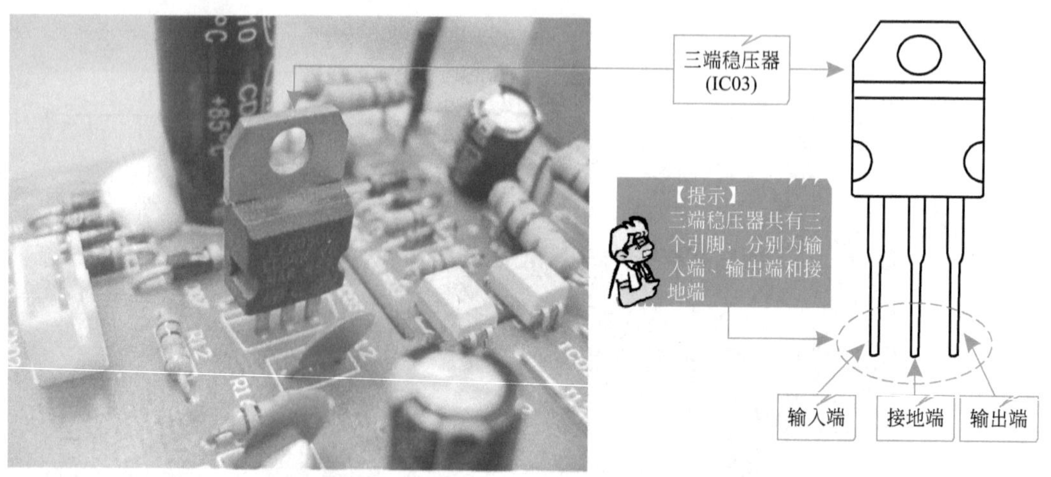

图7-9　三端稳压器的实物外形

（2）变频空调器室外机电源电路的结构特点

变频空调器室外机的电源电路主要是为室外机控制电路和变频电路等部分提供工作电压。图7-10所示为海信KFR-35GW/06ABP型变频空调器室外机的电源电路的结构。

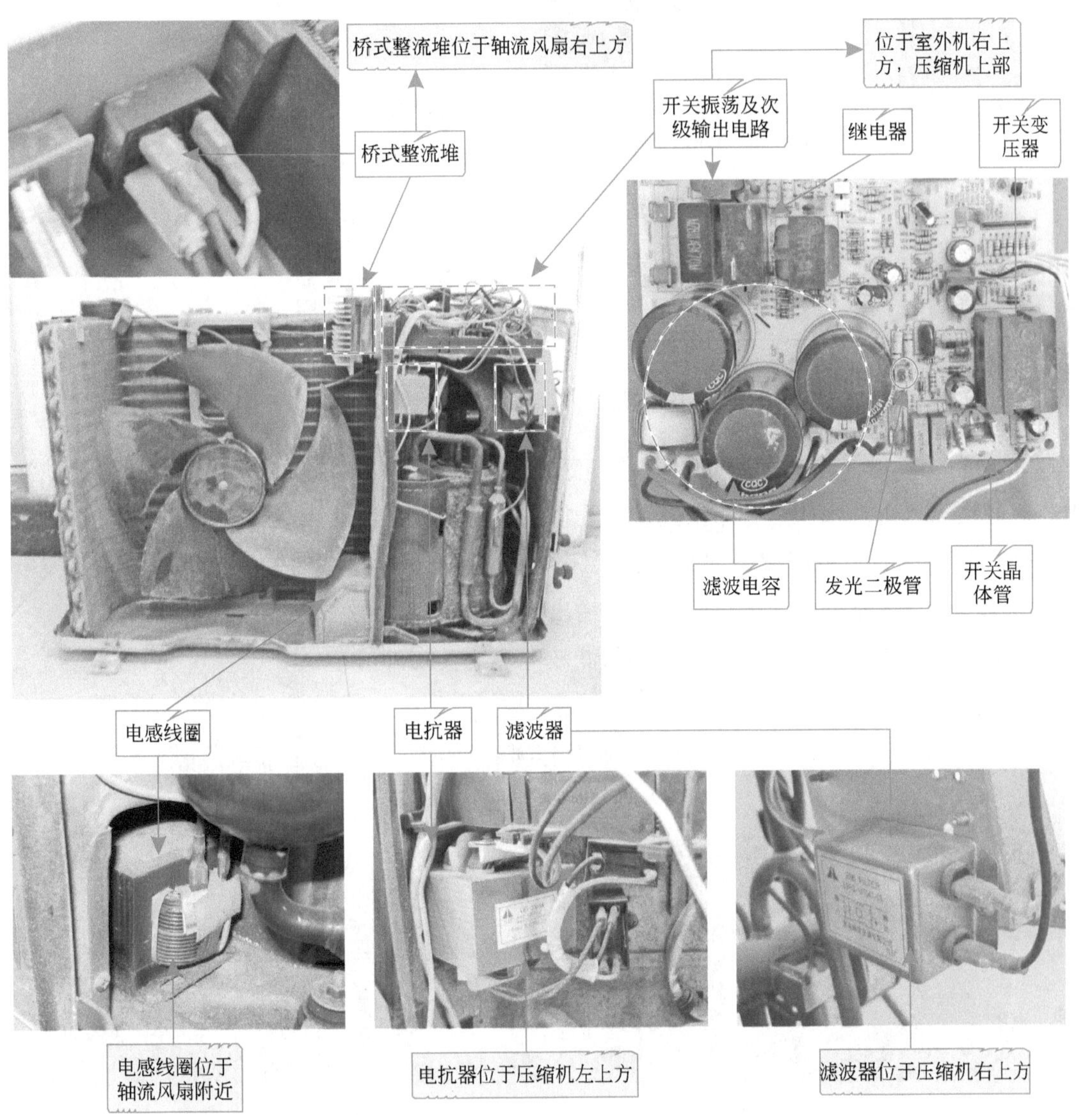

图7-10 变频空调器室外机电源电路的结构

由图可知，变频空调器室外机的电源电路主要是由滤波器、电抗器、桥式整流堆、滤波电感、继电器、滤波电容器、开关变压器、开关晶体管以及发光二极管等构成的。

① 滤波器 滤波器在变频空调器室外机电源电路中主要是用于滤除室外机开关振荡及次级输出电路中产生的电磁干扰。其内部主要是由电阻器、电容器以及电感器等器件构成的，如图7-11所示。

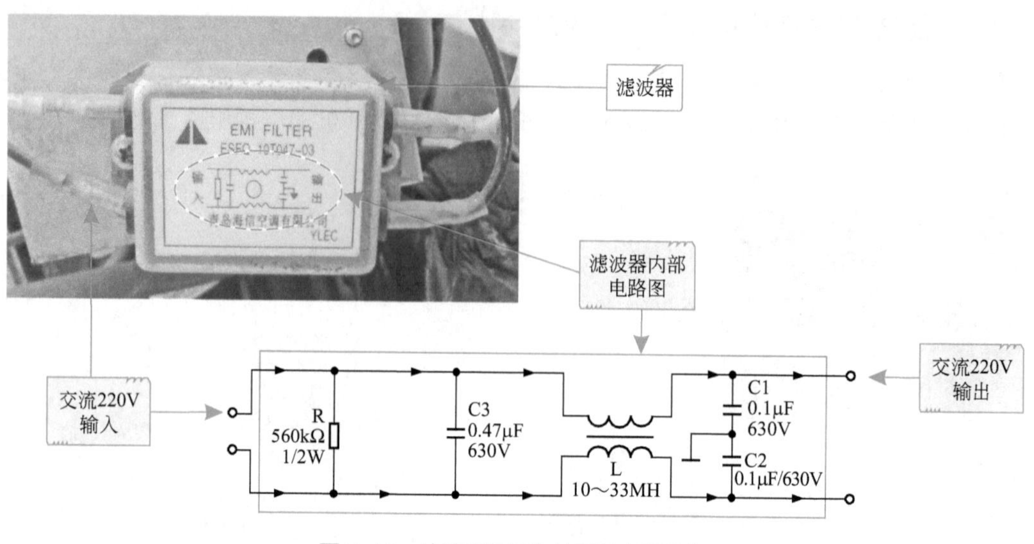

图7-11 滤波器的实物外形及内部结构

② 电抗器、滤波电感和桥式整流堆 变频空调器室外机电源电路中，由电抗器和滤波电容对滤波器输出的电压进行平滑滤波，为桥式整流堆提供波动较小的交流电。

桥式整流堆用于将滤波后的交流220V电压整流成300V左右的直流电压，再经滤波电感平滑滤波后，为室外机开关振荡及次级输出电路供压。

图7-12所示为电抗器、桥式整流堆和滤波电感的实物外形。

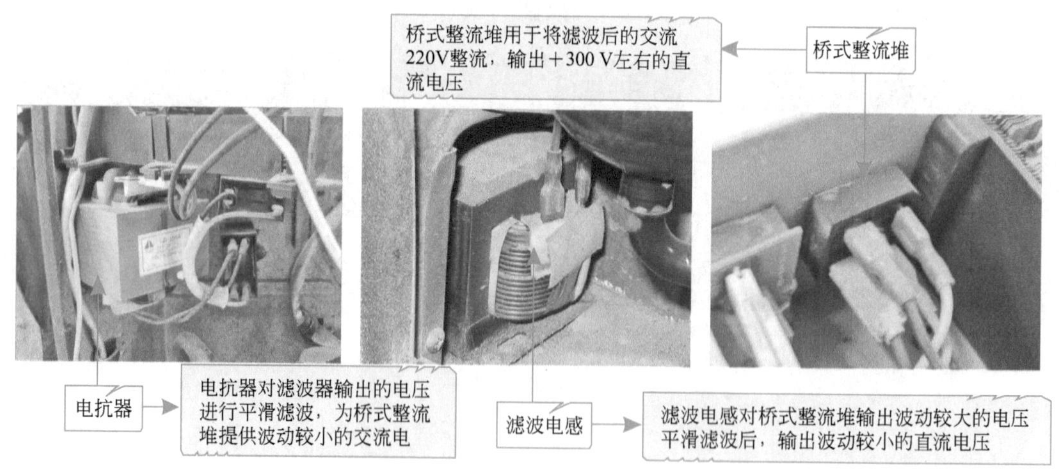

图7-12 电抗器、滤波电感和桥式整流堆的实物外形

③ 继电器 继电器是一种当输入电磁量达到一定值时，输出量将发生跳跃式变化的自动控制器件。图7-13所示为继电器（RY01）的实物外形及背部引脚。在空调器室外机电源电路中继电器是一种由电磁线圈控制触点通断的器件。

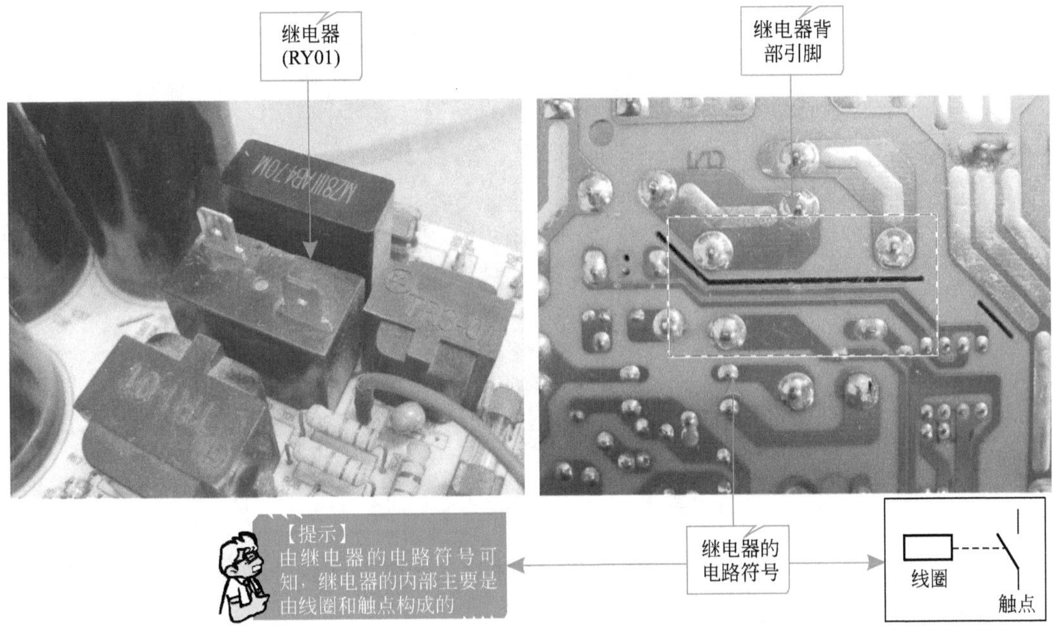

图7-13 继电器（RY01）的实物外形及背部引脚

④ 滤波电容器 滤波电容器是室外机的开关振荡及次级输出电路中体积较大的电容器，主要是对直流电压进行平滑滤波处理，滤除直流电压中的脉动分量，从而将输出的电压变为稳定的直流电压。图7-14所示为滤波电容器的实物外形。

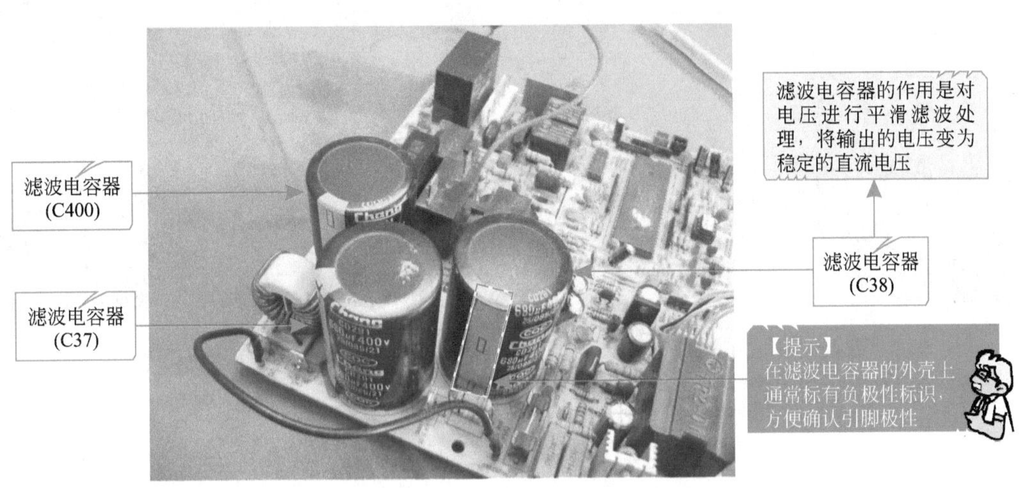

图7-14 滤波电容器的实物外形

⑤ 开关变压器 开关振荡及次级输出电路中的开关变压器是一种脉冲变压器，主要的功能是将高频高压脉冲变成多组高频低压脉冲。图7-15所示为开关变压器的实物外形。

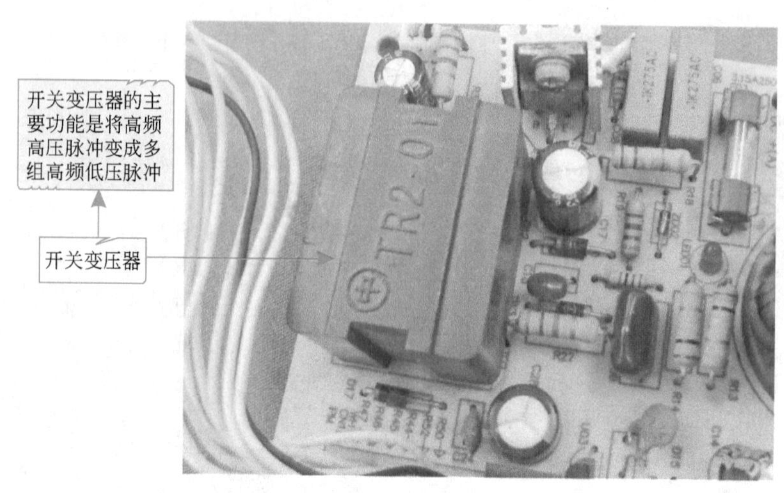

图7-15 开关变压器的实物外形

⑥ 开关晶体管 开关晶体管一般安装在散热片上，主要起到开关的作用。图7-16所示为开关晶体管（Q01）的实物外形及背部引脚。

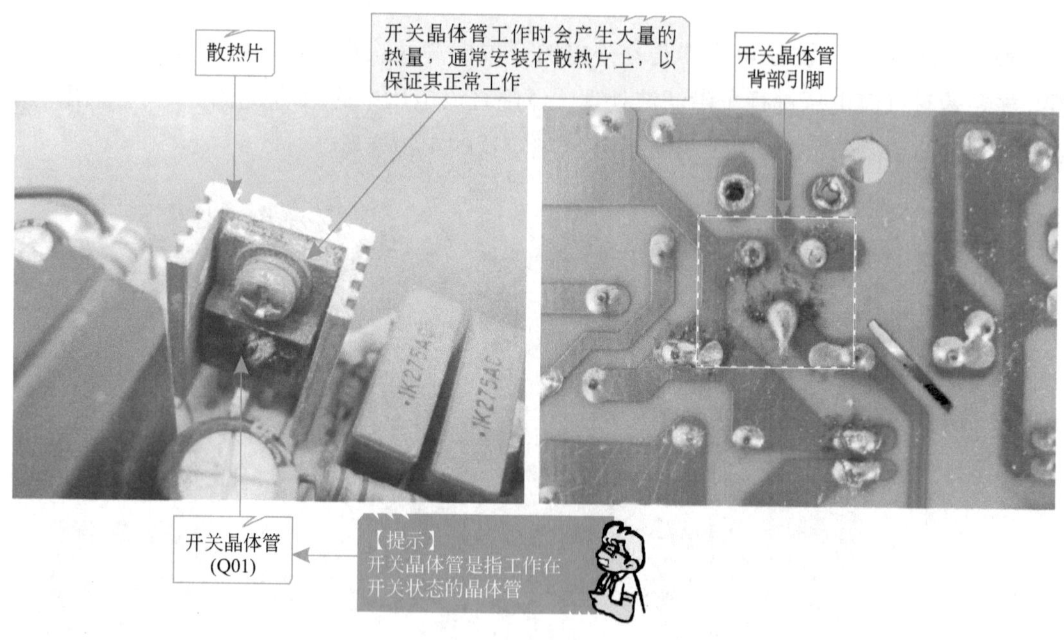

图7-16 开关晶体管的实物外形及背部引脚

⑦ 发光二极管 发光二极管是一种指示器件，在变频空调器的开关振荡及次级输出电路中主要用于指示工作状态，在电路上常以字母“LED”或“D”文字标识。图7-17所示为变频空调器中发光二极管（LED01）的实物外形及背部引脚。

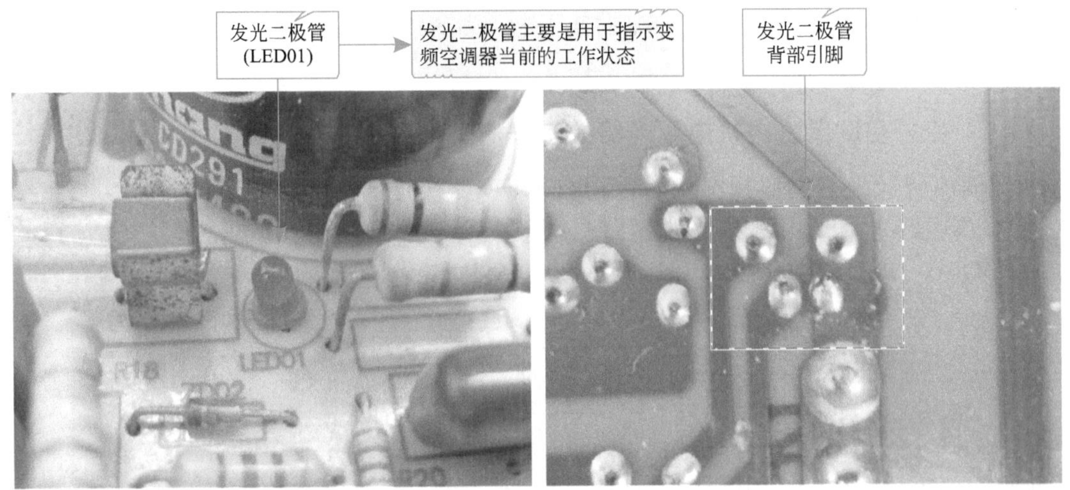

图7-17　变频空调器中发光二极管（LED01）的实物外形及背部引脚

7.1.2　变频空调器电源电路的工作原理

变频空调器的电源电路主要是将交流220V电压经变换后，分别为变频空调器的室内机和室外机提供工作电压。图7-18所示为变频空调器电源电路的工作原理图。

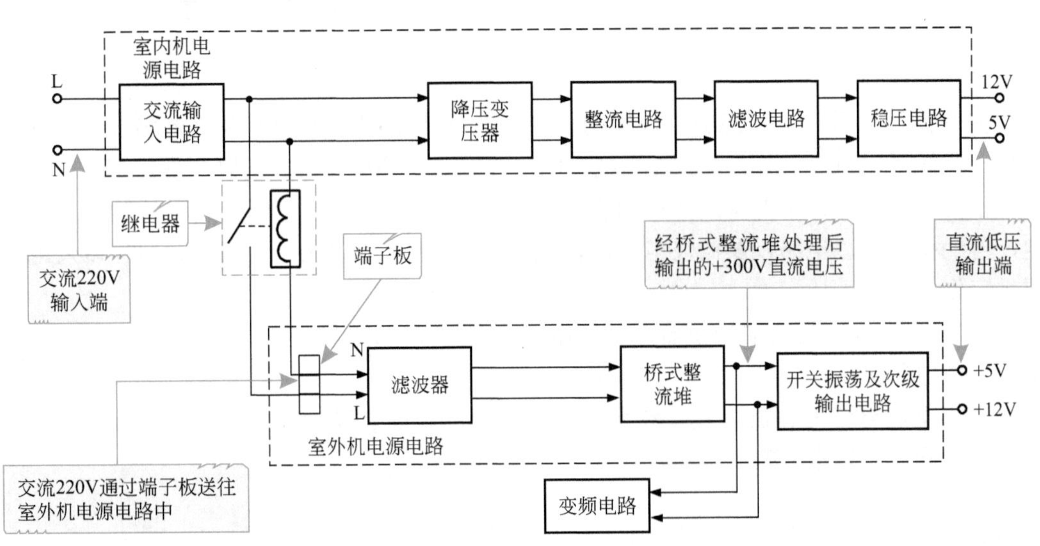

图7-18　变频空调器电源电路的工作原理图

由图可知，变频空调器接通电源后，交流220V通过连接插件为室内机电源电路供电，同时经继电器触点后，为室外机的电源电路部分供电，交流220V电源在室外机中经滤波器、桥式整流堆整流后输出300V直流电压分别送往变频模块和室外机的开关振荡及次级输出电路，经开关振荡及次级输出电路后输出+12V和+5V直流低压，为室外机的控制电路以及其他元器件进行供电；交流220V电源在室内机中经降压变压器、整流电路、滤波电路、稳压电路等处理后，输出+12V、+5V的低压电，为变频空调器的室内机的控制电路提供工作电压。

（1）变频空调器室内机电源电路的工作原理

图7-19所示为典型变频空调器室内机电源电路的工作原理图，由图可知该电路主要是由互感滤波器L05、降压变压器、桥式整流电路（D02、D08、D09、D10）、三端稳压器IC03（LM7805）等构成的。

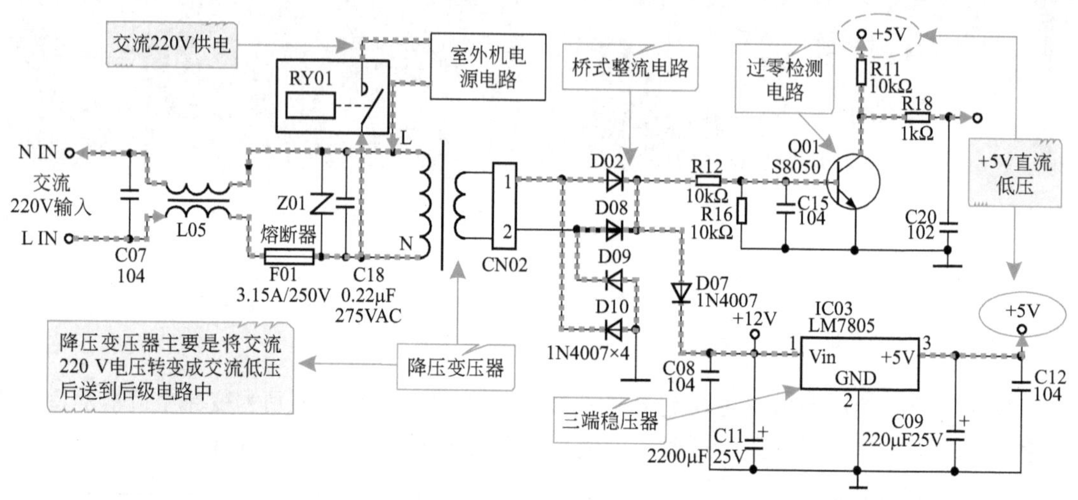

图7-19　典型变频空调器室内机电源电路的工作原理图

空调器开机后，交流220V为室内机供电，先经滤波电容C07和互感滤波器L05滤波处理后，经熔断器F01分别送入室外机电源电路和室内电源电路板中的降压变压器。

室内机电源电路中的降压变压器将输入的交流220V电压进行降压处理后输出交流低压电，再经桥式整流电路以及滤波电容后，输出+12V的直流电压，为其他元器件以及电路板提供工作电压。

+12V直流电压经三端稳压器内部稳压后输出+5V电压，为变频空调器室内机各个电路提供工作电压。

桥式整流电路的输出为过零检测电路提供100Hz的脉动电压，经Q01形成100Hz脉冲作为电源同步信号送给微处理器。

知识拓展

在变频空调器室内机电源电路中，设置有过零检测电路即电源同步脉冲形成电路，如图7-20所示，变压器输出的交流12V，经桥式整流电路（D02、D08、D09、D10）整流输出脉动电压，经R12和R16分压提供给晶体三极管Q01。当晶体管Q01的基极电压小于0.7V（晶体三极管内部PN结的导通电压）时，Q01不导通；而当Q01的基极电压大于0.7V时，Q01导通，从而检出一个过零脉冲信号送入微处理器的㉜脚，为微处理器提供电源同步脉冲。

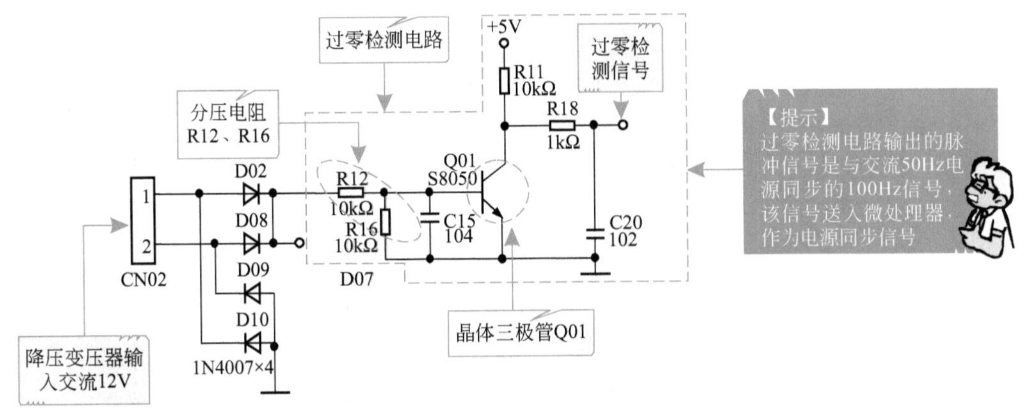

图7-20　室内机电源电路中的过零检测电路

（2）变频空调器室外机电源电路的工作原理

变频空调器室外机的电源是由室内机通过导线供给的，交流220V电压送入室外机后，分成两路，一路经整流滤波后为变频模块供电，另一路经开关振荡及次级输出电路后形成直流低压为控制电路供电，如图7-21所示。

变频空调器室外机电源电路较为复杂，为了搞清该电路的工作原理，可以将变频空调器室外机电源电路分为交流输入及整流滤波电路和开关振荡及次级输出电路两部分，分别对电路进行分析。

① 交流输入及整流滤波电路　变频空调器室外机的交流输入及整流滤波电路主要是由滤波器、电抗器、桥式整流堆等元器件构成的，如图7-22所示。

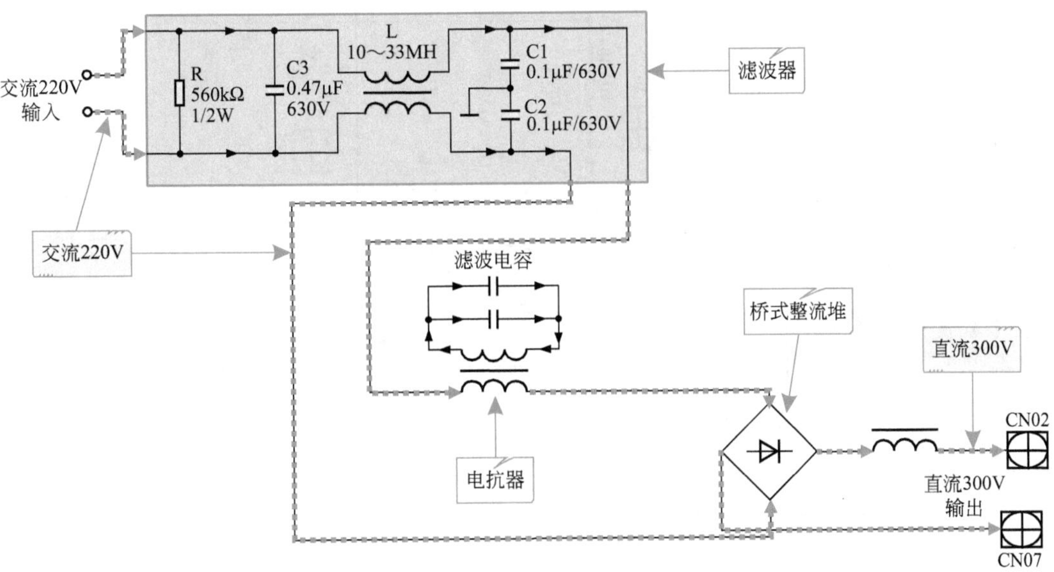

图7-22　典型变频空调器室外机电源电路中的交流输入及整流滤波电路部分

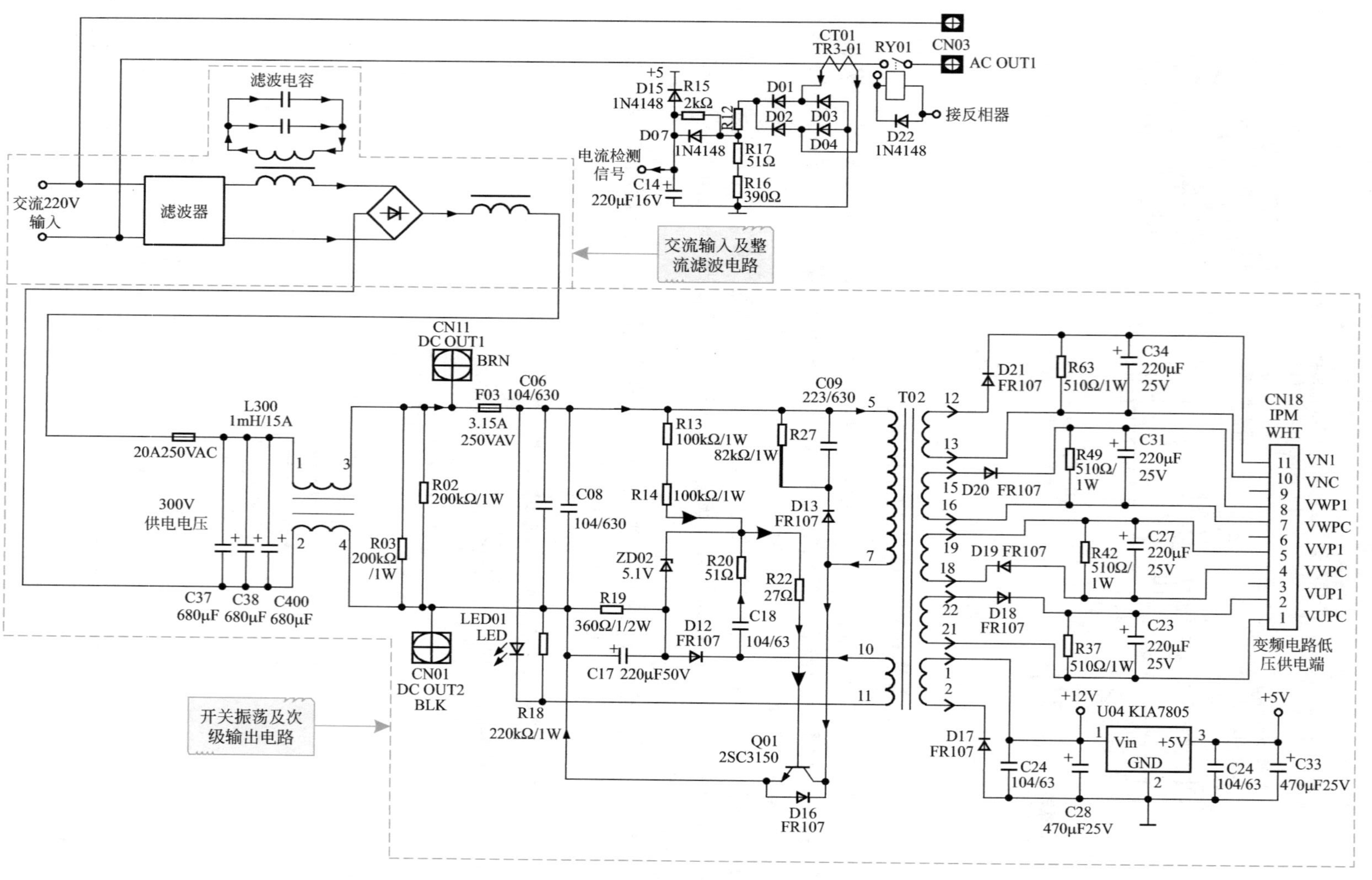

图7-21 典型变频空调器室外机电源电路原理图

室外机的交流220V电源是由室内机通过导线供给的，交流220V电压送入室外机后，经滤波器对电磁干扰进行滤波后送到电抗器和滤波电容中，再由电抗器和滤波电容进行滤波消除脉冲干扰或噪波后，将交流电送往桥式整流堆中进行整流，整流后输出约300V的直流电压为室外机的开关振荡及次级输出电路以及变频电路提供工作电压。

② 开关振荡及次级输出电路　图7-23所示为典型变频空调器室外机电源电路的开关振荡及次级输出电路部分，可以看到，该电路部分主要是由熔断器F02、互感滤波器、开关晶体管Q01、开关变压器T02、次级整流、滤波电路和三端稳压器U04（KIA7805）等构成的。

由图可知，+300V供电电压一路经滤波电容（C37、C38、C400）以及互感滤波器L300滤除干扰后，送到开关变压器T02的初级绕组，经T02的初级绕组加到开关晶体管Q01的集电极。

另一路+300V供电电压经启动电阻R13、R14、R22为开关晶体管基极提供启动信号，开关晶体管开始启动，开关变压器T02的初级绕组（⑤脚和⑦脚）产生启动电流，并感应至T02的次级绕组上，其中，正反馈绕组（⑩脚和⑪脚）将感应的电压经电容器C18、电阻器R20反馈到开关晶体管（Q01）的基极，使开关晶体管进入振荡状态。

开关晶体管进入振荡的工作状态后，开关变压器次级输出多组脉冲低压，分别经整流二极管D18、D19、D20、D21整流后为控制电路进行供电；经D17、C24、C28整流滤波后，输出+12V电压。

12V直流低电压经三端稳压器IC03稳压后，输出+5V电压，为室外机控制电路提供工作电压。

特别提示

变频空调器室外机的开关振荡及次级输出电路中，在开关晶体管的集电极电路中设有保护电路，如图7-24所示。也就是在开关变压器T02的初级绕组⑤脚、⑦脚上并联R27、C09和二极管D13组成脉冲吸收电路。

这样，可以使开关晶体管工作在较安全的工作区内，减小开关晶体管的截止损耗，吸收在开关晶体管截止时线圈产生的反峰脉冲。

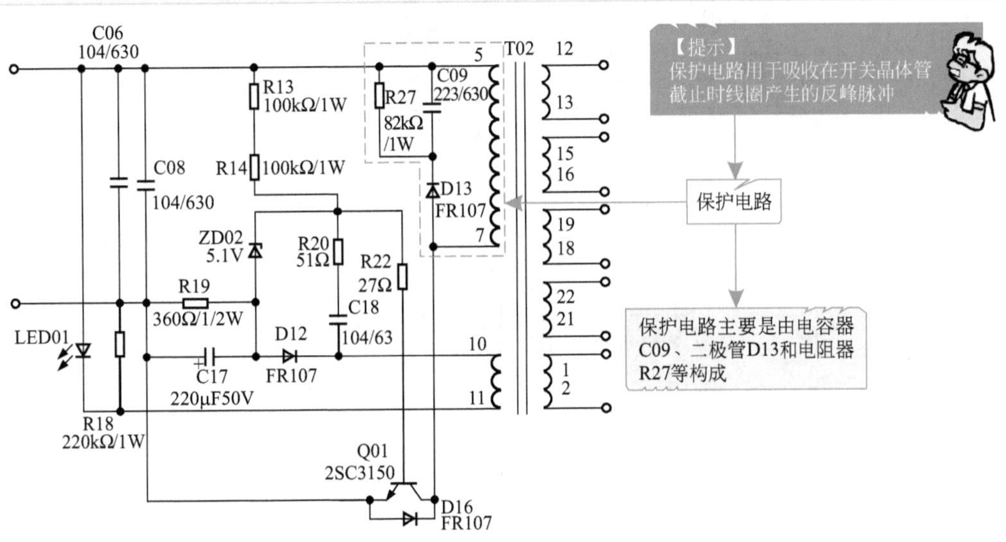

图7-24　室外机电源电路中的保护电路

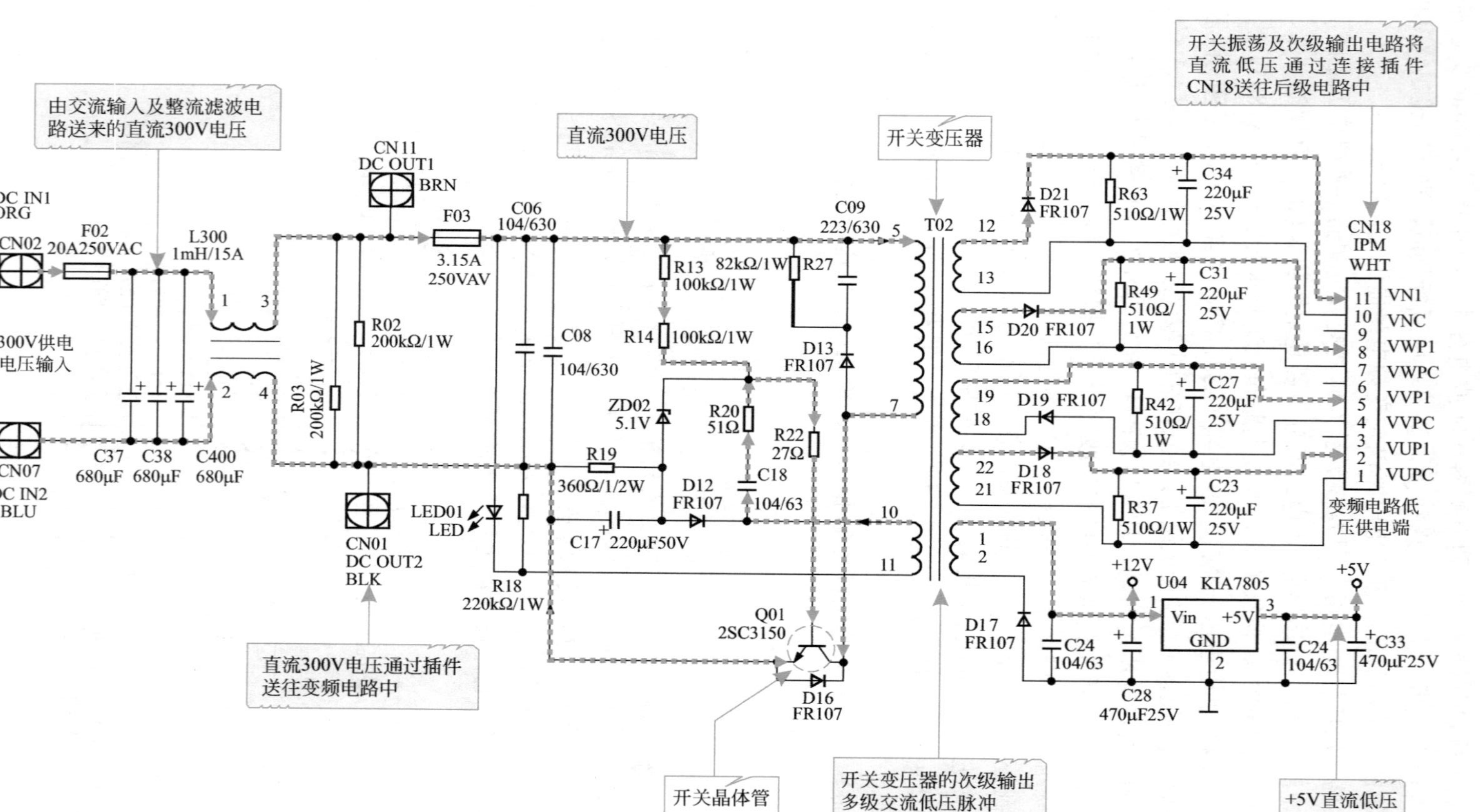

图7-23　典型变频空调器室外机电源电路的开关振荡及次级输出电路部分

7.2 变频空调器电源电路的检修流程

7.2.1 变频空调器电源电路的故障特点

变频空调器电源电路出现故障后，通常表现为变频空调器不开机、压缩机不工作、操作无反应等故障，其故障特点如图7-25所示。由图可知，室内机电源电路中的主要元器件损坏后，将会引起室内机不能正常工作的故障；室外机电源电路出现故障后，则会造成压缩机不工作，变频空调器不制冷/制热等。

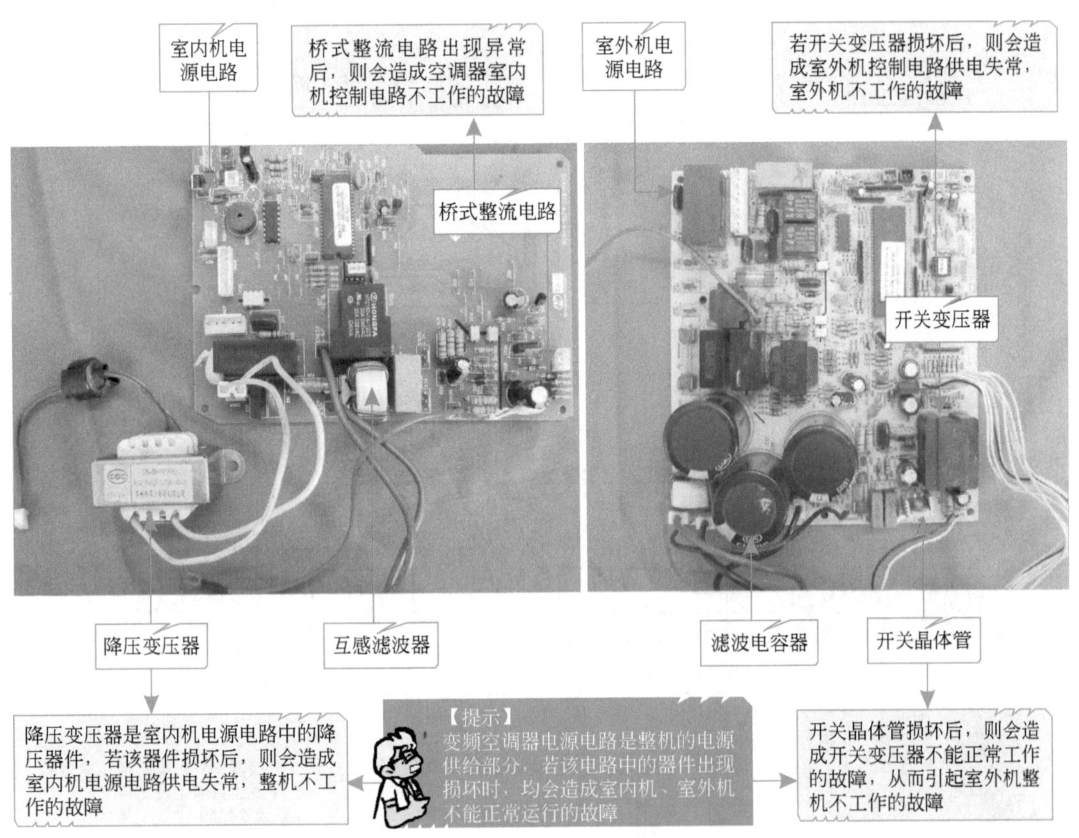

图7-25 变频空调器电源电路的故障特点

7.2.2 变频空调器电源电路的检修分析

对变频空调器的电源电路进行检修时，可依据故障现象分析出产生故障的具体原因，并根据电源电路的信号流程对可能产生故障的部件逐一进行排查。

当电源电路出现故障时，首先应对电源电路输出的直流低压进行检测，若电源电路输出的直流低压均正常，则表明电源电路正常；若输出的直流低压有异常，可顺电路流程对前级电路进行检测，如图7-26所示。

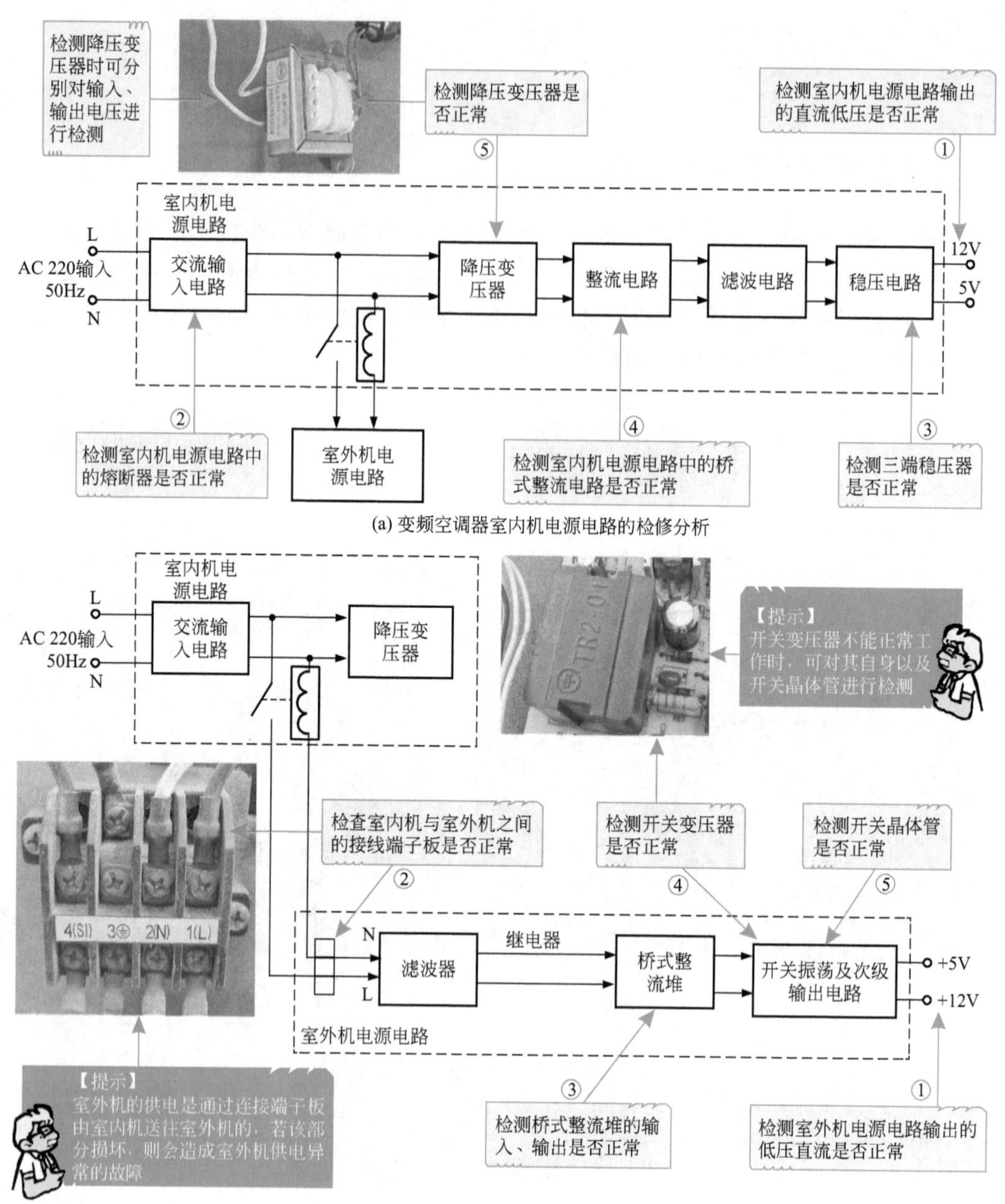

(a) 变频空调器室内机电源电路的检修分析

(b) 变频空调器室外机电源电路的检修分析

图7-26　变频空调器电源电路的检修分析

由图可知，若变频空调器电源电路出现故障时，可按检修分析的顺序对室内机、室外机的电源电路进行检测，找到故障点进行排除故障。

7.3 变频空调器室内机电源电路的检修方法

对于变频空调器电源电路的检测，可使用万用表或示波器测量待测变频空调器的电源电路，然后将实测值或波形与正常变频空调器电源电路的数值或波形进行比较，即可判断出电源电路的故障部位。

检测时，可依据电源电路的检修分析对可能产生故障的部件逐一检修，首先先对变频空调器室内机的电源电路进行检修。

7.3.1 变频空调器室内机电源电路的检测方法

当变频空调器室内外机出现不能正常工作的故障时，维修人员可首先判断变频空调器的供电是否正常，通过排除法找到故障点，排除故障。

（1）电源电路输出直流低压的检测方法

若变频空调器出现不工作，或没有供电的故障时，可先对室内机电源电路输出的各路直流低压进行检测。

正常情况下，室内机电源电路应输出相应的直流低压；若输出的直流低压为零时，则需要进一步对熔断器的性能进行检测。

演示图解

室内机电源电路输出直流低压的检测方法如图7-27所示。

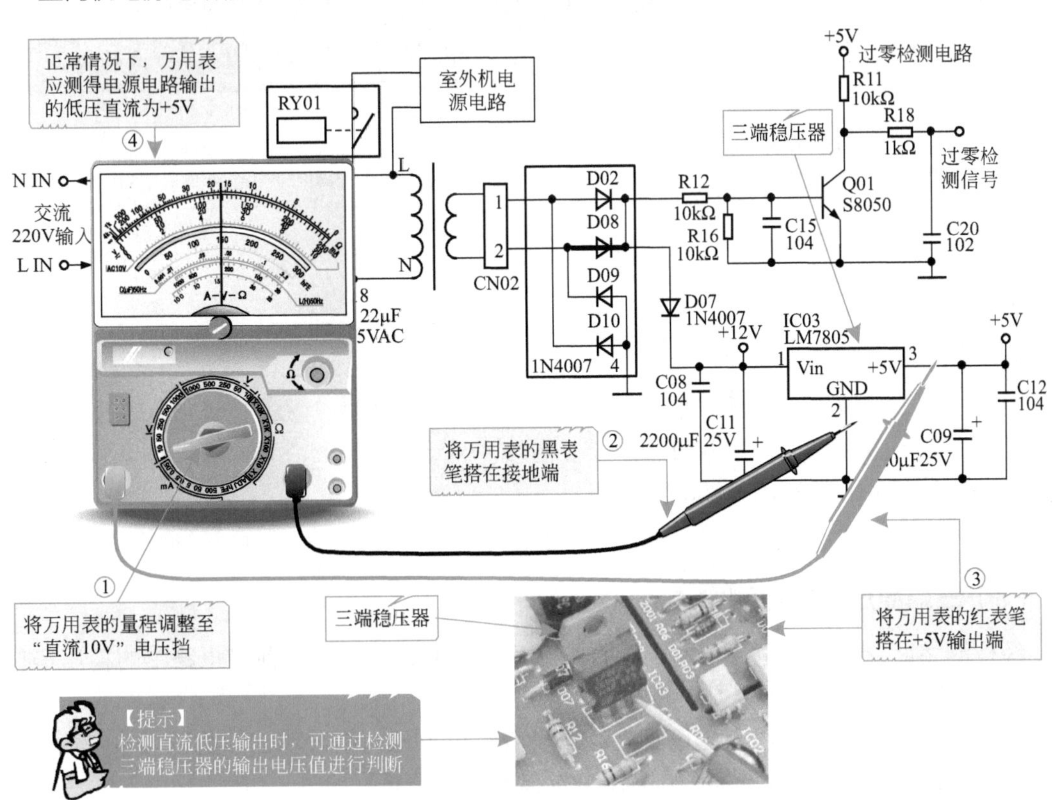

图7-27 室内机电源电路输出直流低压的检测方法

（2）熔断器的检测方法

检测室内机电源电路无直流低压输出时，应对保护器件进行检测，即检测熔断器是否损坏，正常情况下，使用万用表检测熔断器两引脚间的阻值为零欧姆。

若熔断器本身损坏，应以同型号的熔断器进行更换；若熔断器正常时，可由后向前的顺序对直流低压输出端前级的重要元器件进行检测。

熔断器的检测方法如图7-28所示。

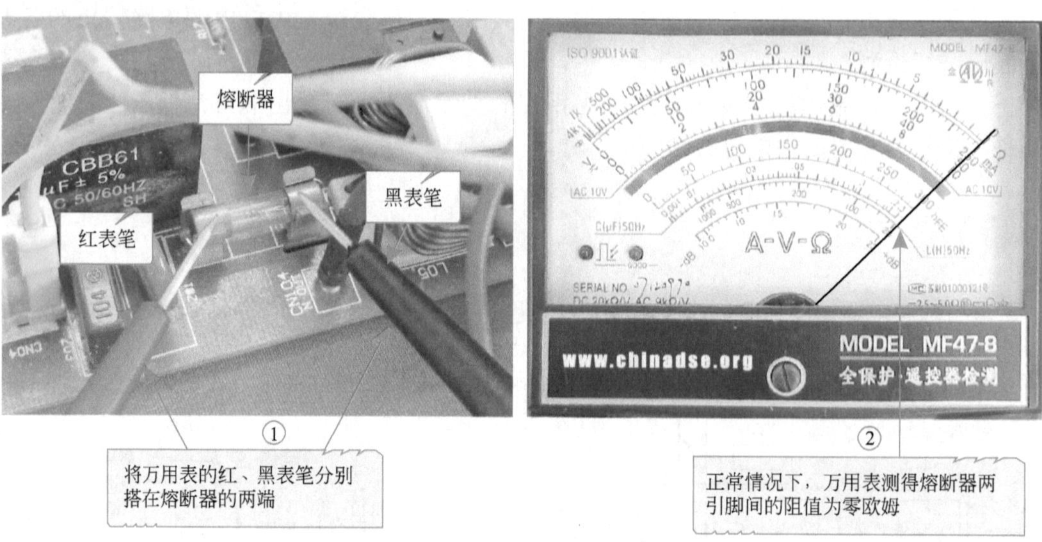

图7-28 熔断器的检测方法

引起熔断器烧坏的原因很多，但引起熔断器烧坏的多数情况是交流输入电路或开关电路中有过载现象。这时应进一步检查电路，排除过载元器件后，再开机。否则即使更换保险丝后，可能还会烧断。

（3）三端稳压器的检测方法

经检测熔断器正常，电源电路仍无直流低压输出时，则需要对前级电路中的稳压器件进行检测，即检测三端稳压器是否正常。

若检测三端稳压器的输入电压正常，而没有输出电压，则表明三端稳压器本身损坏；若三端稳压器的输入电压不正常，则需要对桥式整流电路进行检测。

三端稳压器的检测方法如图7-29所示。

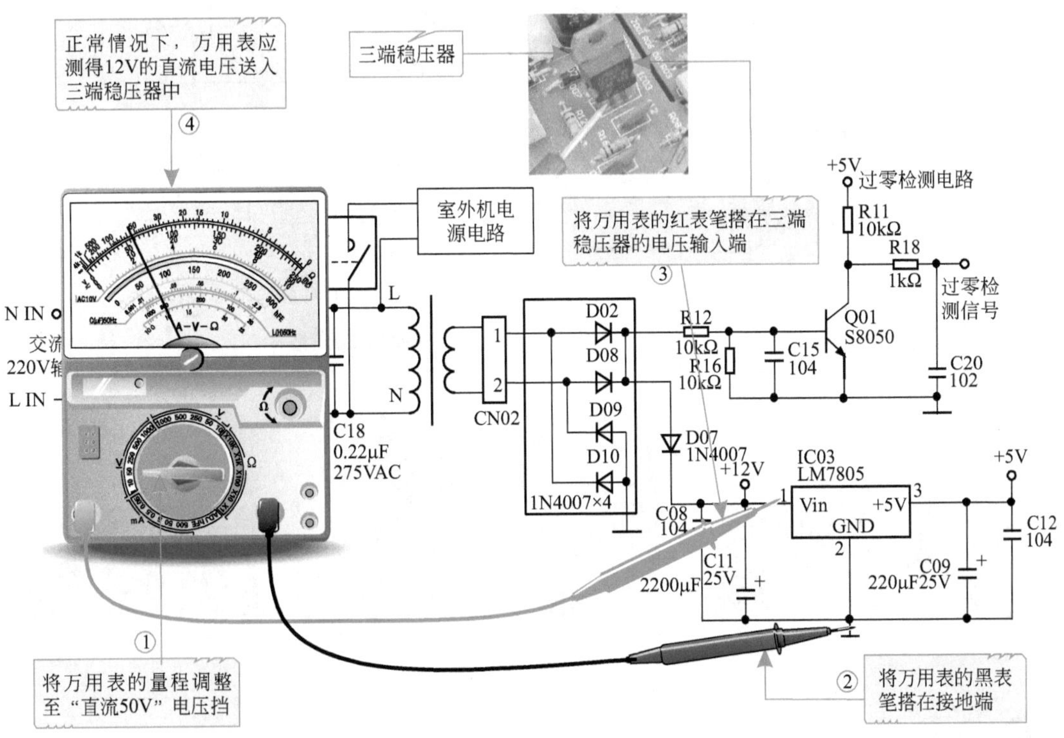

图7-29 三端稳压器的检测方法

(4)桥式整流电路的检测方法

当检测三端稳压器时，没有检测到输入的电压时，应对前级电路中桥式整流电路输出的电压进行检测，检测该电压是否正常时，通常是对桥式整流电路的性能进行判断。

通常情况下，检测桥式整流电路中的整流二极管是否正常，可在断电状态下，使用万用表对桥式整流电路中的四个整流二极管进行检测。正常时，整流二极管的正向应有几欧姆的阻值，反向应为无穷大。

桥式整流电路的检测方法如图7-30所示。

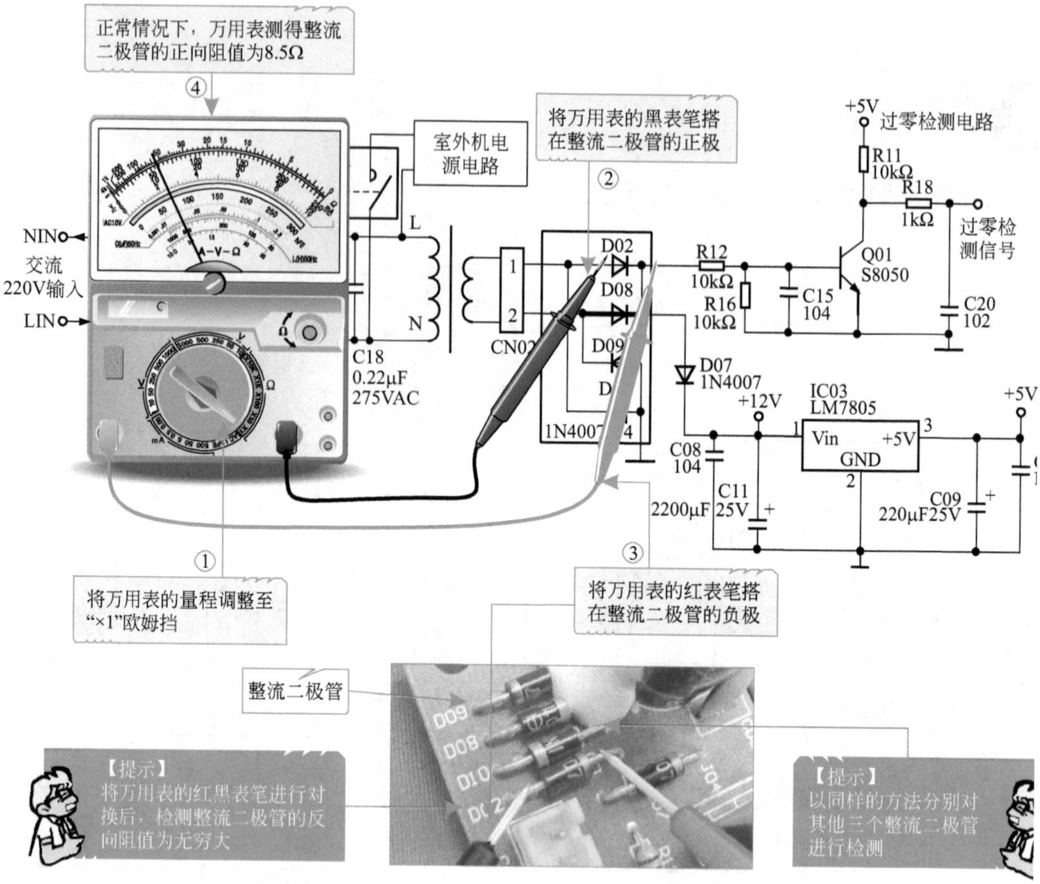

正常情况下，万用表测得整流二极管的正向阻值为8.5Ω

将万用表的黑表笔搭在整流二极管的正极

将万用表的量程调整至“×1”欧姆挡

将万用表的红表笔搭在整流二极管的负极

整流二极管

【提示】将万用表的红黑表笔进行对换后，检测整流二极管的反向阻值为无穷大

【提示】以同样的方法分别对其他三个整流二极管进行检测

图7-30　桥式整流电路的检测方法

知识拓展

在路检测桥式整流电路中的整流二极管时，很可能会受到外围元器件的影响，导致实测结果不一致，也没有明显的规律，而且具体数值也会因电路结构的不同而有所区别。因此，若经在路初步检测怀疑整流二极管异常时，可将其从电路板上取下后再进行进一步检测和判断。通常，开路状态下，整流二极管应满足正向导通、反向截止的特性。

（5）降压变压器的检测方法

经检测电源电路中的桥式整流电路正常，但故障仍存在时，则需要对降压变压器的本身进行检测，检测降压变压器时，可使用万用表检测降压变压器的输入、输出电压是否正常，若输入电压正常，而输出不正常，则表明降压变压器本身损坏。

演示图解

降压变压器的检测方法如图7-31所示。

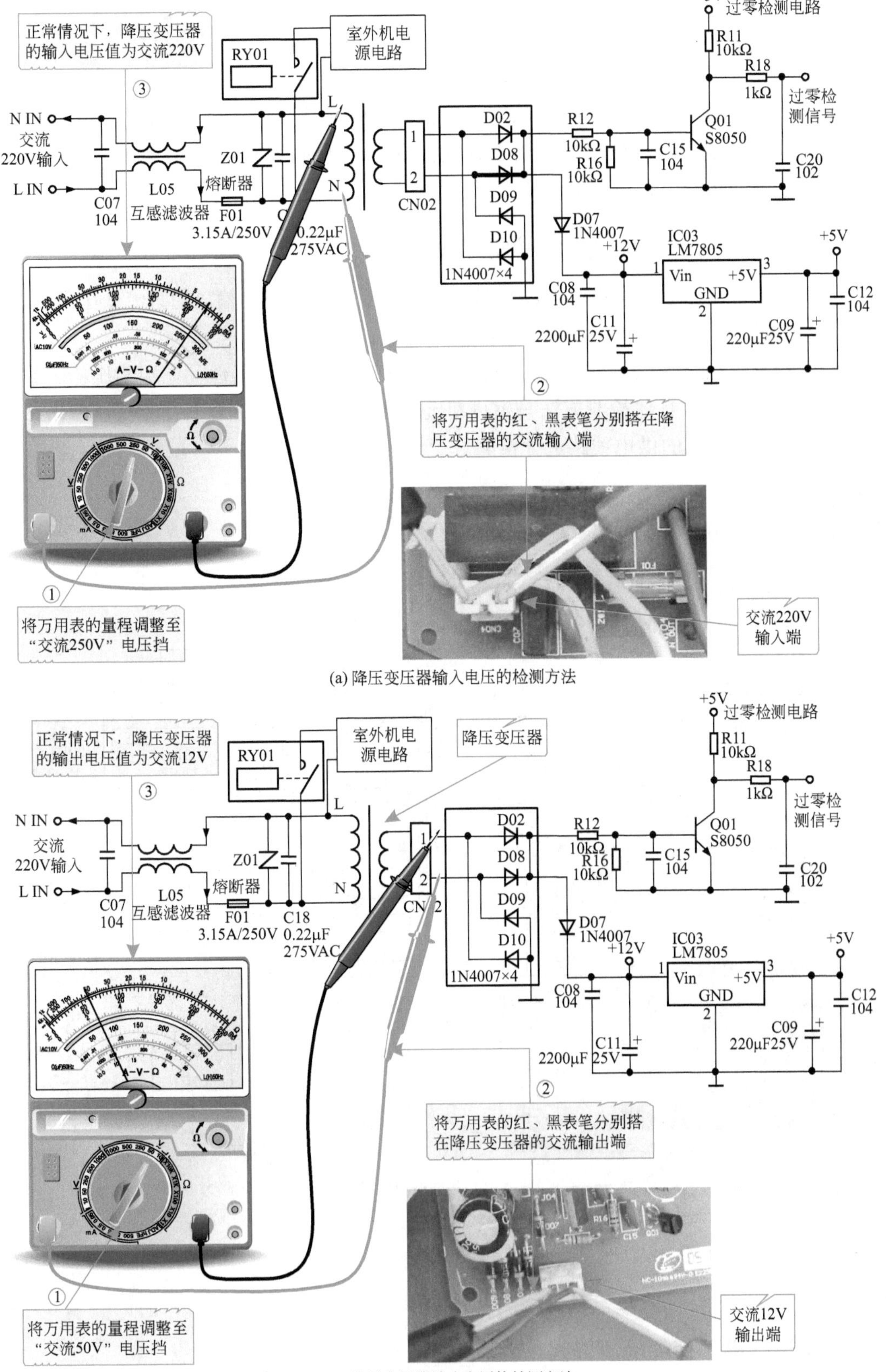

(a) 降压变压器输入电压的检测方法

(b) 降压变压器输出电压的检测方法

图7-31　降压变压器的检测方法

7.3.2　变频空调器室外机电源电路的检测方法

若经检测变频空调器室内机电源电路均正常，但变频空调器仍然存在故障，此时，则需要对变频空调器室外机的电源电路部分进行检测。判断室外机电源电路是否正常时，同样应先对室外机电源电路输出的直流低压进行检测。

（1）室外机输出直流低压的检测方法

怀疑变频空调器室外机电源电路异常时，应首先检测该电路输出的直流低压是否正常。若输出的低压正常，则表明室外机的电源电路正常。

若检测某一路直流低压不正常，则需要对前级电路的主要器件（三端稳压器、整流二极管等）进行检测，具体检测方法与室内机元器件的检测相同。若无直流低压输出，则需要对室内机与室外机的供电线路进行检测。

室外机输出直流低压的检测方法如图7-32所示。

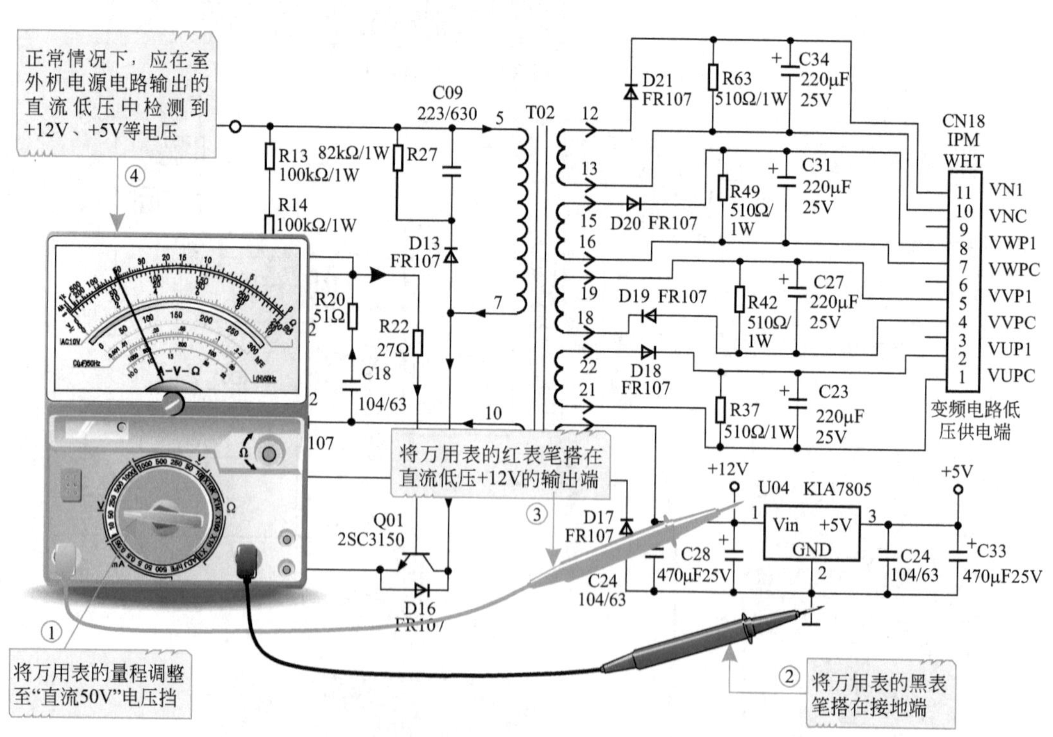

图7-32　室外机输出直流低压的检测方法

（2）连接端子板的检测方法

经检测室外机电源电路无任何输出电压时，可以对室外机的供电部分进行检测，即检测室内机与室外机的连接端子板处是否正常。

若连接端子板出现损坏时，应对损坏的部分进行更换；若检测连接端子板正常时，则需要对室外机的+300V供电电压进行检测。

连接端子板的检测方法如图7-33所示。

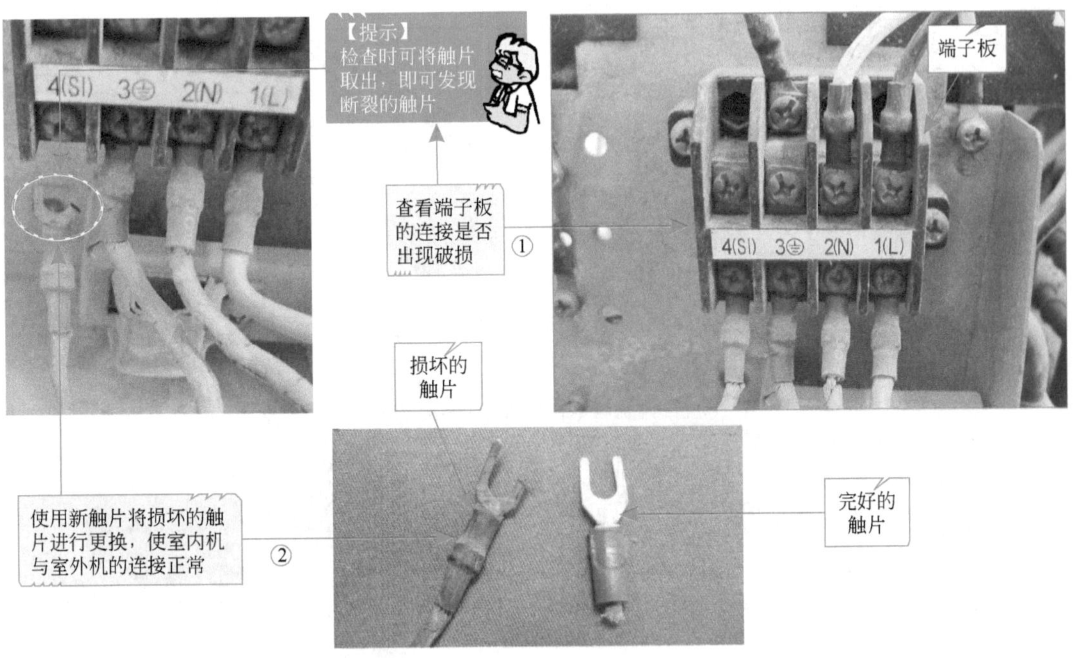

图7-33　连接端子板的检测方法

(3) 桥式整流堆的检测方法

检测室内机与室外机的连接端正常时，应进一步对室外机电源电路的+300V电压进行检测。

判断+300V直流电压是否正常时，可对桥式整流堆的输出电压进行检测，若桥式整流堆输出的电压不正常，则应对桥式整流堆的输入电压进行检测；若输出的电压正常，则表明电源电路的+300V供电电压正常。

桥式整流堆的检测方法如图7-34所示。

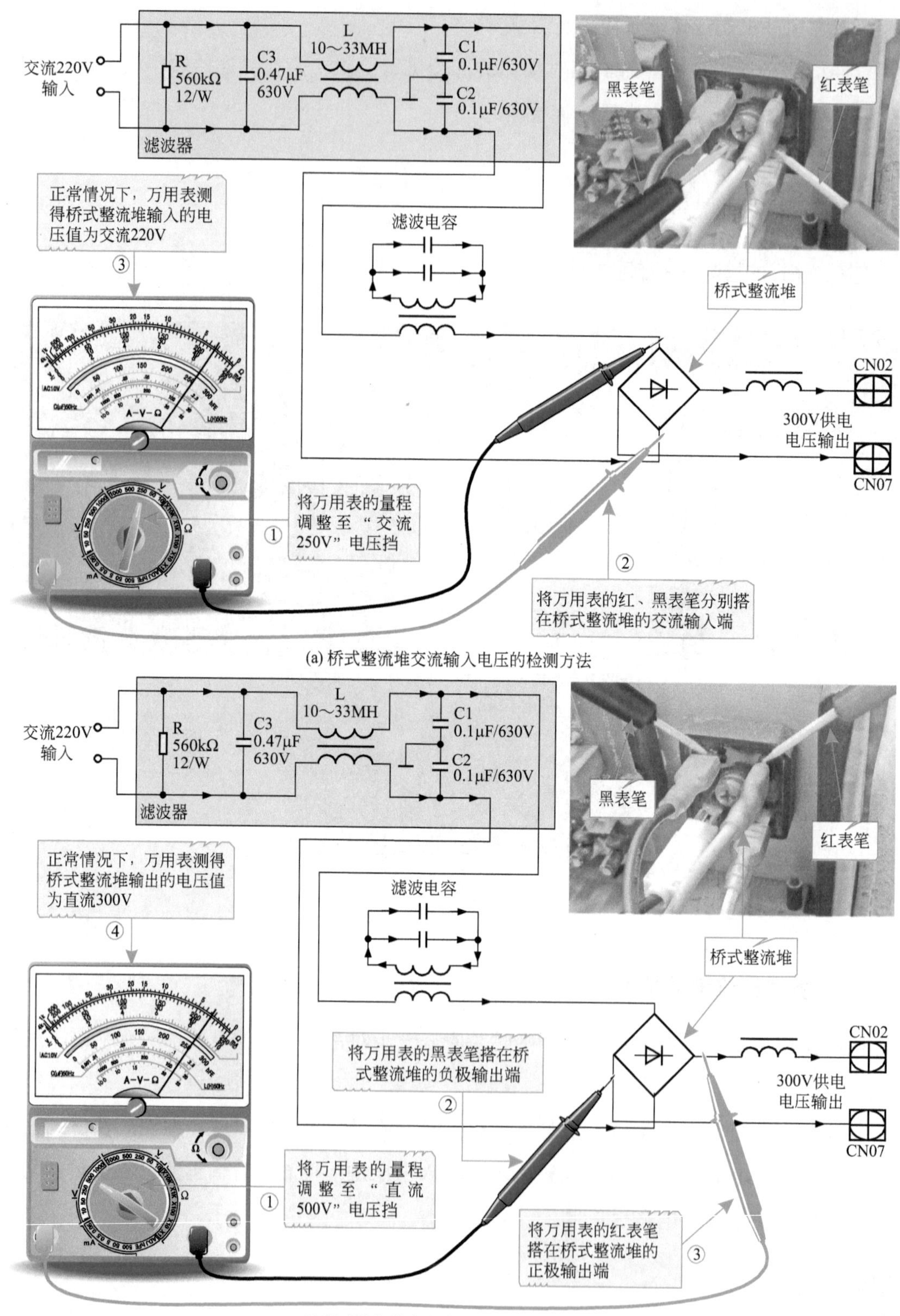

(a) 桥式整流堆交流输入电压的检测方法

(b) 桥式整流堆直流输出电压的检测方法

图7-34　桥式整流堆的检测方法

（4）开关变压器的检测方法

当检测室外机电源电路的+300V供电电压正常时，该电路仍无直流低压输出，则需要对开关变压器进行检测。若开关变压器没有进入工作状态，则会造成电源电路无直流低压输出。

由于开关变压器输出的脉冲电压较高，所以检测开关变压器是否正常时，可以通过示波器采用感应法判断开关变压器是否工作。正常情况下，应可以感应到脉冲信号，若检测开关变压器的脉冲信号正常，则表明开关变压器及开关振荡电路正常；若检测开关变压器无脉冲信号时，则说明开关振荡电路没有工作，需要对开关振荡电路中的开关晶体管进行检测。

开关变压器的检测方法如图7-35所示。

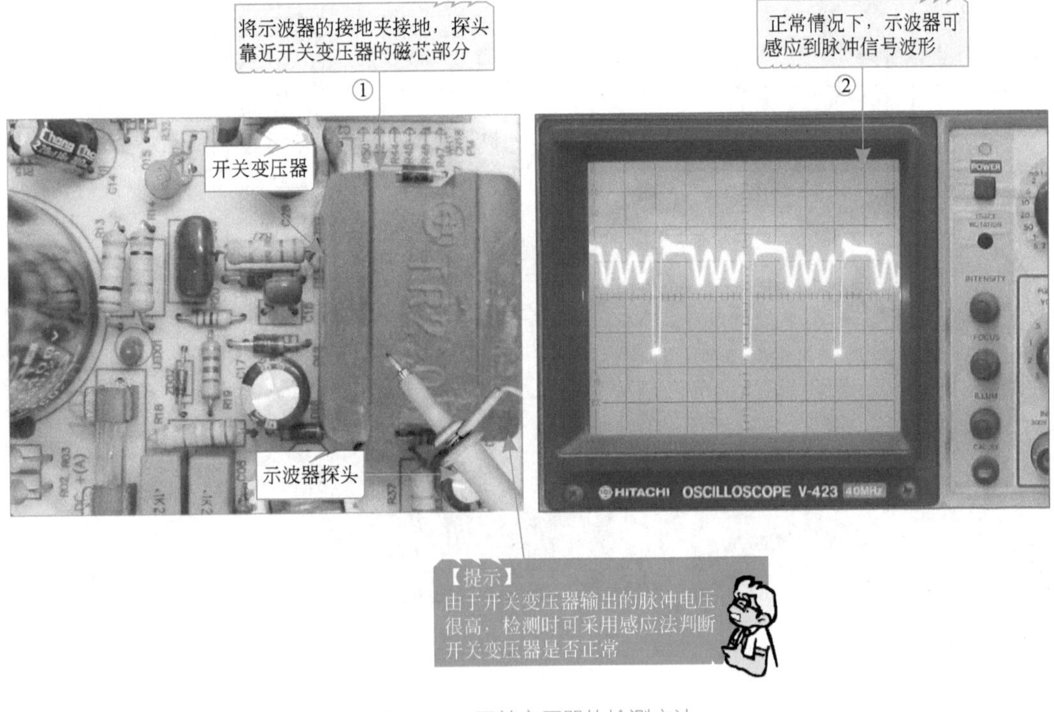

图7-35 开关变压器的检测方法

（5）开关晶体管的检测方法

经检测开关变压器没有进入工作状态时，需要对开关振荡电路中的开关晶体管进行检测。对开关晶体管进行检测时，可使用万用表检测各引脚间的阻值是否正常。

正常情况下，开关晶体管引脚中，基极（b）与集电极（c）正向阻值、基极（b）与发射极（e）之间的正向阻值应有一定的阻值，其他两引脚间的阻值为无穷大。

演示图解

开关晶体管的检测方法如图7-36所示。

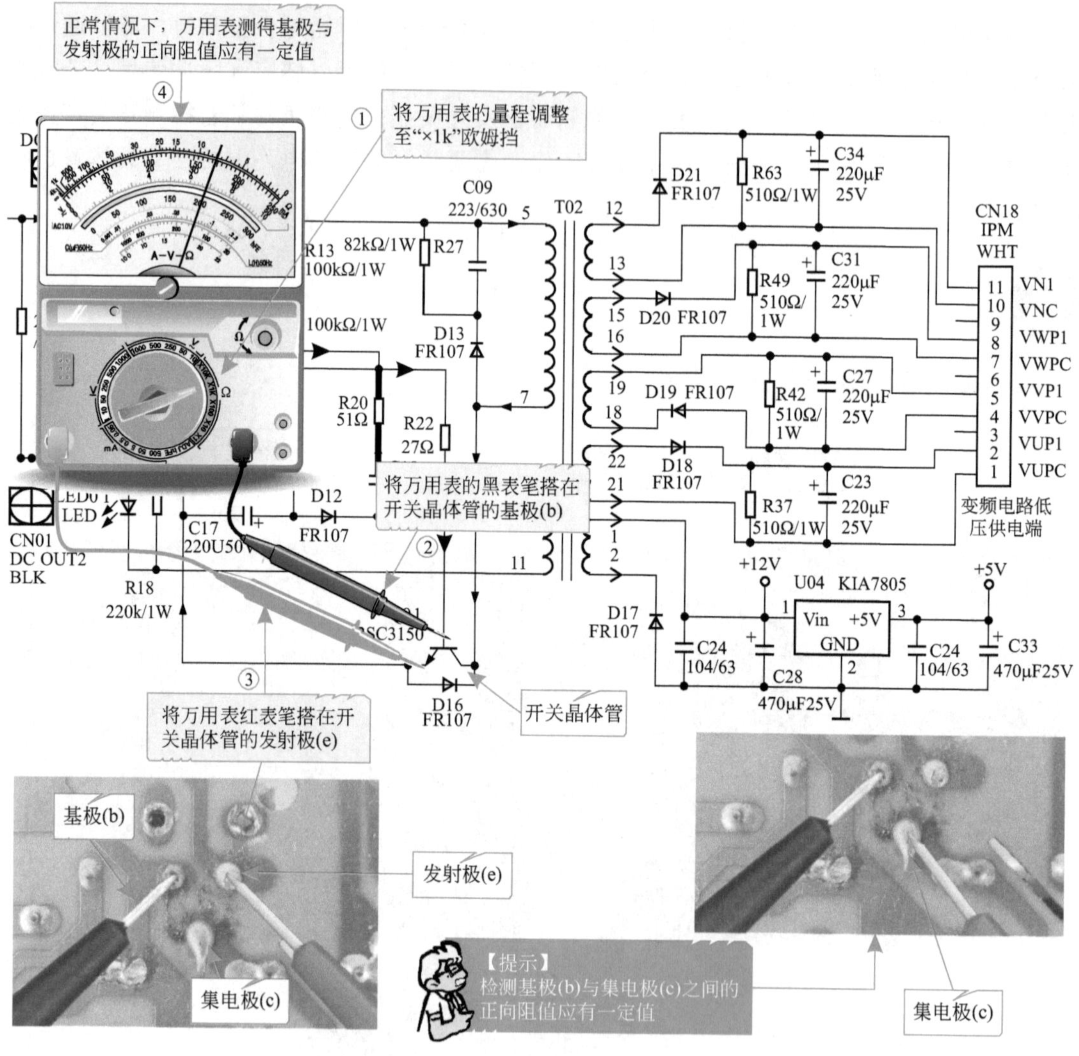

图7-36 开关晶体管的检测方法

特别提示

若是在路检测开关晶体管时，与以上检测的规律有所区别时，有可能是受外围元器件的影响，应将开关晶体管取下后，进行开路检测。若在开路状态下检测时，发现引脚间的阻值不正常或趋于0，则证明开关晶体管已损坏，应对其进行更换。

知识拓展

一般情况下，室外机电源电路中的开关晶体管多采用晶体三极管，在对该元器件进行检测时，可根据晶体三极管的自身结构进行判断，如图7-37所示。

由图可知，在检测开关晶体管之前，应先确定开关晶体管的类型，然后再进行检测，通常开关晶体管在路检测情况下，若两两引脚间的阻值出现零欧姆阻值时，则表明开关晶体管可能损坏。

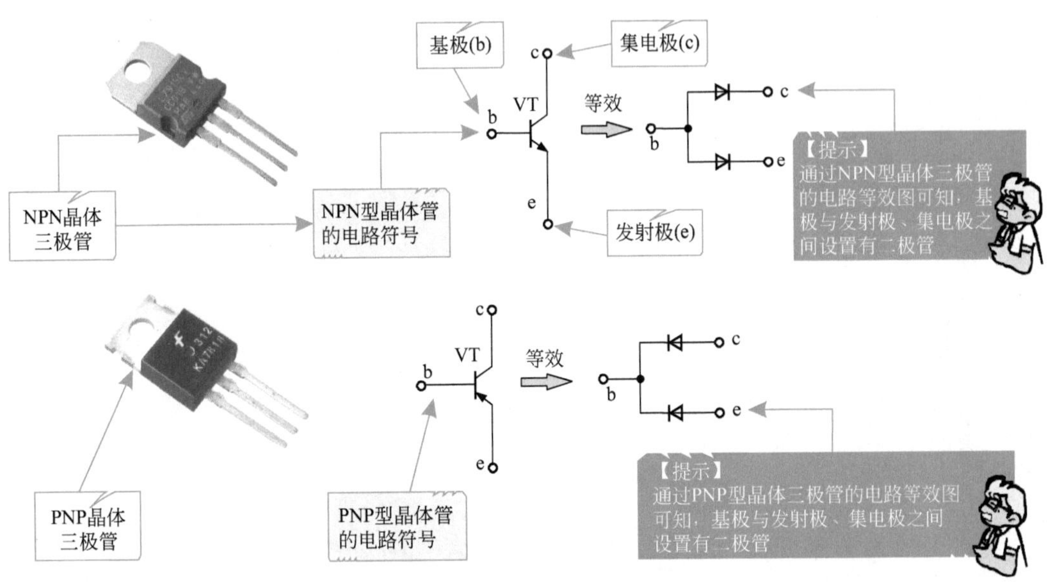

图7-37　开关晶体管的结构

第 8 章 变频空调器室外机变频电路的检修技能

8.1 认识变频空调器的室外机变频电路

变频空调器采用变频调速技术，通过改变供电频率的方式进行调速从而实现制冷量（或制热量）的变化。为了实现对压缩机转速的调节，变频空调器机内部设有一个变频电路，为压缩机提供变频驱动电压。

图8-1所示为典型变频空调器中的变频电路，该电路是变频空调器中特有的电路模块，通常安装在空调器室外机变频压缩机的上端，由固定支架进行固定。

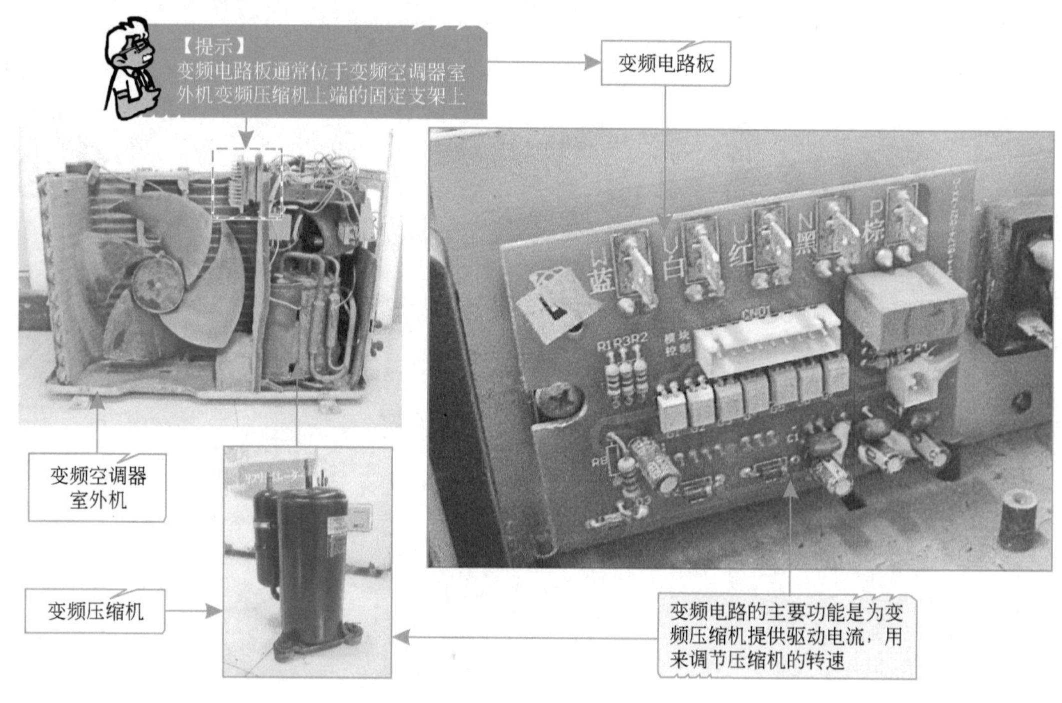

图8-1　变频电路的安装位置

在学习变频电路检修之初，首先要对变频电路的结构组成和工作特点有一定的了解，对于初学者而言，要能够根据变频电路的结构特点在变频电路板中准确地找到变频电路的各组成部件，这是开始检修变频电路的第一步。

8.1.1 变频空调器室外机变频电路的结构特点

取下变频空调器室外机外壳后，即可看到位于变频压缩机上端固定支架上的变频电路板。图8-2所示为海信KFR-35GW06ABP型变频空调器中的变频电路板，可以看到，该电路主要是由智能功率模块、光电耦合器、连接插件或接口以及外围元器件等构成。

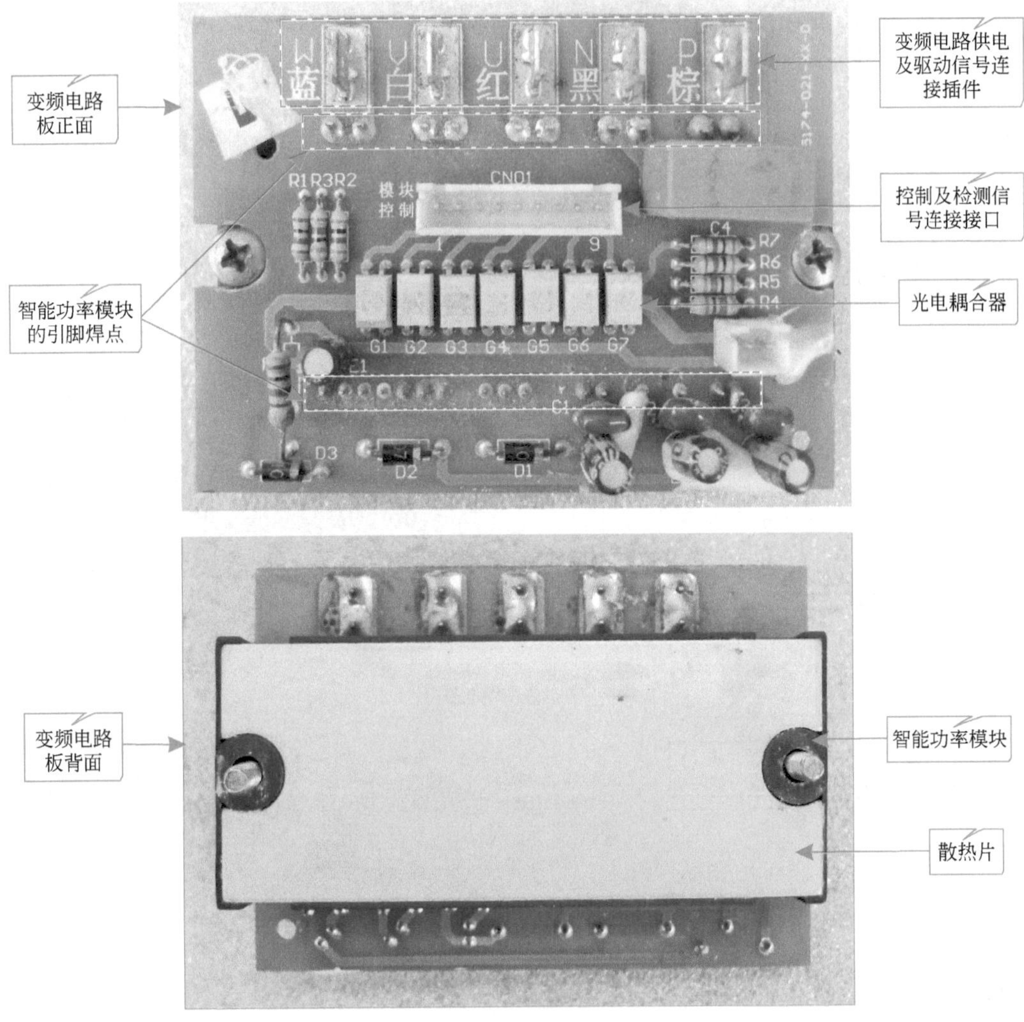

图8-2 变频电路的构成

（1）智能功率模块

智能功率模块通常安装在变频电路板的背部，它是一种混合集成电路，其内部一般集成有逆变器电路（功率输出管）、逻辑控制电路、电压电流检测电路、电源供电接口等，主要用来输出变频压缩机的驱动信号，是变频电路中的核心部件。图8-3所示为STK621-410型智能功率模块的实物外形。

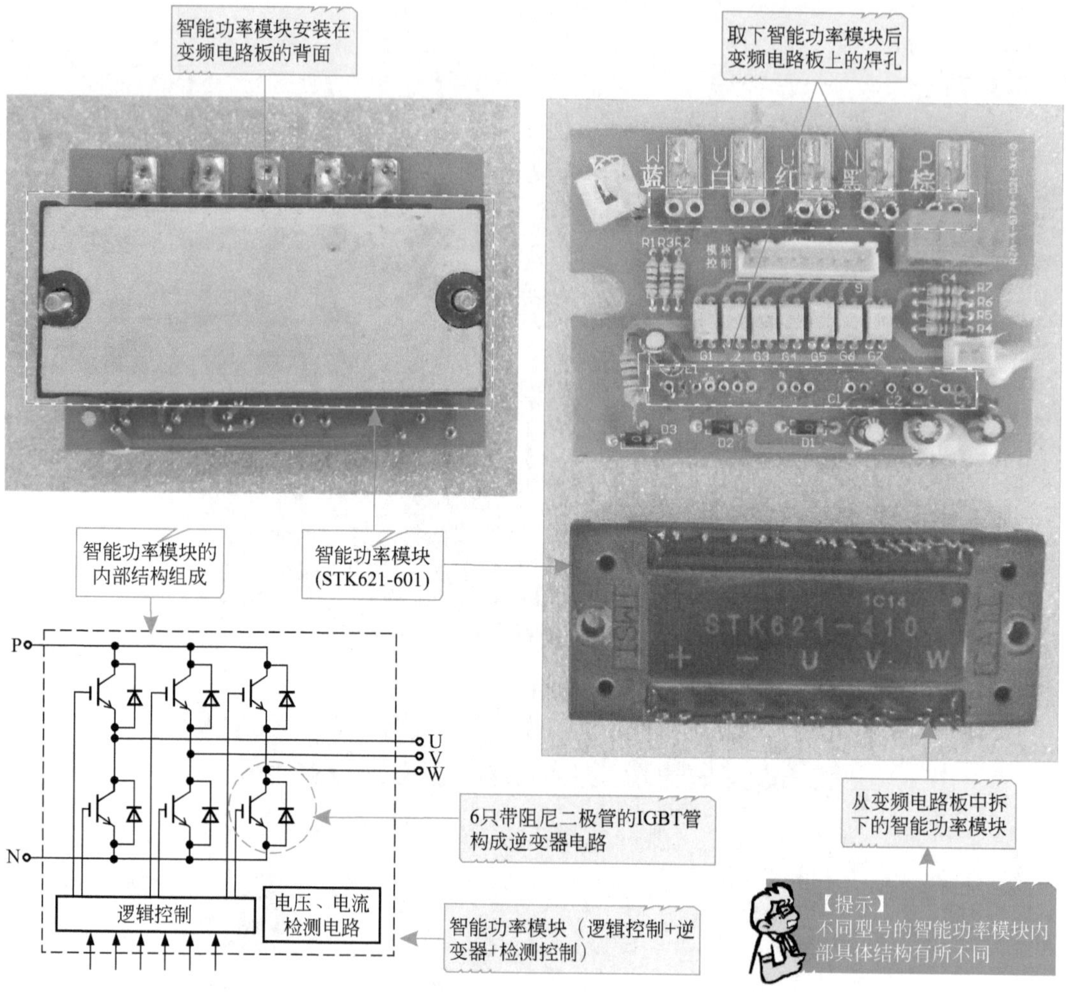
智能功率模块安装在变频电路板的背面
取下智能功率模块后变频电路板上的焊孔
智能功率模块的内部结构组成
智能功率模块(STK621-601)
STK621-410
P
N
U
V
W
逻辑控制
电压、电流检测电路
6只带阻尼二极管的IGBT管构成逆变器电路
智能功率模块（逻辑控制+逆变器+检测控制）
从变频电路板中拆下的智能功率模块
【提示】
不同型号的智能功率模块内部具体结构有所不同

图8-3　STK621-410型智能功率模块的实物外形

特别提示

智能功率模块工作时的功率较大，会产生较大的热量，因此智能功率模块通常装有散热片，用来进行散热，如图8-4所示。

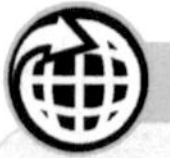

知识拓展

变频空调器中常用智能功率模块主要有PS21564-P/SP、PS21865/7/9-P/AP、PS21964/5/7-AT/AT、PS21765/7、PS21246、FSBS15CH60等多种，这几种智能功率模块将微处理器输出的控制信号进行逻辑处理后变成驱动逆变器的脉冲信号，逆变器将直流电压变成交流变频信号，对变频空调器的变频压缩机进行控制。图8-5所示为变频空调器中几种常见智能功率模块的实物外形。

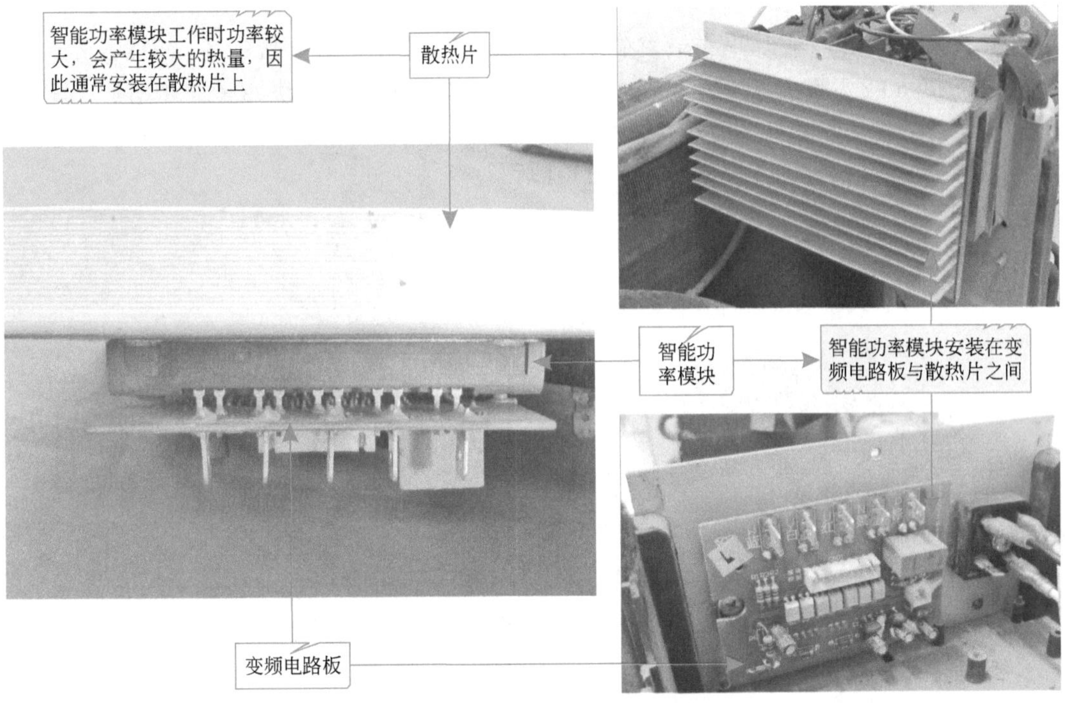

图8-4　变频模块的安装位置及散热片

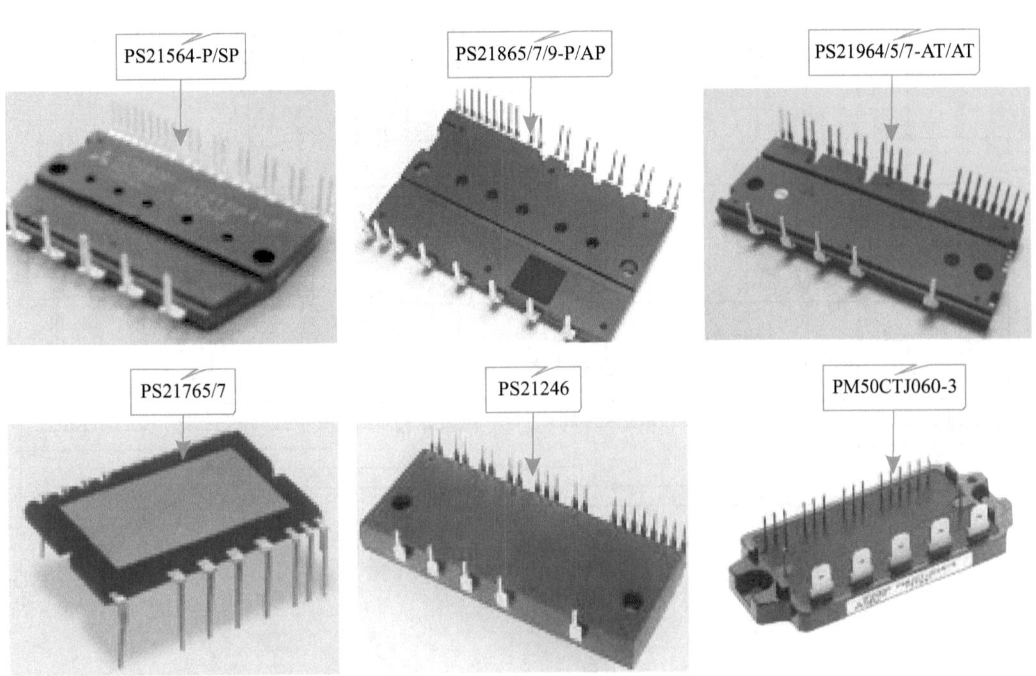

图8-5　常见智能功率模块的实物外形

不同型号的智能功率模块其内部结构和引脚排列都会有所不同，图8-6所示为PM50CTJ060-3型智能功率模块的内部结构及引脚排列，该模块共有20个引脚，其内部主要是由逆变器电路和逻辑控制电路组成的，逆变器则是由6个门控管（IGBT）和6个阻尼二极管构成。各引脚功能见表8-1所列。

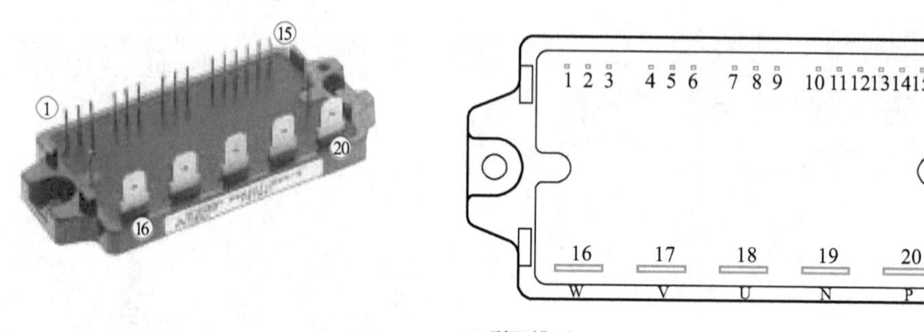

(a) 引脚排列

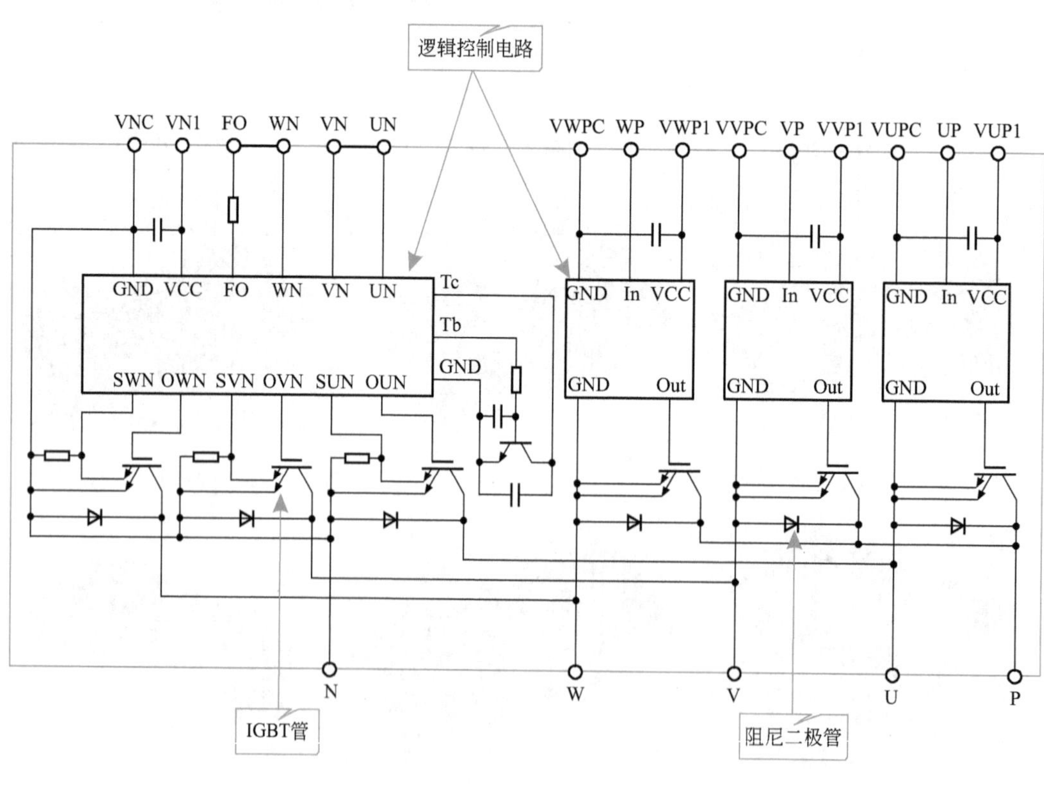

(b) 内部结构

图8-6 PM50CTJ060-3型智能功率模块的内部结构及引脚排列

表8-1 PM50CTJ060-3型变频功率模块引脚功能

引脚	标识	引脚功能	引脚	标识	引脚功能
①	VUPC	接地	⑪	VN1	欠压检测端
②	UP	功率管U（上）控制	⑫	UN	功率管U（下）控制
③	VUP1	模块内IC供电	⑬	VN	功率管V（下）控制
④	VVPC	接地	⑭	WN	功率管W（下）控制
⑤	VP	功率管V（上）控制	⑮	FO	故障检测
⑥	VVP1	模块内IC供电	⑯	P	直流供电端
⑦	VWPC	接地	⑰	N	直流供电负端
⑧	WP	功率管W（上）控制	⑱	U	接电动机绕组U
⑨	VWP1	模块内IC供电	⑲	V	接电动机绕组V
⑩	VNC	接地	⑳	W	接电动机绕组W

（2）光电耦合器

光电耦合器也是变频电路中的典型器件之一。它用来接收室外机微处理器送来的控制信号，经光电转换后送入智能功率模块中，驱动智能功率模块工作，具有隔离功能。图8-7所示为光电耦合器G1～G7的实物外形。

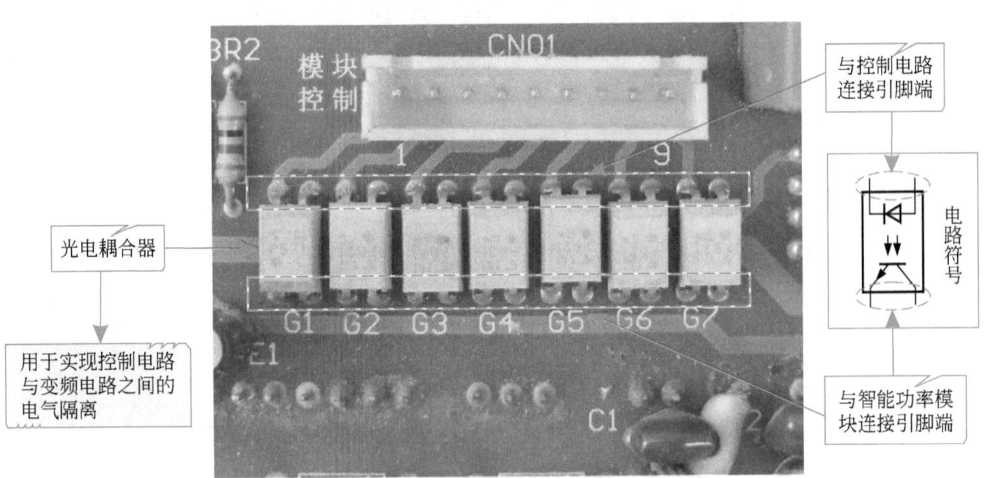

图8-7 光电耦合器G1～G7的实物外形

（3）连接插件或接口

变频电路是在控制电路的控制作用下输出变频压缩机的驱动信号的，它与控制电路、变频压缩机之间通过连接插件或接口建立关联。图8-8所示为变频电路中的连接插件或接口，在连接插件或接口附近通常会标识有插件功能或连接对应关系等信息。

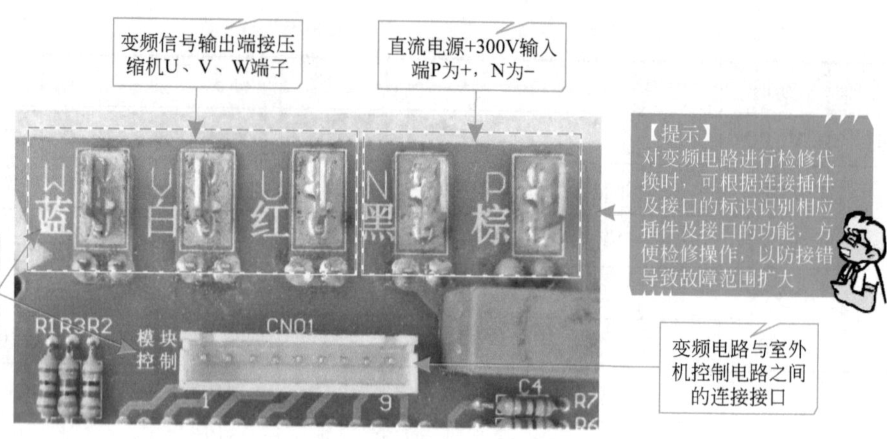

图8-8 变频电路中的连接插件或接口

知识拓展

随着变频技术的发展，应用于变频空调器中的变频电路也日益完善，各厂商根据产品的结构特点开发了各具特色的电路单元或电路模块，如有些变频电路集成了电源电路，有些则集成有CPU电路，还有些则将室外机控制电路与变频电路制作在一起，如图8-9所示。

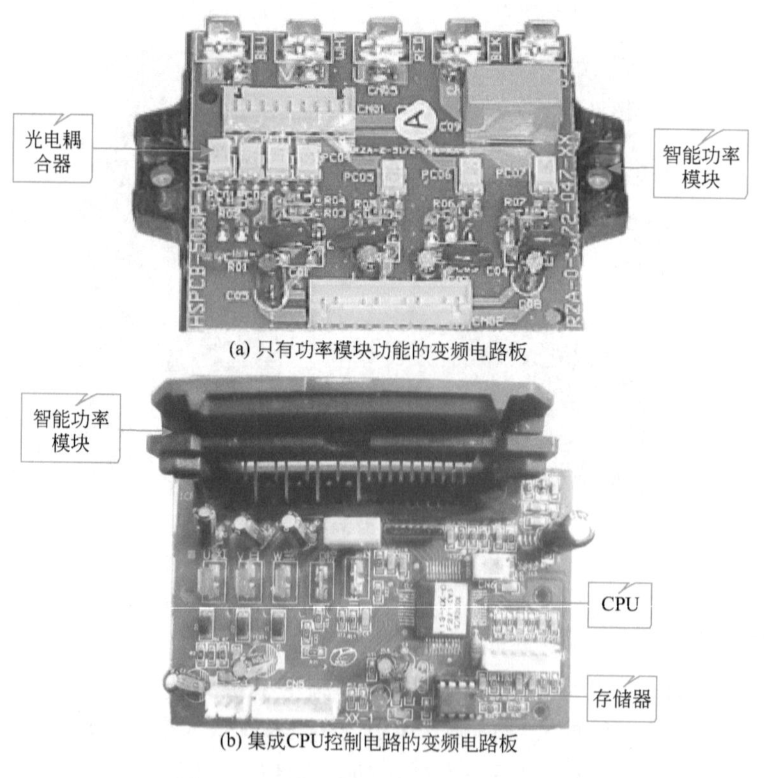

(a) 只有功率模块功能的变频电路板

(b) 集成CPU控制电路的变频电路板

图8-9 不同变频空调器中的变频电路板

8.1.2 变频空调器室外机变频电路的工作原理

变频空调器室外机变频电路的主要的功能就是为变频压缩机提供驱动信号，用来调节变频压缩机的转速，实现空调器制冷剂的循环，完成热交换的功能。图8-10所示为变频空调器中变频电路的流程框图。

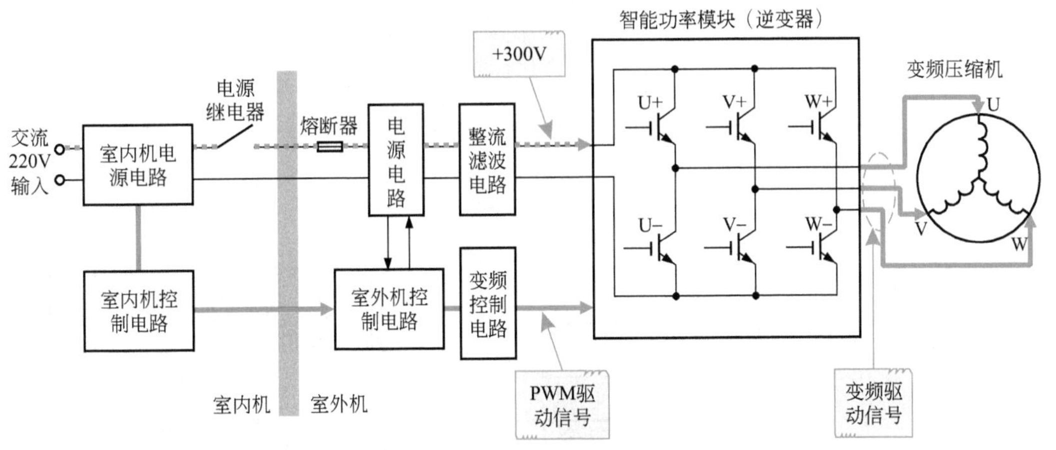

图8-10 变频空调器中变频电路的流程框图

从图中可以看出，交流220V经变频空调器室内机电源电路送入室外机中，经室外机电源电路以及整流滤波电路后，变为300V直流电压，为智能功率模块中的IGBT管进行供电。

同时由变频空调器室内机控制电路将控制信号送到室外机控制电路中，室外机控制电路根据控制信号对变频电路进行控制，由变频控制电路输出PWM驱动信号控制智能功率模块，为变频压缩机提供所需的变频驱动信号，变频驱动信号加到变频压缩机的三相绕组端，使变频压缩机启动运转，变频压缩机驱动制冷剂循环，进而达到冷热交换的目的。

特别提示

目前，变频空调器中的变频压缩机通常采用直流无刷电动机，该变频方式被称为直流变频方式，但变频电路及驱动电动机定子的信号是频率可变的交流信号。

直流变频与交流变频方式基本相同，同样是把交流市电转换为直流电，并送至智能功率模块，智能功率模块同样受微处理器指令的控制。微处理器输出变频脉冲信号经智能功率模块中的逆变器变成驱动变频压缩机的信号，该变频压缩机的电动机采用直流无刷电动机，其绕组也为三相，特点是控制精度更高，交流变频方式采用的是交流感应电动机。

图8-11所示为采用PWM脉宽调制的直流变频控制电路原理示意图，该类变频控制方式中，按照一定规律对输出的脉冲宽度进行调制。整流电路输出的直流电压为智能功率模块供电，智能功率模块受微处理器控制。

直流无刷电动机的定子上绕有电磁线圈，采用永久磁钢作为转子。当施加在电动机上的电压或频率增高时，转速加快；当电压或频率降低时，转速下降。这种变频方式在空调器中得到广泛的应用。

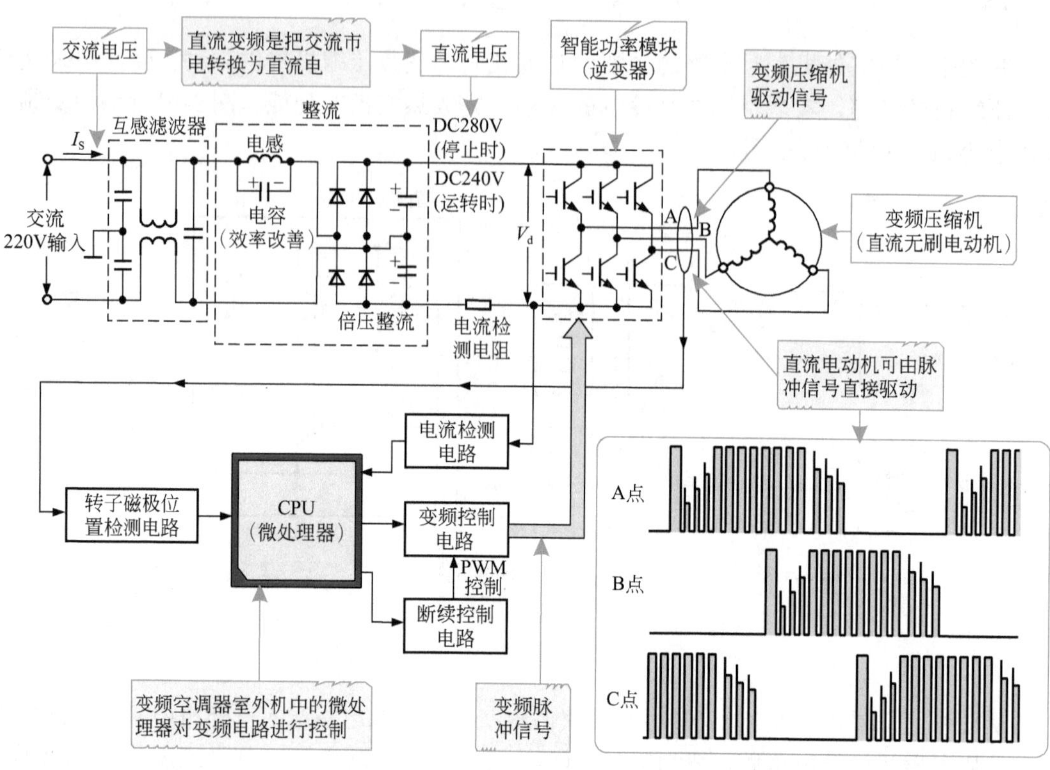

图8-11　典型的直流变频控制电路原理示意图

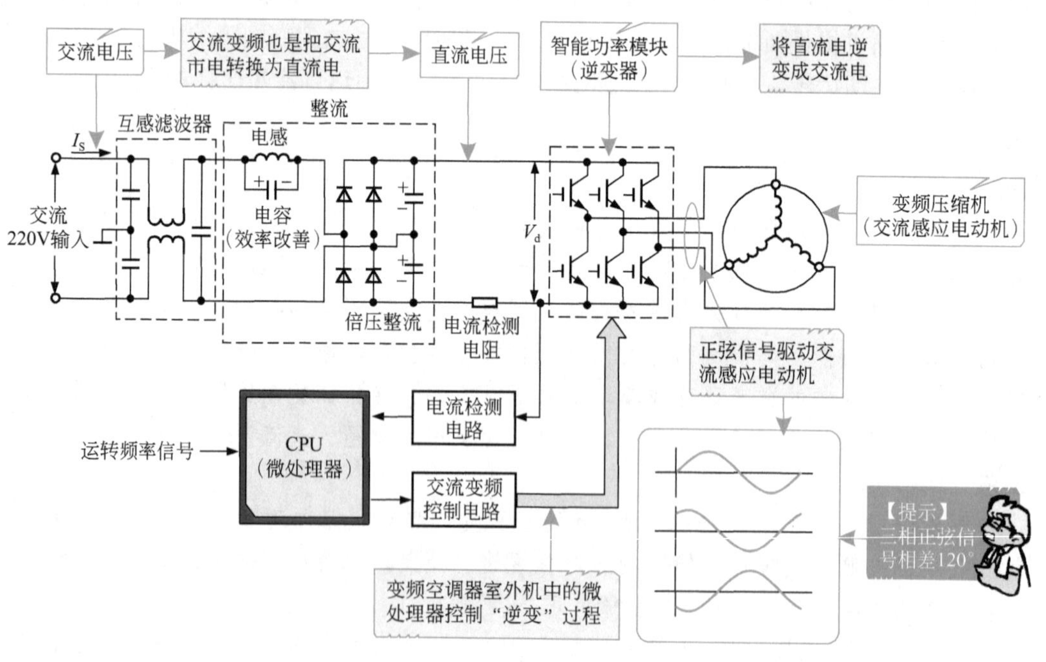

图8-12　典型的交流变频控制原理示意图

除上述常见的直流变频控制方式外，还有一些变频空调器中采用了交流变频方式，其主要特点是对交流感应电动机进行控制。交流变频是把380/220V交流市电转换为直流电源，为智能功率模块中的逆变器提供工作电压，逆变器在微处理器的控制下再将直流电“逆变”成交流电，该交流电再去驱动交流电动机，“逆变”的过程受控制电路的指令控制，变频频率可变的交流电压输出，使变频压缩机电动机的转速随电压频率的变化而相应改变，这样就实现了微处理器对变频压缩机电动机转速的控制和调节，如图8-12所示。

（1）变频电路中核心元件（智能功率模块）工作原理

智能功率模块是将直流电压变成交流电压的功率模块，被称为逆变器。通过6个IGBT管的导通和截止的控制将直流电源变成交流电压为变频压缩机提供所需的工作电压（变频驱动信号）。图8-13所示为变频电路中智能功率模块的工作原理（为便于理解，将智能功率模块的结构进行了简化，阻尼二极管也未画出）。

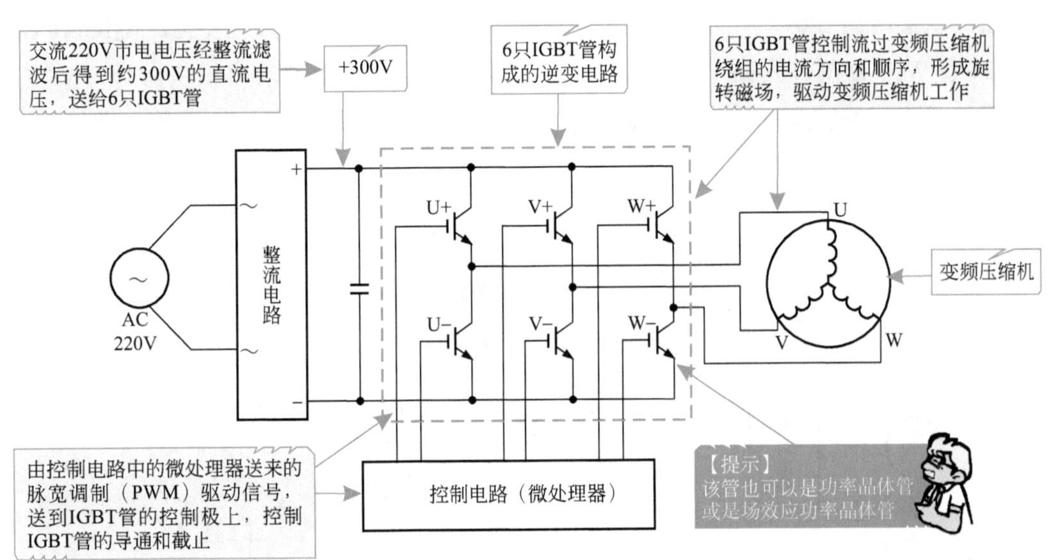

图8-13　变频电路中智能功率模块的工作原理

智能功率模块内的6只IGBT管以两只为一组，分别导通和截止。下面将室外机控制电路中微处理器对6只IGBT管的控制过程进行分析，具体了解一下每组IGBT管导通周期的工作过程。

① 0°～120°周期的工作过程　图8-14所示为0°～120°周期的工作过程。在变频压缩机内的电动机旋转0°～120°周期，控制信号同时加到IGBT管U+和V－的控制极，使之导通，于是电源+300V经智能功率模块①脚→U+IGBT管→智能功率模块③脚→U线圈→V线圈→功率模块④脚→V–IGBT管→智能功率模块②脚→电源负端形成回路。

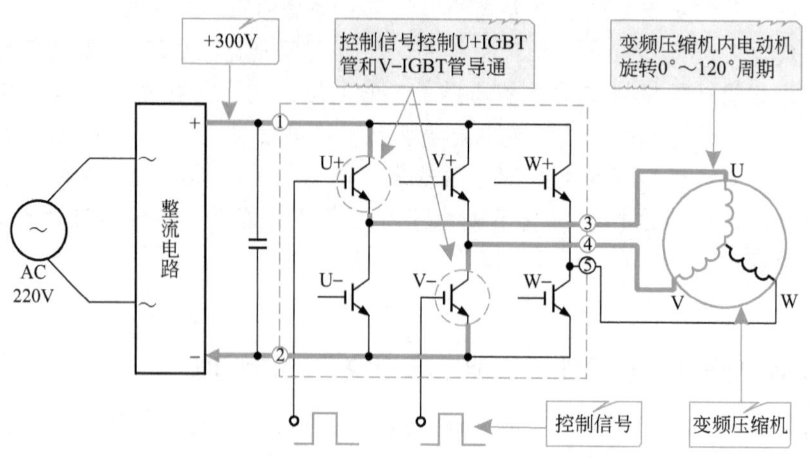

图8-14 0°～120°周期的工作过程

② 120°～240°周期的工作过程 图8-15所示为120°～240°周期的工作过程。在变频压缩机旋转的120°～240°周期，主控电路输出的控制信号产生变化，使IGBT管V+和IGBT管W－控制极为高电平而导通，于是电源+300V经智能功率模块①脚→V+IGBT管→智能功率模块④脚→V线圈→W线圈→智能功率模块⑤脚→W–IGBT管→智能功率模块②脚→电源负端形成回路。

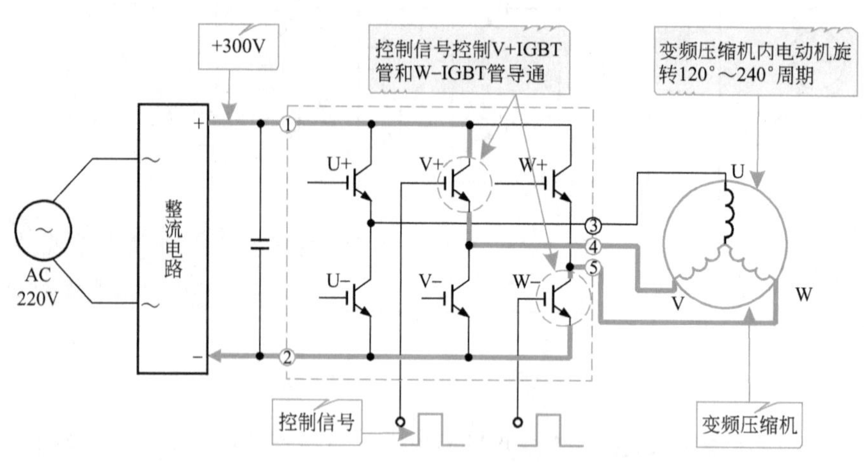

图8-15 120°～240°周期的工作过程

③ 240°～360°周期的工作过程 图8-16所示为240°～360°周期的工作过程。在变频压缩机旋转的240°～360°周期，电路再次发生转换，IGBT管W+和IGBT管U–控制极为高电平导通，于是电源+300V经功率模块①脚→W+IGBT管→智能功率模块⑤脚→W线圈→U线圈→智能功率模块③脚→U–IGBT管→智能功率模块②脚→电源负端形成回路。

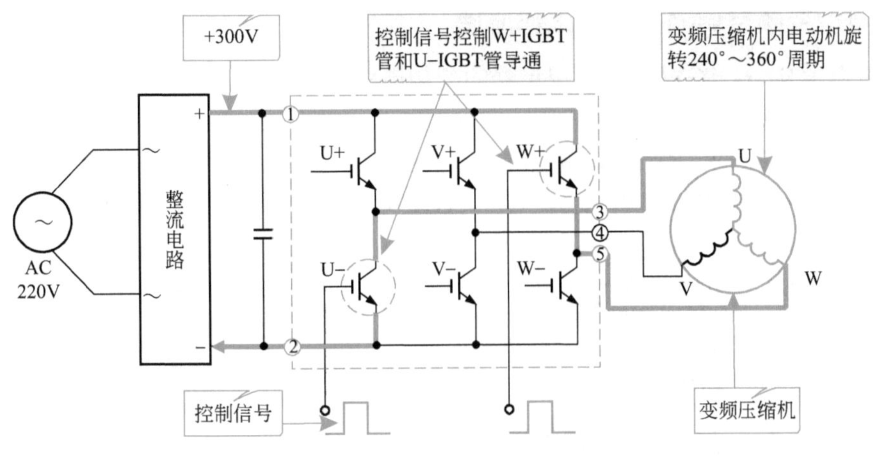

图8-16　240°～360°周期的工作过程

特别提示

6只IGBT管的导通与截止按照这种规律为变频压缩机的定子线圈供电，变频压缩机定子线圈会形成旋转磁场，使转子旋转起来，改变驱动信号的频率就可以改变变频压缩机的转动速度，从而实现转速控制。

知识拓展

有很多变频电路的驱动方式采用图8-17的形式，即每个周期中变频压缩机内电动机的三相绕组中都有电流，合成磁场是旋转的，此时驱动信号加到U+、V+和W-，其电流方向如图所示。

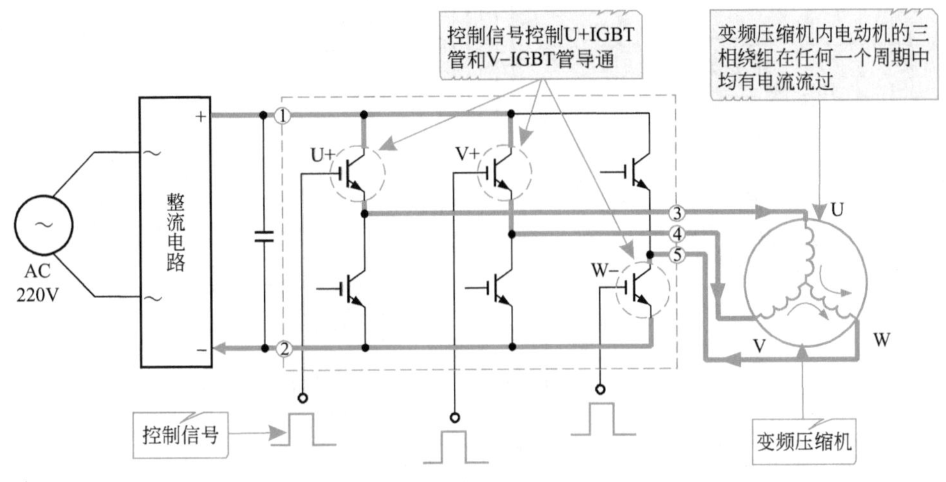

图8-17　三只IGBT管导通周期的工作流程分析要诀

（2）典型变频空调器电路的工作原理

下面以海信KFR-35GW型变频空调器的变频电路为例，来具体了解一下该电路的基本工作过程和信号流程。

图8-18所示为海信KFR-35GW型变频空调器的变频电路。可以看到，该变频电路主要由智能功率模块STK621-601、光电耦合器G1～G7、插件CN01～CN03、CN06等部分构成。

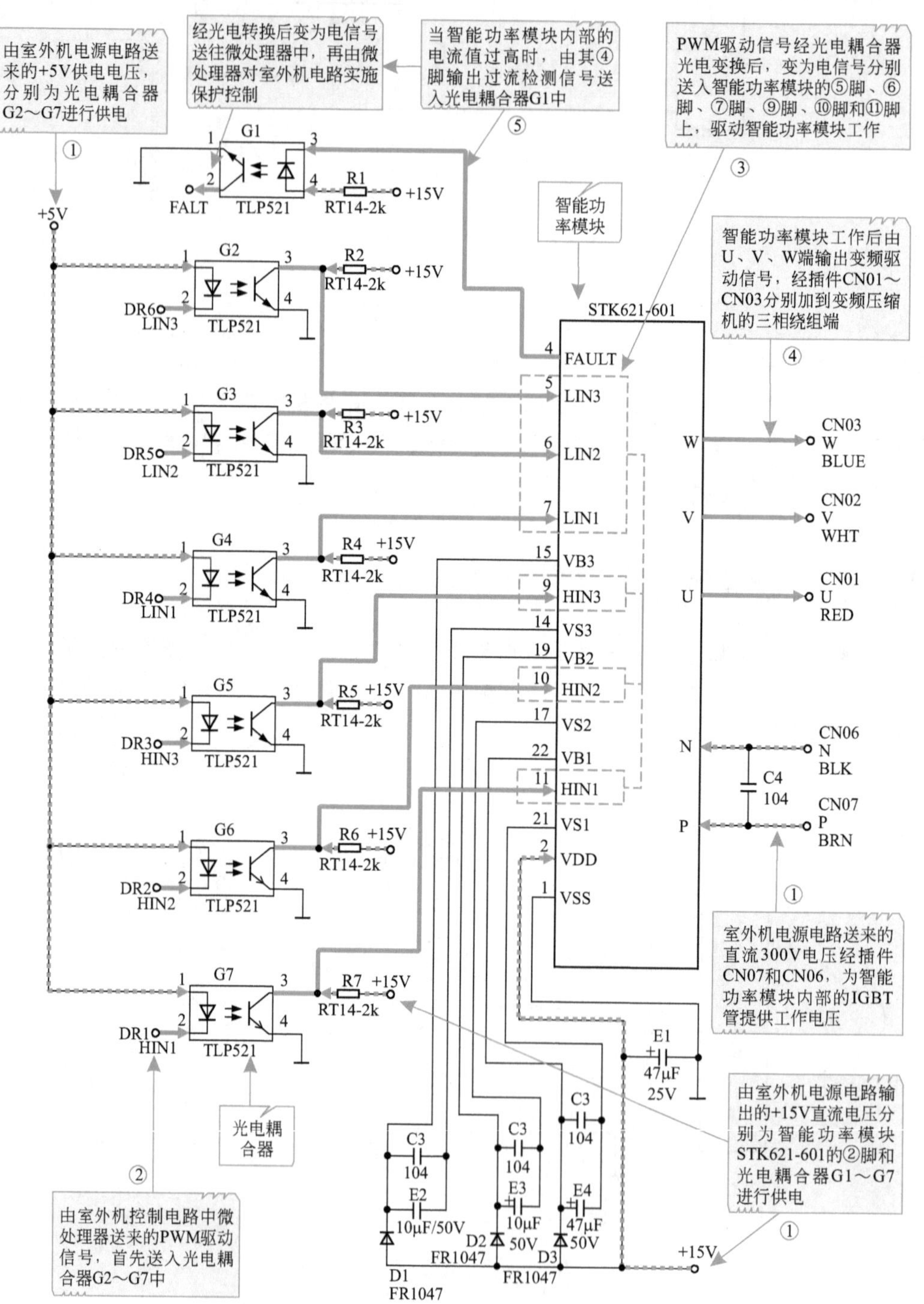

图8-18　海信KFR-35GW型变频空调器的变频电路

室外机电源电路为变频电路中智能功率模块和光电耦合器提供直流工作电压；室外机控制电路中的微处理器输出PWM驱动信号，经光电耦合器G2～G7转换为电信号后，分别送入智能功率模块STK621-601的⑤脚、⑥脚、⑦脚、⑨脚、⑩脚和⑪脚中，经STK621-601内部电路的逻辑处理和变换后，输出变频驱动信号加到变频压缩机三相绕组端，驱动变频压缩机工作。

8.2 变频空调器室外机变频电路的检修流程

8.2.1 变频空调器室外机变频电路的故障特点

变频电路出现故障经常会引起变频空调器出现不制冷/制热、制冷或制热效果差、室内机出现故障代码、压缩机不工作等现象，如图8-19所示。

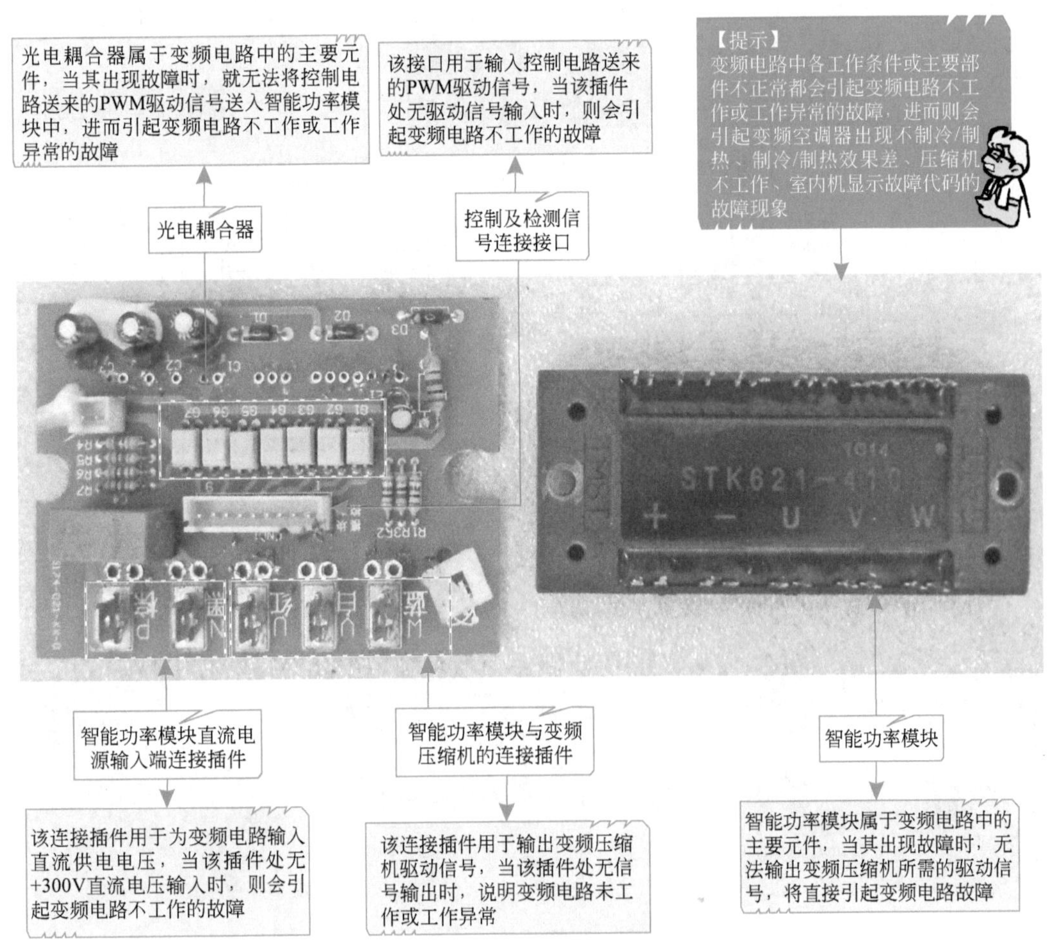

图8-19 变频空调器室外机变频电路的故障特点

8.2.2 变频空调器室外机变频电路的检修分析

变频电路中各工作条件或主要部件不正常都会引起变频电路故障，进而引起变频空调器出现不制冷/制热、制冷/制热效果差、室内机出现故障代码等现象。对该电路进行检修时，应首先采用观察法检查变频电路的主要元件有无明显损坏或元件脱焊、插口不良等现象，如出现上述情况则应立即更换或检修损坏的元器件，若从表面无法观测到故障点，则需根据变频电路的信号流程以及故障特点对可能引起故障的工作条件或主要部件逐一进行排查。图8-20所示为典型变频空调器变频电路的检修分析。

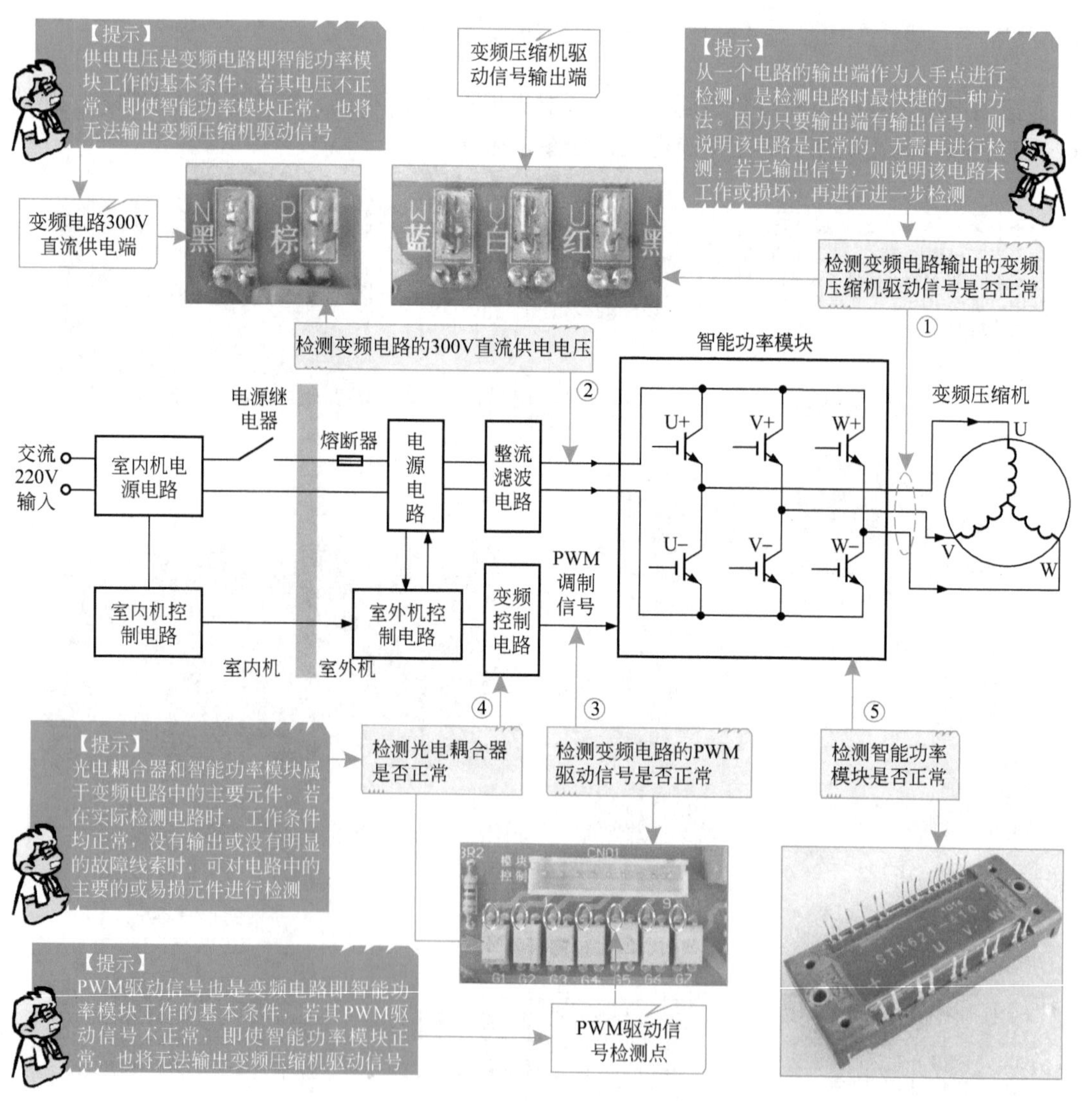

图8-20 典型变频空调器变频电路的检修分析

8.3 变频空调器室外机变频电路的检修方法

对变频空调器变频电路的检修，可按照前面的检修分析进行逐步检测，对损坏的元件或部件进行更换，即可完成对变频电路的检修。

8.3.1 变频压缩机驱动信号的检测

当怀疑变频电路出现故障时，应首先对变频电路（智能功率模块）输出的变频压缩机驱动信号进行检测，若变频压缩机驱动信号正常，则说明变频电路正常；若变频压缩机驱动信号不正常，则需对电源电路板和控制电路板送来的供电电压和压缩机驱动信号进行检测。

演示图解

图8-21所示为变频压缩机驱动信号的检测方法。

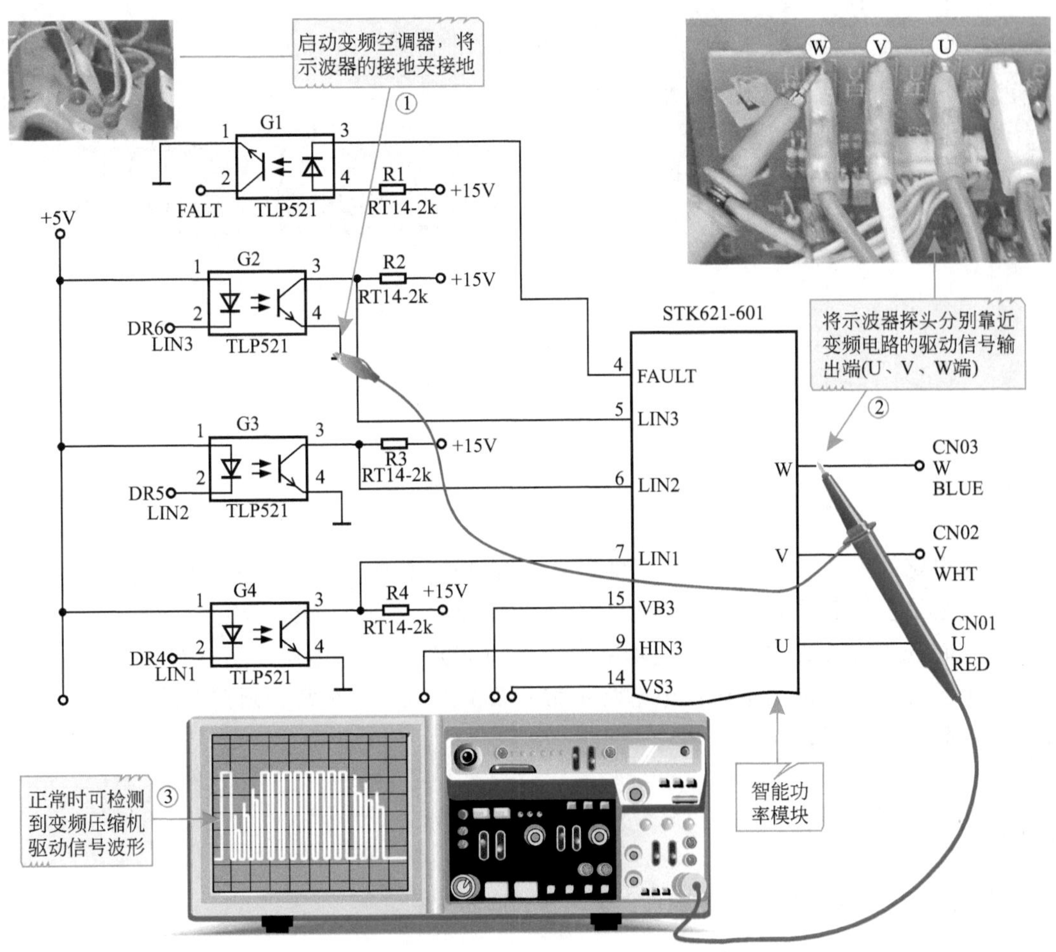

图8-21 变频压缩机驱动信号的检测

特别提示

在上述检测过程中，对变频压缩机驱动信号进行检测时，使用了示波器进行测试，若不具备该检测条件时，也可以用万用表测电压的方法进行检测和判断，如图8-22所示。

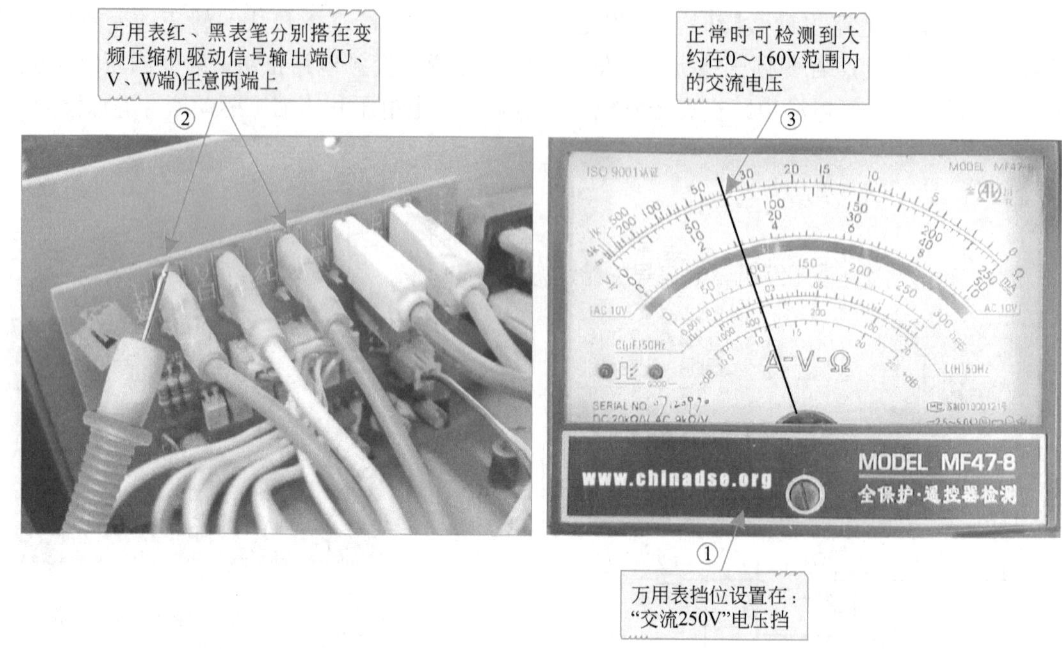

图8-22　检测变频电路输出变频压缩机驱动电压

8.3.2　变频电路300V直流供电电压的检测

变频电路的工作条件有两种，即供电电压和PWM驱动信号，若变频电路无驱动信号输出，在判断是否为变频电路的故障时，应首先对这两个工作条件进行检测。

检测时应先对变频电路（智能功率模块）的300V直流供电电压进行检测。若300V直流供电电压正常，则说明电源供电电路正常；若供电电压不正常，则需继续对另一个工作条件PWM驱动信号进行检测。

演示图解

图8-23所示为变频电路300V直流供电电压的检测方法。

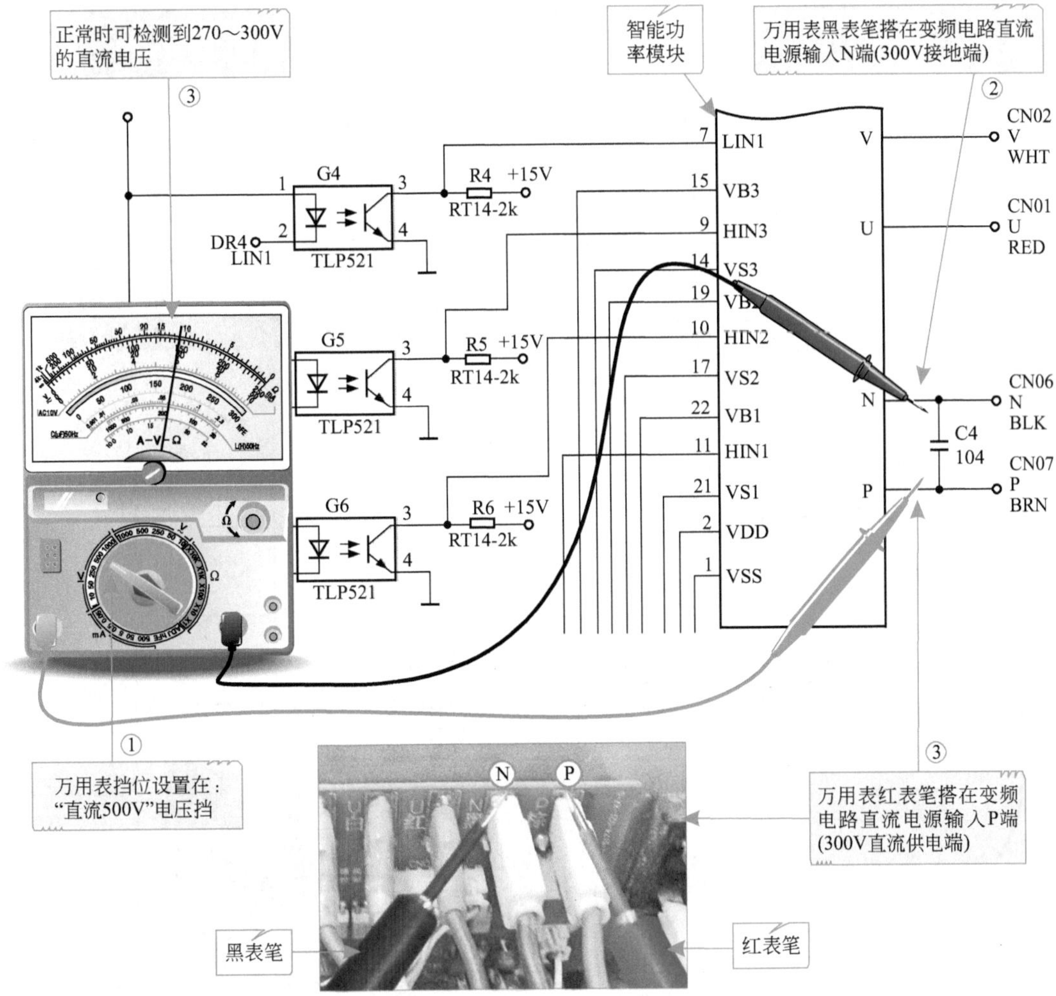

正常时可检测到270～300V的直流电压

智能功率模块

万用表黑表笔搭在变频电路直流电源输入N端(300V接地端)

万用表挡位设置在：“直流500V”电压挡

万用表红表笔搭在变频电路直流电源输入P端(300V直流供电端)

黑表笔

红表笔

图8-23　变频电路300V直流供电电压的检测方法

8.3.3　变频电路PWM驱动信号的检测

若经检测变频电路的供电电压正常，接下来需对控制电路板送来的PWM驱动信号进行检测，若PWM驱动信号也正常，而变频电路无输出，则多为变频电路故障，应重点对光电耦合器和智能功率模块进行检测；若PWM驱动信号不正常，则需对控制电路进行检测。

图8-24所示为变频电路PWM驱动信号的检测方法。

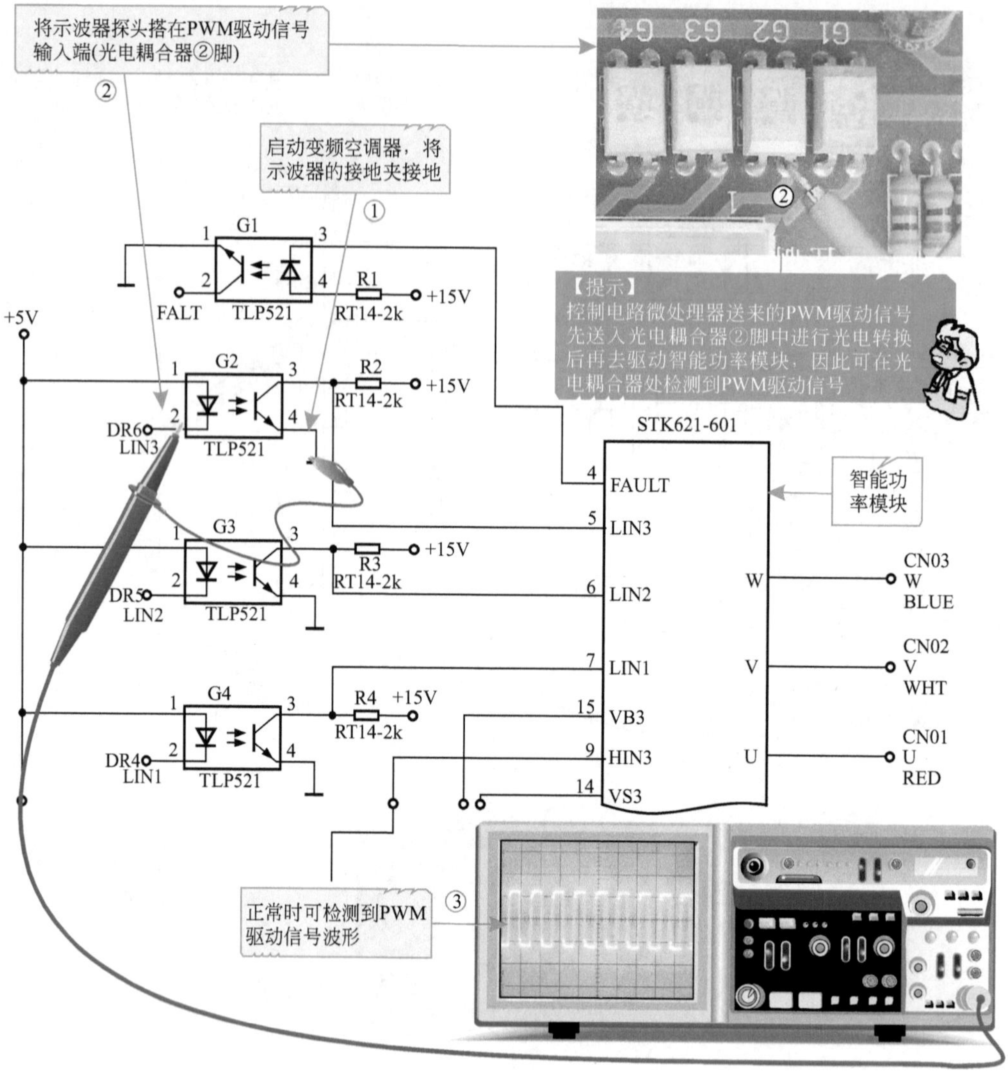

将示波器探头搭在PWM驱动信号输入端(光电耦合器②脚)

启动变频空调器，将示波器的接地夹接地

【提示】
控制电路微处理器送来的PWM驱动信号先送入光电耦合器②脚中进行光电转换后再去驱动智能功率模块，因此可在光电耦合器处检测到PWM驱动信号

智能功率模块

正常时可检测到PWM驱动信号波形

图8-24　智能功率模块PWM驱动信号的检测方法

8.3.4　光电耦合器的检测

光电耦合器是用于驱动智能功率模块的控制信号输入电路，损坏后会导致来自室外机控制电路中的PWM信号无法送至智能功率模块的输入端。

若经上述检测室外机控制电路送来的PWM驱动信号正常，供电电压也正常，而变频电路无输出，则应对光电耦合器进行检测。

图8-25所示为光电耦合器的检测方法。

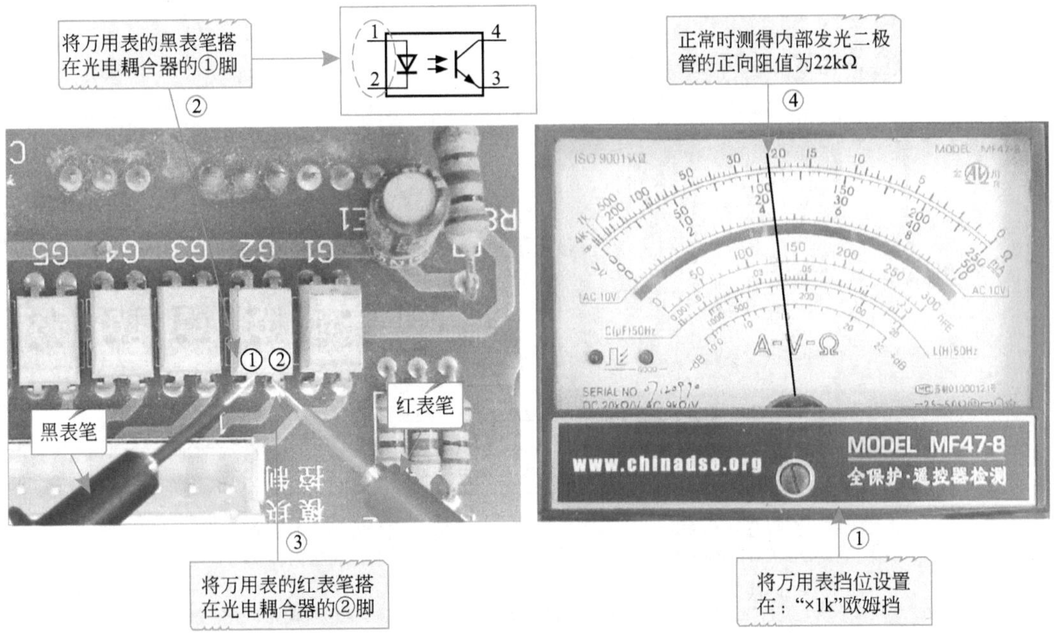
将万用表的黑表笔搭在光电耦合器的①脚
②
正常时测得内部发光二极管的正向阻值为22kΩ
④
黑表笔
红表笔
①
③
将万用表的红表笔搭在光电耦合器的②脚
将万用表挡位设置在："×1k"欧姆挡
MODEL MF47-8
www.chinadse.org
全保护·遥控器检测

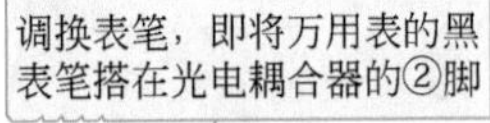

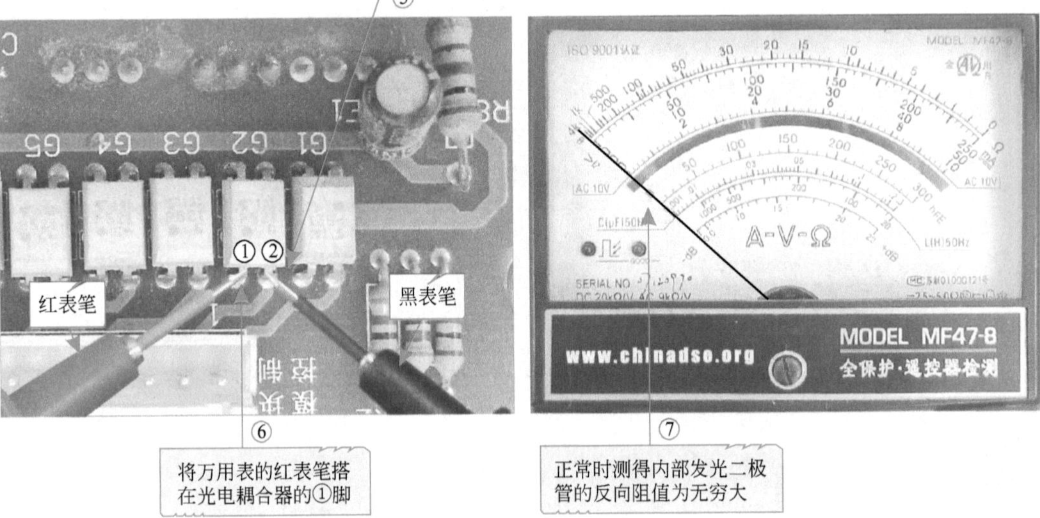
调换表笔，即将万用表的黑表笔搭在光电耦合器的②脚
⑤
红表笔
黑表笔
⑥
将万用表的红表笔搭在光电耦合器的①脚
⑦
正常时测得内部发光二极管的反向阻值为无穷大
MODEL MF47-8
www.chinadse.org
全保护·遥控器检测

图8-25

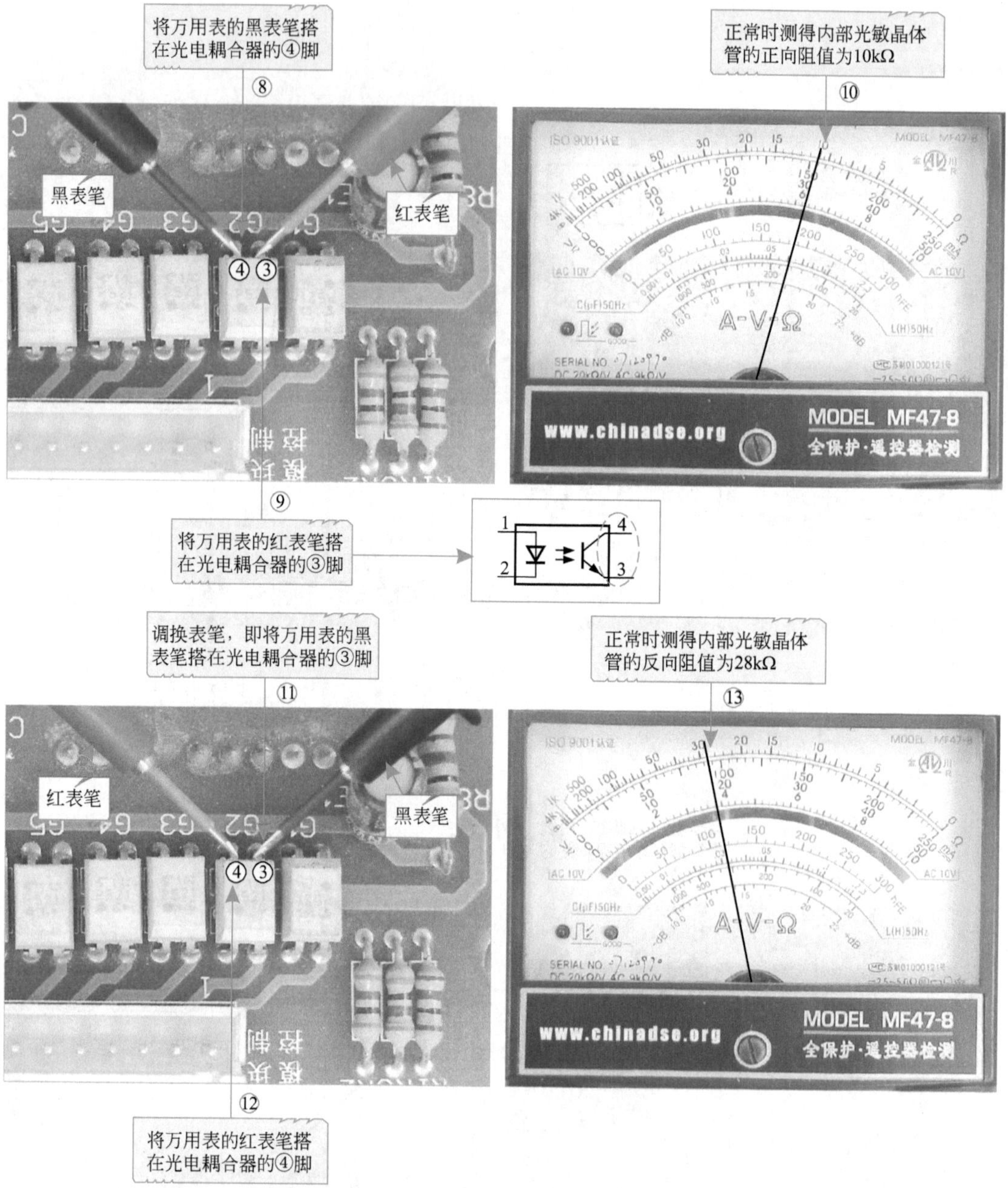

将万用表的黑表笔搭在光电耦合器的④脚 ⑧

正常时测得内部光敏晶体管的正向阻值为10kΩ ⑩

⑨ 将万用表的红表笔搭在光电耦合器的③脚

调换表笔，即将万用表的黑表笔搭在光电耦合器的③脚 ⑪

正常时测得内部光敏晶体管的反向阻值为28kΩ ⑬

⑫ 将万用表的红表笔搭在光电耦合器的④脚

图8-25 光电耦合器的检测方法

特别提示

由于在路检测，受外围元器件的干扰，测得的阻值会与实际阻值有所偏差，但内部的发光二极管基本满足正向导通、反向截止的特性；若测得的光电耦合器内部发光二极管或光敏晶体管的正反向阻值均为零、无穷大或与正常阻值相差过大，都说明光电耦合器已经损坏。

8.3.5 智能功率模块的检测与代换

随着变频空调器型号的不同，采用智能功率模块的型号也有所不同，下面以STK621-410型智能功率模块为例，介绍智能功率模块的检测与代换方法。

（1）智能功率模块的检测

确定智能功率模块是否损坏时，可根据智能功率模块内部的结构特性，使用万用表的二极管检测挡检测“P”（“+”）端与U、V、W端，或“N”（“−”）端与U、V、W端，或“P”与“N”端之间的正反向导通特性。若符合正向导通，反向截止的特性，则说明智能功率模块正常，否则说明智能功率模块损坏，如图8-26所示。

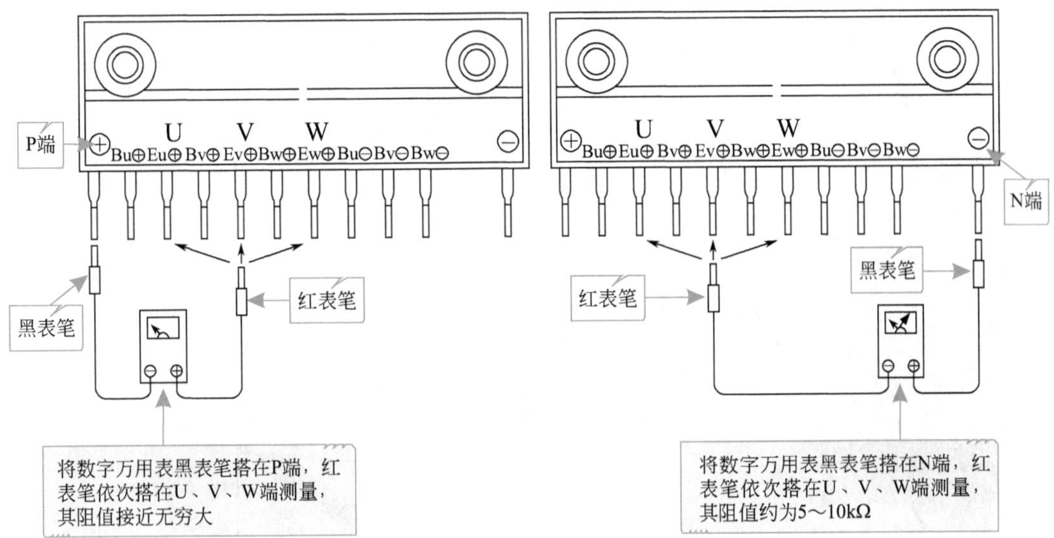

图8-26　智能功率模块的检测方法示意图

演示图解

图8-27所示为STK621-410型智能功率模块的检测方法。

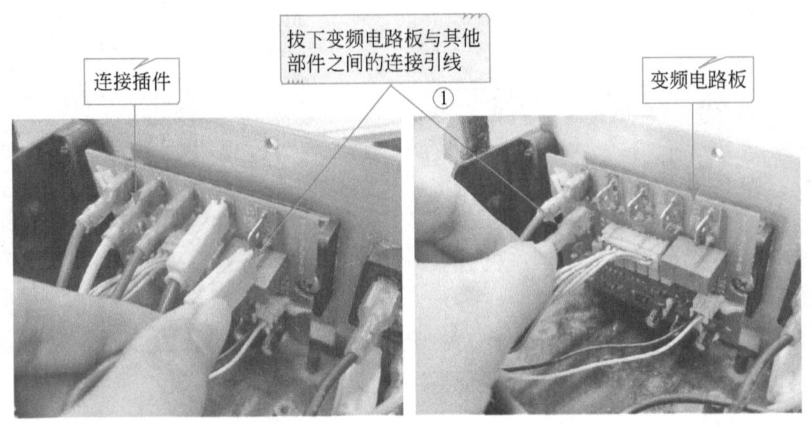

图8-27

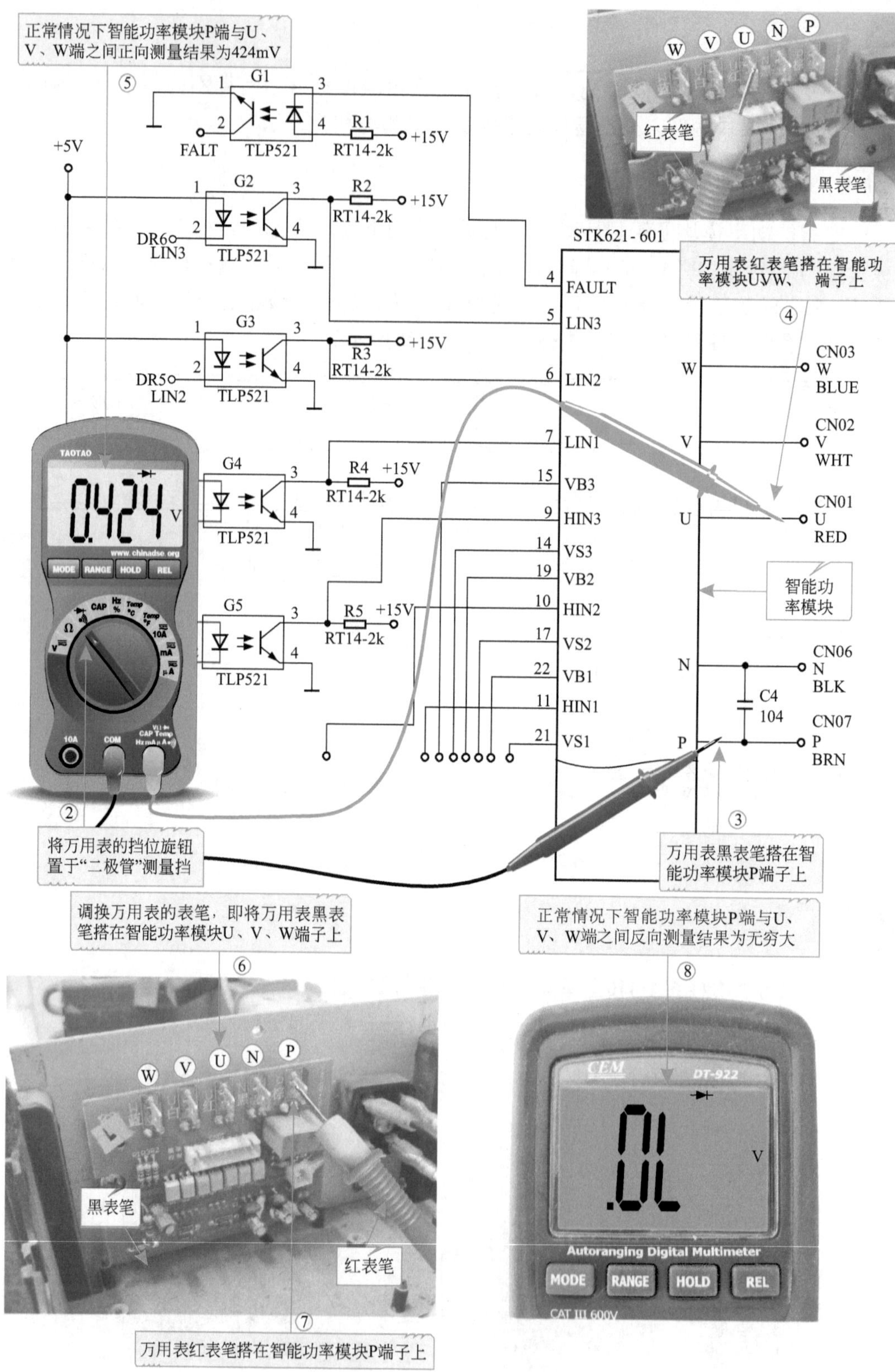

图8-27　STK621-410型智能功率模块的检测方法

特别提示

除上述方法外，还可通过检测智能功率模块的对地阻值，来判断智能功率模块是否损坏，即将万用表黑表笔接地，红表笔依次检测智能功率模块STK621-601的各引脚，即检测引脚的正向对地阻值；接着对调表笔，红表笔接地，黑表笔依次检测智能功率模块STK621-601的各引脚，即检测引脚的反向对地阻值。

正常情况下智能功率模块各引脚的对地阻值见表8-2所列。若测得智能功率模块的对地阻值与正常情况下测得阻值相差过大，则说明智能功率模块已经损坏。

表8-2　智能功率模块各引脚对地阻值

引脚号	正向阻值（×1k）/kΩ	反向阻值（×1k）/kΩ	引脚号	正向阻值（×1k）/kΩ	反向阻值（×1k）/kΩ
①	0	0	⑮	11.5	∞
②	6.5	25	⑯	空脚	空脚
③	6	6.5	⑰	4.5	∞
④	9.5	65	⑱	空脚	空脚
⑤	10	28	⑲	11	∞
⑥	10	28	⑳	空脚	空脚
⑦	10	28	㉑	4.5	∞
⑧	空脚	空脚	㉒	11	∞
⑨	10	28	P端	12.5	∞
⑩	10	28	N端	0	0
⑪	10	28	U端	4.5	∞
⑫	空脚	空脚	V端	4.5	∞
⑬	空脚	空脚	W端	4.5	∞
⑭	4.5	∞			

（2）智能功率模块的代换

若检测智能功率模块本身损坏时，可以使用同型号的智能功率模块进行更换，更换前，应将损坏的智能功率模块从变频电路板中拆卸下来。

智能功率模块的拆卸方法如图8-28所示。

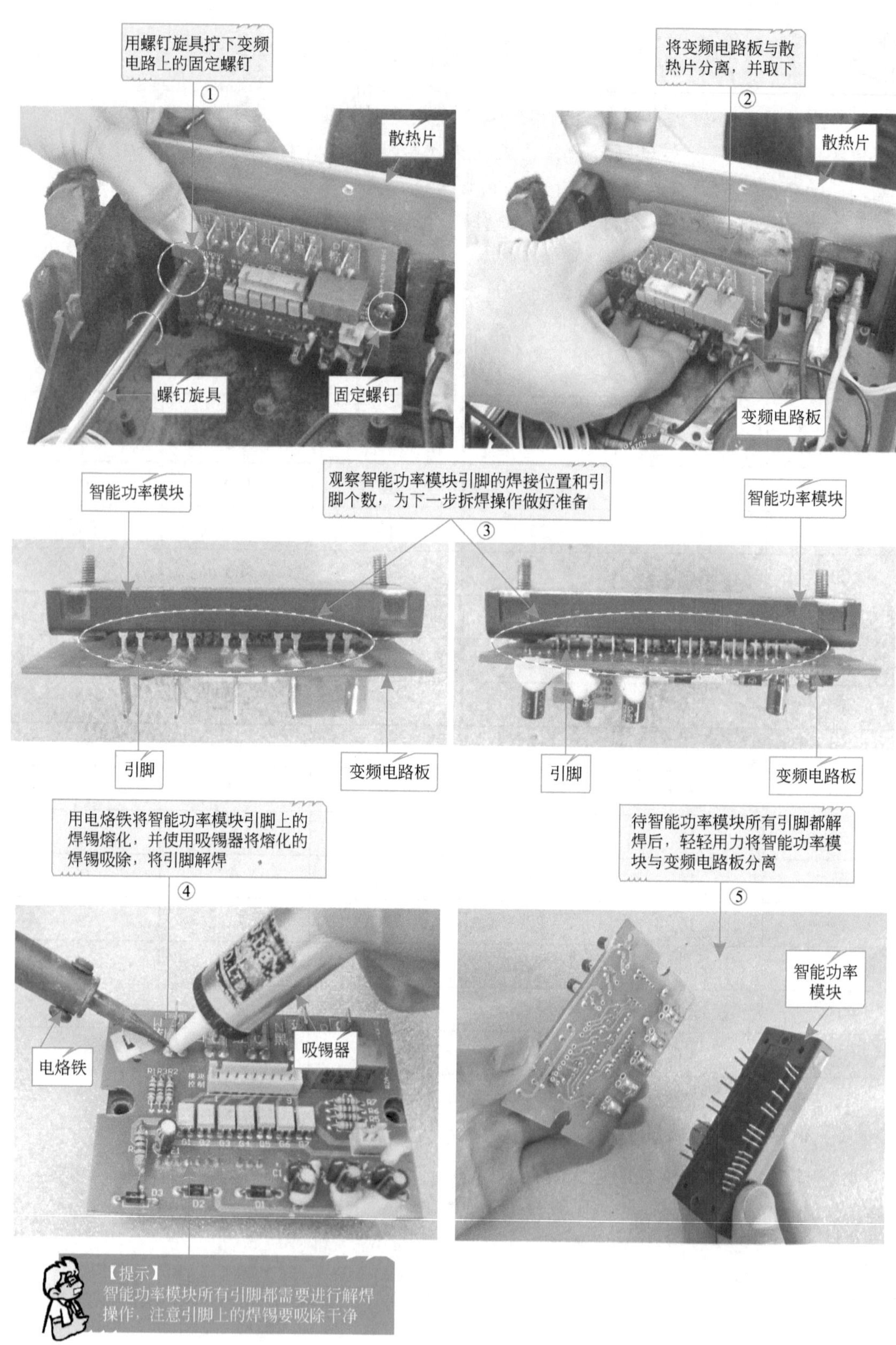

图8-28　智能功率模块的拆卸方法

拆下损坏的智能功率模块后，则应根据原智能功率模块的型号标识，选择相同的智能功率模块进行代换。

智能功率模块的选择方法如图8-29所示。

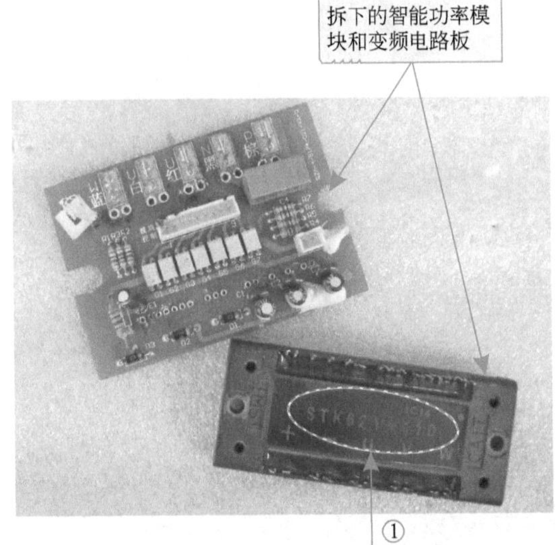

图8-29　智能功率模块的选择方法

选择好代换用智能功率模块后，将新的智能功率模块的引脚按照变频电路板的智能功率模块的引脚固定孔穿入，然后使用电烙铁和焊锡丝将其焊接固定在变频电路板上，最后将其更换完成的智能功率模块连同变频电路板一同安装到变频空调器室外机变频电路板的安装位置处，便完成了智能功率模块的代换操作。

智能功率模块的代换方法如图8-30所示。

特别提示

使用螺钉旋具紧固智能功率模块及变频电路板固定螺钉时，螺钉应对称均衡受力，避免智能功率模块局部受力内部的硅片受应力作用产生变形，损坏智能功率模块。另外，在代换智能功率模块时，必须均匀涂散热胶，保证散热的可靠性，否则会造成智能功率模块保护或损坏。

将新的智能功率模块的引脚按照变频电路板上智能功率模块的引脚固定孔穿入

①

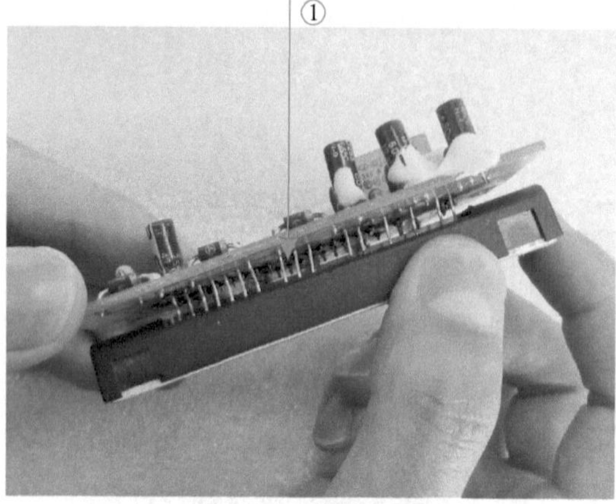

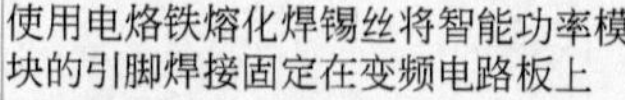

②

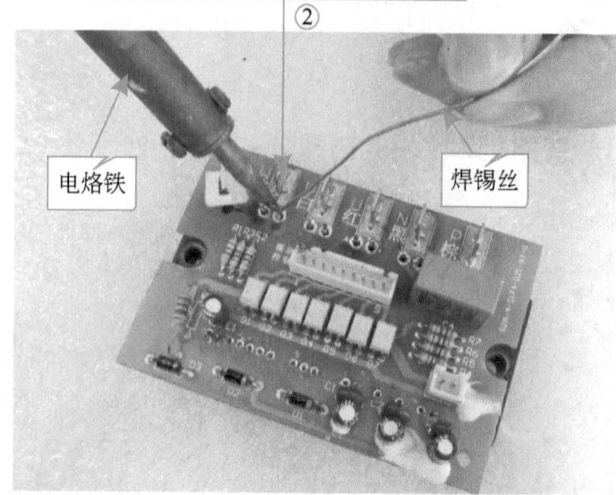

在代换完成后的智能功率模块的背面抹上硅胶

③

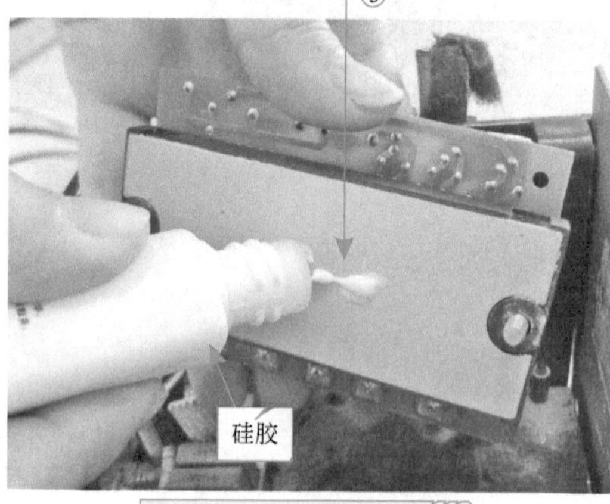

将硅胶涂抹均匀，避免散热不良

④

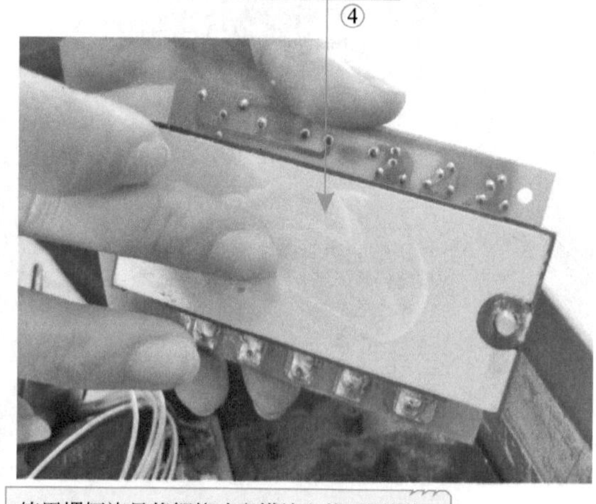

将涂好硅胶的新智能功率模块的螺孔装入螺钉后对准散热片螺孔

⑤

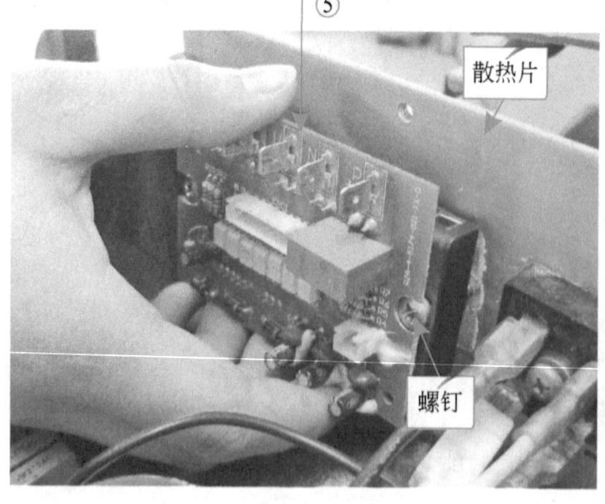

使用螺钉旋具将智能功率模块上的两颗螺钉拧紧，连同变频电路板一同固定在散热片上

⑥

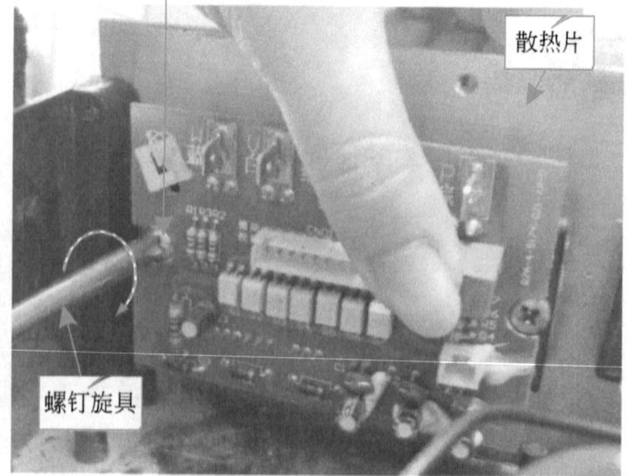

图8-30　智能功率模块的代换方法

8.4 变频空调器室外机变频电路的检修案例

8.4.1 海信KFR-4539（5039）LW/BP型变频空调器变频电路的检修案例

（1）案例说明

海信KFR-4539（5039）LW/BP型变频空调器通电后，室内机工作正常，但变频空调器无法制冷或制热，经观察室外机风扇运转正常，但变频压缩机不运转，且指示灯状态为“灭、闪、灭”。

（2）故障分析

根据故障现象可知，该变频空调器的室内机基本正常；室外机风扇运转正常，说明室内机与室外机的通信情况良好，低压供电情况正常；变频压缩机不运转，怀疑变频电路或供电部分出现故障，而室外机指示灯指示状态为“灭、闪、灭”，经查询该型号变频空调器的故障代码表可知，指示灯指示状态“灭、闪、灭”表示变频空调器智能功率模块保护，应重点检查智能功率模块及其检测保护电路。

图8-31所示为海信KFR-4539（5039）LW/BP型变频空调器变频电路。

具体控制过程如下。

- 电源电路输出的+15V直流电压分别送入智能功率模块IC2（PS21246）的②脚、⑥脚、⑩脚和⑭脚中，为智能功率模块提供所需的工作电压。
- 智能功率模块IC2（PS21246）的㉒脚为+300V电压输入端（P），为该模块内的IGBT管提供工作电压，N端经限流电阻R1接地。
- 室外机控制电路中的微处理器CPU为智能功率模块IC2（PS21246）的①脚、⑤脚、⑨脚、⑱～㉑脚提供PWM控制信号，控制智能功率模块内部的逻辑电路工作。
- PWM控制信号经智能功率模块IC2（PS21246）内部电路的逻辑控制后，由㉓～㉕脚输出变频压缩机驱动信号，分别加到变频压缩机的三相绕组端。
- 变频压缩机在变频压缩机驱动信号的驱动下启动运转工作。
- 过流检测电路用于对智能功率模块进行检测和保护，当智能功率模块内部的电流值过大时，R1电阻上的压降升高，过流检测电路便将过流检测信号送往微处理器中，由微处理器对室外机电路实施保护控制，同时电流检测信号送到IC2的⑥脚进行限流控制。

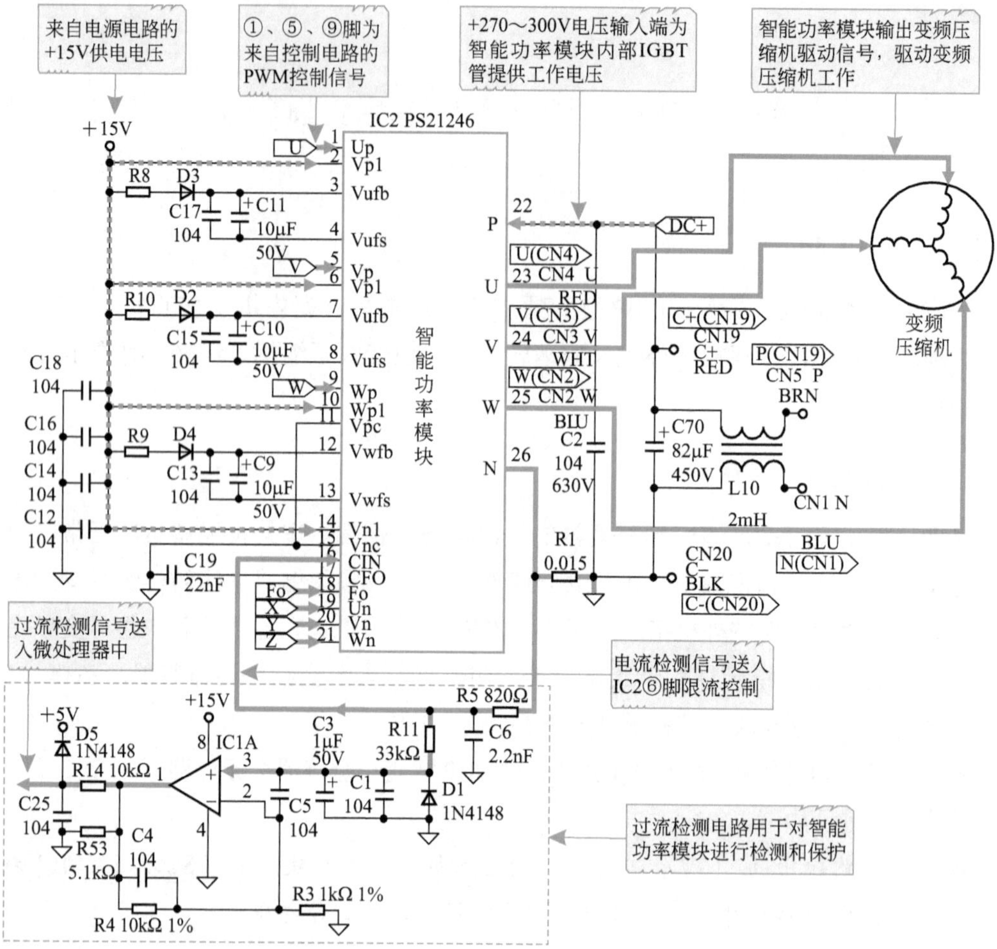
来自电源电路的+15V供电电压
①、⑤、⑨脚为来自控制电路的PWM控制信号
+270～300V电压输入端为智能功率模块内部IGBT管提供工作电压
智能功率模块输出变频压缩机驱动信号，驱动变频压缩机工作
IC2 PS21246
智能功率模块
变频压缩机
过流检测信号送入微处理器中
电流检测信号送入IC2⑥脚限流控制
过流检测电路用于对智能功率模块进行检测和保护

图8-31　海信KFR-4539（5039）LW/BP型变频空调器变频电路

特别提示

图8-32所示为智能功率模块PS21246的内部结构。该模块内部主要由HVIC1、HVIC2、HVIC3和LVIC 4个逻辑控制电路，6个功率输出IGBT管（门控管）和6个阻尼二极管等部分构成。+300V的P端为IGBT管提供电源电压，由供电电路为其中的逻辑控制电路提供+5V的工作电压。由微处理器为PS21246输入PWM控制信号，经智能功率模块内部的逻辑处理后为IGBT管控制极提供驱动信号，U、V、W端为直流无刷电动机绕组提供驱动电流。

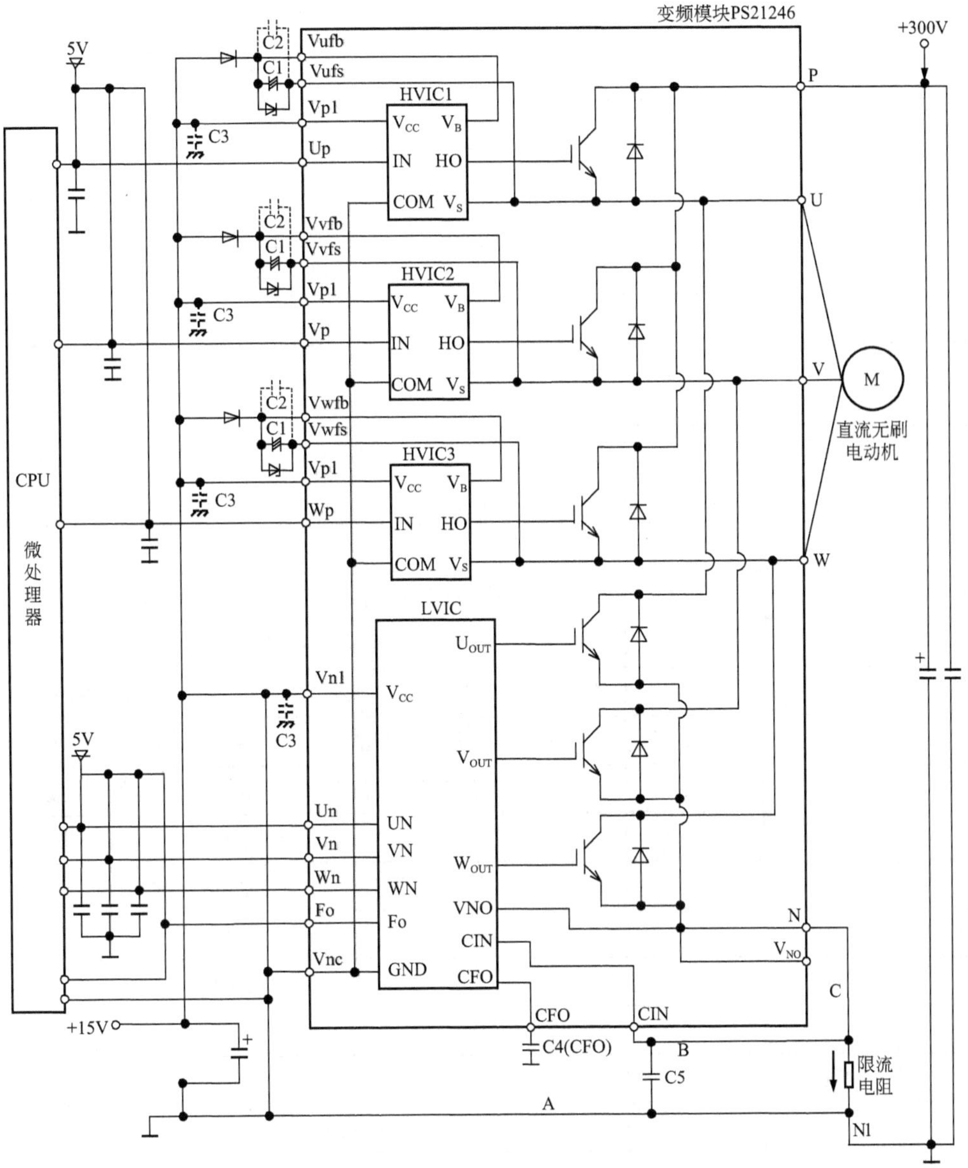

图8-32 智能功率模块PS21246的内部结构

知识拓展

海信KFR-4539（5039）LW/BP型变频空调器运行状态指示灯故障含义见表8-3和表8-4所示。

表8-3　海信KFR-4539（5039）LW/BP变频空调器限频运行时指示灯故障含义

指示灯状态			压缩机当前的运行频率所受的限制原因
LED1	LED2	LED3	
闪	闪	闪	正常升降频，没有任何限制
灭	灭	亮	过电流引起的降频或升频
灭	亮	亮	制冷、制热过载引起的降频或升频
亮	灭	亮	变频压缩机排气温度过高引起的降频或升频
灭	亮	灭	电源电压过低引起的最高运行频率限制
亮	亮	亮	定频运行

表8-4　海信KFR-4539（5039）LW/BP变频空调器故障停机时指示灯故障含义

指示灯状态			故障原因
LED1	LED2	LED3	
灭	灭	灭	正常
灭	灭	亮	室内环境温度传感器短路、开路或相应检测电路故障
灭	亮	灭	室内管路温度传感器短路、开路或相应检测电路故障
亮	灭	灭	变频压缩机排气口温度传感器短路、开路或相应检测电路故障
亮	灭	亮	室外管路温度传感器短路、开路或相应检测电路故障
亮	亮	灭	室外环境温度传感器短路、开路或相应检测电路故障
闪	亮	灭	电流检测变压器短路、开路或相应检测电路故障
闪	灭	亮	室外机变压器短路、开路或相应检测电路故障
灭	灭	闪	信号通信异常
灭	闪	灭	智能功率模块保护
亮	闪	亮	最大电流保护
亮	闪	灭	电流过载保护
灭	闪	亮	变频压缩机排气口温度过高
亮	亮	闪	过、欠压保护
灭	亮	闪	变频压缩机温度过高
亮	亮	亮	EEPROM故障
灭	闪	闪	室内风扇电动机运转异常

（3）检修过程

根据以上检修分析，应先对智能功率模块的工作条件（即直流供电电压和PWM驱动信号）进行检测，以判断这些工作条件是否能够满足智能功率模块的正常工作。

演示图解

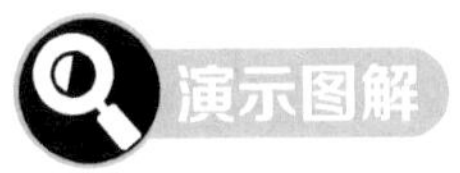

图8-33所示为智能功率模块工作条件的检测。

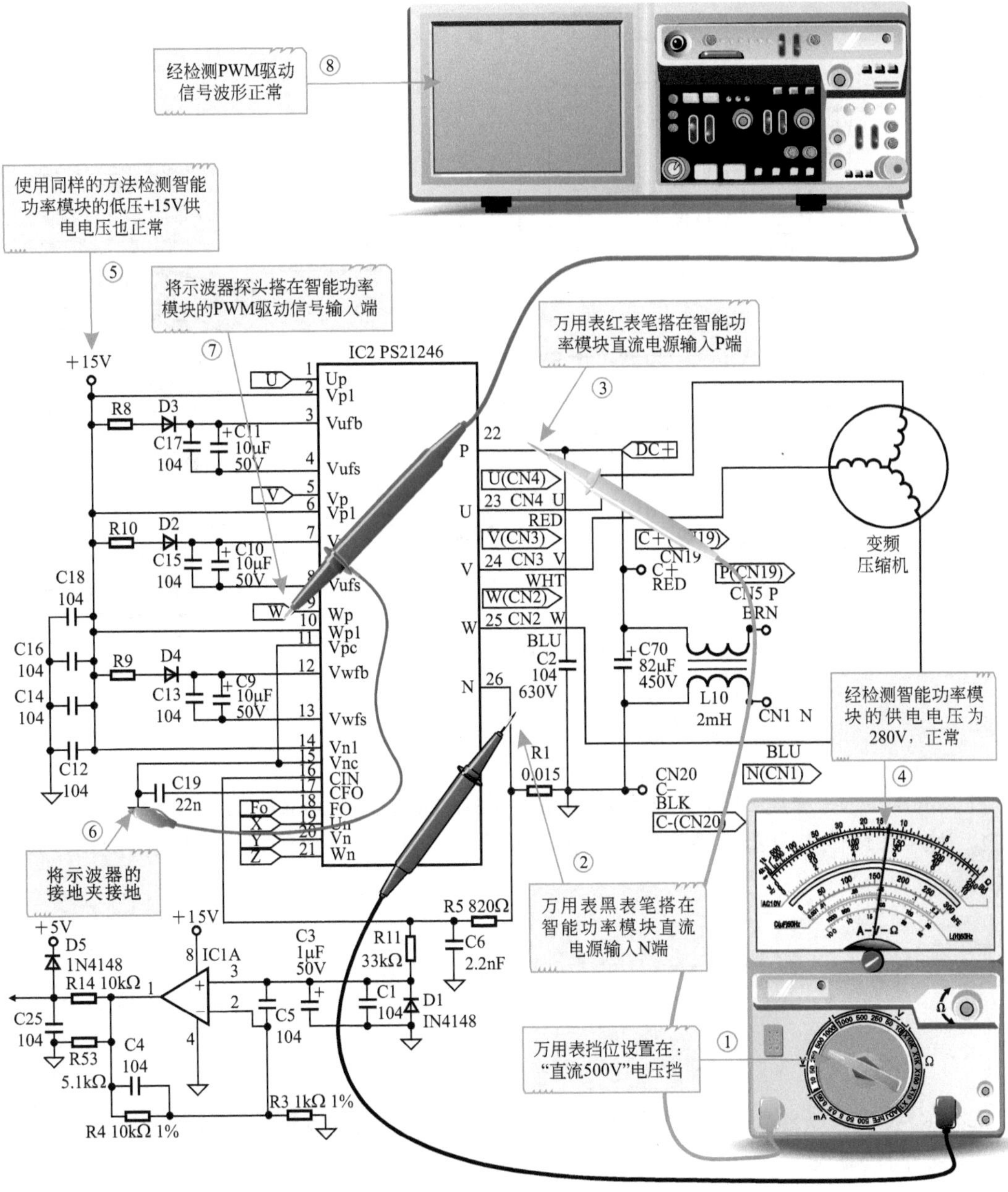
经检测PWM驱动信号波形正常 ⑧
使用同样的方法检测智能功率模块的低压+15V供电电压也正常 ⑤
将示波器探头搭在智能功率模块的PWM驱动信号输入端 ⑦
万用表红表笔搭在智能功率模块直流电源输入P端 ③
经检测智能功率模块的供电电压为280V，正常 ④
将示波器的接地夹接地 ⑥
万用表黑表笔搭在智能功率模块直流电源输入N端 ②
万用表挡位设置在："直流500V"电压挡 ①
IC2 PS21246
变频压缩机

图8-33　智能功率模块工作条件的检测

经检测智能功率模块的工作条件均正常，此时说明该变频空调器的供电电路以及控制电路均正常，此时需对智能功率模块的检测电路进行检测。检测时，由于无法推断判断该电流检测电路的电压值，因此可将变频空调器断电后，检测电流检测电路中的元器件是否损坏，查找故障点。

演示图解

图8-34所示为智能功率模块电流检测电路的检测。

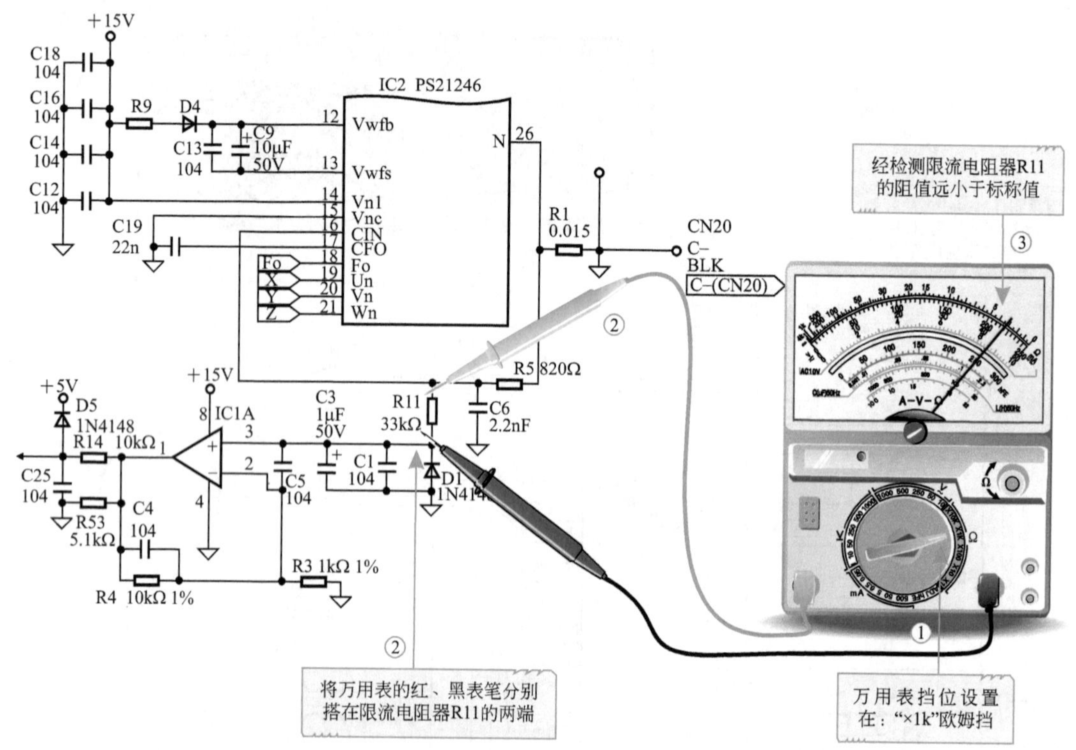

图8-34 智能功率模块电流检测电路的检测

经检测，发现智能功率模块电流检测电路中的限流电阻R11的阻值小于其标称值33kΩ，因此怀疑该电阻器已经损坏，将其更换后，重新对变频空调器开机试机操作，发现故障排除。

8.4.2 海尔KFR-25GW×2JF型变频空调器变频电路的检修案例

（1）案例说明

海尔KFR-25GW×2JF型变频空调器通电后，无法进行制冷或制热，且室内机指示灯状态为“亮、闪、亮”。

（2）故障分析

根据室内机指示灯指示状态“亮、闪、亮”查询该型号变频空调器的故障代码表可知，指示灯指示状态“亮、闪、亮”表示变频空调器智能功率模块异常，应重点检查智能功率模块。

图8-35所示为海尔KFR-25GW×2JF型变频空调器室外机控制及变频电路。

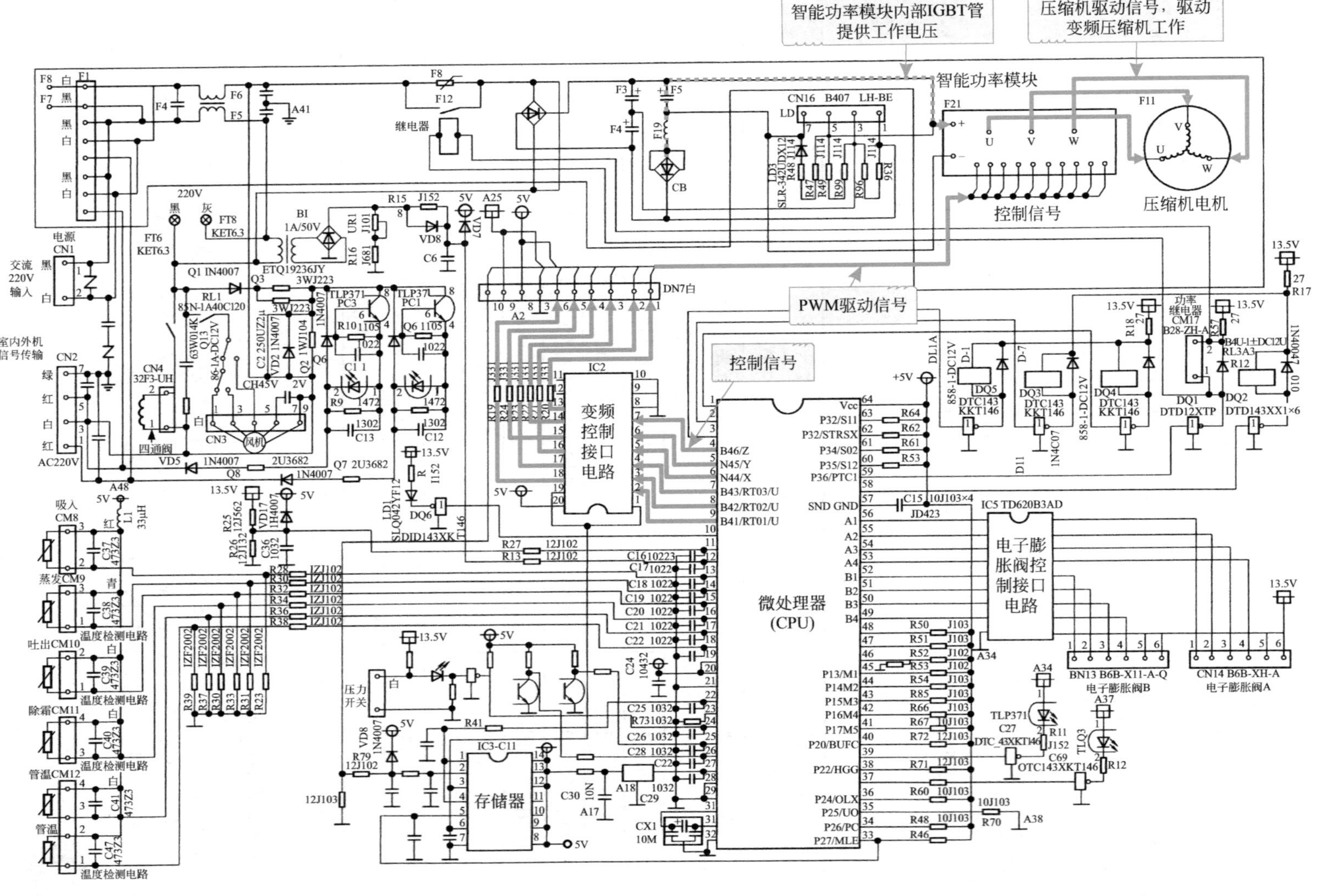

图8-35　海尔KFR-25GW×2JF型变频空调器室外机控制及变频电路

变频电路具体控制过程如下。

- 电源电路输出的+300V直流电压分别送入智能功率模块F21的“+（P）端”，为该模块内的IGBT管提供工作电压。
- 室外机控制电路中的微处理器CPU为变频控制接口电路IC2提供控制信号，经IC2处理后输出PWM控制信号，控制智能功率模块F21内部的逻辑电路工作。
- PWM控制信号经智能功率模块F21内部电路的逻辑控制后，输出变频压缩机驱动信号，分别加到变频压缩机的三相绕组端。
- 变频压缩机在变频压缩机驱动信号的驱动下启动运转工作。

知识拓展

海尔KFR-25GW×2JF型变频空调器室内机运行状态指示灯故障含义见表8-5所列。

表8-5 海尔KFR-25GW×2JF型变频空调器室内机运行状态指示灯故障含义

指示灯指示（故障代码）	表示内容（含义）
闪、灭、灭	室内环境温度传感器故障
闪、亮、亮	室内管路温度传感器故障
闪、灭、亮	变频压缩机运转异常
闪、闪、亮	智能功率模块或其外围电路故障
闪、闪、灭	过流保护
闪、闪、闪	制热时，蒸发器温度上升（68℃以上）或室内风机风量小
闪、灭、闪	电流互感器断线保护
亮、闪、亮	智能功率模块异常
灭、灭、闪	通信异常
灭、闪、灭	变频压缩机排气管温度超过120℃
灭、闪、亮	电源故障

注：指示灯依次为电源灯、定时灯、运行灯。

（3）检修过程

根据以上检修分析，应对智能功率模块进行检修，而智能功率模块常见的故障为P端子与N端子，P端子与U、V、W端子，N端子与U、V、W端子击穿，而击穿率最高的则为P端子与N端子，因此先对P端子与N端子进行检测。

图8-36所示为智能功率模块P端子与N端子的检测。

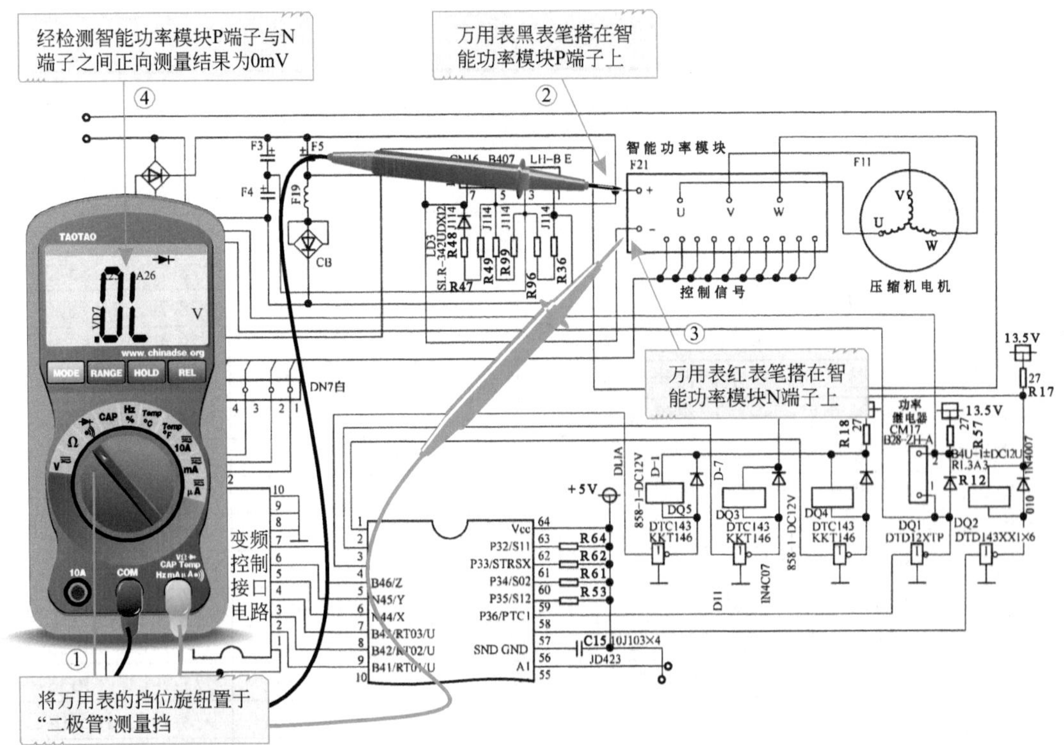

图8-36　智能功率模块P端子与N端子的检测

正常情况下，智能功率模块P端子与N端子之间的正反向测量结果满足二极管的特性，即正向导通，反向截止，若测量结果不满足这一规律，说明智能功率模块损坏，此时更换智能功率模块后，重新对变频空调器开机试机操作，发现故障排除。

欢迎订阅化学工业出版社家电维修图书

书名	定价/元	书号
家电维修全程指导全集——空调器、电冰箱、变频空调器	88	978-7-122-16315-8
家电维修全程指导全集——彩色电视机·液晶、等离子彩电·洗衣机	88	978-7-122-16316-5
家电维修全程指导全集——电磁炉、小家电、手机	88	978-7-122-16317-2
家电维修半月通丛书——彩色电视机维修技能半月通	29	978-7-122-16522-0
新型微波炉维修精要及电路图集	36	978-7-122-17170-2
电磁炉维修精要及电路图集(双色最新版)	48	978-7-122-15271-8
家电维修完全掌握丛书——空调器维修技能完全掌握	48	978-7-122-13886-6
家电维修完全掌握丛书——电冰箱维修技能完全掌握	46	978-7-122-13740-1
家电维修完全掌握丛书——电磁炉维修技能完全掌握	49	978-7-122-15447-7
家电维修完全掌握丛书——洗衣机维修技能完全掌握	46	978-7-122-15324-1
家电维修完全掌握丛书——家用电器维修技能完全掌握	69	978-7-122-14453-9
彩电开关电源电路精选图集	88	978-7-122-13443-1
双色图解空调器维修从入门到精通	49.8	978-7-122-14227-6
跟高手学家电维修丛书——液晶彩电维修完全图解	48	978-7-122-13963-4
跟高手学家电维修丛书——彩色电视机维修完全图解	58	978-7-122-13638-1
跟高手学家电维修丛书——空调器维修完全图解	48	978-7122-16560-2
跟高手学家电维修丛书——变频空调器维修完全图解	46	978-7-122-16799-6
家电维修半月通丛书——液晶电视机维修技能半月通	29	978-7-122-17168-9
家电维修半月通丛书——变频空调器维修技能半月通	29	978-7-122-15991-5
家电维修半月通丛书——小家电维修技能半月通	29	978-7-122-16120-8
家电维修半月通丛书——空调器维修技能半月通	29	978-7-122-15601-3
家电维修半月通丛书——电冰箱维修技能半月通	29	978-7-122-15585-6
名优液晶电视机电路精选图集	68	978-7-122-13129-4
液晶彩电维修精要完全揭秘	56	978-7-122-09604-3
液晶电视维修技能从新手到高手	48	978-7-122-15994-6
空调器维修技能从新手到高手	29.8	978-7-122-11228-6
电磁炉维修技能从新手到高手	46	978-7-122- 10969-9
图解万用表使用技巧快速精通	29	978-7-122-11190-6
图解电子元器件检测快速精通	39.8	978-7-122-09383-7
图解小家电维修快速精通	46	978-7-122-12133-2
国产名优超级芯片彩色电视机电路精选图集	46	978-7-122-06749-4
国产名优高清彩色电视机电路精选图集	48	978-7-122-08011-0
名优空调器电路精选图集	46	978-7-122-11316-0
名优超级芯片、数字高清彩色电视机检测数据速查大全	46	978-7-122-08365-4

以上图书由**化学工业出版社 电气分社**出版。如要以上图书的内容简介和详细目录，或者更多的专业图书信息，请登录www.cip.com.cn。如要出版新著，请与编辑联系。

地址：北京市东城区青年湖南街13号（100011）

编辑电话：010-64519274

投稿邮箱：qdlea2004@163.com